Amazing Animal Partners

by Alix Wood

WINDMILL BOOKS™

New York

Published in 2013 by Windmill Books,
An Imprint of Rosen Publishing
29 East 21st Street, New York, NY 10010

Editor for Alix Wood Books: Mark Sachner
US Editor: Sara Antill
Designer: Alix Wood
Consultant: Sally Morgan

Photo Credits: Cover, 1, 2, 3, 4, 5, 6, 7, 8, 9, 10, 11 (middle and bottom), 12, 13, 14, 15, 16 (bottom),
17, 18, 19, 20, 21 (bottom), 22 © Shutterstock; 11 (top) © Alan Manson, 16 (top) © Dario Sanches,
21 (top) © Per H. Olsen

Library of Congress Cataloging-in-Publication Data

Wood, Alix.
 Amazing animal partners / by Alix Wood.
    p. cm. — (Wow! Wildlife)
 Includes index.
 ISBN 978-1-4488-8101-7 (library binding) — ISBN 978-1-4488-8164-2 (pbk.) —
ISBN 978-1-4488-8172-7 (6-pack)
 1. Symbiosis. 2. Animal ecology. I. Title.
 QH548.W64 2011
 577.8'5—dc23

                        2011052811

Manufactured in the United States of America

CPSIA Compliance Information: Batch #B1S12WM: For Further Information contact Windmill Books, New York, New York at 1-866-478-0556

Contents

What Are Partnerships?

Many animals form partnerships with other animals.
Sometimes the partnership helps both of them.
This is called a **mutual** relationship. Sometimes just
one animal benefits. This is called a **commensal**
relationship. Sometimes one animal is harmed by the
partnership. This is called a **parasitic** relationship.

Some birds have a mutual partnership with elephants.
The birds eat insects kicked up by the elephants.
In return, they can warn the elephant of danger.

This crab has a barnacle passenger! Barnacles usually attach themselves to rocks, but sometimes crabs, whales, and sea turtles will do! Most barnacles are harmless. An animal covered by them may not even notice!

WOW! Nasty Parasites

Parasites harm the animal that they live on. Parasitic wasps inject their eggs into caterpillars. The eggs hatch into **larvae**. The larvae then eat their way out of the caterpillar! Next, the larvae spin themselves a silky covering (below) and the caterpillar protects them while they turn into adult wasps!

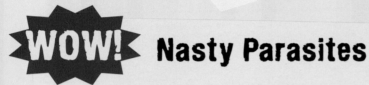

Strange Friends

Some animals can survive better if they stick with other types of animals. Each **species** may use the other one's special skills to help it watch out for danger. Sometimes one species can provide the other with food, too!

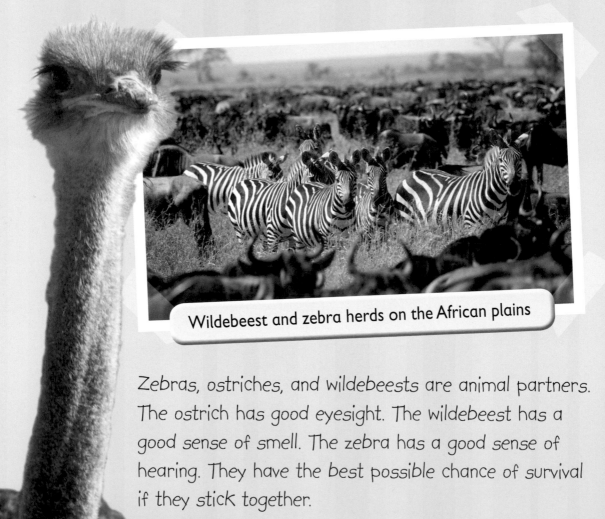

Wildebeest and zebra herds on the African plains

Zebras, ostriches, and wildebeests are animal partners. The ostrich has good eyesight. The wildebeest has a good sense of smell. The zebra has a good sense of hearing. They have the best possible chance of survival if they stick together.

WOW! Hitching a Ride!

This cattle egret gets a dry ride on the back of a water buffalo! On land, the egret picks ticks and flies from the buffalo's hide. In return, the egret eats those insects, plus any stirred up by the buffalo's hooves.

Cleaning Services

Many big mammals are attacked by parasites that burrow into their skin and feed on their blood. Other animal species like to eat those parasites. It's a perfect partnership!

A mongoose cleaning a warthog

Warthogs (left) are scary-looking animals, with sharp tusks and strong bodies. But if a warthog walks toward a band of mongooses, they don't run away. Instead, they crawl all over the warthog and give him a good cleaning!

Marine iguanas on the Galápagos Islands let colorful Sally Lightfoot crabs eat parasites, algae, and dead skin from their bodies.

WOW! Ox Pecker Earrings

This impala is getting a cleaning from two oxpeckers. They peck off ticks and other parasites that annoy the impala. Oxpeckers will even eat ear wax and dandruff. They also line their nests with their **host**'s hair!

9

Teamwork

Some animals make a great team. Groupers persuade moray eels to hunt with them by doing a little dance. They are better at hunting together than on their own. If prey hides from the grouper in a crack in the rock, the eel can go in and catch it. If the eel chases the prey out, the grouper catches it. One of them will get a meal for sure!

Honey badgers and honeyguide birds both love honey. Honey badgers are strong, but they are not good at finding bees' nests. A honeyguide bird will dance and sing in front of the honey badger and take it to a nest. The bird waits while the honey badger breaks the nest open. The honey badger likes the honey, and the bird eats honeycomb.

Honeyguide

Honey badgers have strong teeth and claws, and they love honey.

WOW! An Odd Couple

Coyotes are fast runners, and American badgers are great diggers. They sometimes hunt together, using their skills to track and capture prey.

Farmers and Scavengers

We humans make partnerships with animals when we farm them. Some creatures also farm other animals! Honeydew ants farm little insects called aphids. They look after them and milk them for food, just as humans do with cattle.

Honeydew Farm!

Aphids make sugary honeydew, which ants love to eat. The ants protect their aphids and stroke them with their **antennae** to get them to make honeydew! They will carry them to new leaves when the aphids are hungry, too.

Honeydew ants caring for their aphids

Some animals are **scavengers** that eat animals other animals have killed. Some scavengers follow **predators** as they stalk their prey. When the predator is done eating, the scavengers eat the leftovers.

Ravens followed this wolf on its hunt and got a tasty meal.

Ravens often follow wolf packs. The wolves leave the ravens leftovers. Ravens will sometimes call when they see likely prey, making hunting easier for the wolves and making the chances of a meal better for themselves!

Underwater Partners

The seas are full of cleaning partnerships, too. The remora is a brave little fish that attaches itself to sharks! It's also called a suckerfish, because it has a powerful sucker for a mouth. Sharks may benefit when remoras eat their parasites, and the remora gets a fast ride and food in return.

Remora suckers are so strong that some people use them as a fishing hook! Fishermen tie string to the remora. The remora attaches itself to a larger fish, and the fisherman hauls it in!

Cleaner wrasse run underwater cleaning stations. Their partners come and wait for the wrasse to swim into their open mouths. Few cleaner wrasses get eaten, because a good clean is more important to the partner than a snack. Cleaning stations are often set up close to underwater landmarks that the partners will easily recognize!

A cleaner wrasse cleaning station with a moray eel partner

WOW! Open Wide!

Cleaner shrimp and grouper

Cleaners advertise themselves by swimming in odd ways to get noticed. Cleaner shrimps bob up and down in the water and wave their antennae. Some partners darken their skin so cleaners will spot lighter-colored parasites on them!

Be My Guest!

In some partnerships, just one animal benefits. The other creature does not benefit, but it is not harmed, either. These are called commensal relationships.

An antwren waits for its food.

Army ants travel in huge groups and stir up insects from the forest floor. Birds will follow the ants and catch insects as they try to run away from the ants. The birds benefit, and the army ants are not affected.

A colony of army ants on the move

Barnacles don't affect this whale, apart from making it look a little crusty! As the whale moves through the water, the barnacles get a constantly changing menu of things to eat!

Crusty yellow barnacles cling to this whale.

WOW! An Emperor Shrimp's Home

This little emperor shrimp often rides on the skin of sea cucumbers like the one shown here. The shrimp can hide from predators. The partnership does not harm its host in any way.

17

Masters of Disguise

Some crabs use other sea life as a form of disguise. This crab has decorated itself with sea anemones. The crab benefits from their **poisonous** defenses and disguise. The hitchhikers get a free ride and food stirred up by the crab walking along!

WOW! Sponge Head!

Decorator crab covered with sponges

This decorator crab is covered with **sponges** to help it hide in a coral reef. The crab has small hooked hairs on its shell. These hairs attach sponges to the crab, a little like Velcro!

A sea urchin provides great **camouflage** for this crab. Thin, pointy spines stick out of urchins. These spines can be sharp enough to protect the crabs from predators. Other than a free ride, the urchin doesn't benefit very much from this partnership!

Sea urchin on a crab

Unwelcome Guests

Sometimes, one species benefits from a partnership, while the other one is harmed. These relationships are called parasitic relationships.

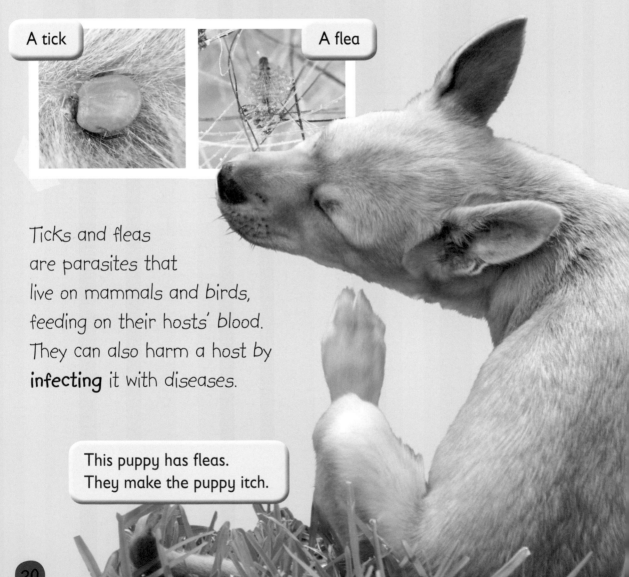

A tick

A flea

Ticks and fleas are parasites that live on mammals and birds, feeding on their hosts' blood. They can also harm a host by **infecting** it with diseases.

This puppy has fleas. They make the puppy itch.

WOW! A Hungry Mouth to Feed

Cuckoos lay their eggs in other birds' nests. When the cuckoo egg hatches, the cuckoo chick will push all the other eggs and chicks out of the nest. The host parents will feed the cuckoo chick until it is ready to fly, even though it is much larger than the adult birds!

The yellow grub is a parasite that lives in snails, fish, and birds. When yellow grub eggs hatch in water, their larvae invade snails and fish. If a bird eats an **infested** fish, the larvae become adult grubs in the bird's mouth and throat. The grub's eggs then get into the water when the bird feeds, and the cycle begins again!

A great blue heron catches a fish that is infested with yellow grub parasites.

Glossary

antennae (singular *antenna*)
(an-TEH-nee)
A pair of movable feelers
on the heads of insects and
some water animals.

camouflage (KA-muh-flahj)
The hiding or disguising of
something by covering it up
or changing the way it looks.

commensal (ka-MEN-sul)
A relationship that benefits one
half of a partnership but does
not benefit or harm the other.

hosts (HOHSTS)
Living animals or plants on, or in
which, parasites feed and live.

infecting (in-FEK-ting)
Passing a germ or disease
to something.

infested (in-FEST-ed)
Affected by parasites.

larvae (singular *larva*)
(LAHR-vee)
The young wormlike stage of
many insects after they hatch
from the egg.

mutual (MYOO-chuh-wuhl)
Shared or enjoyed by two or
more at the same time.

parasitic (per-uh-SIH-tik)
Being a parasite. A parasite is
a living thing that lives in or on
another living thing.

poisonous (POYZ-nus)
Containing a substance that can
kill or injure a living thing

predators (PREH-duh-terz)
Animals that live by killing
and eating other animals.

scavengers (SKA-ven-jurz)
Animals that usually feed on dead
or decaying matter.

species (SPEE-sheez)
A class or grouping of living
things of the same kind.

sponges (SPUNJ-ez)
Underwater animals made up of
a mass of fibers and spikes that
form the skeleton.

tentacles (TEN-tih-kulz)
Long, flexible arm-like body parts
used for feeling or grasping.

Websites

For web resources related to the
subject of this book, go to:
www.windmillbooks.com/weblinks
and select this book's title.

Read More

Fleisher, Paul. *Parasites: Latching on to a Free Lunch.* Minneapolis, MN: Twenty-First Century Books, 2006.

Page, Robin, and Steve Jenkins. *How to Clean a Hippopotamus: A Look at Unusual Animal Partnerships.* New York: Houghton Mifflin Books for Children, 2010.

Rhodes, Mary Jo, and David Hall. *Partners in the Sea.* Undersea Encounters. Danbury, CT: Children's Press, 2006.

Index

A Must-Read Book for Law Students: Legal Writing and Research

凌斌 著

北京大学出版社
PEKING UNIVERSITY PRESS

图书在版编目（CIP）数据

法科学生必修课：论文写作与资源检索/凌斌著.—北京：北京大学出版社,2013.3
ISBN 978-7-301-22182-2

Ⅰ.①法…　Ⅱ.①凌…　Ⅲ.①法学-论文-写作-高等学校-教材 ②法学-情报检索-
高等学校-教材　Ⅳ.①D90 ②G252.7

中国版本图书馆 CIP 数据核字（2013）第 030268 号

书　　　　名：法科学生必修课：论文写作与资源检索
著作责任者：凌　斌　著
策划编辑：王　晶
责任编辑：王　晶
标准书号：ISBN 978-7-301-22182-2/D·3283
出版发行：北京大学出版社
地　　　　址：北京市海淀区成府路 205 号　　100871
网　　　　址：http://www.pup.cn
新浪微博：@北京大学出版社
电子信箱：law@pup.pku.edu.cn
电　　　　话：邮购部 62752015　发行部 62750672　编辑部 62752027　出版部 62754962
印　刷　者：北京鑫海金澳胶印有限公司
经　销　者：新华书店
　　　　　　787 毫米×1092 毫米　16 开本　25.25 印张　630 千字
　　　　　　2013 年 3 月第 1 版　2015 年 6 月第 3 次印刷
定　　　　价：49.00 元

来，无奈学生没有这个心思，强扭的瓜终究不甜。研究生即是如此，本科生就更不用说。最后的结果，是老师学生一起糊弄，也不知道是糊弄的谁。我想，最终吃亏的是学生自己，耽误的是中国的法学事业和法治事业。

造成这样的结果，不该埋怨学生。老师和学院就不重视，从没把查资料和写论文当成多么重要的事情。既不开设课程，也很少专门指导。如果就是靠最后答辩时杀鸡骇猴，那也是不教而诛。我们能够指望，学生每天坐在教室里听老师讲课，就自然而然学会如何查资料、如何做研究么？这只能是苛责学生，推卸老师自己的责任吧。

中国的法学院应当开设关于资源检索和论文写作的课程。正是本着这样的信念，我上了这门课，也有了这本书。

特色

学生最常提出的问题，是"不知道写什么"和"不知道怎么写"。或者用叶圣陶先生的话说，"'怎样获得完美的原料'与'怎样把原料写作成文字'"。① 这两种说法虽然不尽相同，但是总归包含了文章写作和资源检索两个内容。

关于法律写作和法律检索，坊间流行的书籍主要可以分成两类。一类是法学大家的学术心得，比如梁慧星，陈兴良，陈瑞华、郑永流、刘南平等学者在这方面的专著或论文。一类是图书馆学专家的检索教程，比如于丽英、刘丽娟、渠涛、罗伟等老师的教科书。这两类作品对于学生学者都有很大的帮助，对中国法学研究和法学教育都发挥着潜移默化而不可估量的推动作用。

但是这两类作品也各有不足。学者论著，见解深刻、学问精深，而往往标准过高，初学者难以企及。这些论著主要集中于论文写作，很少涉及文献检索，所举例子虽然精妙，但却大体局限于特定专业。对于许多初学者而言，即使明白了师长传授的学问道理，也仍然难以上手操作，既不知道如何查找必要的资料，也不熟悉如何运用这些资料。专家教程，内容详实、图文并茂，而常常无的放矢，没有明确的针对性。这些教程主要集中于文献检索，很少涉及具体研究，内容主要是各个数据库的功能介绍，与法学专业往往缺少结合。对于许多初学者而言，即使了解了这些数据库的使用手册，也仍然难以运用到自己的专业学习和论文写作当中，甚至很难生出学习的兴趣，更难通过数据检索找到研究的方向。总之，学者论著偏于写作、侧重原则，而专家教程偏于检索、侧重技术，两者各精一道，却也各有所失。对于一个初学者而言，写作水平和检索能力都很不足，如果不能结合起来，很难真正掌握法学研究的基

---

① 叶圣陶：《怎样写作》，中华书局 2007 年版，第 2 页。

本技能。这就如同一个人要学开车，一个教练只教如何用手，一个教练只教如何用脚，他就是把两方面都学得烂熟于胸，还是不知道如何驾驶。正如驾车需要手脚配合，法学研究也必须结合文章写作和资源检索两种能力。

本书的第一个特点，就是从初学者的角度出发，结合了写作和检索两方面内容。总结三年来的教学经验，我一般是把这门课分成三个部分，第一节讲检索，第二节讲写作，第三节上机练习。具体而言，就是选择一个法学专业的研究实例，首先讲解如何通过文献检索查阅与研究主题有关的已有资料，再教授如何处理和组织这些资料，将之加工为一篇合格的法学论文，最后是布置练习题目，让学生自己操作，并且随时回答学生的问题。当然，在整个教学过程中，学生都可以边听讲边操作，即学即练。

本书的设计也是如此。本书的每个部分，都是包含了检索和写作两部分内容，既结合具体的研究实例讲解如何检索资源，又结合各类的资料来源教授如何写作论文。对于一个初学者来说，法学研究的首要难题，就是"巧妇难为无米之炊"。主要的难点，不是如何查阅已知文献，而是如何搜寻未知文献，不是有米做饭，而是找米下锅。资源检索就是一门"帮助巧妇找米下锅"的学问，而法律写作要解决的则是"巧妇是如何炼成的"这个问题。所以本书始终力求兼顾"如何找米下锅"和"如何炼成巧妇"这两个相互嵌套的问题。书中还设计了一些上机操作的练习题，就是让学生亲自"下厨"，实现"巧妇做成有米之炊"。

本书的第二个特点，就是尽可能多举研究实例。在法律数据库的部分，本书始终结合了我自己尝试研究的"刑事附带民事诉讼以及刑事和解"问题和"遗嘱继承与夫妻共同财产制度"问题。这两个研究实例贯穿在"文献综述"、"法规梳理"、"制度比较"和"案例分析"等各个部分。此外，在本书的各个章节，都结合了我自己过去所做的各类研究。这些研究有的偏重于基础理论，有的侧重于具体制度。我深知自己的研究能力非常有限，这些论文本身的水平也都不高。但是毕竟是我自己的作品，体会的经验教训都比看别人的论文更深更透，因此更适合于教学和交流。而且这些都是已经发表在核心法学期刊或者 CSSCI 收录的重要期刊上的论文，算得上合格的法学论文，就本书服务于初学者的目的而言，也比较合适。如果我选择的都是大师名著，一来自己可能把握不好，反不如读者直接阅读，二来标准过高，也不利于学生学习、读者参考。当然，为了丰富本书的内容，我也选择了不少我认为比较出色的法学作品乃至其他类型的作品。这些作品很可能并非作者的最好作品。实际上我也只是信手选来，甚至采自学生的习作，没有刻意找寻"最好的"作品。因为本书的定位始终是合格的法学论文写作。当学生或读者感到这些例作"不过尔尔"的时候,本书的使命也就可告完成。正如孟子所说,"梓匠轮舆,能与人规矩,不能使人巧。"②更何况我还不是什么能工巨匠。

本着结合写作和检索、服务于初学者的上述目的,本书的第三个特点,是尽可能发挥各方优势,包含了法学学者、图书馆专家和数据库开发者的共同智慧。这一点,后文的致谢部分将会详细介绍。我尽管是本书的署名作者,最终执笔完成了全书内容,实际上更像一个编者。正如本文开篇所述,本书来自于本课,来自于众多授课者的讲授内容。

这也许就是本书的第四个特点:口语化。本书的相当一部分内容最初整理自授课的讲稿或者录音。在最终完成本书的过程中,我尽量保持了这一口语色彩。语言有比文字更直观、更生动的力量。教育家叶圣陶先生一生致力于推动这一写作风格。他一再地讲,"作文"就是"写话","文章同说话一样","口头该怎样说的笔下就怎样写"③,"话怎么说,文章就怎么写"④,"要写得便于听"⑤,写得"上口"和"入耳"⑥,做到"通篇上口的文章不但可以念,而且可以听"⑦。本着这一原则,即使有时难免不够文雅和简洁,我还是尽可能保持了讲课时的原貌。我希望同学和读者能够在阅读时感到一丝身临其境的亲切感。⑧

最后,本书其实还有一个特点:与各位同学和读者一样,我自己也是一个初学者,一个文献检索和论文写作的门外汉。这绝不是谦虚之词。如果您是一位资料查询或者文章写作的专家,千万不要再继续阅读后面的内容。这样一本初级读物,会让不论是信息检索还是法学研究的方家感到太过可笑。我希望读者首先理解本书的定位:这是一本外行写给外行看的书。

我自己的检索训练是在耶鲁法学院读书的时候才开始,基础很不牢固。我自己的写作才能虽然有幸得到下文将要提到的许多良师益友的指点,也上过钱理群、陈平原老师的现代文学课,但是天资所限,终归逃不出低手的宿命。如果一门课需要这个领域的行家里手来开设,那我完全没有这个资格。更不该有这本书了。

但我想说,开这门课,正是因为我知道这一点。将心比心,我希望自己的学生和未来的才俊可以在更早的时候获得这么方面的训练。如果中国的法学教育不尽早走出这一步,那么我自己的经历还会在后来的学生和学者身上重演。没有好老师,不是停滞的理由。有好学生就够了。只要提供了这样的学习和训练机会,

② 《孟子·尽心下》。
③ 叶圣陶:同注①,第58页。
④ 同上,第86页。
⑤ 同上,第92页。
⑥ 同上,第96页。
⑦ 同上,第87页。
⑧ 当然这里有一个前提,就是叶先生强调的,"养成好的语言习惯"(同上,第89页)。本书则是得益于我将在《致谢》中感谢的几位同学在文字上的润色和修饰。

只要有一些学生确实有所提高，法学教育和法学研究的检索与写作水平，终究会提高上来。

所以，作为一个初学者和门外汉，我仍然敢于开设这门课程，和学生们一起学习，一起成长。也为了更多的学生加入进来，我愿意把这样一本作为初学者心得体会的小书，拿出来现世，供大家垫脚。我想这样一本书至少有一个好处，那就是作者和读者的水平接近、处境相似，因此更能产生共鸣，也更能相互激励。因此，尽管微不足道，我仍然愿意将之视为提升中国法学教育和法学研究水平的一种努力。

共勉

此外，我还想对我的学生和读者再多说两句。

我当初开这门课的目的，除了教书育人的公心，还有偷师学艺的私心。秉承着"古之学者为己"的先师教诲，我希望借着这个机会，可以补补瘸腿，自己先提高提高。因为当过老师的人都知道，备课是最好的学习，讲课是最好的复习。讲授本课和写作本书的过程，始终督促我重新学习，揣摩高手的典范作品，反思自己的研究经历，雕琢自己的写作手笔，了解更多的数据资源，摸索更实用的检索技巧。更何况，还有请来的这些老师和专家，让我真真正正做回了学生，可以从最基础的也是最重要的那些内容学起。这实在是很开心的事情。我常常从这些老师和专家的讲解中获得灵感，发现可以着手去做的一些新的研究方向。我希望今后能够把这些计划付诸实施，那时就可以有更多的经验和实例与同学们和师友们分享。

同时，做老师还会获得的一种快乐，就是从学生那里学习。一堂课上完，收获的不仅是学生，也包括老师。把学生当成自己的老师，这是我从学生变为老师以后最快意的事情。就如同父母会从孩子身上懂得生命的意义，老师会从学生那里懂得知识的意义，学术的意义，真理的意义。和"抱"一样，"育"是相互的。父母子女的养育是如此，老师学生的教育也是如此。我必须感谢我的学生们。我从你们那里学到了很多很多。你们也许现在还不能体会，教学的目的虽然是教会学生，但是教学的结果，却常常是教会了老师。而且老师常常会比学生学到的更多，因为老师投入的心血和时间更多。这是教师的秘密。

懂得这个秘密的老师，既会感谢自己的学生，也会为其中的一些人感到遗憾。如果比自己的老师学到的还少，那岂不是太亏了么？所以我想对今后的学生和本书的读者说，学习的目的不是过程，而是结果。就像比赛要赢得锦标，学习要学到了本事才算。要赢得比赛，就必须投入比赛。要学到本事，就必须投入学习。一个课堂就像一个猎场,所有人都是猎手,每个学生,也包括老师。重要的是带着自己的猎物,满载而归。这里没有什么"曾经拥有",没有什么"享受过程"。除非你上的是"老年大学"。你必须"上手",必须"下场",必须和所有竞争者展开角逐。没有人会把自己的猎物白白给你。老师也不会。相反,他们会和你争夺猎物。也包括老师。一个总是把自己的猎物分给年轻猎手的老猎人,是不负责任的,甚至是害人的。好老师应当逼着学生自己学会研究,就像好猎人必须逼着后辈自己学会打猎。老猎人对年轻猎手的训练就是让他们彼此竞争,如果他们都表现得太过平庸,就必须亲自下场示范,猎杀一只猛兽来羞辱他们。老师对学生也需要如此。如果你们彼此的竞争不够激烈,那么老师就必须加入这场智识的竞技,打败你从而教会你。真正教会你的,一定是曾经杀的你丢盔弃甲、灰头土脸的那个。有时那是你的同学,有时,那是你的老师。所以,如果你仍然不能比你的同学和老师从这门学问中学到的更多,你就必须加倍努力。没有人一开始就是学习这场竞争的"卢瑟"。但最终总有人是。对于一个老师而言,对于每个学生而言,最好的结果都是:最终的"卢瑟"是这个老师。我想,有我这样一个初学者和门外汉做老师,还有一个好处,就是容易被学生超越,因此能够给他们更大的信心。

但是我希望自己的学生和读者能够明白,当你们觉得本课或者本书不再解渴时,先不要急于迈向下一个阶段。有时候看会不等于学会。你们应该再多下些功夫,把基础打牢。不论文献检索还是文章写作,都偏重于技能而非知识。知识的学习容易,多讲多考,学生自然多记多背。技能的学习困难,即使倒背如流,也可能不得要领。从老师的角度来说,唯一的办法只能是多做训练。这样才会像叶先生讲的,"使学生学的东西变成他们自己的东西"。[9] 而从学生的角度来说,也需要把自己当小学生,从基本功练起,多查多写。

本书因此没有追求面面俱到。学生和读者自己能够学会的,本书就没有再教。比如关于学术规范和注释体例的内容,只是放在了附录部分。自己摸索,有自己摸索的好处。记得我第一次写"挑战杯"的论文的时候,根本不知道论文该怎么写,也没有任何人教。我就跑到期刊阅览室,一篇一篇去看老师们的文章,一点一滴地看如何选题、如何开头、如何论证、如何结尾,以及如何做注释,如何写鸣谢。就这么照虎画猫,照葫芦画瓢,我的第一篇作品写出来了。现在回过头看,文章还很幼稚。然而重要的是,我毕竟从此开始了解一篇论文最基本的要素,开始摸索论文写作的技巧,也开始运用自己掌握的各种资料。不论好坏,总要有个开始。只要完成了第一个作品,就自然有了心得体会。许许多多看起来很难的事情,往往只是因为第一层窗户纸没捅破。捅破了这层窗户纸,就是另一个天地。只要坚持住了,总有柳暗花

---

⑨　叶圣陶:同注①,第137页。

明、云破月开的时候。

　　最终，"为己之学"，亦可以是"为人之学"。为己为人，终究是孟子所说，"君子欲其自得之"："自得之，则居之安；居之安，则资之深；资之深，则取之左右逢其原。"⑩希望这本书，能够成为"君子自得"的铺路石吧。

2012 年 12 月 28—31 日，于西双版纳

---

⑩《孟子·离娄下》。

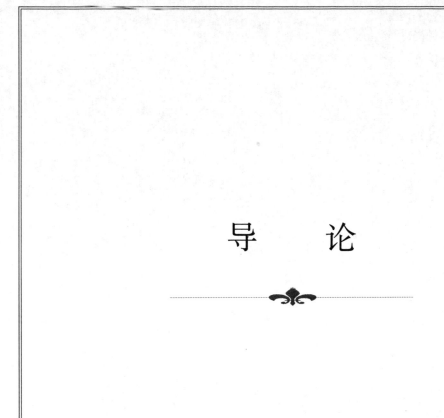

导　　论

第一讲　法律写作导论:旨趣与本末

学术研究历来有不同的旨趣取向。大体说来,有材料主义和视角主义两种。对法学研究来说也是如此。

一、材料主义

所谓材料主义,是以写作素材为核心的写作方式。顾名思义,材料主义以材料为基础,通过对材料的搜集、整理和阐释,逐渐形成研究思路和写作内容。傅斯年先生在《历史语言研究所工作之旨趣》中,格外论证了写作材料的重要性,例如"近代的历史学只是史料学,利用自然科学供给我们的一切工具,整理一切可逢着的史料"[1],又如"材料愈扩充,学问愈进步"。[2]　材料既然如此重要,积累材料上当然不能吝惜努力,傅先生将这一过程形象地描述为"上穷碧落下黄泉,动手动脚找东西!"[3]

傅斯年先生进一步结合历史学研究,谈了材料主义的三个重要意义。首先,材料的更新若能直接回答现有研究存在的问题,必然能够推动学术向前发展,因为"凡能直接研究材料,便进步。……科学研究中的题目是事实之汇集,因事实之研究而更产生别个题目。所以有些从前世传来的题目经过若干时期,不是被解决了,乃是被解散了,因为新的事实证明了旧来问题不成问题,这样的问题不管它困了多少年的学者,一经为后来先现的事实所不许之后,自然失了它的成力成立问题的地位。破坏了遗传的问题,解决了事实逼出来的问题,这学问自然进步"。[4]　其次,学术进步不仅体现在其纵向发展、不限于解决旧问题和提出新问题,还在于学术范围的横向扩张,也即研究材料的不断丰富、研究领域的不断拓宽。正如傅先生所言,"凡一种学问能扩张它研究的材料便进步,不能的便退步。西洋人研究中国或牵连中国的事物,本来没有很多的成绩,因为他们读中国书不能亲切,认中国事实不能严辨,所以关于一切文字审求,文籍考订,史事辨别,等等,在他们永远一筹莫展。但他们却有些地方比我们范围来得宽些。……如最有趣的一些材料,如神祇崇拜、歌谣、民俗,各地各时雕刻文式之差别,中国人把他们忽略了千百年,还是欧洲人开头为规模的注意。……西洋人做学问不是去读书,是动手动脚到处寻找新材料,随时扩大旧范围,所以这学问才有四方的发展,向上的增高。"[5]最后,积累学术研究的写作素材时,尤其应当视野广阔,在以积累本学科的材料为本时,也应善于运用其他学科的既有材料和成果。"凡一种学问能扩充它作研究时应用的工具的,则进步;不能的,则退步。实验学家之相竟如斗宝一般,不得其器,不成其事……

---

[1]　傅斯年:"历史语言研究所工作之旨趣",《中国古代思想与学术十论》,广西师范大学出版社2006年版,第182页。

[2]　同上。

[3]　同上书,第187页。

[4]　同上书,第180页。

[5]　同上书,第181页。

如现代的历史学研究,已经成了一个各种科学的方法之汇集。地质、地理、考古、生物、气象、天文等学,无一不供给研究历史问题者之工具。"⑥这意味着,交叉学科的研究成果,都可以成为历史研究的素材。

法学研究当然也是同理。回头来看近三十年的法学发展,西方法学成果和制度成果,无疑是对中国法学研究影响最大的知识来源。就此而言,主流的中国法学旨趣,实际上是材料主义。研究哪些材料——哪个国家,哪个时期,哪个学派,哪个制度,如此等等——实际上常常影响着甚至决定了一个作者的学术观点。

二、视角主义

相较于材料主义对于写作素材本身的重视,视角主义更强调对材料的不同解读。量子力学上海森堡的"测不准定理",就是这种视角主义的极佳体现:当用看波的方法去看光的时候,光就是波;当用看粒的方法去看光时,光就是粒。两种视角结合在一起,就发现了光的"波粒二象性"。如果物理学还能提供第三种、第四视角,那么光的物理性质就还有第三、第四种。视角对行动的影响,在社会现象中仍是如此。正如一位博弈论学者所说,"我们每个人对这一问题的回答,都对我们在与他人的社会、政治和经济关系中的思考和行动,产生着根本性的影响。"⑦法律的解释,也当然会受到这种视角主义的影响。例如,以法教义学的方法进行法律解释时,法律便被当作了一种文本。法律现象相对于整个人类社会而言往往是极其微观的,社会如何去看待某一案件,很大程度上决定了该案件最终呈现的样子。因此,不同的"方法"、"视角"、"进路",对于法律而言不仅仅是理解法律的不同方式,更是创造法律的不同方式。

以"泸州二奶案"为例⑧,这起因丈夫在遗嘱中将"二奶"作为夫妻共同财产的受遗赠人而产生的纠纷,既涉及遗嘱效力问题,也涉及婚姻忠诚问题。当我们说这是一起"遗嘱"案件时,我们已然通过归类为这起案件定了性。接下来我们一定会看到"遗嘱"案件的"法律事实"——已然经过了"法律"这一方法过滤和重新建构之后的"事实"。这已经不是一个现象学意义上的"现象",而是一个经过了"多重解释"之后的"法律建构"。由此作出的判决,自然会将本案理解为一个侵害合法配偶期待利益的视角并不相同。所谓"请求权检索",乃至"法教义学"本身,都是这样一个依据特定"视角"定性和归类争议问题的分析方式。更不用说,如果不仅仅限于法律视角,那么各个科学或者学科所贡献的智识都会对塑造法律产生不同的影响。

既然法律视角(研究方法)参与了法律的塑造,那么法学研究也就不可避免地具有"政策分析"意义,而不仅仅是"科学研究"意义。是的,在这里,"科学研究"或者"政策分析"都是一种视角,好比量子力学中的观察"波"和"粒"的不同实验方法。当不同视角得出的结论并不相同,理论辩论乃至新的理论创造就变得尤为迫切。

每种视角都是一种权力意志。虽然法律是现实存在的,但是如何理解法律,是可能极为不同的,因而"法律是什么"的答案也就极为不同。是的,我们可以有确定的尽管并非全面的"答案",并且可以有一个或者多个"正确答案",但都是"答案"。"答案"取决于"问题"。而

---

⑥ 同上书,第 182 页。
⑦ Robert Axelrod, *The Evolution of Cooperation*, Basic Books,1984, p.3.
⑧ 张学英诉蒋伦芳遗赠纠纷案,(2001)纳溪民初字第 561 号,【法宝引证码】CLI. C. 37779。

问题,则取决于视角。

既然存在解读事实的不同视角,我们在写作时当然也会面临视角的选择问题。一方面,不同视角是替代关系,相互之间存在竞争与角力,比如"光是粒就不是波"。另一方面,各种视角之间也可以是互补关系。正如光可以既是粒也是波,法律也存在主观的与客观的统一,存在学术与政治的多重关怀。

因此,选择不同的视角分析问题、研究"法律是什么"的关键,在于谁在研究法律。因为尽管对事实的解读存在多种"答案",但答案总由特定的"问题"决定,而问题,取决于谁来问,亦即成品已然蕴含了作者的权力。

正是在这里,视角主义因此会对材料主义提出尖锐的批评。在视角主义看来,材料主义只是不自觉的视角主义者,而不可能摆脱视角主义。材料本身不会说话,研究者总有自己的主观倾向。有观点就有偏见,就有视角的选择。问题在于视角的自觉,认识到自己视角的特点和局限,而不是回避或者拒绝视角。

同时,不同视角的存在意味着,我们的理论工具箱中可以有多种认识武器。显微镜、望远镜、凸透镜、凹透镜,都有用处。不同视角都有自己的用处,问题只在于恰当运用于研究对象。学术研究也忌讳一刀切。虽然锤子钉钉子很好用,但是切西瓜、挠痒痒、打苍蝇都用锤子,就不对了。这当然不是锤子本身的问题,而是运用者的问题。特定视角的运用者承担着证明这一视角更适合甚至最适合于研究对象的举证责任。那些总是强调本学科本专业本方法可以解决一切问题的观点,非诬即妄。

因此,学术研究要有意识的选择视角。这既意味着方法论的自觉,也意味着需要博采众长、区分类型、"具体问题具体分析",区分不同情况下具体适用的工具。这主要是因为在不同情境下,法律受到的制约不同,而这些制约力量往往并不因为我们看待法律的方式变化而变化。也即,主权者的选择还要受到客观条件的限制。

三、学术本末

无论旨趣如何,都需要材料和视角的结合。差别只是在于以何者为主。两者都会遇到的问题在于,如何对待自己的和前人的观点。这里提出的问题,实际上是一个学术的本末问题。或者说,是"学"和"术"的关系问题。

很多同学在写论文时,往往并非出自自愿,而是迫于无奈,只能硬着头皮应付学校或者老师的要求。这就是叶圣陶先生所说的"勉强写作":"一定要写作一些文字","可是自己没有什么可写"。⑨ 这是许多学生乃至学者的苦恼。

因为没有自己的想法,就只能拼凑成文,"不得不去采取人家的材料"。⑩ 我们看到很多文章都喜欢罗列前人观点。然而读起来就会感到,贫乏的思想内容与繁冗的表达方式之间极不匹配。没有自己的真知灼见,空有繁复的援引,不但与博学背道而驰,更连平实直白的可贵之处都一并抹杀,只剩装模作样的滑稽与丑态。让我也来罗列几个古人的意见。明代学者唐顺之在《答茅鹿门知县二》以批评唐宋后学为名,谈的就是这个问题:"唐宋而下,文人莫不语性命,谈治道,满纸炫然,一切自托于儒家。然非其涵养蓄聚之素,非真有一段千古不可磨灭之见,而影响勦说,盖头窃尾,如贫人借富人之衣,庄农作大贾之饰,极力装做,丑态

---

⑨　叶圣陶:《怎样写作》,中华书局 2007 年版,第 5 页。
⑩　同上。

尽露。"⑪袁宗道在《论文》中也是一样看法,批评寻章摘句、装模作样:"彼摘古字句入己著作者,是无异缀皮叶于衣袂之中。"用现在的话说,空有寻章摘句,无异于拉大旗作虎皮,穿名牌抬身价,只能是自欺欺人,贻笑大方。

当然,批评寻章摘句,并不是要走向另一个极端,非要句句自出机杼。正如叶先生所说,"人间的思想、情感往往不甚相悬;现在定要写出自己的东西,似乎他人既已说过的,就得避去不说,而要去找人家没有说过的来说"⑫,同样并不可取。无论学生学者,都应当努力吸取前人的成果。正如"生物吸收了种种东西营养自己,却无碍于自己的独立"⑬,反是只有吸收了种种东西营养自己,才能生存、成长和繁衍,从而获得自己的独立。所以叶先生主张,"只须自问有没有话说,不用问这话是不是人家说过。"实际上,有过一些写作经验的人都会知道,"所写的东西只要是自己的,实在很难得遇到与人家雷同的情形。"⑭所谓"不谋而合",不过是思想贫乏、智识平庸的另一种说法:只有雷同的头脑才会不谋而合。

应该怎么样呢? 叶先生说,就是努力"写出自己的东西"。既要"切乎生活","合于事理的真际";又要"本于内心","发乎情性的自然"。叶先生将之称为"求诚",⑮就是"有什么说什么"⑯,有什么写什么。叶先生所主张的"求诚",也就是明代学者唐顺之所谓的"本色"。唐顺之以先秦学术为榜样,主张好的学术,必须有自己的"本色",也就是提出作者自己的真知灼见:"秦汉以前,儒家者有儒家本色,至如老庄家有老庄本色,纵横家有纵横本色,名家、墨家、阴阳家皆有本色。虽其为术也驳,而莫不皆有一段千古不可磨灭之见。"⑰这种"学者本色"、真知灼见,并非自作多情、无病呻吟。用李贽在《杂说》中的话说,应当是触景生情,不吐不快才好:"其胸中有如许无状可怪之事,其喉间有如许欲吐而不敢吐之物,其口头又时时有许多欲语而莫可所以告语之处,蓄极积久,势不能遏。一旦见景生情,触目兴叹,夺他人之酒杯,浇自己之垒块;诉心中之不平,感数奇于千载。"⑱技法只是次要的,真知才是根本。学者的第一要务,不是寻章摘句,而是学识见地。这就是"学术本末"的问题:"非谓一切抹杀,以文字绝不足为也;盖谓学者先务,有源委本末之别耳。"⑲

学者本色,真知灼见,不是一时可得,要靠平日积累。好的作品,不是强求能作出来的。所以叶先生讲,"要文章写得像个样儿,不该在拿起笔来的时候才问该怎么样,应该在拿起笔来之前多做准备工夫。"⑳"写任何门类的东西,写得好不好,妥当不妥当,当然决定于构思、动笔、修改那一连串的工夫。但是再往根上想,就知道那一连串的工夫之前还有许多工夫,所起的决定作用更大。那许多工夫都是在平时做的,并不是为写东西做准备的,一道写东西的时候却成了极为重要的基础。"㉑如俗话所说,"功夫在诗外"。对此,黄宗羲讲得透彻:"读经史百家,则虽不见一诗,而诗在其中。……若无王、孟、李、杜之学,徒借枕籍咀嚼之力以求

⑪　唐顺之:"答茅鹿门知县二",《荆川集》,吉林出版社 2005 年版。
⑫　叶圣陶:同注 9,第 6 页。
⑬　同上。
⑭　同上。
⑮　同上,第 7 页。
⑯　同上,第 105 页。
⑰　袁宗道:《白苏斋类集》,上海古籍出版社 2007 年版。
⑱　李贽:《李贽文集》,社会科学出版社 2000 年版。
⑲　同上。
⑳　叶圣陶:同注 9,第 43 页。
㉑　同上,第 118 页。

其似，盖未有不伪者也。"[22]其实一切学问的根本，都是黄氏诗论的这个道理。这里的问题，也是我们后面将要重点所讲的内容，那就是一个研究必须有自己的"经义"。只有经义独到，见解深刻，如一个线绳，把各种章句妙语如铜钱串连起来，才会写出好文章，作出好学问。而研究之"经义"，需要学问涵养，"蓄极积久"，不是靠投机取巧能获得的。那种"借富人之衣"，"作大贾之饰"的装腔作势，只能是自曝其丑。做好一个研究，旁人都帮不上忙，除了自己真有学问，没有别的办法。像笑话里说的，肚子里没孩子，怎么能生的出来呢。这个道理大家平日里都懂，但是一到自己做研究、写文章，很容易就忘记了。我们后面会给大家讲一些技法的问题，但是在一开始，一定要强调学术的本末问题。《大学》有云："物有本末，事有终始。知所先后，则近道矣。"[23]此之谓也。

　　也是这个缘故，法学写作是所有法律写作的基础。法律意见，司法判决，以及其他各类的法律写作，都需要法学研究的基本功。千万不要以为写不好法学论文的，却可以写好法律意见和司法判决。对大多数人来说，这个门槛在念书的时候过不去，以后就是一辈子都过不去，只能在低水平原地转圈。这也是法学院为什么要以"毕业论文"作为学生培养的最终考核标准。本书的定位也是如此。

㉒ 黄宗羲："南雷诗历·题辞"，《黄宗羲全集》，浙江古籍出版社 2005 年版。
㉓ 王文锦：《大学中庸译注》，中华书局 2008 年版。

第二讲 电子资源检索

第一节 电子资源概述

材料主义也好,视角主义也好,学术研究总是离不开查资料。信息时代,查资料的主要方式已经变为电子资源检索。

一、电子资源概况

据美国科学基金会统计,在一个科研人员的全部科研时间中,查找和消化科技资料上的时间占 51%,计划思考占 8%,实验研究占 32%,书面总结仅占 9%。由上述统计数字可以看出,科研人员全部科研时间的 60% 都花费在了科技出版物上。与科学研究相似,对现存文献资料的搜集和归纳也是人文社科论文写作的必经阶段:只有充分掌握现有资源,才能在此基础上阐发出更有创见的思想;只有了解既存观点,才能更好地取长补短、完善自家理论。因此,良好的检索能力是论文写作的基本功,法学论文写作也不例外。

但另一项研究调查显示,人文社科用户在科研过程中,收集查找文献的时间占全部科研时间的比例如下:19% 的人用 20% 左右的时间;72% 的人用 40%—50% 的时间;9% 的人用70%—80% 的时间。这项研究结果表明,从整体上看,相较于自然科学用户,人文社科用户在科研过程中会将更多的时间用于查阅文献。这部分是因为人文社科研究对文献的依赖性更强,人文社科文献的内容也更具复杂性和模糊性,但教研人员对科学的检索方法尚欠掌握也是造成这一现象的重要原因。尤其是在资源高度信息化、电子化的现代社会,电子资源一方面为人们提供了了解信息的便捷渠道,另一方面也为人们获取信息设置了一定的壁垒——只有了解在何处能查找到最有用的资源,掌握电子资源的检索技巧,才能最有效地获取科学研究所必需的信息,才能打赢这场"信息战"。

那么,如何在众多信息网络资源和电子数据库中定位到自己所需的资源,如何使用选定的数据库查找资料,就成为了问题的关键,这也是本书在法律检索部分所要回答的问题。

大多数网络使用者在查找信息时都会在第一时间求助于互联网搜索引擎室和门户网站。"知之为知之,不知 Google/ 百度之"便体现了这个信息时代的特质。对于搜索时事资讯、日常生活信息,或是旅游资源来说,搜索引擎或门户网站的确能便捷地提供足够充分的信息。专业的法律检索,事实上还可以使用门户网站 find laws。然而,对于学术论文或专业文书写作而言,上述往往并非最佳选择。首先,由于搜索引擎的检索结果一般根据相关度和搜索词频率作降序排列,而互联网使用者的需求和使用习惯各异,在搜索引擎中键入某项关键词往往难以得到学术研究最需要的素材,而可能出现大量不相关的垃圾信息。其次,搜索引擎的指向以网页而非信息源为单位,因此可能导致某一次检索出现多个包含同样内容的结果网页,在这些网页中进行甄别和筛选会大大增加检索的时间成本、降低检索效率。再次,搜索引擎的检索结果很多都缺少原始资源、数据的引证,如果直接引用会极大程度地降低学术论文写作的严谨性。最后,门户网站的信息较新且更新速度快,比较适合搜索时事新闻,但学术研究往往需要追溯至前人成果或其历史背景,这是一般门户网站所不能提供的;同时,门户网站也带有更多的服务提供方特色,比如聘请特定的专栏作家或由特定的记者撰写新闻,即使是对事实的描述也往往会带有这些作家或记者的个人倾向,如果仅从门户网站上获取信息,便容易导致信息偏在的问题。

基于上述种种原因,作为学术论文写作基础的检索,尤其是电子资源检索,应当对互联网搜索引擎和门户网站的使用持谨慎的态度,不应过度依赖其提供的信息。而电子数据库中的信息来源更具多样性、专业性和完整性,因此,相比于搜索引擎和门户网站,电子数据库能够为学术论文写作提供更好的支持,我们在论文写作的准备阶段和资料搜集、检索阶段应重视和合理使用电子数据库。

但另一方面,信息时代的电子数据库数量繁多,在收录资源的类型、数量、质量、时间段等方面都有区别,因而在写作论文时,需要根据不同题材或主题加以选择。在此即以北京大学图书馆提供的电子资源为例,对不同类型的电子资源进行简要介绍。

北京大学图书馆的电子资源分为电子数据库、电子期刊及电子图书。其中数据库有 370 余种、410 多个,覆盖了北京大学所有重点学科;电子期刊包括中文电子期刊 9000 余种,其中纸质期刊 4000 余种,及西文电子期刊 13000 余种,其中纸质期刊 3000 余种。电子期刊除覆盖北大所有重点学科外,更通过订阅工程、能源、医学、农业等学科的期刊弥补了传统资源的不足。电子图书包括中文图书 16 万余册,覆盖北大所有学科并以教学参考资料为主;中文电子古籍可供同学们进行开放式使用;西文电子图书有 6000 余册。

在上述电子资源中,电子数据库涵盖多种期刊和图书的内容,并能提供原始文献之外的许多参考信息,以其内容丰富性和综合性成为科研检索的首选工具。

数据库主要分为全文数据库(full-text databases)、参考数据库(reference databases)和事实数据库(factual databases)三种。其中全文数据库是收录原始文献全文的数据库,以期刊论文、会议论文、政府出版物、研究报告、法律条文和案例、商业信息等为主,如WilsonSelect、Academic Research Library、Academic Search Premier、PQDD、中国法律法规全文库等。参考数据库是包含了各种数据、信息或知识的原始来源和属性的数据库,如书目、文摘、索引等,如 SCI、EI、CSA、DII、PQDD、CA、Toxline、CNKI 题录数据库等。事实数据库是包含了大量数据、事实的数据库,如数值数据库、指南数据库、术语数据库,相当于纸本文献中的字典、手册、年鉴、百科全书、组织机构指南、人名录、公式与数表、图册(集)等,如 BeilStein、ISI Chemistry、LEXIS. COM、GaleNet、中国资讯行、万方标准数据库、万方统计资料数据库等。

如前文所述,电子资源,尤其是电子数据库,数量繁多且功能各异,本章不能逐一介绍,只是希望通过介绍与法学论文写作相关的电子资源使读者获得对法律检索主要工具的基本认识。在之后的章节,笔者也将结合具体例证一一详述各种电子资源的功能。

二、法律专业数据库

主要的法律专业数据库,包括北大法律信息网(又称"北大法宝")、北大法意、Lexis 数据库(以下简称 Lexis)、Westlaw 数据库(以下简称 Westlaw)和 HeinOnline 法律数据库等。其中 Lexis 和 Westlaw 是美国著名的两大法律检索公司,这两大数据库的使用是英美法系法律人的必修技能,在其成立的一百多年发展过程中,这两大数据库不仅成为从事法律实务必不可少的工具,也为普通法系的发展,尤其是判例的规范化、体系化提供了重要支持。目前,Lexis和 Westlaw 已经成为全球范围内最重要的两个英文法律专业数据库,不仅在普通法系国家被广泛应用,也为不少大陆法系国家在提高对法律检索的重视程度、打造本土化的法律检索工具方面提供了成功的模板。北大法律信息网和北大法意作为国内第一批诞生的中文法律专业数据库,经过十多年发展已经初具规模,在中文法律检索方面为国内法律人提供了不可替代的优势资源。随着我国法学与法律事业的进一步发展,以及法律人对法律检索能力重视程度的提高,这两大数据库还在不断改进和完善,在巩固自身品牌优势的同时促进国内法学专业的发展。HeinOnline 法律数据库是美国著名的法律全文数据库,由于该数据库所收录的期刊是从创刊开始,为许多学术期刊回溯查询提供了重要资源,因此也成为法律检索的常用工具。下文将依次对这几个数据库进行简要介绍。

（一）北大法律信息网

北大法律信息网(http://www.chinalawinfo.com/,如图 0.2.1)主要栏目包括法律法规数据库、中国法律检索系统、中国法律英文译本库、中国法学期刊数据库、中国司法案例数据库、专题参考等。

图　0.2.1

（二）北大法意

北大法意网(http://www.lawyee.net/,如图 0.2.2)由北京大学实证法务研究所出品,该数据库以案例、法规、论文为基本分析单元,从不同角度解析各种类型的法律信息。此外,在法规检索方面,北大法意网开发出逐个法条的全文检索功能;在案例检索方面,法意网开发出案例的复合检索功能。该数据库包含法院案例、法律法规、法学论著、合同文本、法律文书、法律咨询、法学辞典、统计数据、金融法库、法意周刊、政报文告、审判参考、立法资料、行政执法、法务流程、司法考试与法律人十七大子数据库。

图　0.2.2

（三）Lexis 法律专业数据库

Lexis（http://www.Lexis.com/，如图 0.2.3）是美国的两大法律检索巨头之一，提供了非常丰富的法律信息，其搜索界面的资源包括：

判例法：提供美国、欧盟、英国、澳大利亚、加拿大、中国香港地区、马来西亚、新西兰、南非等国家和地区的判例；

全球立法：提供包括美国在内的 26 个国家的立法、判例或贸易投资法律实务信息；

美国与英国的立法历史与政治：提供美国国会议案信息、各州议案追踪、霍尔兹伯里英国法案每月评论，帮助用户了解立法历史与政治背景；

综合全面的美国法律数据：美国约 300 年的联邦与州的案例，1790 年以来的最高法院案例，最高法院上诉案例，1789 年以来的地方法院案例，联邦及州的立法、法规、规则等；

法学期刊：包括美国、英国核心法学期刊的全文资料，如《耶鲁法学评论》（*Yale Law Journal*）、《哈佛法律评论》（*Harvard Law Review*）；

法律报告：除了提供美国法律报告和法理学及美国判例报告注解、法律重述外，还提供美国法理学（第二版）、律师杂志集等数据库；

谢泼德引证（Shepard's）：提供具有 130 多年历史的享誉全球的谢泼德引证服务，整理了自 1789 年以来最高法院审理过的案件的历史记录、目前状况以及各方意见情况，并且列举了所有曾经引用过此案的其他案件，以及其他权威人士的引用，包括注释和法律评论文章；

知识产权：提供美国、英国、欧盟的专利以及美国、英国、加拿大、欧盟、WIPO 的商标检索；

法律新闻：收录了 300 多种美国及其他国家的法律报纸、杂志和新闻中的法律报道，既可以通过地域范围来搜索，也可以通过涉及的法律实务分类来查询；

其他参考文献:包括 Martindale-Hubbell 出版的涉及商业、培训、ABA 继续法律教育、统计数字方面的信息资料。其中包括 160 个国家的《律师事务所名录》《辩论裁判目录》《法学院及教授名录》等。

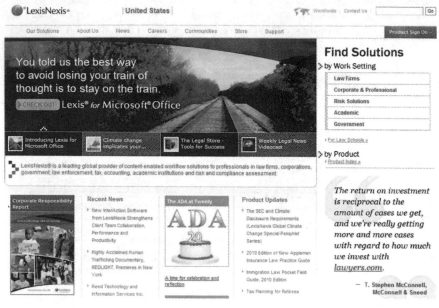

图　0.2.3

（四）Westlaw 法律专业数据库

Westlaw 法律在线数据库(http://www.westlawinternational.com/,如图 0.2.4)是与 Lexis 齐名的在线法律研究工具,它提供来自全球的大量法律信息以及时事新闻和商业资讯。同样针对法学院、政府和从事法律实务的律师、公司法务人员的不同需求研发了不同法律检索产品,其检索服务同样涵盖了判例法、立法历史、法律法规、法学期刊、时事新闻等诸多范围,并提供独具特色的 Key Cite 引证服务。与 Lexis 相比,Westlaw 的操作界面被认为更为简明、容易上手,但根据用户操作习惯的不同,使用 Lexis 与 Westlaw 的用户比例大体均等,这也使得这两家法律专业数据库在联合垄断市场的同时彼此存在竞争,从而促使其不断完善服务质量。

图　0.2.4

（五）HeinOnline 法律专业数据库

HeinOnline 是美国著名的法律全文数据库（http://www.heinonline.org，如图 0.2.5，图 0.2.6），涵盖全球最具权威性的近 1300 种法律研究期刊，同时还包含 675 卷国际法领域权威巨著、10 万多个案例、1000 多部精品法学学术专著和美国联邦政府报告全文等。该数据库的特色在于其所收录的期刊均是从创刊开始，大多数资源已更新到检索时的前一年，是许多学术期刊回溯查询的重要资源，曾获得国际法律图书馆协会（IALL）、美国法律图书馆协会（AALL）等颁发的奖项。

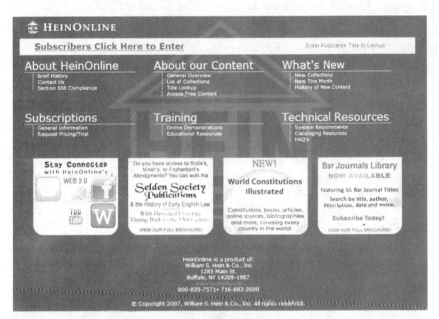

图　0.2.5

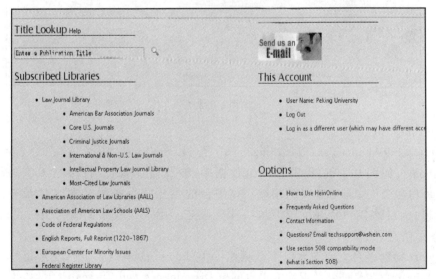

图　0.2.6

三、综合性人文社科数据库

由于法学的社会科学性质,在法学学术论文的写作过程中经常需要了解和运用其他学科的人文社会科学知识。尤其是在跨学科研究越来越普及的学术环境中,法学专业以外的学科思维方式就更凸显出其重要性。因此,除法律专业数据库外,综合性的人文社科数据库也成为法律检索过程中重要的综合信息来源。同时,该类数据库往往也将法学设为其子库之一,即综合性数据库本身也包含丰富的法律信息资源。主要的综合性人文社科数据库包括 JSTOR、ProQuest、EBSCO、Periodicals Archive Online 等,现介绍如下:

(一) JSTOR

JSTOR 全名为 Journal Storage(http://www.jstor.org/,如图 0.2.7),是一个于 1995 年成立的对过期期刊进行数字化的非营利性机构。目前,JSTOR 的全文库是以政治学、经济学、哲学、历史等人文社会学科主题为中心,兼有一般科学性主题共十几个领域的代表性学术期刊的全文库。JSTOR 全文资料库所提供的期刊绝大部分都从 1 卷 1 期开始,回溯年代最早至 1665 年。库中的"最新期刊"多为三至五年前的期刊,这与一般定义的最新出版的期刊不同,两者之间有一段固定的时间间隔,称为推迟间隔(Moving Wall)。目前,JSTOR 收录期刊有 1110 种。

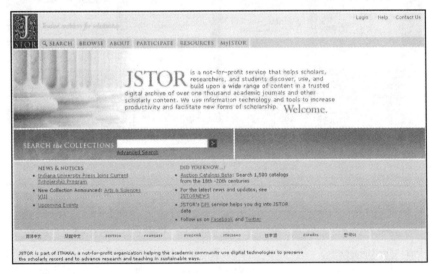

图　0.2.7

(二) ProQuest

ProQuest Information and Learning 公司通过 ProQuest 数据库平台(http://www.proquest.com/,如图 0.2.8)提供了一组数据库,涉及商业管理、社会与人文科学、科学与技术、金融与税务、医药学等广泛领域。该平台的主要特点是将二次文献与一次文献"捆绑"在一起,为最终用户提供文献获取一体化服务。用户在检索文摘索引时可以实时获取大部分全文信息。

ProQuest 检索平台主要包含以下数据库:ABI/Inform Global(商业信息数据库),Academic Research Library(学术研究数据库),ProQuest Dissertations and Theses-A&I(ProQuest 博硕士论文数据库)。

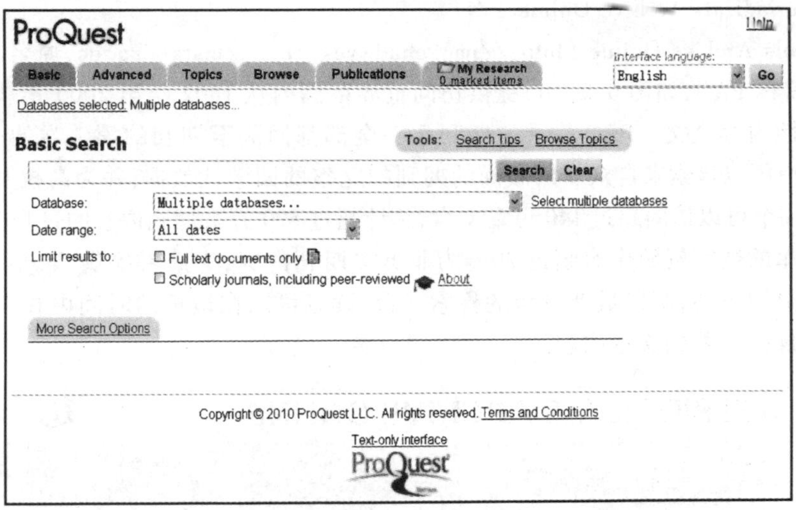

图　0.2.8

（三）EBSCO

EBSCO 数据公司（http：//search. ebscohost. com/）是一个具有 60 多年历史的大型文献服务专业公司,总部在美国,分部遍及全球 19 个国家。EBSCO 开发了近 100 多个电子文献数据库,涉及自然科学、社会科学、人文和艺术等多种学术领域。

其中两个主要全文数据库是：Academic Search Premier（学术期刊数据库,简称 ASP,如图0.2.9）与 Business Source Premier（商业资源数据库,简称 BSP）。其中,学术期刊数据库是收录了 4700 多种全文期刊的多学科全文数据库,涉及的文献主题主要有社会科学、人文、教育、计算机科学、工程、物理、化学、艺术、医学等。商业资源数据库是商业研究全文数据库,不仅包括 2300 多种全文期刊,还提供国家经济报告、公司介绍等信息。

除 ASP 与 BSP 以外,EBSCO 还有一些特色数据库,如：ERIC,收录了教育类文献与资源；MEDLINE,收录的文献涉及所有医学领域；Newspaper Source,全文数据库,收录 35 种美国及其他国家报纸、30 多种美国地区性报纸、来自广播电视的新闻脚本；Regional Business News,收录美国地区性的商业出版物的全文数据库,包括商业期刊、报纸及通讯等。

图　0.2.9

（四）Periodicals Archive Online

Periodicals Archive Online（http://pao. chadwyck. co. uk/marketing. do，原名 PCI Full Text（tm），以下简称 PAO，如图 0.2.10）提供访问世界范围内从 1802 年至 2000 年著名人文社科类期刊回溯性内容全文。PAO 收录的期刊几乎全部都回溯至期刊的第 1 卷的第 1 期（创刊号），使得用户可以检索来自众多出版商的期刊的完整的回溯性数据，并为高校及科研机构的读者提供了一个可以访问超过 140 万篇文章，总计超过 890 万页期刊内容的过刊在线图书馆。

该数据库的数字资源中有超过 20% 为非英文期刊内容，为读者提供了访问非英语国家期刊信息资源的机会，配以最新升级的检索平台，读者可以在最短的时间内在广泛的信息资源当中找到自己所需的文章内容。

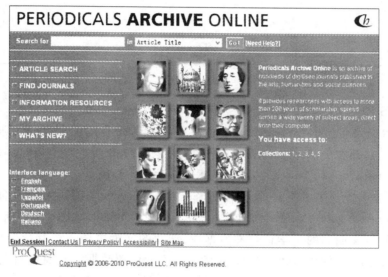

图　0.2.10

（五）WilsonSelect

WilsonSelect 是 H. W. Wilson 公司的全文库，文章选自多种学科的 1600 多种期刊，偏重于社会人文科学。在其网上数据库说明中可以看到这些期刊的列表。进入包含该数据库的 OCLC FirstSearch 系统中（http://firstsearch. oclc. org，如图 0.2.11）。

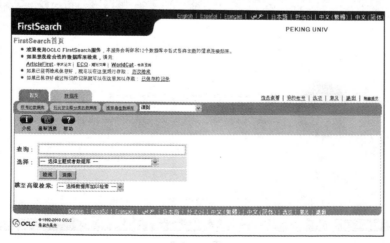

图　0.2.11

（六）Project MUSE

Project MUSE(http://muse.jhu.edu/,如图 0.2.12)是 John Hopkins 大学出版社与其 Milton S. Eisenhower 图书馆的非营利性合作项目,旨在传播高质量的艺术、人文和社会科学领域的学术知识。该项目成立于 1995 年,随着其他出版社不断加入,截至 2009 年 7 月,该项目已由最初的 1 家出版社、49 种在线期刊发展为 105 家出版社、420 余种期刊、15.3 万余篇全文文献的在线数据库,并且数量不断增长。

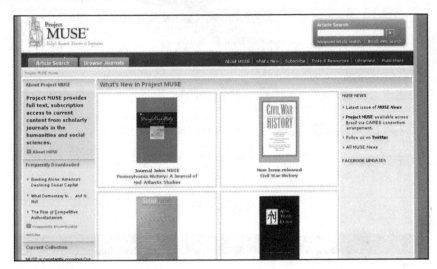

图 0.2.12

四、其他数据库

如本节第一部分所述,数据库主要分为全文数据库、参考数据库(主要是引文索引型参考数据库)和事实数据库三种。第二部分介绍的五个法律专业数据库与第三部分介绍的大部分综合性人文社科数据库都属于全文数据库。全文数据库是提供原始信息最完整、检索过程中第一手资料的重要来源,也是法律检索的主要工具。但参考数据库与事实数据库包含了各种数据、信息或知识的原始来源和属性,并在第一手资源的基础上进行了分析归纳,为使用者提供了筛选资源的参考坐标。因而,对于学术论文的写作,尤其是选题宏大、涉及写作者不甚熟悉领域的论文写作,这两种数据库的重要性也不容忽视。

（一）引文索引型参考数据库

按照第一手资源的内容属性,可以将引文索引型参考数据库分为以下几种:

期刊论文等(收录/被引),如 SCI、SSCI、A&HCI;会议论文等(收录/被引),如 CPCI-S、CPCI-SSH;工程类期刊及会议论文(收录),如 EI;中国期刊发表的论文等(收录/被引),如 CSCD、CSSCI。

下图(图 0.2.13, 0.2.14)提供了在 ISI web of knowledge(http://isiknowledge.com)中进行引文索引检索的基本方法。ISI web of knowledge 是 SCI(《科学引文索引》)的网络版,收录了 5900 余种期刊文摘和引文,内容涉及自然科学、工程技术的各个领域,是一个基于 Web 建立的整合数字研究环境,为不同层次、不同学科领域的学术研究人员提供信息服务的数据库。图 0.2.13 是选择需要进行引文索引分析的专业领域,图 0.2.14 显示了选定专业领域后数据库生成的分析结果,该结果从引证频次、文章影响力等方面进行综合分析,为使用者提供了全面的参考信息。

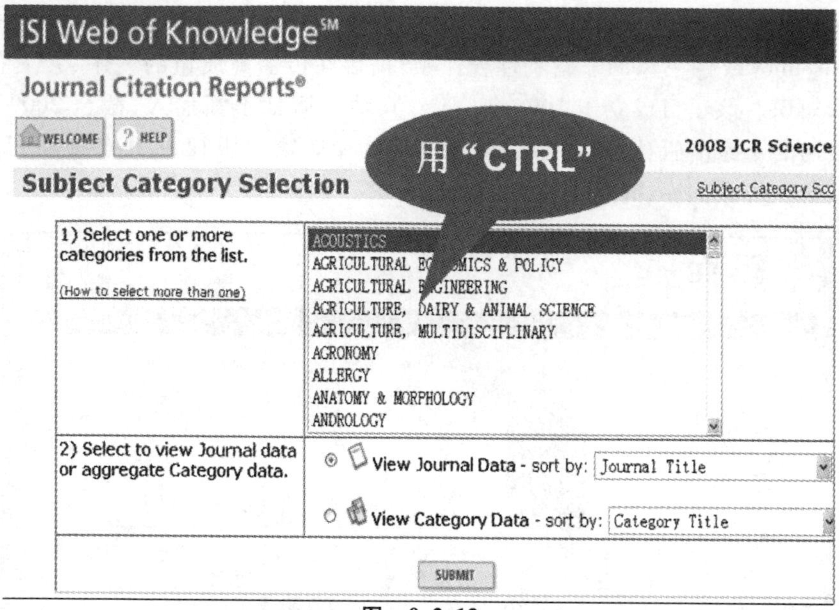

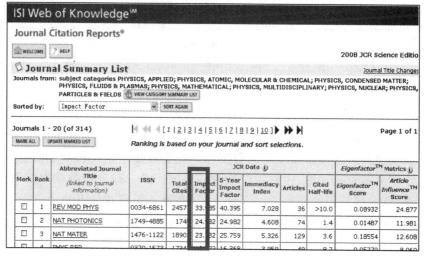

图 0.2.13

图 0.2.14

（二）事实型参考数据库

事实型参考数据库是包含了大量数据、事实的数据库，如数值数据库、指南数据库、术语数据库，即一般意义上的电子工具书。

与法学论文写作相关的主要西文事实型参考数据库有此前介绍的 Lexis 公司的 Lexis.com，主要提供法律资讯；Encyclopedia Britannica Online（如图0.2.15），不列颠百科全书的在线数据库；GaleNet 数据库：包括传记资源中心、文学资源中心、学会名录大全；WorldAlmanac：世界年鉴；BVD 数据库：包括 BANKSCOPE（全球银行与金融机构分析库）、EIU CountryData（各国宏观经济指标宝典）、ISIS（全球保险公司分析库）、OSIRIS（全球上市公司分析库）、QIN（中国30万家企业财务分析库）、ZEPHYR（全球并购交易分析库）等。

　　主要的中文事实型参考数据库有中国资讯行:包括名词解释库、商业报告库、上市公司文献库、统计数据库;新华社特供数据库:包括人物库、中外名词翻译库、组织机构库;力力数据资源系统:包括公司产品库、成果数据库等。

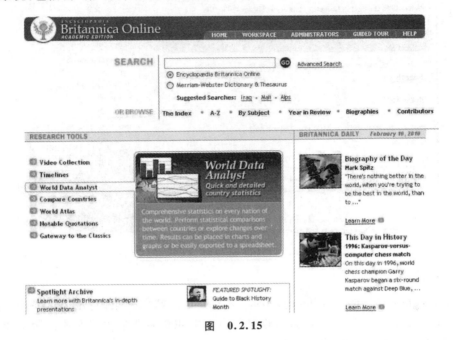

图　0.2.15

五、电子图书

　　除电子数据库外,电子资源还包括电子图书。与数据库和期刊相较,图书对特定主题的阐释更加完整。无论是对于想要初步了解某一问题的使用者,还是对于在初步检索过程中已经找到某一本权威论著的使用者,图书都是最好的资源。与传统的纸质图书相比,电子图书又具有借阅方便、浏览快捷、方便复制和及时做笔记的特点,因而也是我们在信息网络时代有力的检索工具。

　　主要的西文电子图书包括 Netlibrary、Mylibrary、Early American Imprints(美国早期印刷品,简称 EAI)、Early English Books Online(早期英文图书在线,简称 EEBO)、Eighteenth Century Collection Online(十八世纪作品在线,简称 EECO)等。

　　(一) NetLibrary

　　NetLibrary(http://www.netlibrary.com/)是 OCLC(Online Computer Library Center)的一个部门,是当前世界上电子图书的主要提供商,它提供来自 300 多个出版商的 5 万多种高质量电子图书,其中 90% 是 1990 年后出版的,每月均增加几千种。NetLibrary 电子图书覆盖了以下主要学科:科学、技术、医学、生命科学、计算机科学、经济、工商、文学、历史、艺术、社会与行为科学、哲学、教育学等。NetLibrary 的搜索及阅读界面如图 0.2.16。

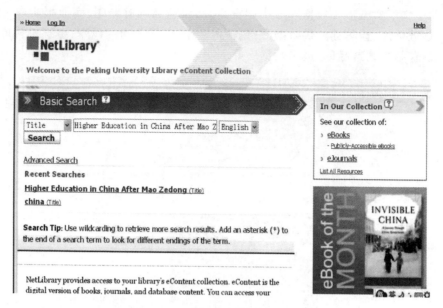

图 0.2.16

（二）Myilibrary

Myilibrary（http://www.myilibrary.com/）来自英格拉姆数字集团,是与世界出版商和学术出版社紧密结合的电子书平台,目前收录了世界上 400 多个学术和专业出版商出版的内容,涵盖理、工、农、医、文、史、哲等领域。

自 2009 年开始,中国高校人文社会科学文献中心（China Academic Humanities and Social Sciences Library,简称 CASHL）组织了 MyiLibrary 电子书集团采购,到 2009 年底共购进 4425 种电子图书,其中包括人文及社会科学类 3661 种,科学、技术和医学类 764 种,以后每年还会不断增加。Myilibrary 的检索界面见图 0.2.17。

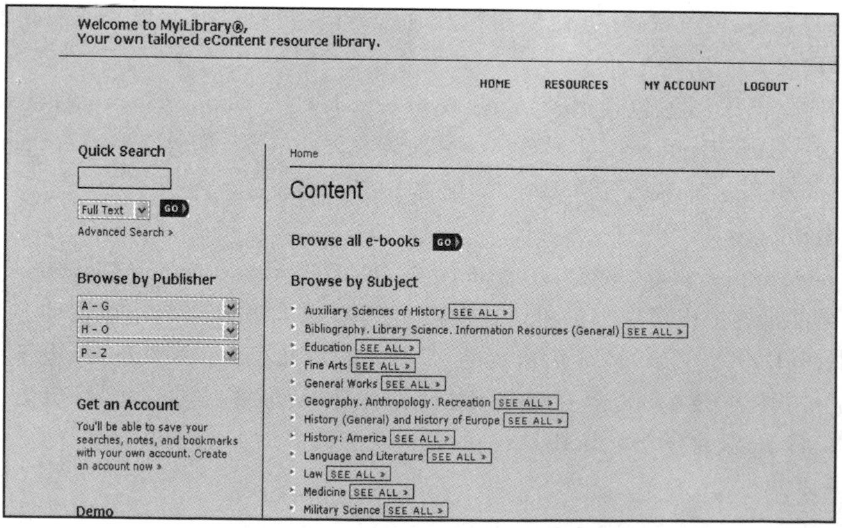

图 0.2.17

主要的中文电子图书包括方正 Apabi（见图 0.2.18）、读秀（见图 0.2.19）、四库全书（见图 0.2.20）、四部丛刊、CADAL、二十五史、超星、书生之家等。

图 0.2.18

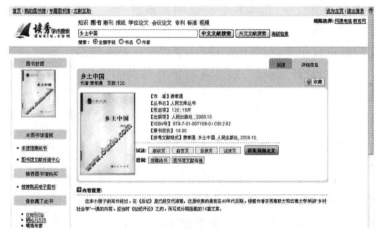

图 0.2.19

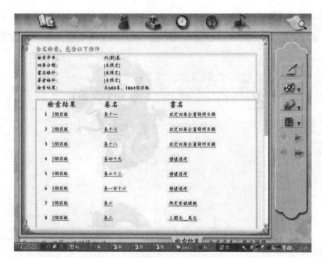

图 0.2.20

六、免费网络资源

前文介绍的电子资源,无论是数据库、期刊或图书,都需要用户注册付费后方可使用。对于集体用户如学校或公司而言,只要凭集体密码或在公司购买数据库的 IP 字段内均可免费使用,十分便利。但对于个人用户而言,同时购买多种电子资源就不够方便和经济,在这种情况下,可以考虑通过一些免费网络资源获取信息。

免费网络资源有搜索引擎。如前文所述,搜索引擎虽然具有信息的高度集成性和使用的方便性,但对于学术论文的写作而言仍不能提供充分的支持。学科信息门户网站是另一种免费网络资源,它是将特定学科领域的网上信息资源、工具和服务集成到一个整体中,为用户提供一个方便的信息检索和服务入口。该种资源与搜索引擎最大的不同在于其信息资源经严格选择,因而在明确检索主题的情况下,通过学科信息门户网站能够提高检索效率。

本节重点介绍另一种免费网络资源,即 OA 出版物。OA 出版物即开放获取出版物(open access,简称 OA),是国际科技界、学术界、出版界、信息传播界为推动科研成果利用因特网自由传播而发起的运动,以此促进科学信息的广泛传播,促进学术信息的交流与出版,提升科学研究的公共利用程度,保障科学信息的长期保存。与前两种免费网络资源相较,OA 出版物更具专业性、集成性和知识性。所谓专业性,是指其针对特定的专业领域,主要针对学术研究信息和教育科研用户;所谓集成性,是指其把专业领域所需要的各种资源与服务凝聚到一个知识体系中;所谓知识性,是指其根据对知识内容及其关系的分析来选择、描述和组织资源及服务。

查找 OA 电子期刊可以通过在搜索引擎中直接输入期刊名或访问电子期刊集成网站进行。著名的电子期刊集成网站有 HighWire Press、DOAJ 等。

(一) HighWire Press

HighWire Press(http://highwire.stanford.edu/,如图 0.2.21)由美国斯坦福大学图书馆创立,是全球最大的免费提供全文的学术文献出版商之一。其收录电子期刊 340 多种,文章总数已达 130 多万篇,其中超过 58 万篇文章可免费获得全文,且这些数据还在不断增加。HighWire Press 收录的期刊覆盖以下学科:生命科学、医学、物理学、社会科学、生态与环境科学等。

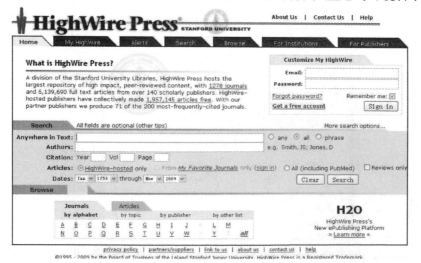

图　0.2.21

(二) Directory of Open Access Journals

Directory of Open Access Journals (简称 DOAJ, http://www.doaj.org/, 如图 0.2.22) 由 Lund University 建立, 提供有质量控制的可免费获取的网上电子期刊资源。其目标是建成一个无学科、无语言限制的综合性科学期刊系统, 方便科研人员使用, 并可提升期刊的显示度。目前该网站已收集了超过 2000 种期刊, 并把这些期刊分成了 17 个大类, 73 个小类, 其中包括农业、生命科学、化学、数学、物理、天文学、工程技术、环境科学、社会科学等。

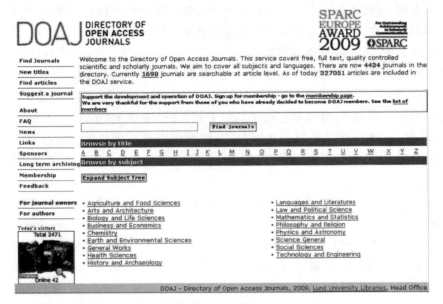

图 0.2.22

Tips:

1. 学术论文的信息检索不能过度依赖互联网搜索引擎和门户网站。

2. 电子数据库的使用和付费问题:

多数电子数据库都需要用户注册成为会员并付费, 在校大学生可以通过登录学校图书馆所购买的数据库进入, 或者使用本章介绍的免费网络资源。

3. 电子资源访问模式:

电子资源一般都是 web 版的, 即可以直接在网页上浏览。个别资源需要安装客户端以供阅读, 如: 方正 Apabi 电子书、四库全书电子版、CADAL 电子图书 (非本地)、中国基本古籍库、Beilstein/GmelinCrossFire 等。

第二节 基础检索技巧

在对电子资源有了基本了解, 知道了电子资源的不同类型以及应当如何选择后, 还需要掌握一定的检索技巧。因为大型商业性数据库一般都经过精心设计、组织, 其检索系统较为复杂, 功能也相应较多, 在选择了合适的数据库后, 如何查全、查准、查精仍然是亟待解决的问题。本节即从检索词的选择和组配、检索字段的选择、检索方式的选择、精确检索与模糊检索的区别等几方面简要介绍基础的检索技巧。为了帮助同学们直观地了解这些检索技巧,我们以大家平时最为常用的"中国知网"为例。

一、检索词的选择与组配

(一)检索词的选择

根据检索方式的不同,检索可以通过直接输入检索词或输入检索式两种方式来进行。检索式一般只有熟练掌握检索技巧的专家检索才会用到;在简单检索和高级检索中,一般都需要输入检索词,因此选择适当的检索词便十分重要。关于专家检索的技巧,此后的章节还会结合具体例证讲解,在此仅介绍选择检索词的基础技巧。

选择合适的检索词,最关键的要求便是"准"。表达同一概念的检索词往往不止一个。以本书选择的交通肇事案件所关注的量刑与赔偿关系为例,对于"赔偿导致量刑减轻"的假设就可能存在"赔钱减刑""花钱买刑""以钱赎刑""赔偿减刑"等多种表达方式。即使是对于特定名词或概念的翻译,也可能存在不同的表述,如经济学上"tragedy of the commons"概念,中文就存在"公地悲剧""公用地悲剧"等多种常用表述。在存在多个检索词的情况下,如果漏掉关键同义词,很可能会导致遗失重要文件信息,因此检索词的选择应当特别注意不要漏掉同义词。

在英文数据库中,一般可以通过词根加通配符"＊"或者"!"来穷举检索词不同的词形变化,以免漏检。例如"construct＊"或"construct!"可以同时包括 construction、constructor、constructive 等多个同源词汇。在中文数据库中,可以使用连接符"或"(OR)来连接同义检索词,如"公用地悲剧"或"公地悲剧"。但此项技巧只适用于已知同义词的情况,能够同时检索多个同义词。如果需要从某个特定概念出发,完整地检索出全部同义词,还存在一定难度。对于这种情况,技巧之一是使用辞典查找某一词汇的同义词或相近翻译。如图 0.2.23所示,通过在 CNKI 的网上翻译助手(http://dict.cnki.net)中查询"tragedy of the commons",能够得到其不同翻译版本的使用频率。类似的翻译工具还有北大法律信息网提供的中英文对照界面、在线同义词辞典(http://thesaurus.com/)等。另一点需要注意的便是注意同义词的积累。因为检索是一个逐步推进的过程,在检索和阅读文章、书籍的过程中,都可能出现已有检索词的同义词,注意积累这些新发现的同义词并用其再次检索,说不定就能有新的收获。

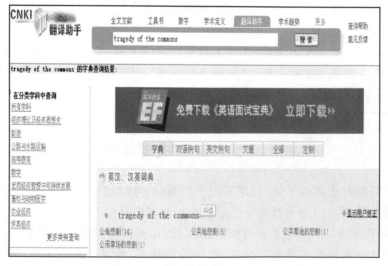

图　0.2.23

（二）检索词的组配

一个复杂的检索课题，往往包含若干个检索词，因此在准确选择合适的检索词的基础上，需要使用逻辑算符将这些检索词组配起来。检索词的组配也是高级检索方式所运用的基础技巧。基本的布尔逻辑算符包括 AND、OR、NOT。OR 如上文所述，用来连接多个同义检索词，它们彼此之间是"或"的关系，由此形成整个检索课题的一组检索词；AND 表示两个（组）或两个（组）以上的检索词同时出现在检索结果中；NOT 表示排除关系，"A"NOT"B"即表示检索结果含有检索词 A 但不含有 B。

例如，检索法律领域对"公地悲剧"的研究的检索式可以是：（法律 or 司法）and（公地悲剧 or 公用地悲剧）。其中法律和司法组成一组近义检索词，公地悲剧和公用地悲剧是表达同一概念的另一组检索词，检索要求两组词同时出现。

关于检索词的组配还有其他检索技术，如嵌套、限制、大小写敏感、禁用词等，涉及更复杂的检索式构造，多用于专家检索方式，在此暂不详述。

二、检索字段

检索字段是检索词在被检中文献中出现的位置，检索字段包括题名/篇名、关键词、摘要、主题、全文等。选择不同的检索字段会得到不同的检索结果。一般而言，选择题名/篇名作为检索字段得到的检索结果最少，选择关键词、摘要、主题和全文作为检索字段得到的检索结果会依次增多。

例如：在中国知网（http://www.cnki.net/）中检索对"搭便车"问题的研究，结果如下：限定检索词为"搭便车"，2003 年到 2010 年全文数据库中，篇名作为检索字段得到检索结果 4 条（图 0.2.24），2003 年到 2010 年全文数据库中，使用关键词作为检索字段得到结果 23 条（图 0.2.25），使用摘要作为检索字段得到结果 41 条（图 0.2.26），使用主题作为检索字段得到结果 54 条（图 0.2.27）。当然也可以将全文作为检索字段。

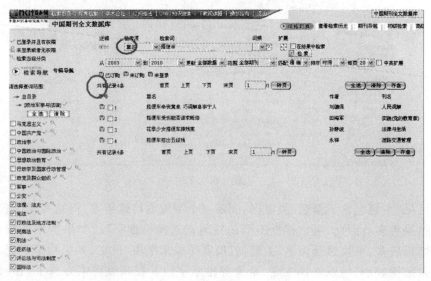

图　0.2.24

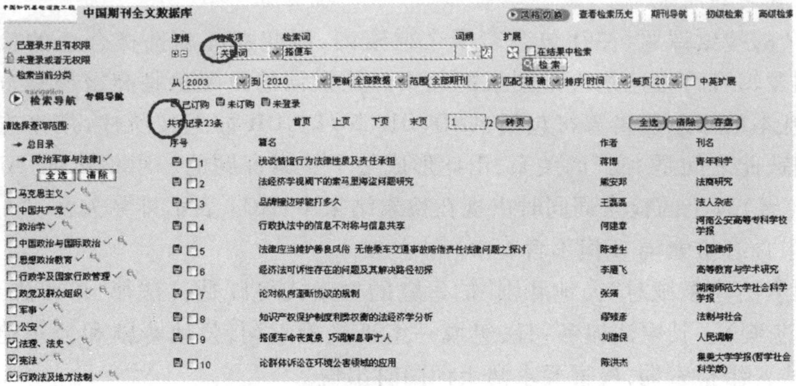

图 0.2.25

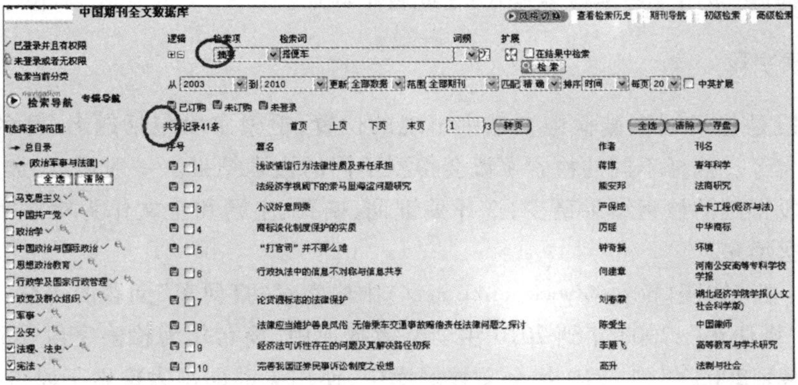

图 0.2.26

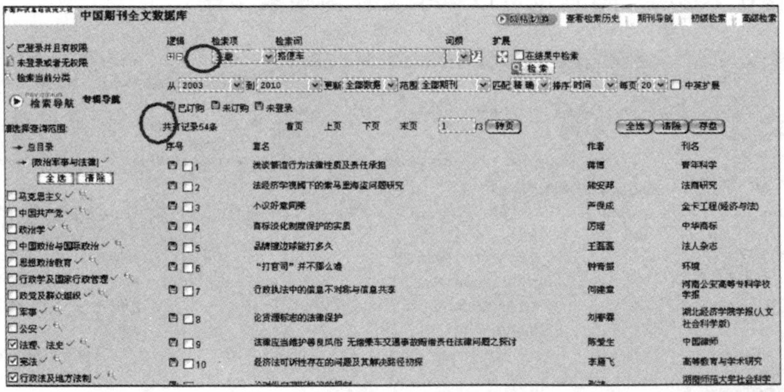

图 0.2.27

由此可见,主题包含了篇名、关键词、摘要三个字段的检索结果,而选择全文作为检索字段得到的结果更多。因此,可以根据不同的检索词选择检索字段,如果检索词较为常见,与其关联的结果较多,可以选择篇名、关键词、摘要等检索字段;反之,如果检索词是专业词汇、限定的结果范围较小,可以选择主题、全文等检索字段。在高级检索方式下,还可以将多种检索字段进行组配,如在"主题"字段中检索"司法",并将"作者"限定为"卡多佐"。

(三)模糊检索与精确检索

除了检索词和检索字段的选择外,一般数据库还有设置检索词匹配度的功能,即选择匹配度为模糊或精确。模糊检索是指直接输入一个词组，系统默认词组中单个的词之间是 AND 的关系，即检索结果中同时出现这两个词即可，而不管其是否相邻及前后顺序。精确检索表示检索结果中，只能出现和输入词组完全一样的结果，用检索式表达需要用引号或括号将输入的词组包围起来。

　　模糊检索得到的结果大体上都比精确检索多。建议第一次检索的时候，适用模糊检索功能，扩大搜索范围，避免遗漏重要信息，第二次检索的时候适用精确检索。

　　需要注意的是，在期刊网中，作者名称和单位名称一般都需要进行精确匹配，因为模糊匹配所导致的部分匹配可能与检索初衷背离。例如，如果希望查找作者单位为"北京大学"的文献，在模糊匹配方式下，很有可能检索出"北京师范大学""北京公安大学"等。同时，检索作者名称和单位名称时，一定要注意尽量全面检索作者可能使用的不同单位名称表述，比如沈宗灵教授的单位名称可能是"北京大学法学院"，也可能是"北京大学"。如果仅对"北京大学法学院"进行精确匹配，会漏掉其单位为"北京大学"的结果文献。又如，在中国知网中，检索主题为"宪法"的论文，对单位为"北京大学"进行模糊检索得到的结果为 15 条，对单位为"北京大学法学院"进行模糊检索得到的结果为 9 条，对单位为"北京大学法学院"进行精确检索得到的结果为 20 条，对单位为"北京大学"进行精确检索得到的结果为 173 条。

（四）检索方式

　　检索方式在前几节均或多或少地涉及，主要包括简单检索、高级检索与专家检索。简单检索提供一个检索词输入框和选择检索字段的下拉框，如图 0.2.28、0.2.29。检索字段包括论文、出版物、出版机构等检索入口。简单检索的界面类似 Google、百度等搜索引擎，操作最简便，适合检索入门者或在初步检索，检索词与检索方向尚不明确、充分的情况下使用。

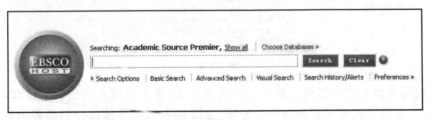

图　0.2.28

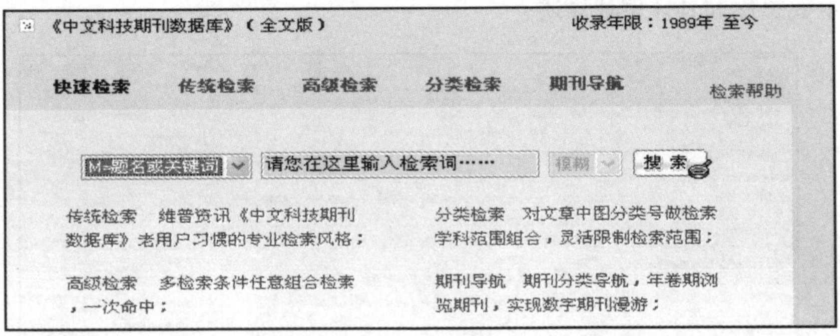

图　0.2.29

　　高级检索提供多个检索条件输入框，可输入一个检索词进行简单检索或输入多个检索词实现不同检索字段的组合检索，一般有更多的检索限制条件，如图 0.2.30、0.2.31。在使用高级检索方式时，可参照前文中检索词与检索方式的选择、组配技巧。

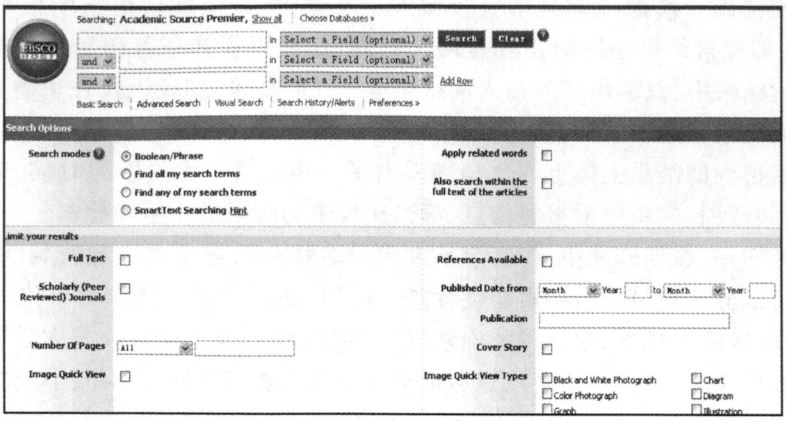

图 0.2.30

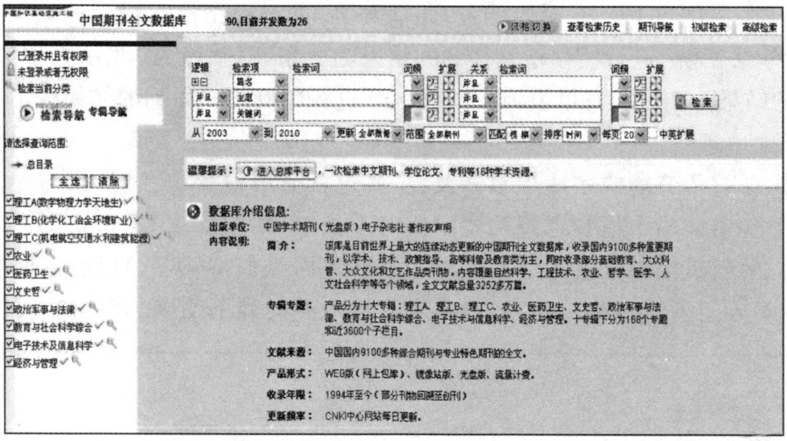

图 0.2.31

专家检索是由用户直接构造检索式的检索方式,除了之前介绍过的基本布尔逻辑运算符外,还有一套自己的符号规则和构造方法,如图 0.2.32。一般适合熟悉各类检索工具、掌握高级检索技巧的专家用以提供信息咨询类服务。专家检索的高级检索技巧将在之后的章节结合特定数据库和具体例证详述。

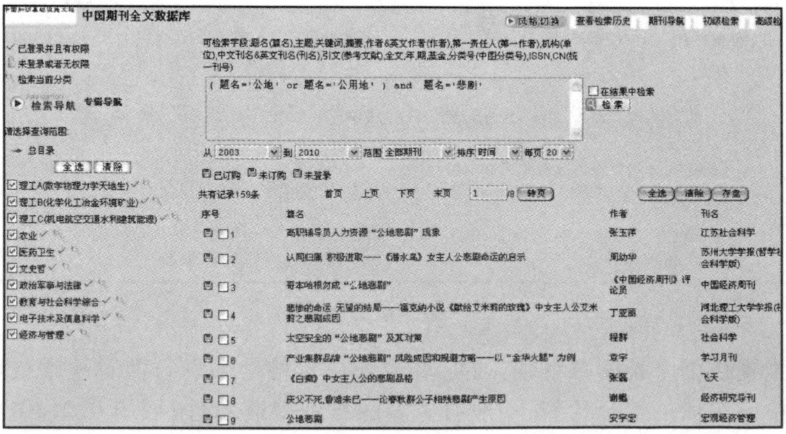

图 0.2.32

（五）浏览

除了上文介绍的检索技巧外，在没有特定检索目标时，浏览也可以被看作一种检索。因为写作是一种日积月累而形成的能力，即使只知道一个大的方向而没有具体检索词，长期养成的问题意识也可能使人在阅读、浏览过程中受到启发，形成事先并不确定的研究思路。

浏览包括期刊浏览和学科主题浏览等方式。期刊浏览主要针对学科核心期刊（如图0.2.33），养成定期浏览期刊的习惯可以帮助读者及时了解该学科学术动态前沿，对自己灵感和写作思路的形成产生潜移默化的影响。学科主题浏览是在数据库中按主题对论文进行分类浏览的方式（如图0.2.34），由此可看出许多杂志并非法学类杂志，但也刊载了法学类的论文。这种浏览方式为读者提供了另一种浏览的视角，可作为期刊浏览的补充。

图　0.2.33

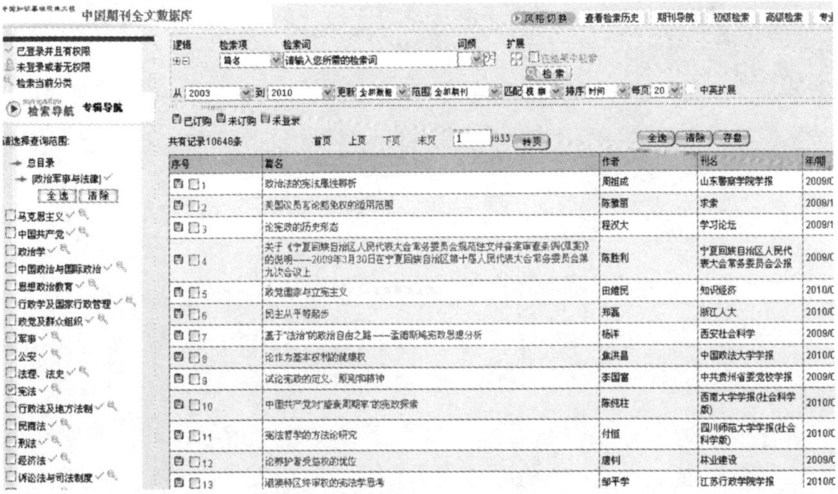

图　0.2.34

（WOS 检索方式、作者/机构的论文统计、根据已知文献线索查找原文）

课堂练习(一)

使用 CNKI 和 SSCI,在以下两个检索主题中选择一个:

1. 有关交通肇事罪(以及相关罪名,比如危害公共安全罪、危险驾驶罪)的中文和英文论文;

2. 有关刑事附带民事诉讼或刑事和解的中文或英文论文。

要求:

1. 写出检索方式和检索词;

2. 阅读相关论文的摘要部分,并尝试进行归纳整理。

第三讲　纸质图书查询

　　尽管电子资源检索已经成为当今学术检索的主要方式,但是了解纸质图书的查询还是必要的。并不是所有资料都能从网络上查到。即使可以查到,由于学术严谨的需要,有时还是需要核对原书原版。这时,就需要进行纸质图书的查询。

第一节　纸质图书的检索路径

　　纸质图书通常可以通过题名、作者、主题、关键词、分类号等方法进行检索,如中国国家图书馆的检索界面(图 0.3.1)和北京大学图书馆首页检索界面的选项(图 0.3.2)。实践中同学们较多使用前几类检索方法,而较少使用图书分类法检索。

图　0.3.1

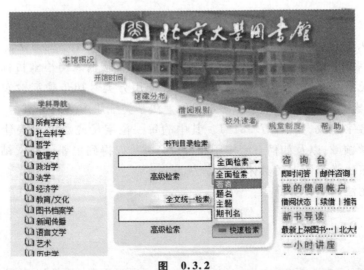

图　0.3.2

使用图书题名、作者、主题、关键词等选项进行检索,具有简明直接、方便操作等优点,但仅使用这些检索路径也可能存在一些问题。比如使用题名或作者检索纸质图书,需要操作者对检索目标有较充分的了解,通常只适用于有明确检索目标的操作者。而使用主题或关键词定位容易出现定位失当的问题,即某一主题词的使用导致检索范围过宽或过窄。以上几种情况,对于严谨的法学论文写作,尤其是希望全面了解某一法学领域的问题却又对该领域不够熟悉的人而言,都是不可欲的。而使用分类法进行纸质图书检索,基本可以避免上述问题,为操作者提供更为全面和准确的检索结果。

第二节　纸质图书的分类检索方法

图书分类法又叫图书分类词表,是按照图书的内容、形式、体裁和读者用途等,按照知识分类的原理,采用科学的逻辑组织方法,将所有学科的图书按其学科内容分成几大类,每一大类下分小类、子小类,依次类推,以将某一专业门类的图书与某一特定序号联系起来。图书分类法保证了同一专业属性图书的集中,便于读者有效地利用。这种按照专业分类原理为图书匹配的序号就叫"分类号",按照分类号进行图书检索就是纸质图书的分类检索方法。

在图书分类发展史上,曾经有很多图书馆学的前辈发明出卓有成效的分类方法,中文图书分类如皮高品先生 1934 年出版的中英对照《中国十进分类法及索引》、裘开明先生关于中国古典文献的分类方法,西文图书分类如美国图书馆专家麦尔威·杜威发明的杜威十进分类法(Dewey Decimal Classification,DDC)等。在这本书中,我们主要介绍的是中国图书馆分类法[①](以下简称"中图法")。因为自 1975 年初版以来,该分类方法已为中国国家图书馆、各高等院校图书馆等大型机构所采纳,成为中文纸质图书检索的主要分类方法。中图法于2010 年出版了第五版,至第五版为止,中图法将文献所包含知识内容划分为马列主义毛泽东思想、哲学、社会科学、自然科学、综合科性图书五大部类,二十二个大类。法学类图书与政治类并列为 D 大类,即"政治、法律"类图书。

第三节　使用中图法检索法学类图书

了解图书分类法的基本原理和历史沿革,并明确现在图书馆基本采用中图法作为图书分类的基本方法后,有必要进一步阐明使用中图法检索法学类图书的方法。

和题名、作者、主题等检索方法不同,分类检索不是直接输入与检索目标相关的文字,而是需要输入抽象的数字,即分类号进行检索,或在使用分类号初步确定检索范围后,结合主题、关键词等检索方法进行二次、甚至多次检索。法学类纸质图书的分类号一般由首位的英文字母与若干数字组成,如 D927.581.1。其中的每一位字母或数字代表什么,该分类号表示的是哪类法学领域,以及如何自己使用和组合分类号以得到想要的检索结果,这需要我们了解中图法项下法学类图书的具体分类方法。

下表为中图法的法律类简表:

---

① 《中国图书馆分类方法》官方网站:http://clc.nlc.gov.cn/,最后访问日期 2010 年 7 月 30 日。

表 0.3.1

D9	法律
D91	法律各部门
D92	中国法律
D93-97	各国法律
D99	国际法

如上表所示,D9 是所有法学类书籍的分类号开头。首先需要明确的是,中图法项下法学类图书都以首位的大写英文字母 D 与若干数字组合而成,数字组合遵循"三位一点"的原则,即从左向右数,每三个数字需要以一个分隔符"."隔开。

其次,表 0.3.1 第二行的 D91 表示"法律各部门",即以 D91 开头表示该分类是以法律部门对图书进行的分类,使用 D91 与法律部门代码组合而成的分类号进行检索,能够得到该法律部门下的书籍,且不受国别限制。下表显示了中图法项下的常用法律部门代码:

表 0.3.2

09	法律汇编	1	国家法、宪法
21	行政法	22	财政法
228	金融法	229	经济法
23	土地法	24	农业经济管理法
25	劳动法	26	自然资源与环境保护法
3	民法	39	婚姻法
339	商法	4	刑法
5	诉讼法	6	司法制度
7	地方法制	9	法制史

即用 D91 加上表 0.3.2 中任一代码可得到与该代码所示的法律部门相关的书籍。如"228"是金融法的代码,这表明,使用 D912.28 的分类号进行检索,能够检索出金融法领域的相关书籍(如图 0.3.3 所示)。这种分类方法的优势在于检索结果不以国别为限,即 D912.28 项下可能检索出中国金融法的相关书籍,也可能检索出美国、德国金融法领域的书籍。

图 0.3.3

再回到表 0.3.1,第三行的 D92 表示中国法律,即以 D92 开头的分类号都是以中国法律为基本类别。在此基础上,与表 0.3.2 所示法律部门代码进行组合能检索得出中国某一特定法律部门的书籍。如“39”是婚姻法的代码,使用 D923.9 的分类号进行检索,能够得出与中国婚姻法相关的图书(如图 0.3.4 所示)。

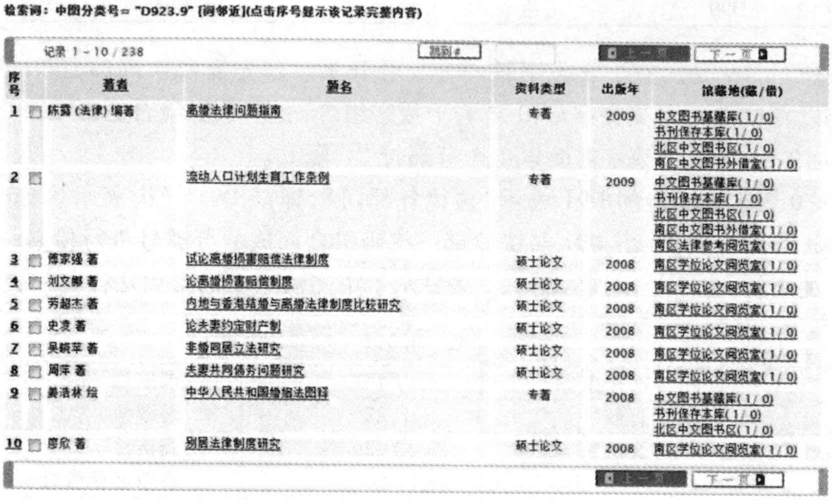
检索词:中图分类号= "D923.9" [词邻近](点击序号显示该记录完整内容)

记录 1 - 10 / 238　跳到#　上一页　下一页

序号	著者	题名	资料类型	出版年	馆藏地(藏/借)
1	陈露(法律)编著	离婚法律问题指南	专著	2009	中文图书基藏库(1/0) 书刊保存本库(1/0) 北区中文图书区(1/0) 南区中文图书外借室(1/0)
2		流动人口计划生育工作条例	专著	2009	中文图书基藏库(1/0) 书刊保存本库(1/0) 北区中文图书区(1/0) 南区中文图书外借室(1/0) 南区法律参考阅览室(1/0)
3	傅家强 著	试论离婚损害赔偿法律制度	硕士论文	2008	南区学位论文阅览室(1/0)
4	刘文郦 著	论离婚损害赔偿制度	硕士论文	2008	南区学位论文阅览室(1/0)
5	芳超杰 著	内地与香港结婚与离婚法律制度比较研究	硕士论文	2008	南区学位论文阅览室(1/0)
6	史凌 著	论夫妻约定财产制	硕士论文	2008	南区学位论文阅览室(1/0)
7	吴晓苹 著	非婚同居立法研究	硕士论文	2008	南区学位论文阅览室(1/0)
8	周萍 著	夫妻共同债务问题研究	硕士论文	2008	南区学位论文阅览室(1/0)
9	龚浩林 绘	中华人民共和国婚姻法图释	专著	2008	中文图书基藏库(1/0) 书刊保存本库(1/0) 北区中文图书区(1/0)
10	廖欣 著	别居法律制度研究	硕士论文	2008	南区学位论文阅览室(1/0)

上一页　下一页

图 0.3.4

表 0.3.1 的第四行是“各国法律”,这是一种简称,如下的表 0.3.3 给出了中图法对主要国家、地区法律的详细代码分类:

表 0.3.3　中图法主要国家、地区代码表

312.6	韩国	313	日本
333	越南	339	新加坡
351	印度	382	以色列
512	苏联	514	捷克
515	匈牙利	516	德国
522	瑞士	546	意大利
561	英国	565	法国
611	澳大利亚	711	加拿大
712	美国	58	台湾
658	香港	659	澳门

也就是说,如果需要查找特定国家某一法律部门的相关图书,使用表 0.3.3 中的代码进行检索更为直接简便。如使用 D931.3 的分类号进行检索,能够查找出与日本法律相关的图书。表 0.3.3 的国家/地区代码与表 0.3.2 的法律部门代码同样可以进行组合,即以 D9、国家/地区代码、法律部门代码的顺序进行组合即可,如 712 为美国国家代码,25 为劳动法代码,D971.225 的分类即代表与美国劳动法相关的图书。

在适当情况下,这种分类法与关键词、主题等检索方法结合使用,可以得到更有效全面的结果。如使用 D971.2 的分类号进行初步检索将图书范围限定在“美国法律”(如图 0.3.5)之后,再在结果中检索以“证券法”为主题的书籍(如图 0.3.6),能得到比直接主题检索“美国证券法”更全面的结果(如图 0.3.7—0.3.9),使用前一种检索方法能得到使用后种检索方法两倍的结果。因为某些图书，即使没有题名为"美国证券法"，也会因为其内容着眼于美国证券业市场发展及其监管规则而被中图法归入"美国法"的范畴，而直接检索"美国证券法"可能检索不到这部分图书。

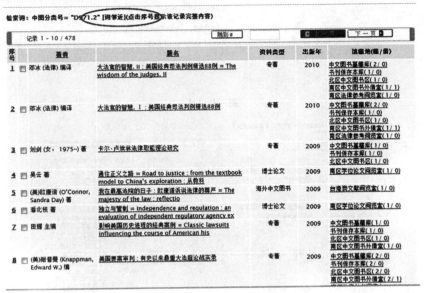

图 0.3.5

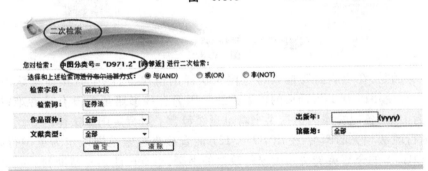

图 0.3.6

图 0.3.7

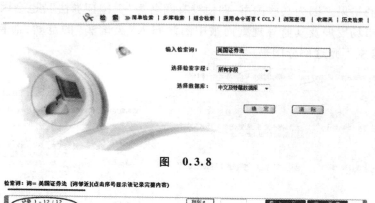

图 0.3.8

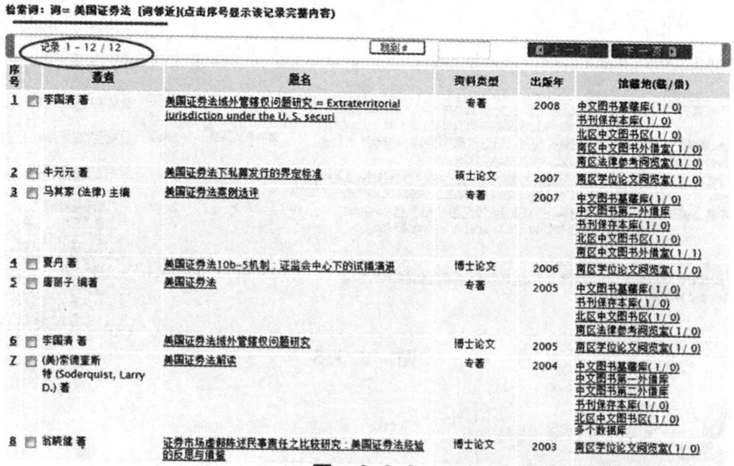

图 0.3.9

需要注意的是,在明确需要检索特定国家法律的情况下,除了直接检索该国家代码之外,有时也需要使用以 D91 为开头的检索方法。因为有些书籍虽然没有或者难以按国别分类,而被归为 D91"各国法律",但这类书籍也当然包含了对特定国家法律的介绍。比如想要查找与英国行政法相关的图书,使用 D956.121 能直接将检索范围限定为英国行政法,但一本被归入 D912.1 的介绍英美法系国家行政法的书籍,也有可能是有帮助的。

最后要说明的是地区代码,表 3.7 最后三栏中的台湾、香港、澳门代码应当与表 0.3.2 中的代码 7,即"地方法制"组合使用。即以 D927 为开头,加上中国某一地区代码的分类号表示该行政区划的法律或地方法规,如 D927.58 表示台湾法律,D927.658 表示香港法律,D927.659.26 表示澳门地区与自然环境和环境保护相关的法律。

Tips:

1. 注意"三位一点";

2. 数字组配一般遵循"国别在前,法律部门在后"的原则;

3. 中图分类号的网上查询地址:http://www.ztflh.com/? c = 1671。

课堂练习(二)

1. 使用中图法检索有关刑事附带民事诉讼、刑事和解的纸质图书。

2. 使用中图法检索有关家庭财产制、公序良俗的纸质图书。

第一编

选题、谋篇与布局

第一讲　选题

　　都说"好的开始是成功的一半"，学术研究也是如此。选择一个合适的题目，是论文写作的关键，"好的选题也意味着论文成功了一半"。然而，如何从纷繁复杂的社会生活与学术理论中选择一个不俗的题目，常常使学生们困扰不已。这一讲中，我将结合自己的研究经验和体会，试图给同学们提供选题的思路与原则，希望能够借此帮助同学们找到一个自己感兴趣的，并且能够激发创作欲望的题目。

第一节　提出自己的问题

　　在开始论文写作之前，必须明白学习和研究的区别。

　　中国学生的论文选题，多是从课堂上得来。不是受到老师讲课的启迪，就是阅读教科书的感悟。因此很多同学都是从教科书出发研究问题，论文最后也写成经典教科书的模样。这是没有弄清楚教科书与论文之间的区别。教科书通常处理的是某一个领域里的基本问题，以传递知识为目的，内容大多以通说为主，其次才是作者自己的研究与看法。因此教科书的重点在于陈述，而非论证。而论文的目的就在于提出一个新的观点，新的视角，是以问题为导向，往往是对既有理论的延伸甚至突破，这就必然要求论文需要找到一个很小的切入点，以小见大地层层推演，展开论证，而不像教科书式那样以讲述通说为主要内容。论文写作的首要目的，不是总结已有知识，而是探索新的知识。

　　这里有一个定位问题。目前的本科生甚至研究生的学术训练，尽管也安排论文写作，但更多地是为了通过论文的形式帮助大家很好地复习课程讲授的内容，可以说只是希望同学们写一篇很好的学习总结或者读书心得，只不过以论文形式表现出来罢了。这种总结式的写作并非没有用处，如果我们要了解中国或者国外关于某个法律问题的研究现状，那么这种读书笔记式的学术研究很能够增进我们对于知识的熟悉程度。但如果你想研究出一些新东西来，对于一个问题能掌握得比较透彻，那么这种方式是不够的。如果仅仅满足于将他人的观点进行归纳总结的话，那么并不是好的论文，只是一篇整理成论文形式的笔记而已。或者，如果你的选题往往是根据老师讲授的内容，是在老师的指导之下，读了老师布置的阅读材料，或者根据老师给的思路来完成写作的，那只能说是老师提出的而不是你自己提出的问题。即使是老师所提出问题的延伸，这个视角也完全是老师给的，你只是在这个视角上作出自己的思考。这当然也可以最终作出一篇好的论文。但是论文写作乃至学术研究中最关键的训练——提出自己的问题，却没有完成。这样，你虽然交了差，毕了业，却是老师帮你交的差、毕的业。你并没有真的通过大学的基本训练。因此，虽然有的同学特别善于在老师提供的视角和思路之后将问题延伸下去，但我还是更希望同学们能够自己发现一些新的视角，新的问题。即使原本是借助了老师提供的视角，也要做到举一反三，触类旁通。只有同学们真正独立地将一个问题提出来，有自己的心得体悟，有自己的观点和视角，才称得上是自己写作了一篇有点意思的论文,才能说通过了大学的学术训练,是一名合格的毕业生。

对于学术研究而言,如何提问才是关键,提问之后的回答只是技术问题。一个美国学者给我讲了个例子,他是美国科斯研究院(Ronald Coase Institute)的主任 BenHam。他说,有一次科斯在伯克利大学做讲座,有同学提了个好问题:"怎么才能提出一个好问题。"科斯是一名杰出的经济学家,是现代制度经济学和法律经济学的奠基人。我们知道,科斯本人是以会提出问题而著名的,他的学术研究总是能提出很好的问题。所以那位学生就问他,说怎么样才能提出好的问题?科斯是怎么回答的呢?他就是手指向下,指了指地面。意思是说,遍地是黄金,只要你向下去看。这里当然有重视经验研究的意思。但是更为基本的意思在于,你得敢于相信自己的眼睛。不要总是把眼睛盯着黑板和书本,盯着别人已经告诉你的东西。而是要用自己的眼睛去发现问题。

将自己所思考的问题变成学术问题来研究,这就是研究和选题的起点。同学们之所以提不出问题,并不是自己真的没有问题。相反,可能是问题太多,不知道从何说起。其实,从何说起都不要紧。关键是,你要"敢于"从自己生活和学习中遇到的困惑出发,提出问题。你们一定会遇到自己的困惑,一定要相信自己的困惑。不要觉得你是初学者。初学者也能提出自己的问题。大家可别觉得老师教的、自己读的、或者书上写的都是真理。人文科学、社会科学甚至自然科学,都是一样的,都没有绝对的真理。所谓真理都是阶段性的,都是可以进一步探索的。

因而,不妨在提笔前先去细致地思考那些长久以来留在自己心里的困惑。我们大多数人都没到经历大知大觉、大彻大悟的时刻,因而心里总有许多困惑的。即使是孔子这样千年一遇的圣贤之人,也是到了四十岁才"不惑",五十岁才"知天命"。什么叫"不惑"、什么叫"知天命"呢?用儒家自己的说法,"不惑"就是"不尤人";"知天命"就是"不怨天"。一个人若是能活到不怨天,不尤人的年纪,基本上就把自己困惑的问题想通了,再多加修养,到了六十岁以后,无论别人怎么说,他也就都能够听得进去了。我们现在还到不了这种境界,无论是对自己不满,还是对社会不满,心里一定还存着些怨天尤人的事。尽管这些问题以后回过头来看可能无比幼稚,但我们现在一定要去珍惜它们、发现自己有困惑就勇敢地抓住它,因为这些问题、困惑植根于我们每个人心中,再好的老师也没法代替,只能自己找到。所以,我们写作时都应当首先想想这样的问题。大到学术专著,小到一个课程论文,题目都不会被限制得那么死,以至于几乎没有任何选择的余地。在这个题目下,或者在这个学科的范围内,我们都应该去想一想,哪些问题是真正困扰我们的,是我们真正所关心的、渴望得到答案的。

其实,不必非要"长久以来"的困惑,平日里灵光一闪的问题,有时候也值得珍惜。我再讲一个自己亲身经历的例子。前些日子,和我母亲一起边看电视边聊天。电视节目是一个关于长城的纪录片。我母亲只是初中学历,高一就辍学了,之后只是从事幼儿教育工作,并不是什么"高知"。但她看这段纪录片的时候,却向我提出了两个很好的学术问题。我母亲的第一个问题是,她觉得秦始皇是个特别"爱家"的人,为了保护自己家的财产,要修个那么大的一堵墙将自己的家给围起来,问我是不是这样。第二个问题是,长城为什么要修得那么宽?如果只是一堵很长的墙,何必要修得如此之宽?

第一个问题,显然具有女性主义视角的特点。第二个问题,尤其具有学术意义。对于长城而言,西方认为这就是个"大墙"(Great Wall),我母亲认为是一个"大道"(Great

Way)。这就很有意思,这意味着对于同一事物的功能的解读可以如此的不一样。仔细琢磨,母亲的话不无道理,事实上长城并不仅仅只是用于防御外地,它还要作为重要的通道,将中国北方的重要区域贯穿起来,达到重要的战略目的。这样看,当时秦朝修了两条通道,一条是贯通南北的直道,另一条也许就是贯通东西的长城(秦长城虽然没有今天我们看到的明清长城那样宽阔,但是也有两三米宽)。为了便利交通,修得越宽就越方便人马过往。在这个意义上,秦始皇修的不是"长城",也不是"长墙",而是"长道"。尽管只是个小小的例子,但是母亲的问题仍然给我以莫大的启发。

这当然来自母亲多年来的生活阅历。母亲从小住平房,都有院子,形成了关于"院墙"的深刻印象。与日常的院墙相比,长城确实看上去太不像墙了。长城太宽也太屈折了,哪里有一点像"墙"呢。而对于一个已经没有古代"城池"经验、生活在现在都市的现代人来说,"长城"也很难让人觉得是"城"。古代所谓的"长城",西方所谓的"大墙",都名不副实。我自己回想以前去八达岭长城的感受,的确和母亲更为相似,那是一条开阔而蜿蜒的"长道"。这样的经验其实我也模糊的有过,只是没能像母亲这样敏锐的提出来。

比起我母亲,大家都是大学生,天之骄子,又是求知欲、创造力鼎盛的年龄。只要我们敢于提出自己的问题,敢于直面自己的困惑,应该能够从自己的日常生活和平时学习的经验中提出更好的问题。

是的,从自己的困惑出发,很大程度上就是从自己的经验出发。"敢于"提问,首先要"珍视"自己的个人经验。个人经验再孤陋粗浅,也是一个人思考学问的起点,正像叶圣陶先生说的,"不从这儿出发就没有根"。① 如果个人经验还很欠缺,应该努力积累,而不是刻意藏拙,掩耳盗铃。不然的话,脱离个人经验提出的问题,不仅一开始就是无本之木,没有生命力,而且很容易毁掉研究的兴趣,连同学术研究本身的生命力一同失去。毕竟那不是自己的问题,缺乏深刻的体会、感悟,没有难以割舍的感情,不会与之一起共度苦乐。叶先生有一番话,说的非常透彻:很多学生学者"以为作文是学校生活中特殊的事,而且须离开自己的经验去想意思,去找材料,自己原有的经验好像不配作为意思、不配充当材料似的",于是挖空心思搜寻那些"说来很好听、写来很漂亮但不和实际生活发生联系的花言巧语。"其结果,往往是把最初的研究激情慢慢耗尽,因为"这种花言巧语必须费很大的力气去搜寻,像猎犬去搜寻潜伏在山林里的野兽。搜寻未必就能得到,所以拿起笔来写不出什么来;许多次老写不出什么来,就觉得作文真是一件讨厌的事。"②这不也是很多学生学者被法学写作所折磨的根源么?

大多数学生,甚至不少学者,从来没有法律的实践经验。所以一到要写论文,只能"回答别人书里的问题",不可能提出自己的问题来。还有的径直把自己的"阅读经验"当做了"实践经验",把从微博、人人、BBS上,从别人写的教科书、论文或者专著中获得的关于法律的最初印象,就当成了法律本身。于是从这些印象出发,进而组合这些印象,便形成了最初的问题。书中读来的往往是国外的法治理想,网上看来的往往是国内的法治现实,于是发问的方式总是惊人的相似,无非是问:为什么中国"没有"、"缺乏"、"不引进"国外的法律制度、法治理念。这类研究,当学生的时候尽可以做,没有人深究。

① 叶圣陶:《怎样写作》,中华书局2007年版,第44页。
② 同上,第47—48页。

因为法学院里的老师学生,大都是这么想这么看的,而且这些问题不会产生实践影响,不会经受实践检验。可是如果工作以后还是这样来提问,那就只会让自己更加困惑。不仅会被老板或者领导骂,自己也会怀疑,从前的"阅读经验"怎么会和自己的"实践经验"相差如此悬殊。这时,那种源自于阅读经验而非实践经验的问题,就会显得苍白无力。霍姆斯所谓的"法律的生命在于经验"③,应当是实践经验而非阅读经验。

当然,从自己的困惑出发,从自己的经验出发,只是一个起点。随着研究的深入,我们应当突破自己的狭隘经验,发现个人困惑的普遍意义。这其中,阅读经验将会发挥非常重要的作用。广义的研究,应当包含学习在内,应当包括对古往今来一切有助于我们思考和解答问题的前人经验和现有理论。一个大体的研究过程是:"疑"—"问"—"学"—"研"。因疑而问,因问而学,学而不得,则有研究。因此要确定研究的主题,当然也要总结前人观点,在学习前人成果的基础上提出自己的问题。毕竟我们都不是"生而知之者",只有通过学习、分析和批判才能够增进我们对于某一问题的认识。甚至可以说,你的研究成果如何,很大程度上取决于你之前学习的透彻程度。这就需要进行资料检索,也是我们后面将要详细讲解的内容。但是,一如前述,资料检索只是技术,尽管是重要的技术。这里始终有一个本末问题,一个我们从一开始就在反复唠叨的问题。这对于以探求真知为目的的论文写作而言,毕竟只是辅助,而不是主旨。不论你是材料主义还是视角主义,通过材料比对还是视角转换,一篇合格论文的基本要求,都是要提出一个新的问题,论证一种新的见解。

第二节　边缘切入中心

那么,如何在自己的众多困惑选择问题呢?我再讲一个自己亲身经历的例子,来为大家讲讲选题过程的另外两个问题——把握学术意象,从边缘切入中心。学术意象能够很好地整合和凝聚作者想表达的艰深学理,"边缘切入中心"则能够帮助作者回避复杂和具有争议的议题,切入问题本质。

2007年4月24日,我因为运动会受伤,卧床在家,碰巧看到了中央电视台第二套经济频道"经济与法"栏目播出的《"小肥羊"争夺战》。那时,我本来正在为即将举办的"北京大学—康奈尔大学财产法研讨会",构思一篇论文。看到这个节目,我立刻改变了主意。原来的提纲被放到一边,我也顾不得伤痛,立刻爬起来打开笔记本电脑,开始了关于本案的写作。要写的内容几乎看完节目就在头脑中形成了,写起来就快了。骨架一两天就写好了,剩下的时间更多是在查阅和补充相关的资料。后来师友们的批评也促使我作出更为细致的论证,内容慢慢血肉丰满起来。

这个案子有两点深深吸引了我。一是"肥羊"这是个有关财产权利的绝好意象。"小肥羊"学术象征与时代象征的复合,极具阐发意味。和争夺"小肥羊"商标的各家企业一样,我也希望争到这个"命名"的初始产权。好的学术意象不容易碰到。碰到而错过了,会是不小的遗憾。当代中国,正处在社会转型的历史时期,每年都有很多热点案件爆发出来,引起学界特别是社会的广泛讨论。有些案件只有短暂的即时效应,有些却

③　Oliver Holmes, Jr., *The Common Law*, with an Introduction by Thomas Schweich, Barnes & Noble Publishing, Inc., 2004, p.1.

可以成为持续的时代和学术象征。这就联系到我选择写作这个案例第二个原因：本案不仅是财产权利和权利争夺的绝好意象，而且是新中国成立六十年中国财产制度变迁和经济法律体制改革的绝好象征。这个案子背后真正的问题，是前三十年的国有化和后三十年的私有化。一组案子，能够记录六十年的制度历史，这不是在所有案件中都能碰到的。

此外还有一个原因，是我后来想到的，就是这个案子是一个从边缘切入中心的极好途径。私有化是一个敏感问题，也是一个热点问题。谈的人很多，但问题重大，纠缠不清，很难处理。选择一个看似与私有化毫不相干的地带，从技术角度切入，就轻易避免了意识形态纷争，也扩展了这个问题的实践外延。如果一个纯技术的知识产权法修改，实际上也在悄然进行着私有化进程，如果一个普普通通的商标权界定，也充满了剥夺、不平等和无效率，那么，也就易于让读者理解，那些更为重大的问题，比如国企改革、农村土地等问题，何尝不会如此。在这个意义上，这个案子也进一步启迪我明白，学术上和战争上一样，边缘即中心。因此，我的论文最终将着眼点限定在《商标法》的第9、11、31条，通过技术化的处理将我对于财产权问题的法学和经济学思考融入其中，感兴趣的同学可以进一步参考我的那篇论文，《肥羊之争》。④

当然，学术意象与"边缘切入中心"这两点带有我个人研究的浓郁色彩，同学们也许会觉得并不适用于你们平时的论文写作。然而，我要说的恰恰是，在选题阶段就应当多花费心思反复琢磨，寻求一个好的学术意象能够激发你的后续想象，给予论文写作的激情，而所谓"边缘切入中心"，恰恰是想让同学们了解，有许多重大的、热点的、敏感的问题并不是只有一种讨论方式，并不是非要一头扎进"国企改革"、"农村土地"这样宏大的议题讨论的方式，而是可以迂回地、巧妙地寻找一个看似与之不相关的边缘话题，将这个边缘话题琢磨透，研究细致甚至精致了，将其中的权利义务关系、经济政治博弈、历史现实交锋呈现出来，从而给那些宏大的议题以现实的启迪。

第三节 "小清新"原则

总结前面诸点，这里提供三个选题的基本原则。三个原则合在一起，叫做"小清新"原则。论文选题其实说简单也简单，就是你要争取做文艺青年，不要做普通青年，"小清新"就是一个基本的评价导向。

小 题目要足够小。初学法律的人，都谈公平、正义、人权、宪政等抽象而宏大的话题，因为他就只听说过这些大词儿。等过了一段时间了，他开始知道什么叫请求权基础、履约责任、物权行为、债权行为、无因性。知道这些东西以后，他脑子里就有了更细的概念。选题也可以按照这样的思路，将本来很大很泛的题目进行细化和加以限制。千万别觉得"限缩"了题目就没有意义了。不怕小，足够小才能找到切入点。那多小算小？这就要看你现在是否能够有能力驾驭。只要觉得问题还驾驭不了，就要马上将题目缩小，将概念进行进一步的界定。事实上，当一个问题限缩得足够小以后，你怎么谈，怎么引申都会很轻松。如果一开始就是大题目，就会越写越难。从读者的角度来说也是如此。程子有云："君子教

---

④ 凌斌："肥羊之争：产权界定的法学和经济学思考——兼论《商标法》第9、11、31条"，《中国法学》2008年第5期。

人有序,先传以小者近者,而后以大者远者。非传以小近,而后不教以远大也。"⑤以小见大,循序渐进,可谓学术通义。

同学们也许还会有困惑,就是"小"的知道了,但是如何"见大"呢?其实所谓"小",就是指切入点要小,尽量地将问题缩小到你可以把握的范围。所谓"大",是指视野要大,从小问题出发将一个大视野内的问题勾连起来。小问题可以变大,可以延伸出来许多问题来。

比如我在写"小肥羊"案子的文章时,是从一个案例写起,将处理的核心问题限缩到《商标法》的三个重要条款。在对法条进行了细致的解读和推理之后,再深入阐述这三个条款背后所预设的商标法法理,最终谈到了产权界定的基本原则以及背后的私有化问题。这就是所谓的"以小见大"。你眼界有多宽,你的问题就有多大。再比如,孤立起来看,你会觉得"马尔代夫"不过是一个旅游的岛群,阳光沙滩,风情无限。然而,如果你有足够的国际政治视野,也许能够捕捉到其实马尔代夫在地缘政治上的战略意义。如果你有足够的想象力,将马尔代夫作为"世界的中心",你就不会觉得马尔代夫的战略地位不重要。如果你将它视为世界中心,重新来看地图,看这个地域与印度、波斯湾、北非、澳大利亚、东南亚的关系,那么你的视角一定会有颠覆性的变化,对许多问题的理解也不同于从前。再比如送达制度,它在法律研究中的地位特别小,也特别偏,然而如果把握得好,可以对整个司法程序、程序正义以及法理学问题都可以有所贡献。

同样是一颗芝麻,在你手里是芝麻,在他人手里就是西瓜。所谓"贤者识其大,不贤者识其小"。⑥ 总之,从再小的问题出发,都可以看到自己从事研究的这个学科领域的发展趋势,洞察到社会的发展方向,把握住国家、时代甚至整个人类社会的核心问题,找到从边缘切入中心的路径。

清题目要自己确实想清楚了。你要研究一个问题,总要对于这个问题有相对清楚的了解。叶圣陶先生讲,"某个题目值得写是一回事,那个题目我能不能写又是一回事。"一个最为简单的选题标准就是,"自问了解得比较确切的,感受比较深刻的,就是适于写的题目。自问了解得不怎么确切,感受得不怎么深刻,虽然是值得写的题目也不要勉强写。"⑦说白了,就是不要写自己完全不懂的东西。最好是之前一直感兴趣或者深有体会的问题。如果你对这个问题长期抱有兴趣,一直有所追踪,有所积累和思考,你对这个问题的来龙去脉有所了解,那么做起研究来就可以驾轻就熟。反过来说,如果刚接触,一时兴起,就要小心,想想自己到底对这个问题了解多少。很多同学,在选择研究题目时,根本没有基本的了解,甚至完全不清楚,一上手才知道问题做不下去,到时候悔之晚矣,进也不是,退也不是。我在参加学生论文的开题、答辩过程中经常感到,很多学生实践上在开题时甚至答辩时还根本不清楚自己研究的问题,满篇都是大词空话,不知所云。很多同学一上来就讲什么什么问题自己很感兴趣,很有意义,然而从来没有机会接触问题的实质,只是看了几本书,听别人说的热闹。真要自己上手,就会知道,研究深入不下去,因为自己能知道的还是那么几本书。这样的研究作出来,也没有任何意义,因为根本没有增进我们对这个问题的理解。

正像叶圣陶先生所说,"不想就写,那是没有的事。没想清楚就写,却是常有的事。"⑧有

---

⑤ 钱穆:《学籥》,九州出版社2010年版,第11页。
⑥ 同上书,第3页。
⑦ 叶圣陶:同注1,第125页。
⑧ 同上,第113页。

的同学对"云计算"感兴趣,想研究这一新技术提出的法律问题,但是对"云计算"完全没有概念,那就没法做。还有学生,写家具市场的法律管制。我们也许都买过家具,但是买过的也不知道这个市场到底是什么回事儿。除非你熟悉家具厂商,有人脉资源,或者自己干过这个行业,有所体会,否则只靠谈原理,梳理有关的法规条文,不可能作出有价值的研究。同学们都到这个年纪了,都不是"白纸"一张了,哪怕自己不懂得,多少都会有身边的资源。所以,别研究那些自己特别没有感受的问题。如果你在这方面很不熟悉的话,就不要贸然去做。应当尽可能选自己相对较熟的、有资源可供研究的题目。

这意味着,只有困惑还不够,还要能够把握住自己的困惑。也就是知道自己到底想要研究的是什么,知道这个研究是否能够找到足够的材料,能够做得下去。如果只是有兴趣、有困惑,但是没有素材,仍然是"无米之炊"。即便发现了自己的困惑,我们也常常会发现,很多问题是经不住追问的。我们平时感兴趣的问题不少,可是一旦推敲起来,却总感觉无法把握问题的本质,甚至不清楚自己为什么要写这个问题。随着写作的进展,这种困扰会不断强化,常让人感觉"卡"在第一个地方,无法再推进。过不了这一关,最后只能抱着应付的心态,勉强将零碎的段落连缀成文,交差了事。这是白白浪费自己的时间和生命。

尤其值得大家深思的是,法律是一门实践学科,研究某类问题,不能只是靠读论文、读书本。那都是前人已经积累的成就,可以作为学习的对象,但是难以作为研究的对象。真去做研究,由于能够借助的都是前人成果,没有自己的心得体会,也就不可能超越前人,不可能作出自己的贡献。即便引入了一些新的视角,经济学的、社会学的、心理学的、生物学的,如果不了解研究对象,也只能是谈些皮毛。别做从书本到书本的学问。这就是前面讲到的"体用"问题:"功夫在诗外"。与其死读书,不如先下些工夫,对自己的研究对象做一些初步的调查研究。这样,有了实践经验,再边思考边读书,对问题有了比较清楚的认识,题目也就可以定下来了。

因此,"清楚自己研究的题目",要求大家"谋定后动",在选题阶段多投入一点时间。选题阶段花的时间越多,思考的越充分,后面就越少走弯路,越快的作出成果。反过来,草草选题,之后就要事倍功半。如果对一个题目还没有概念,就先不要下笔。先做做文献检索,尽量先把问题弄明白,"想清楚然后写"。[9] 同学们现在本科生的毕业论文下限是八千字,硕士论文是三万字,而博士论文是十万字。每一阶段的毕业论文写作都是你研究能力的集中体现,每一阶段的论文写作都会将你在该阶段关于这个主题的所有积累、思考和知识"榨光"。这就要求同学们在一开始,在选题阶段,就能够静下心来,多查资料,多看些书,将问题思考深入,对问题进行追踪。而在写学期论文的时候,也是一样,最好尽早确定一个你感兴趣的主题,边学习边思考,持续地关注它,积累与之相关的所有经验、材料、方法,到了期末也就水到渠成。现在论文写作常见的问题就是"过大、过生、过旧",其根源都在于没有做好前期的选题工作,对已有的学术研究成果并不清楚,导致所写的论文只是重复他人的工作,提不出自己的问题和视角。这样的论文,无疑是非常失败的。如何查到必要的资料,是我们要在后面重点讲解的内容,这里不多赘述。做好了检索,对自己研究和以往成果的关系有了初步把握之后,再和指导老师讨论一下,征求他们的选题意见,基本就可以确定选题了。之后,只要继续好好的调研或者阅读文献,当你对这个题目有了总体的把握和清楚的思路时,你就可以开始写作了。

---

⑨ 同上。

新题目要多多少少有一点新意。对于一个新手来说，千万别碰前人已经研究过好几十年的题目。有了成熟的学术成果的，你还拿来写，那是很难谈出新意的。而且，你研究出来也没多少人会看。因为没有人会相信你在这么基本的问题上会有所贡献。这些基本问题要留到以后慢慢研究。记得以前读书，一位老先生讲，《汉书》是块"熟地"，不易有新建树，让我很受启发。"不耕熟地"，也就是要找寻"处女地"。其实，现代社会"日新月异"，还是有许多新的问题可供研究的，也还是有些问题现在研究不够，有的问题已经发生变化，在其中我们可以选择多多少少还能驾驭的问题来研究。

"新"，既可以是新材料、新问题也可是新方法、新视角。如果有新的案例和新的报道，比如现在有执行和解，那么就为我们从新的材料重新理解"执行难"提供了基础。又比如说"司法确认"的问题，这几年，这个问题的讨论开始热起来，那么我们可以去梳理"司法确认"的历史脉络，说说这个说法是怎么产生的，它和以往的制度有什么不同，是在什么样的制度背景下展开的讨论？还有就是新问题。比如以前的人研究"第二含义"的问题，并没有谈清楚"第二含义"与"第一含义"之间的关系是什么。又比如前文提到的"长城"变成"长墙"还是"长道"的问题，转换一个视角往往会得出不同的体会。还有就是新方法，比如以前人们研究"法益"的救济类型时，采用的多是法律解释的方法，或者传统法理学的方法，而我们可以适用经济学的方法、哲学的方法或者社会学的方法，是不是会得出有意思的观点？以上都是一些例子，供同学们参考。

同学们做研究，"小清新"三个原则，可以有一个顺序。一是，"题中选新"，可以先从众多题目中最"新"的这个问题开始。学习要学习旧的，研究要研究新的。继而，要"新中选清"，研究新颖领域中你所熟悉清楚的问题。开展深入研究之前，要尽可能了解问题大体出在什么地方，知道哪块云彩有雨。最后是"清中选小"，在你清楚的话题中选择足以驾驭的新问题，也就是要尽量做到小题大做、以小见大、见微知著。

第四节　选题举例与拟题技巧

法学领域的研究目前大致可以区分为理论法学与应用法学两类。并不是说理论型的选题就是宏大叙事而不管具体的实践问题，而应用型的研究就只限定在狭小的制度问题而不关注学科背后的法理问题。相反，理论型与应用型的研究都是要有强烈的实践关注感，而且在选题上也同样遵循着"小清新"等一般原则。在这一节中，我们将提供一些理论型和应用型选题，供同学们参考，同学们可以试着用我们在上文中提供的思路，例如"教科书还是论文"的两分法、"小清新"的指导原则和"边缘切入中心"的技巧来检验这些选题，作出自己的判断。在提供这些选题以后，我们还将就拟定题目的技巧做若干讨论，其中最重要的是，拟题要"准确"、"精炼"和"有效"。

一、选题举例

我在自己开设的研究生课程中，设置了"开题报告"和"预答辩"环节，希望通过这两个环节给选课同学的论文选题作出一些指导。以下是一些选课同学当时提出的选题想法，我做了一些改写。我们不妨一起来看一看，特别是以"小清新"的原则来衡量这些选题。

从"提出自己的问题"的角度看，许多选题似乎并不能透露出许多自己的想法。例如,一个选题为"黑龙江经济发展与环境法制的关系"、还有一个为"2011年中央行政机关作为行政诉讼被告的情况研究",以及"近年来北京市男女离婚数量之比与未婚男女比例的关系"。这三个题目都有一个共同的特点,都是希望通过调查研究来探知某种因果关系。但问题在于,这三个选题似乎仅仅满足于调查研究,而并没有进一步提出自己的命题,结果难免会使一篇有很好素材的论文沦为一篇"调查报告"。这恰恰是陈瑞华老师在"法学研究的三条道路"中所担忧的"从经验到经验"的研究。⑩ 这种研究进路的缺点,往往是无法将经验数据提升到理论层面。同学们做研究,写论文的时候应当朝着提出命题、建构理论的目标进发,而不能仅仅满足于经验的调查。另一个题目就比较好:"民事起诉条件中主体资格的司法界定——以裁定驳回起诉的案件为例"。研究主题有严格的限定,切入点足够小。这种限定、视角和切入点,就是我所说的问题意识。研究"起诉条件"的论文很多,大多泛泛而谈,不能落到具体的分析中,这篇文章的切入点是一个很好的启示。

　　从"小"的角度看,一些学生的选题都是不错的,比如"非法集资的不特定对象标准探析——从'既存的实质性联系'标准入手"、"未成年人缓刑率与外来未成年人犯罪比例的统计相关性研究"。这些选题都有一个特点,通过多重限定来将研究主题限缩到一个点上。比如研究非法集资,在"吴英案"出现以后这方面的研究多如牛毛,如果我们要研究这个问题,要怎么研究才能够有自己的独特性呢?一个好的策略就是要选择切入点,将研究集中在一点,将问题研究深入。上述选题将研究限定在最关键的"不特定对象标准"上,进一步限定为"既存的实质性联系"标准。事实上,只要这位同学能够将这个小问题讲清楚了就非常不错,可以通过法条解读、案例分析和比较论证将这个问题讲透,甚至可以通过建立一定规模的案例库做定量研究,看看法官判决的时候到底是否符合认定所谓的"既存的实质性联系"。这就是"小"的优势,能把问题研究的非常透彻。

　　从"清"的角度看,很多学生的选题也都值得考虑,比如一些学生拟订的题目,有"当代离婚诉讼中女方救济制度的不足——城市与农村的二元视角"、"浅析假释制度的优势和困境——以比较法和实证数据为切入点"、"论网络交易中网站经营者的责任认定"等,我问他们是否对研究对象有所了解,他们大都回答没有。学生能做的,往往是用这些选题的关键词在中国知网进行相关文献检索,大体都能获得一定规模的文献。但是如果仅仅读这些文献,就很不够,还是从纸面到纸面。现在的绝大多数研究,包括学者们的学术研究,也就是从纸面到纸面,套一些现成理论。这些研究还能有市场,不过是欺学生不了解实践。如果将来学生有了些亲身经历或者实地调查,真的把握到问题的实质,回头一看这些研究,就会感到其中的贫乏与虚弱。那应该怎么办呢?我的一个学生,研究"外来未成年人的缓刑使用率"问题,就在北京、上海、广东等外来未成年人较多的地区进行了调查。她发现由于户籍地不在居住地城市,因而在轻微刑事案件中往往不能使用社区矫正,缓刑适用率也因此受到影响。这真是很好的一个发现,这就是我们所说的"清":清楚自己研究的问题症结何在。这时,结合自己的发现,再查阅学者、法院、律师和教育机构的相关研究,也就能有所辨别。如果能够收集到足够的数据做一个实证分析,那么这篇文章就会很有分量。这就是"清"的优势,能够对研究题目知根知底,有一个清楚的把握。即使这并不是一个新问题,仍然可以通过新方法、新材料和新

⑩　陈瑞华:《论法学研究方法》,北京大学出版社2009年版。

视角来论证和补强。

从"新"的角度看，有学生选择的题目就很有新意。比如，"我国学前教育的普及与无民事行为能力制度的关系"、"联邦上诉法院既定性原则的适用与行政部门履行职能能力的关系"等都有符合"新"的要求。所谓"新"，如前所述，就是新问题、新方法、新视角、新材料。其中，提出新问题最难，运用新方法和新视角次之，而新材料是我们绝大多数同学都能够做到的。最好是有新问题，比如将民事行为能力制度与学前教育的普及相联系并不多见，以此为主题检索中国知网也没有相关的论述。说来这位同学的问题意识也很简单，就是随着学龄前儿童的认知能力的提高和教育的普及，我国《民法通则》中关于未满10周岁的未成年人的"无民事行为能力的认定"已经不大符合实际。她希望通过研究表明调整划分民事行为能力等级的必要性。有了这个好问题，接下来的论证事实上就沦为技术问题，检索和综述法规、文献，国外立法例，通过运用社会统计数据库调取学龄前儿童数量及学前教育的相关数据，以此来做进一步的论证。有"新材料"也很不错。比如对美国联邦上诉法院既定性原则的研究，这个学生使用了不同的数据库，包括纽约州政府统计数据库以及美国联邦统计局数据库，获得政府的财年数据。为了获取第二联邦巡回上诉法院和纽约州法院的受案审判情况统计数据，还检索了美国司法部提供的法院案件负担（Case Load）数据库以及纽约州各级法院的统计数据库。这些新材料无疑为她的论文增色不少。从前述的研究中，我们能够看到研究者的独立思考和辛勤努力。这是我们希望同学们能够拥有的学术态度。

通过上文的一组论文选题，同学们对于选题的三个原则有了初步的了解。接下来，我将以两个具体选题，深入讲解选题的误区和技巧。这两个例子取自我给研究生所讲授的《司法制度研究》这门课程，在课程论文的预答辩环节，有两位同学们提交了他们的论文提纲，并就选题思路作出简要介绍。

选题一：《从仲裁的司法审查看司法的边界——以〈仲裁法〉第61条为参照》

这篇文章试图论证从司法权较少介入的仲裁领域切入，讨论司法能动主义的边界，为仲裁的司法审查划定边界。为此，这位学生在论文提纲中详细的论述仲裁制度的原理，分析《仲裁法》第61条，即仲裁的司法审查——仲裁裁决的撤销和不予执行。进而联系三权分立下司法审查制度的历史沿革、提炼其中的核心原则，从而审视中国目前能动司法的现状等议题，最后得出为仲裁领域的司法介入划定边界的必要性。

这篇文章的写法是一个拼盘型结构，糅杂了许多内容，例如仲裁制度、仲裁与诉讼的衔接、司法审查制度、司法能动的理念和边界的讨论，然而这几部分内容的联系松散，并不能够构成一个一以贯之的论证体系，结果就像各位同学所看到的——枝节旁生。论证结构的不清晰很大程度上源自于对于问题的理解不准确，换言之，这位同学并不"清楚"要研究的问题是什么。究竟是研究一个具体问题，如仲裁与诉讼的衔接呢？还是研究一个宏大的主题，如能动司法的理念？必须找到一个要研究的着力点，如果研究的是仲裁与诉讼的衔接这样一个具体的问题，那么司法能动只是一个背景信息，对于讨论实践中的具体制度并无多少助益；如果是研究能动司法的边界这样一个抽象的问题，那么所谓仲裁的司法审查只是其中一个并不典型的例子。而三权分立之下的司法审查更是与这样一个具体的司法问题联系松散。因此，我建议这位同学首要的是问自己："你要研究的问题是什么？"这涉及一个"大"与"小"的关系。一般来讲，如果我们将文章的选题定得很宏大,例如司法审查、司法能动,那么往往会无从下手,找了许多材料,最后只能够堆在一起,并不能讲出什么创新的见解来。如果我们务实一些,将问题限缩一下,将我们所能够调动起来的背景知识处理一下,通过"以小见大、层层外扩"的方式展现出来,那么效果会更好。比如在仲裁协议的司法审查这一主题中,重要的是要研究《仲裁法》第 61 条所确立的司法审查制度中,有哪些更为具体的规则和程序,以及这些规则和程序在法律实践中的效果,最后再引申出一个一般性的结论。当然,如果你探讨过后,发现这观点并不"新颖",只是选择一个主题来重复前人叙述的理论,那就大可不必再进行这个研究。在选题时应当明确自己所研究的主题,不要被所学的知识框住了思维的翅膀,抱着学到的理论去写一篇文章,而是要去观察、思考,寻找有意思的问题。以上"小""清""新"三个原则都有所应用,很容易帮我们看到一个选题的问题所在。

选题二:《调解协议的效力与纠纷——以调解制度文本变迁为视角》

这篇文章力图证明,在现今中国的调解制度架构下,经法院确认的调解协议具有申请强制执行的效力是一种必然的选择。而且纠纷解决作为调解的目标和价值追求,是调解协议所关注的核心,在这一语境下,赋予调解协议申请法院强制执行的效力,让公权力介入这一基于当事人自愿而构建的纠纷解决机制,是顺应历史发展趋势的,是调解在现代社会继续发挥其功能的必要条件。为了论证这一点,这位学生从两个层面论证:其一,考察调解的历史发展,以 1943 年陕甘宁边区调解条例、1954 年的人民调解工作手册、1989 年的《人民调解委员会组织条例》、2002 年《最高人民法院关于审理涉及人民调解协议的民事案件的若干规定》、2010 年《中华人民共和国人民调解法》等规范性法律文件为分析文本,梳理近代中国调解制度变迁的理论红线。其二,通过检索案例来考察不同时期调解在纠纷解决中的作用。但总体而言,学生的文章更侧重于第一个层面的论证,也就是通过制度文本来考察调解的制度演变,最后落足到先行调解协议制度上,而在案例检索和分析所下的工夫并不是十分充分。

我提出两点建议,还是围绕着"小"、"清"和"新"的选题原则。第一,我认为这位学生并没有能够清楚地提出自己的问题,他也并不清楚自己研究的问题到底是什么,以及他的观点与以往的研究有什么不同?文章既然已经将选题落足在"调解协议效力"上,就要紧紧把握住这个"小"问题,将这一问题研究得足够"清"楚,只有清楚的认识才能够出"新"。那么怎么才能够做到"清"呢?我们能够看到这位同学前期作了充足的功夫去研究一手的资料——法律法规,并且将这些制度文本都进行提炼、概括、比照,对于调解制度的轮廓和脉络应当说都有了很好的了解。但是还不够,这位学生对于二手文献的重视程度还不足够。我们都不是"生而知之者",都需要在前人研究的基础上继续推进。调解协议效力显然不是一个全新的议题,以前有很多学者撰文讨论。那么我们要清楚目前的研究已经到了什么程度、有什么观点、有哪些争议。也许这位学生已经形成了自己的一些想法,但如果没有进过一番文献检索和综述,也许他提出来的问题和观点根本就是前人研究的重复,只不过也许你掌握的材料更多、可以将这些制度文本处理得更细致一些,仅此而已。所以要做到"清",不仅要清楚一手材料,如制度文本、访谈调查、案例和数据等,还需要熟悉相关领域的文献,了解现有研究的成果。只有对现有的学术成果有了相当的了解,我们才能够确定自己的选题,寻找研究的突破点,提出自己的观点或者视角。

　　第二点建议是希望帮助这位学生求"新"。学界将这位学生研究的"调解协议的效力"问题归纳为"司法确认"。回想我们在前面提到的求"新"的方式，大致是新问题、新观点、新方法、新材料。能够提出新问题是最高的标准，就像科斯能够提出"交易成本"的问题。退而求其次，我们也希望能够在老问题里提出新观点。再退一步，应当能够寻找新的材料和新的方法来论证自己的观点。诚然，新问题、新观点是一个较高的标准，但对于我们大多数学生而言，寻找新材料和使用新的方法并不是不可企及的事情。就"调解协议的效力与纠纷"这篇文章而言，是有新材料可用的。这些新材料在这位学生所忽略的案例中——这是极好的进路，因为"司法确认"这个概念是 2009 年才提出来、随着《人民调解法》的出台，目前已经有相应的地方实践和司法案例，这些案例能够最好的呈现调解协议在纠纷解决中的功能。如果借助"北大法宝"这类数据库，能够将 2009 年以来应用调解协议的案例都检索出来，并且细致地分析，那么你能够看到调解协议的效力在司法实践中是如何被确认的，并且和此前的调解做对比，应该会得出许多有趣的结论，比如按照合同效力来审查人民调解协议在实践中有哪些争议，而用专门的司法确认程序来审查调解协议的效力又有哪些改进和不同。通过检索各地的案例，我们能够充分地揭示这些最基本的制度差异。这就是我所谓的新材料，一项新制度出台以后，地方的实践就能够成为我们研究和评价这套机制的全新材料。事实上，从 2009 年至今适用司法调解的协议数量不多不少正合适，如果这位学生能够尽可能地收集这些全新的材料，结合此前对于调解制度的演变脉络的理解，可以解读调解协议的确认在纠纷解决中的地位，进而也能够更好地体会法律法规中的制度措辞，读懂调解制度变迁背后的逻辑。总之，对于"司法确认"这样一个实践性很强的主题，最有研究意义也最能够推陈出新的，是看《人民调解法》和最高人民法院相关司法解释颁布以后，在现实的司法实践中发生了什么变化，如果你能够精到地将这一变化讲清楚，那么这就可以形成这一研究的具体观点——自然而然的"新"观点。

二、拟题技巧

　　梁慧星教授为学位论文题目拟定提供了三项规则：第一项规则是题目必须是动宾结构的短语，不能是句子；第二项规则是题目只确定研究对象，不表达作者观点，第三项规则是题目应当力求明确、简短，忌冗长。[⑪] 进而举出几个修改后的例子：例一是建议将"论宪法是安邦治国的总章程"改为"论宪法在安邦治国中的地位和作用"；例二是建议将"原因理论、法律行为规则与物权行为无因性"改为"论物权行为无因性理论"，或者是"论原因理论、法律行为规则与物权行为无因性理论的关系"。[⑫] 梁慧星教授关于拟题而写的几项规则细致讲究，能够给现在冗杂的论文拟题提供规范，对于拟定题目具有很好参考价值。

　　从本书关于"选题"的理解出发，我也提供几项拟题的标准，供同学们参考。

　　第一项标准是"准确"。就像梁慧星教授所言，力求明确，极力避免文不对题、题意模糊、语法不通等通病。我讲授的司法制度课程中，有同学的论文拟题是"司法职业化背景下其他机构的腐败在司法领域的延伸"，这个题目貌似颇有文采，但却并不符合"准确"要求，"其他机构"具体所指为何令人困惑。如果在题目中不能准确地表达研究对象，那么这些文章往往

---

⑪　梁慧星：《法学学位论文写作方法》，法律出版社 2006 年版，第 29 页。
⑫　同上书，第 30 页。

不能引起相同领域学者的关注。

第二项标准是"精炼"。文章题目切忌冗长,论文的整体一般应当在 20 字以内,更多的信息还可以用副标题阐明,但一定要在最小的篇幅内有效地传达出更多的信息量,这就要求作者锤炼问题,凝练表达。所谓"副题",是作者为了调整研究角度,或者限制研究范围,或者突出研究方法,而在论文"正题"之下,附加的一个题目。例如陈兴良老师一篇文章的题目,"被害人有过错的故意杀人罪的死刑裁量研究——从被害与加害的关系切入"[13],其副标题就是旨在突出研究视角的做法。而傅郁林老师"司法职能分层目标下的高层法院职能转型——以民事再审级别管辖裁量权的行使为契机"[14]的拟题,则是限制研究范围的做法。

第三项标准是"有效"。梁慧星教授为拟题提供三项规则,其中的一项是"题目只确定研究对象,不表达作者观点"。[15] 本书不同于梁慧星教授观点之处在于,认为标题中应当尽量表达作者的研究主题、范围、方法和命题,在适当的情况下也可以加入作者自己的判断。这样做的好处在于清晰和有力地表达自己研究的精华,从文献的角度来看,这类文献往往是最具检索和参考价值的,研究能够很快地从标题中确定是否与其研究领域相关、是否对其命题和研究方法或素材感兴趣。从论文写作的角度来看,论文写作应当要有命题,对所考察的社会问题有理论贡献,因此,在拟题阶段鲜明、集中、有效地将研究的问题提出,也有利于在写作中紧扣主题,层层深入。[16]

课堂练习(三)

为本课程的期末论文选定主题,要求:

1. 可以用副标题进一步限定题目和解释主标题。

2. 从"小清新"的角度说明选题的意义。

3. 所选主题应当是可以结合法学专业数据库以及综合数据库进行研究的,这样便于在本学期的课程学习过程中逐步完成你的期末论文。

---

⑬ 陈兴良:"被害人有过错的故意杀人罪的死刑裁量研究",载《当代法学》2004 年第 3 期。
⑭ 傅郁林:"司法职能分层目标下的高层法院职能转型",载《清华法学》2009 年第 5 期。
⑮ 梁慧星:《法学学位论文写作方法》,法律出版社 2006 年版,第 29 页。
⑯ 关于论文写作的命题意识,参见,刘南平:"法学博士论文的'骨髓'和'皮囊'——兼论我国法学研究之流弊",载《中外法学》2000 年第 1 期。

第二讲　谋篇

选题之后,便是谋篇。两者有所关联,但是并不相同。选题解决的是"写什么",而谋篇解决的是"为何写"。具体而言,就是要在谋篇阶段,想清楚研究的重点,表明研究的意义。

同一题目,不同人有不同的写法。这个世界每天都产生千差万别的作品,有的能够经受住"时间检验"而成为经典,有的则可能从发表之日起便无人问津。这是为什么呢?

除了选题本身,很重要的一点在于作者对于研究要点的学术判断。一项研究要重点回答哪些问题,这就是谋篇的关键所在。其实,写作与行军打仗很相似。对于同样的战争局势,应当集中打击哪里,不同的战略家很可能会有截然不同的判断,其排兵布阵的方式也有很大区别,而战役的成败往往就取决于一个战略家的谋略。诸葛亮可以在未出天下之时便作成《隆中对》,实际上他就是在"谋篇"——用天下做一篇大文章。天下人不会听从诸葛亮的安排,然而他却能够预见到未来的发展趋势,三足鼎立的天下格局。这是因为,诸葛亮看到了决定天下大势的关键,在于谁能夺取荆益,而夺取荆益的关键,又在于如何处理与孙吴曹魏的关系。尽管《三国演义》夸大、甚至神话了诸葛亮"预知未来"的能力,但总体而言,一个战略家的出色之处便在于,他能够比别人先看到问题的要害所在。

在作品的开始阶段,作者也要像一个战略家一样,想清楚论述的要点所在。这在目前的学术研究环境之下显得尤其重要。如今,依靠行内人不知道的"武功秘籍"而一举成名已经越来越难了。现代社会的信息太多,也太容易获得,人为地隐藏信息变得越发困难。而且各个国家的重要制度、理论、作者也都被翻来覆去研究了很多遍,即便还有很大的余地可以更为深入,但是很难再靠占有特殊资料来获得学术成就。在这个学术泛滥、意见泛滥、信息泛滥的时代,一个作者要写出值得阅读的作品,就要比别人看得透、看得远,靠远见卓识、真知灼见去吸引读者。这就需要从文章构思的一开始,竭尽智慧,让自己的视野比前人开阔,思考比前人深入。

这里需要的是作者的学术自觉。一方面,学术自觉,需要捕捉自己的灵感。我建议,大家给自己准备一个"锦囊",像李贺一样,把平时灵光一现想起来的思路和词句放在里面。因为灵感是一个人智力跃升到巅峰时的思想迸发,可遇而不可求,毕竟任何人都不可能始终处在巅峰状态。这个"锦囊"当然不必是布做的,可以是电脑里的一个文件夹。如果一个人有李白的才华,可以思之所致,出口成章,不准备锦囊也罢。然而,我们的记忆通常无法承受非常复杂的构思、推理和陈述。这就需要日积月累,想到一点,便把它记下来,以便回头再接着去想,接着推敲。另一方面,写作需要灵感和激情,但是却不能仅仅依赖于灵感和激情。虽然有些文章可以提起笔来随性而至,下笔千言一挥而就,但是多数时候,需要作者在下笔之前广泛阅读,深思熟虑。卓越的洞见不同于一时的灵感或创作激情,而来源于长期的观察与思考。这既包含了作者对自己思想灵感的准确把握,也有对自己研究领域的充分了解。就像《孙子兵法》讲的,"知己知彼,百战不殆"。这也是我们做学问、写文章,最简单却最切中要害的道理。

第一节 知 己

一、解决自己的困惑:为己

谋篇阶段,一定要注意两个问题。

首先,要懂得珍惜、敢于相信自己的判断,不要妄自菲薄、自我阉割。如果说选题是选择要研究的一个"大问题"(question),那么谋篇阶段,就是要把这个大问题分解为几个对于理解和回答这个大问题最为关键的"小问题"(issue)。与选题阶段一样,不要从一开始便认为自己的问题太傻,太幼稚,完全没有意义,转而盲从于所谓的"社会热点问题"、"理论前沿问题",被看似玄乎、高深或热闹的问题蒙蔽了双眼。于是处处跟着别人的意见走,想的都是别人提出的问题。这就不可能有自己的见地。谋篇首先是要自己独立思考,发现问题的关键所在,而不是总在回答别人给你提出的问题。这个"别人"可能是这个领域的经典大师,或者拥有话语权的重要人士,甚至你非常钦佩的师长乃至同学。这些人的问题当然可以作为参考,也会大有启发,但是千万不能一开始就跟着他们的指挥棒走路。关键是自己想清楚问题。事实上,在学术史中,最杰出的学者提出的问题,往往都是那些在我们看来本不应去想的问题,都是那些最傻、最笨、最简单、最初级的问题。然而,这些问题是最了不起的大学者才能阐述透彻的。我们以前都听说过阿基里斯和乌龟赛跑的"芝诺问题",无论这样的问题看起来怎么蠢,但它却在西方的学术史上,不管是逻辑学、哲学史中都占有非常重要的位置。我会经常提醒自己的学生,先不要去看别人的观点,先要自己去想。有了自己的观点,再去看。看了之后,相互比较,同有同的说法,异有异的说法,就可以左右逢源,从一条小河变为百川汇聚的大江。反过来,一开始就去看这家怎么说,那家怎么说,结果头脑被框住了,只能是越看越糊涂。

其次,不要揣摩时尚、投机政治,要一心一意想清楚问题,给自己一个过得去的答案。我们没有必要从一开始就为写作设定一个宏大的终极目标,希望通过一部作品便可以对人类,或者至少对这个学科作出多大的贡献。一个研究最为基本的意义,首先是让自己明白。

子曰,"古之学者为己,今之学者为人"。[①] 我曾认为,学术乃天下之公器,学者为人、为天下谋福利难道不是应该的吗? 但是,随着时间的推移、思考的深入,我渐渐体会到,像孔子这样的学者才是真学者,或者说他所说的"古之学者"才是真学者。学者做学问首先是为了解决自己的困惑,让自己能够更接近古代所说的道或理;学术是为己之学,而不是为了去教育别人,甚至忽悠别人而学的。无论是写文章,还是做学问,应当以儒家所讲的"诚意正心"为标准,第一步就是端正态度,明白做学问首先是要解决的是自己的困惑,只有先让自己明白了,才能让别人明白。同时,也只有抱着"为自己解惑"之心,我们写文章、做学问才不会那么被动和痛苦。事实上,为律师写作法律意见、帮法官起草法律文书也是一样,要将合伙人、单位领导布置的任务,当成自己的问题、困惑去研究,才能真正激发出我们的主动性和创造力。想明白这个道理,"诚意正心"地写作,不仅是为了端正学术之风,更是为了让我们的内心更为平静。工作以后最大的体会,便是发现自己真正能做的,或者至少是通过做学问能做的一件最基本的事,就是让自己明白。至于所发现的道理、创建的学说是不是真能影响世

---

① 《论语》,中华书局 2006 年版,第 154 页。

界、造福他人是其次的事情。我们生活在 21 世纪,自有文明以来已经三千多年了。人类历史上活过多少人,活过多少和我们一样聪明的人,有多少人写过远比我们所写的更睿智的作品,但是放在历史的大浪之中,它们全都被淹没掉了,仅有极少的人和作品能留存下来。很多人说,那是因为古代技术的问题,比如亚历山大图书馆的损毁、秦始皇的焚书、绵延几个世纪的战乱等。然而,真正的好作品总会被人们千方百计地保存下来,历史对于学术质量自有它的评判标准。想明白这些道理,实际上并不会让人成为虚无主义者,相反,它会使人觉得这个世界更加真实。把自己的心态摆正,把自己当作一个小学生,从识字、造句重新学起——如此一来,我们才有不断成长的空间,在自己的成长和提高中感受最为真实的喜悦。

一个研究的意义,因此首先是自己明道、受业和解惑,而不是为了给别人传道、授业和解惑。只有自己昭昭,才能使人昭昭。自己感到困惑和疑难的地方,也就是这个问题格外值得思考的要点;自己的观点与他人不同的地方,也就是这个问题格外需要论证的关键。

二、找寻自己的宗主:知己

为己首先就要知己。尼采有个著名的比喻。人有三种精神状态,骆驼、狮子和赤子:"我向你们说出精神的三种变形:精神如何变成骆驼,骆驼如何变成狮子,最后狮子如何变成小孩。"骆驼具有"能担载的精神",它"自卑以损伤高傲、显露疯狂而讥讪智慧、只要那是真理之水,不顾污秽地跃入,而不嫌恶冰冷和发热的蛙"。而狮子却想"征服自由而主宰自己的沙漠"。而小孩是"天真与遗忘,一个新的开始,一个游戏,一个自转的轮,一个原始的动作,一个神圣的肯定。——为着创造之戏,兄弟们,一个神圣的肯定是必要的:精神现在有了它自己的意志;世界之逐客又取得他自己的世界"。②

我们绝大多数人可能会错误地把自己想象成狮子或赤子,但实际上,我们大都没有真正的自由意志,更早已不是初生的婴儿,早已丧失了一颗赤子之心——我们的心里已经装满了别人的观点。我们通常都只是尼采说的那种骆驼。为什么说人是骆驼呢?因为骆驼辛辛苦苦地背负着别人强加给它的东西,甚至要自己主动"不顾污秽地跃入"真理之水。人的思想是被很多很多的外界因素所塑造起来的——从小到大,不管是体制强加给的,还是周遭的环境潜移默化而成的,我们的"自由意志"早已被各种看似理所当然的各种成见乃至偏见严严实实地包裹住。一个人的困惑,很可能就来源于包裹着其精神的思想迷雾。

因此,要"知己",要让自己更为清醒,首要任务便是自我反省,对自己所持的理念进行审视批判。曾经有一次去看病,大夫说,中医就是粪土里面埋珍珠。我觉得很有意思,也很在理:不限于中医,其实天底下大多数事情都是粪土里面埋珍珠,我们接受的很多东西都是粪土,但我们自己要学会把珍珠找出来。找出这些珍珠,找出这些真正影响世人的深刻的思想,我们才能明白自己的困惑,找到真正属于自己的东西。

章学诚的《文史通义》里有一句话:"学者不可无宗主,而必不可有门户。"③它所描述的是"后来的学者"——即使是柏拉图和孔子也都属于"后来的学者"。因为人类文明在开始定型、飞跃的时候,已经有很长时间的积累了。光是甲骨文,便积累了千百年。然后经过周代,再到孔子的时代,已经有了很多很多由不著名,甚至是不知名的学者积累下来的文化成

② 尼采:《查拉图斯特拉如是说》,孙周兴译,商务印书馆 2010 年版,第30—33 页。
③ 章学诚:《文史通义》,辽宁教育出版社 1997 年版,第48 页。

果。所以,我们基本上都是人类文明的承载者,而不大可能完完全全是新文明的创造者。即便是像阿凡达一样,能到达一个新的星球、能有一个足够新的空间去造一个文明,我们仍然是带着旧文明来到新大陆的殖民者。既然如此,我们就要承认一点,不管内心自视有多高,我们所想到的问题,哪怕已经到了最深入、最根本的层面,也往往都是前人阐述过的——只不过我们面对的时代不一样,表述的方法不一样罢了。所以做学问也好,想让自己活得明白点也罢,在抓住自己的困惑之后,一定要去清理清理,想想自己的困惑到底有何"来头"。

这个来头就是所谓的"宗主"。大到诸神之争,小到平时同学之间互相讨论、宿舍夜聊,一些根本性问题上的分歧通常都不是自己的观点,而是因为所信奉的宗主不一样。学者之争最终也是宗主之争,找到思想的源头,可以去直面宗主、批判宗主,一个有思想追求的人才算是活明白了,他的反思才落到了实处,才不是胡思乱想——找到思想的源头,才能理出思想的脉络。

凯恩斯在其经典著作《就业、利息和货币通论》的结尾曾写过这样一段话:"……经济学家和政治哲学家们的思想,不论它们在对的时候还是在错的时候,都比一般所设想的要更有力量。的确,世界就是由它们统治着。讲求实际的人自认为他们不受任何学理的影响,可是他们经常是某个已故经济学家的俘虏。在空中听取灵感的当权的狂人,他们的狂乱想法不过是从若干年前学术界拙劣作家的作品中提炼出来的。我确信,和思想的逐渐侵蚀相比,既得利益的力量是被过分夸大了。诚然,这不是就立即产生的影响而言,而是指一段时期以后;因为,在经济学和政治哲学的领域中,在 25 岁或 30 岁以后还受新理论影响的人是不多的,因此,公职人员、政客、甚至煽动者所应用的思想不大可能是最新的。但是,不论早晚,不论好坏,危险的东西不是既得利益,而是思想。"[④]

这段话常常被援引。我认为凯恩斯讲得非常对,如果不知道自己思想的来源,那么我们就会是凯恩斯所说的那种"狂人";自以为是在运用自己的智力和思想,其实不过是某个已经被阐述过的思想宗主的俘虏乃至宿主罢了。思想家和狂人的差异究竟在哪里?前者发表的是成熟的、成体系的意见,而后者进行的只是胡思乱想,只是一个人在具体的处境之下,凭借自己的一知半解作出的判断、运用的小聪明罢了。柏拉图区分了真理和意见,我之所以还将意见和胡思乱想加以区分,是因为能构成意见、构成一种系统性思考的学说是很少的,这需要经过逻辑的推敲、公共的认可或者历史的检验。真理是珍贵的,意见也并不多见,常见的只是胡思乱想。如果最终的写作和学术研究只不过是为了论证自己的胡思乱想,那么这样的研究是没有什么意义的。这样的作者和学者并不会使自己活得更明白,而只是会强化自己的无知和偏见,最终自觉或不自觉地形成"门户之见"。人如果被别人囚禁,还可以像《肖申克的救赎》里的"安迪"那样去挣脱;然而,被自己囚禁,可能只能像"老布"那样,最后的解脱只能是离开这个世界。因此,如果对自己还有所期望,意识到意见和胡思乱想的区别、努力完成从"狂人"向"思想家"的转变便是一个不可避免的过程。如果不自知,不能够认识到深深影响你的思想力量,那么就像凯恩斯所说的,我们不过是思想的俘虏,所写的文章,也无非是为某个不自知的宗主进行辩护。

正如章学诚所说,要有宗主,但是不可有门户。这其实暗示了"有门户"是常见的情况——一个学者,因为自己信奉某种观点,就是党同伐异,其他观点一概是错。这在学术界是特别常见的,尤其是在法学界。例如,具体到法理学界,几乎一个学者一个门户,或者一个

④　凯恩斯:《就业、利息和货币通论》,高鸿业译,商务印书馆 1999 年版,第 396—397 页。

大学立一个门户。而其他许多学科也是大同小异。有的学科把自己的宗主追到德国去，有的学科把自己的宗主追到美国去，追溯过去以后，本该做自我反思，到头来却只剩下门户之见。所谓"为学贵于择善而从，不贵乎门户主奴之见"。[5] 真正伟大的学者对自己的思想总能够择善而从，能够超脱于门户，但我们这些普通人常常作茧自缚。可是，如果求学的真正目的是为己之学，是想让自己明白，那么章学诚的话便再贴切不过了。如果想要自己学明白，那么要找到自己思想的源头，同时不能被它束缚，不要自觉或不自觉地变成某个门户的看守者。因为是想让自己学明白，所以孔子才讲**"勿意、勿必、勿固、勿我"**。[6]

因此，无论是读书还是做学问，写作还是检索，首先不是要向外去找原因，而是要向内去找原因。大家都知道，有个著名的例子是王阳明格竹子，"五年壬子，先生二十一岁，在越。是年为宋儒格物之学。先生始侍龙山公子于京师，遍求考亭遗书读之。一日思先儒'众物必有表里精粗，一草一木，皆涵至理'，官署中多竹，即取竹格之，沉思其理不得，遂遇疾"。[7] 王阳明就坐在竹子边，不知道怎么"格"竹子，"格"了七天却无所获，后来才顿悟，原来真正要"格"的，是自己的内心。世界其实都在我们的心里，只是我们没有把它找出来、放进去而已。

三、独立思考与独立判断的一般能力

要找出自己的内心困惑和思想宗主，必须培养"独立思考与独立判断的一般能力"。正如爱因斯坦所言："发展独立思考和独立判断的一般能力，应当始终放在首位。如果一个人掌握了他的学科的基础理论，并且学会了独立思考和工作，他必定会找到自己的道路，而且比起那些主要以获得细节知识为其培训内容的人来，他一定会更好地适应进步和变化。"[8] 这种能力，是一个学者或任何一个领域从业者所以卓尔不群的本质原因。

归根到底，论文写作和真正的理论研究都是创造性的工作。判决写作或辩护意见写作等应用型写作也不外如此。对于法律论文或任何论文写作，甚至是理论研究来说，技巧和规范固然重要，但真正的好作品，尤其学术作品的精华决不在于其精巧严谨的结构或斐然的文采，而在于作者灿烂的思想火花、卓越的洞察力与惊人的创造力。本书将会介绍很多写作技法，也会提供一些法律论文写作的范式。这些技艺能够规范我们的写作，帮助我们提高写作的效率，但仅凭技艺是永远无法写出好文章的。我们之所以强调"谋篇"，也就是希望读者能够重视对自己思想的锤炼，培养起独立思考与独立判断的能力。

然而，"发展独立思考和独立判断的一般能力"并不是那么简单的事情，这应该贯穿于整个大学学习的过程中，并且应该被放在首位。理想的法学教育不仅仅要传授学生以精细的法律技巧，还应当培养学生独立思考和独立判断的一般能力。

第二节　知　彼

一、博古：吸收文明的成果

钱钟书先生的一部作品叫《诗可以怨》，其中讲了个笑话："意大利有一句嘲笑人的惯语

---

⑤　钱穆：《学龠》，九州出版社 2010 年版，第 7 页。
⑥　《论语》，同注 1，第 87 页。
⑦　王守仁：《阳明先生集要》，施邦曜（辑评），王晓昕、赵平略（点校），中华书局 2008 年版，第 6 页。
⑧　爱因斯坦：《爱因斯坦文集》，许良英等译，商务印书馆 1979 年版，第 147 页。

说'他发明了雨伞'（ha inventato l'ombrello）。据说有那么一个穷乡僻壤的土包子，一天在路上走，忽然下起小雨来了，他凑巧拿着一根棒和一方布，人急生智，把棒撑了布，遮住头顶，居然到家没有淋得像落汤鸡。他自我欣赏之余，也觉得对人类作出了贡献，应该公诸于世。他风闻城里有一个'发明品专利局'，就兴冲冲地拿棍连布，赶进城去，到那局里报告和表演他的新发明。局里的职员听他说明来意，哈哈大笑，拿出一把雨伞来，让他看个仔细。"[9]

我们时常会感受到一种不安，因为自己很可能就是这样的"土包子"——因为不了解这个世界，不了解前人的创造，不了解人类几千年文明所积累下来的知识成果，常常自鸣得意，妄自尊大。那么，怎么才能避免这样的笑话，怎么才能知道"谁发明了雨伞"呢？这就需要在"知己"的同时，还要"知彼"。

要真正做到"知彼"，除了观察生活之外，还需要"读书"。读书是获取外部世界信息最便捷、有效的方法之一，也是我们"知彼"的重要途径。只是现在所说的读书，也许应当包括一切传播知识的媒介。但是书籍仍然是其中最为重要的一种。只要认真地阅读，任何"书籍"都能让一个人有所收获，对前人的智慧和创造有所了解。不管是自己的还是他人的想法，只要我们细心去推敲和撞击，困惑也就产生了。而思想在痛苦的思考过程中就会有所激发。

很多书或许很基础，也可能很不高明，但人总要有个起点，总要有第一本书。我记得当时最开始读书的时候，觉得似乎应该从荷马史诗读起，但一直没有耐心，后来就索性先读二手文献。我上大学之后，系统地读的第一本书是《乡土中国》[10]，那时大二，天天去北大善本图书馆借这本书读。那时北京大学出版社的新版还没出，记得还是八十年代出版的。书已经很破了，留了不少前人笔迹。读时觉得句句都好，于是基本都在抄书。后来大四时候，决定从古希腊开始系统阅读西方的学术经典。当时入门的一本书，叫做《智者运动》[11]，讲的是古希腊的智者派，高尔吉亚、赫拉克里特等，就是前柏拉图，或前苏格拉底思想。现在回过头来看，不能算一流的学术作品，却还是值得一读的。那本书也基本上被我从头到尾抄了一遍，当时自己觉得是在做读书笔记，后来才发现完全是在抄书。以后和一些师长交流，发现他们都曾有一个抄书的阶段。也许这就是一个初学者必经的阶段。这说明一个问题：无论一本书的水平怎样，把它读透了至少有一个好处——你获得了鉴别的能力，更容易看清大多数作品的水平，因而很多书便可以不再读了。更重要的是，我们自己一开始水平也低，就需要从低水平的作品读起。

古代的思想家，往往倾其一生只写作一两部作品，并且基本上都是中年以后才开始致力于写作——这样的书是这些思想家积累了至少半辈子的思想精华，又经过了千百年或者至少几十年的历史考验，通过了一部作品最终的衡量标准——"时间检验"，可以说是整个人类的思想巅峰。而我们在 20 岁左右的时候，基本上对于人类文明的全部知识都是来自于教科书，就想在几天、几周或者几个月之内读懂这些伟大作品，那基本是不可能的。有这样的想法，只能是低估了人类思想所能达到的高度。很多年轻的学子，往往满口书名人名，到处炫耀概念，实际上往往只是一知半解。这种自欺欺人的读书学习，实在是大学里的一种祸害，害人害己。要想"知彼"，先得有一种"敬意"和"诚意"。这仍然是一个"诚意正心"的问题。

⑨　钱钟书：《七缀集》，生活·读书·新知三联书店 2002 年版，第 115 页。
⑩　费孝通：《乡土中国　生育制度》，北京大学出版社 1998 年版。
⑪　柯费尔德：《智者运动》，刘开会、徐名驹译，兰州大学出版社 1996 年版。

这就是朱子时常念叨、反复唠叨的"虚心"读书。

所以,最重要的是认真地读一本书,再差的书都不要紧。都说柏拉图的作品好,然而看不懂,又有什么用呢?先从一本介绍柏拉图的书开始读,有一点底子了再上一个台阶,不必好高骛远,这就是顺藤摸瓜的道理。别想一下子就抓到瓜,先找到藤就不错了。抓住藤,一点点往前捋,即便这条藤上没有瓜,逐渐地有了辨别能力也好。不去培养自己的辨别能力,总是盲目听信别人对一本书的评价,是没有用的,丝毫不可能提高自己的见识。当然,实践出真知,功夫在诗外,不能以为只有书本里有知识。但是,倘若想要"知彼",想要通过书本了解和学习前人的智慧,那么"虚心"、"诚意",认真阅读,便是一个前提。

钱穆先生对此有很精辟的论述。他讲读书学问,要在"好学会疑"。先把作者的意思读明白,然后再做反思批判。因此一开始,先要"虚心好学","信而好古":"疑之所起,起于两信而不能决。学者之始事,在信不在疑,所谓'笃信好学'是也。信者必具虚心,乃能虚己从人。"[12]进而,一家的学问读懂之后,再读另外一家,相互比较,便是"会疑"。钱穆先生说[13]:

> 惟为学不当姝姝于一先生之言。彼一家之思想,我已研穷,又循次转治别一家。我之研治别一家,其虚心亦如研治前一家。不以前一害后一,此之谓"博学好问",此之谓"广收并蓄"。而或两家思想各不同,或相违背,然则谁是而谁非?我当谁从而谁违?于是于我心始有疑。故疑必先起于信,起于两信而不能决。如此之疑,始谓之好学会疑。

反之,不学而疑,其实是自我标榜[14]:

> 今言怀疑,先抱一不信心。其实对外不信,即是对己自信。……一凭己意,高下在心,……乃未经学问而即臻早熟。彼乃以自信代会疑,以批判代学问。彼以为思想与学问,可以如脱辔之马,不复受驾驭控勒,而可以逞一己驰骋之自由。

如此这般,往往是以"科学"、"考据"为穿凿之利器:"然有此病之学者,乃曰:'我知实事求是,我知考据而已。'一若考据即尽学问之能事。凡遇运思持论,讲求义理,皆目为空洞主观,渭非学问中事。凡如亦不能虚心学问。书籍只当是一堆材料,已不成为一种学问之对象。一若手中把握有握有科学方法,即是无上工具。凭此工具,对付此一堆材料,即可成为我之专门绝业。"[15]

最终,在阅读许多书籍以后,对某些问题逐渐形成了自己的想法,而且是前人基本上没有提出来的,也就"水到渠成",可以开始自己的创作了。当你发现必须将自己的想法阐述出来,并产生不可遏制的创造思想的冲动,那么创作的时机也就到了。

且看钱穆先生谈学术[16]:

> 故学问必先通晓前人之大体,必当知前人所已知,必先对此门类之知识有宽博成系统之认识,然后可以进而为窄而深之。遂可以继续发现前人所未知。乃始有事于考据,乃始谓之为学术而学术。

---

[12] 钱穆:《学籥》,同注5,第145页。
[13] 同上。
[14] 同上书,第146页。
[15] 同上。
[16] 同上书,第147页。

二、通今：总结实践的经验

陈瑞华教授曾讲过一个带有普遍性的故事。说有一位学者到法院交流学习，然后领回一个课题研究。这位学者用学界常用的研究路子：问题是什么？原因是什么？解决方案是什么？从国外立法例和理论中可以借鉴些什么？这个课题回答完这一连串的问题，然后将报告提交给法院院长。院长只是轻描淡写地说，你这个东西解决不了实际问题。⑰

这个例子在很大程度上反映了我们现在学术研究的现状，既不能清楚地描述并呈现出问题来，又不能深入地分析和解决问题，更不要说提出什么新的概念、新的理论、在学术上有所推进。那么问题出在哪里？

陈瑞华老师《法学研究的三条道路》一文中深刻细致地分析了这种缘由，他认为根本在于学界的研究进路存在缺陷。⑱目前国内的研究进路主要是两种：一条是以西方为前提来研究中国问题，还有一条进路是以中国为研究对象，研究实际经验问题，但是提不出理论来。前一种进路熟练地掌握西方理论，从理论出发来观照中国问题，实质上是意图以西方的理论对中国问题进行立法改造。后一种进路放弃理论，而专注于研究中国的实践问题，总结中国的经验做法，而不将其上升到理论的层次。尽管这两种进路都有其优点，但是在陈瑞华老师看来，第一种进路最大的缺陷在于缺乏原创性，仅仅是将某个理论放在中国实践中进行检验，往往重视应用，而缺乏创新。而且这种进路往往容易出现为了套中国实践而误读西方理论的情形，而一旦误读，则整个研究的意义就不大了。何况很多时候还是双向误读。而第二种进路的缺陷则在于缺乏理论，表现在缺乏理论意识、理论连贯性，只是经验到经验，而无法上升到一般性理论的高度。因此，陈瑞华老师着重提出了法学研究的第三条道路：从经验到理论，即研究中国的经验、中国的问题，通过描述性或归纳性的手段将这些经验理论化，完成从经验到理论的惊险一跃。

我认为陈瑞华教授对于中国法学研究三条道路的概括是非常中肯贴切的，值得我们每一个做法学研究的学者深思：当代中国的学者究竟在何种意义上能够作出自己的理论贡献？在陈瑞华教授所提出的问题之上，我提出自己关于理论与经验之间关系的看法，供同学们参考。

事实上，无论是来自西方还是东方的理论，其理论的选择、应用和衍生都是奠基于研究者的社会观察和社会经验。学术史千年，让人动心，值得人们深入学习和发掘的理论有太多太多，熟悉理论的学者更是可以通过"左右手互博"的方式来增进对于理论的理解。好的理论都是充满魅力的，都具有一定的逻辑自洽性，然而怎么样去选择理论，却在很大程度上要看理论和实践之间的咬合与贴切程度。民国时期风起云涌，有那么多外来的理论俘获着知识分子的思想与心灵，然而最终为历史所选择的理论却必须经过社会实践的检验。好的理论首先是要能够贴切的描述和解释现实，然后才能担负起预测未来的功能。因此，学者对于理论的选择，甚至于理论的创造都应当是基于现实观察、社会经验的总结而来。而不能够仅仅只是基于个人意愿、个人好恶甚至一己之私，一味地沉迷于理论所构想的图景，而不能够踏实细致地考察、比较理论与中国实践之间的距离，或者"认真对待经验"，对待实践中所形成的也许并不规范，然而行之有效的规矩、做法和想法——恰恰是这些构成理论的重要素材。

---

⑰　陈瑞华：《论法学研究方法》，北京大学出版社 2009 年版。
⑱　同上。

我们举法律移植的理论为例,法律移植可以分为有机的和机械的两类。有机的法律移植,又可以分为系统之间整体性关联和选择性关联两种。这种理论认为只要存在相应的社会系统,法律移植就有可能成功。[19] 如果我们就此认为,中国与西方的法律系统是选择性关联,法律移植因此可以成功,那就很成问题。这是因为,为什么是"选择性关联"而不是"整体性关联",恰恰是问题所在,是最需要论证的地方。这就要求我们要从我们自己的经验出发,去发现、总结进而将这些深层性的关联学术化。但是,如何才能够看到这些深层次的关联,并将其揭示处理呢,我认为关在书斋里读各种理论是无法获得这些感受的,你必须走出去,实际地做一做法律实务工作,了解一下司法实践中究竟什么问题才是法官和当事人的重要关切,究竟哪些是我们处理纠纷过程中的资源。只要完成这种从"大词法学"到社会科学的过渡,完成从书斋里寻章摘句拼理论、拼外语、拼文献到往实践中实实在在地处理法律问题,接触由一个个真实的、甚至是不那么可爱的当事人组成的人民群众的国度,才能说有可能提出足以与西方学术界对话的理论来。

因此,要在"博古"的基础上"通今",考察我们所处的这个时代,这个环境,某种程度上这比"博古"更重要。因为"通今"的训练能够使我们更好地理解社会,懂得如何与这个社会相处,也懂得如何提出问题——一些真正有价值的学术问题。提出问题的方式有许多,现在常见的方式是中国学者做一些西方学者所提出的理论的剩余问题,比如去做韦伯留下来的合法性理论、科层制和官僚制理论的剩余问题,比如去做科斯提出的交易成本的剩余问题,尽管这种努力自有其价值,然而终究难以达到和大师对话的高度。而更好的方式似乎是,在理解和掌握理论的基础上,又具有对社会实践的深刻体悟,从而敏锐地感觉到理论与实践之间的张力,从而提出问题来。在这个意义上,了解社会现实有助于提出理论问题。也许会有"生而知之者",并不需要对理论有极为精深的掌握,就能够从社会实践问题中体察、领悟,但这并不是可以为一般人效仿的对象。我们所能够做的就是,将眼界放得开阔一些,将心态放得卑微一些,从书斋中走向实践,从经验走向理论。

第三节   小   结

我们从知己和知彼两条路径来学习如何"谋篇"。知己强调明确问题,是对自己观点的历史追溯,指向的是研究主题的学术归属;知彼侧重于区分问题,是对相关观点的比较辨析,指向的是研究主题的独特意义。然而事实上,知己和知彼、明确问题与区分问题,往往是同一个过程。因为研究者常常事先没有形成自己的理论自觉,因此往往是在提出问题后,通过不断了解相关观点,逐渐明确彼此的异同。

知己知彼,就可以逐渐形成一以贯之的中心思想。所有素材都将围绕着这个中心思想层层展开。这个"中心思想",就是我们后文所说的贯穿全文的那个"经义"。需要强调的是,中心思想未必是个答案,可能而且很可能只是问题。文章正是在对这一问题的不断回复的过程中构建起来。

---

[19]   参见,泮伟江:《当代中国法治的分析与建构》,中国法制出版社 2012 年版,第 45 页。

课堂练习(四)

阅读以下文献:

1. 陈瑞华:《论法学研究方法》,北京大学出版社 2009 年版,附录三"中国问题与世界眼光"、附录四"第三条道路——连接经验与理论的法学研究方法"。

2. 梁慧星:《法学学位论文写作方法》,法律出版社 2006 年版,第 45—74 页、第 99—122 页。

要求:做简要的读书笔记,提出自己与作者不同的思考。

第三讲　布局

　　谋篇之后，便是布局。谋篇解决的是"为何写"，布局解决的是"怎么写"。谋篇是个战略问题，布局是个战术问题。

　　布局并不是件简单的事。电视剧《亮剑》里的将军们在解放战争结束后进大学读书时，常念叨这样一句话："不谋全局者，不足谋一域。"写文章也是一样。一篇文章总是会被分成若干个部分，尤其是一篇较大的文章，比如毕业论文，是无法仅仅依靠思想的火花就能完成的，这通常需要在一开始就进行全局性的构想。布局，也就是叶圣陶先生所说的"组织"。正如叶先生所说，"组织是写作的第一步功夫。经了这一步，材料方是实在的"。①

　　学生经常会问我这样一个问题："一篇论文的摘要、问题的提出部分以及结论，究竟有什么不同？因为在我的论文里都将其写成一样的了。"这是一个很好的问题，因为它恰恰涉及我们关心的布局问题——将心中的构思通过合理地安排形诸于文章的每一部分，而每一部分都将承担着不同的功能。本讲着力将这一问题阐述清楚，同学们学习过本讲内容以后也许会对文章一开头所提出的问题有自己的答案。

第一节　想法与办法

　　如果谋篇是个战略问题，那么布局就是个战术问题。战略统摄战术，战术落实战略。在《秋菊打官司》获奖之后，姜文在评论这部影片的时候说："战略和战术，其实就是想法和办法。有些导演有想法没办法。评论也是这样……看这类文章，我总看不明白，里面讲的全是乱七八糟的想法，说些个外行话。……搞创作的人也是，甭老拿想法唬人，得看你有无办法。"②

　　这段话讲得很平实，但其中的道理可以应用在我们学术研究里面。同学也好，老师也好，做研究的时候经常发现某个题目很有意思，有很好的想法，想做一下研究；但是找不到自己需要的材料，或者发现找到的材料很不好用，又不能进一步处理，这就是没办法了。这很像一些导演在拍电影的时候，自己的想法很多，特别是文艺片导演，他们常常希望通过一部电影表达自己对人生和世界的一些思考，可是到底能不能表达出来，却不得而知。即使拿姜文自己来说，他在有些电影里成功地表达了自己的想法，比如《阳光灿烂的日子》，也就获奖了，除了奠定了他作为一个重要演员的地位，这也让他成为出色的导演。但他的有些电影就显得办法不够，例如后来拍的《太阳照常升起》，实际效果也不好。这更说明"有想法没办法"的情形其实也是很普遍的。对于法学研究而言，即使是很好的学者也并不总能找到最佳的办法来去表现自己的想法。法律实践更是如此，法学院的同学毕业后很可能去司法部门、

---

① 叶圣陶：《怎样写作》，中华书局 2007 年版，第 13 页。
② 罗雪莹："写人·叙事·内涵：《秋菊打官司》访谈录"，《当代电影》1992 年第 6 期，第 21 页。

律师行业或政府机关工作。虽然大家在大学里学了一系列的想法,了解的法学知识可能比院长、合伙人还要多,可是在真正的实际工作中,我们也会发现,仅凭这些想法来解决工作中、实践中遇到的问题,并不那么容易。

因此,这一节我想着重讲讲"办法"。"办法",简单说来就是文章的逻辑结构。写任何文章,无论想表达的思想是什么,提出的问题是什么,总要有一个基本的逻辑结构。从小写作文就听老师们讲,记叙文有六要素,时间、地点、人物、起因、经过、结果,这就是逻辑结构的问题。在这个基础上,作文书还会讲,有的文章是倒叙的,有的文章是插叙的,这也是逻辑结构的问题。从我自己看到的学术作品和研究体会来讲,逻辑结构的安排常常也是写作一篇文章最主要的问题之一,所有文章都必然会触及这个问题,任何人写作或表达的时候也总会想到前后怎么安排。

可是这个最简单的问题,常常困扰作者,也困扰读者。逻辑结构混乱,或者结构过于复杂的情况数不胜数。对法学院的同学们来说,这往往不是由于想表达的内容表达不出来,而是想法太多,不知道如何把这些内容组织到一篇文章里去。特别是写作毕业论文,同学们通常会发现有很多复杂的问题都与手头的研究有关。一开始写文章的时候,很可能只有两三点想法,但是想法会越写越多——事实上,很多好的思路、好的观点是写出来的,而不是预先想出来的。因此,很少有学者会在脑子里把所有问题都想好了再写下来,而常常是边写边想,边想边写,但是这样更容易遇到逻辑结构混乱的问题。——往往写着写着便发现原本的结构被冲破了,以前不重要的东西变得重要了,以前重要的东西可能也要重新调整位置。在这种时候,要保持好战斗队形很不容易。很多大家在谈写作经验时都提到,一般而言,文章篇幅不要过长。如果文章超过一万五千字,逻辑结构就会成为一个问题,一个不管是对作者还是对读者而言的困扰。

尤其是对作者而言,超过了一万五千字,文章的篇幅变长了,里面的内容更多了,就容易出现逻辑结构不清晰的情况。作者可能记不清每个环节的内容,于是导致前后观点重复、出现赘述的问题;或者有时发现前面本来铺垫好了,但后面却忘了回应。这就像现在有很多网络小说,前面的情节在后面不再交代,前面出场的人物莫名其妙地消失了,最后再加上一个极为生硬、没有任何预兆的结局。现在同学们的课程论文都动辄三五万字,很多时候都存在逻辑结构不清的问题。所以我想,不管之后是否会遇到新观点、增加新内容,写作一开始的时候都应该把基本的逻辑结构理清楚,即使在写作的过程中需要进行内容的填充,也要尽量坚持这个逻辑结构。

第二节 理清逻辑结构所遵循的原则

一、简单:一目了然

要做到文章逻辑结构清晰,写作开始时设定的逻辑结构就不能太复杂。特别是在刚开始学习写作的阶段,大家最好选择一些简单的逻辑结构。比如,除掉开头结尾,把正文部分分成几块并列结构。**并列结构**比递进结构要简单很多,因为相对而言各部分之间的逻辑关系更清楚。如果是**递进结构**,那么后边的内容必须能由前面的内容推导出来,在这个设计因果和推理的过程中,就特别容易有漏洞。例如,如果发现第二部分的内容在第一部分里没有相应的铺垫,那么就说明第一部分其实没有写好,需要修改甚至重写。同时,递进结构往往要求在写作最初部分的时候，便能把后面要写的内容整理出一个清晰的思路，这样的结构当然不太好驾驭。

当然，对于很多研究来说，递进结构仍是最合理的。逻辑结构的选择跟文章的体裁和主题都有关系，就像我们看一般的论文可能结构会相对简单，而专著的结构更复杂。但是总体来说，尽可能把结构简单化，能用并列结构的时候就不用递进结构；即使要用递进结构，也要尽量简化这个结构，让各部分之间的逻辑关系尽可能清楚。对于递进结构来说，层次越少越好把握，最好不要在一开始的时候就为最后的结论设计一个复杂的连环推理过程。

二、贯通：一以贯之

除了选择尽量简明的结构，梳理、构造文章逻辑时还需要一以贯之，断裂、倒错与重复都是败笔。贯通的关键是在于用一条清晰的主线把全文贯通起来。那么，什么是所谓的清晰主线？就是你提出的问题，在写作一篇文章时要思考、研究和解决的问题，应当保持内在逻辑的统一，并贯穿文章的始终。我将这种一以贯之的结构叫做"串烧型"（或者"羊肉串型"、"糖葫芦型"等等）。

那么，什么是"串烧型"的布局结构呢？

这一方面强调的是主线的重要性。我们倡导在文章的开头就将这条主线揭示出来。最好是"一句话"说清自己研究的问题。如果发现自己不能用一两句话概括自己所要研究的问题，那就说明这根主线还没有找到。在这种情况下展开文章是很麻烦的。因为主线不清楚，整个文章就很可能是由好几条线索拼凑在一起的，虽然看似被粘连成为一体的结构，可是如果仔细分析阅读，便会发现文章非常凌乱。因此逻辑结构的问题可能是在写文章开头的时候就奠定了的，当我们把握住了这个主线以后，剩下的问题就要填充内容了。我们在后文还会强调开头对于写作一篇文章的重要性。

如果不能串在一起，无论是山楂还是羊肉都会散掉，无法构成一个整体。写作的初期尤其要避免"拼盘型"写作，说要研究某个一个问题，画一个圈，在这个圈里面要写点这个，写点那个，什么苹果、西红柿、橙子，各种各样的东西都加了进来。这是很容易采取的结构，但并不是我们讲的清晰的逻辑结构。事实上，写出这样的文章，是因为作者自己就没想清楚，而读者也基本读不明白，最多能从中获得一点相关的常识。例如，一篇讲中世纪封建制度的文章，就是一种拼盘的状况。他要研究中世纪欧洲封建制度里面一个问题，然后画个圈，里面夹杂了中西比较，一会儿又讲中世纪欧洲各国的情况，思路非常乱。他讲的问题都很重要，可是这些问题之间到底是个什么关系却完全没有展现给读者。作者讲了教会，又讲地方政府，讲了很多问题，这些问题确实都跟那个题目有关，但跟主题是怎样的关系也没有阐明，相互关系更是一塌糊涂。这种"水果拼盘"式的写作结构，是我们应当尽力避免的。而努力运用"羊肉串"的或者"糖葫芦"式的写作结构将是本章要传达的主要思想。

另一方面，在有一个清晰主线的前提下，也更好组织、整合文章的不同素材。如果是羊肉串，里边有瘦肉、有肥肉搭配起来才好吃；如果是糖葫芦，里边可以加一块山药而不全是山楂。内容的丰富与主线的清晰并不矛盾，保持主线的贯通，适当地增添不同素材反而可以增加文章的意味。反之，如果不能把材料串起来，加进去的东西又不同质，常常就会散乱。要处理好二者的关系、保持内容丰富与主线清晰之间的平衡感，大家可以从小文章做起，多进行线索和结构方面的训练。无论什么文章，都要有意识地将它们写成型。

处理好主线清晰和内容丰富的关系，就达致了孔子所谓的"多学而识"与"一以贯之"之

道。对此,钱穆先生有一番阐释,很有启发:

> 顾炎武《日知录》曰:"好古敏求,多见而识,夫子之所自道也。然有进乎是者。六爻之义至赜也,而曰'知者观其象辞则思过半矣'。三百之《诗》门至泛也,而曰'一言以蔽之曰思无邪',三千三百之仪至多也,而曰'礼,与其奢也宁俭'。十世之事至远也,而曰'殷因于夏礼,周因于殷礼,虽百世可知'。百王之治至殊也,'道二,仁与不仁而已矣'。此所谓'予一以贯之'者也。其教门人也,必先叩其两端,而使之以三隅反。故颜子闻一以知十,而子贡'切磋'之言,子夏'礼后'之问,则皆善其可与言诗。岂非天下之理,殊途而同归;大人之学,举本以该末乎?彼章句之士,既不足以观其会通;而高明之君子,又或语德性而遗问学;均失圣人之指矣。"窃谓顾氏此条,实最为得孔门"一贯"之学之真解。……朱子《语类》云:"孔子告子贡,盖恐子贡只以己为多学,而不知一以贯之之理。后人不会其意,遂谓孔子只是一贯,不用多学。则又无物可贯。孔子实是多学,无一事不理会过,只是中有一以贯之耳。"[3]

钱穆先生又举"钱绳贯钱"之例反复说明[4]:

> 刘文靖谓邱文庄博而寡要,尝言"邱仲深虽有散钱,惜无钱绳贯钱。文庄闻而笑曰:'刘子贤虽有钱绳,却无散钱可贯。'斯言固戏,切中学人徒博而不约,及空疏而不博之通弊。"今按:钱绳贯钱,向来用以喻孔门之一贯。然散钱无绳,一钱尚有一钱之用;仅无绳贯串,则多钱不易藏,易致散失耳。若并无一钱,而空有贯钱之绳,此绳将绝无用处。

散钱无绳,钱尚有用;无绳贯串,易致散失。这便是思想主线与文章内容的辩证关系。具体在布局中,是否有钱只能看作者的素养与准备,此时最重要的,就是找到那个"钱绳",将散钱一贯而起。

三、顺序:先后有序

文章的各个部分一方面被主线串连在一起,另一方面它们在主线上的位置也有先后之分。比如说羊肉串通常不会把肥肉放在第一片,山楂糖葫芦上的那块山药一般也不会被放在第一块。

一般来说,作者要清楚自己文章的几部分里哪一部分是最重要的。即使是并列结构的文章,部分之间通常也会有主次之分。如果文章处理的主题比较小并且不算疑难问题,那么可以在一开始提出观点,把核心部分放在最后一块,然后就收尾了;如果文章处理的题材比较大,可以把最关键的部分放在相对中间的位置。因为对于题材较大的文章,当明确提出观点,或者解决了文章最核心的问题以后,往往不能马上结束,还要在此基础上引申、提出进一步的观点或建议。这就像爬山,有的时候只需要爬到山顶就够了,而有的时候登到山顶上只是整个旅途的一半或者是三分之一。登顶之后做什么呢?既然已经登上山顶了,很可能就要俯瞰一个全新的世界。比如作者提出的观点已经有一定的理论贡献,或者挑战了一些既定的命题、得出了一些结论,但文章并不会在此戛然而止。作者接下去还可以展开篇幅,运用他的新理论、新命题重新梳理一些以往旧理论、旧观念无法解释,或解释得不好的问题。总而言之,这些顺序的安排最终都取决于写作的目的,下文还会结合例证进行说明。

---

③ 钱穆:《学龠》,九州出版社 2010 年版,第 21 页。
④ 同上书,第 22 页。

第三节 四部研究法

掌握了理清文章逻辑结构需要遵循的原则,能够帮助我们更好地将自己千头万绪的"想法",整理为能够解决实际问题的"办法"。剩下的就是为文章的主体部分填充适当的内容。仿照四库全书的"四库分类法",我把文章主体部分可能会涉及的内容,也分别称为"经"、"史"、"子"、"集"四部。按照这几种分类补充文章主体内容的方法,称为"四部研究法"。天下文章,奥妙无穷。如何布局,真的是"运用之妙,存乎一心"。其实没有太多成法。这里只是为了初学者方便,提供一个简明的结构。大家千万不要拘泥于此。过河之后,拆桥就是了。

一、经部:提出问题

"经"部主要处理提出问题这一环节。一篇好的文章应当以一个好的问题为前提,并且以此作为中心思想贯穿全文的写作。将谋篇的构思具体地落实到布局技巧上,则要求我们尽可能地将一个萦绕心间的问题清晰地叙述,有力的提出,甚至给人以眼前一亮的感觉。这当然不是一件简单的事情,需要经过不断的砥砺思想、磨炼笔触方能有所精进。在"经"部,可能包含如下内容,我们提供一些思路,供同学们在写作过程中参考。

交代背景。法学论文的写作往往与某一具体的法律制度或者法律案件相互联系,而法学作为一门经世致用的学科,总是在于社会互动的过程中不断塑造和深化我们对于具体法律问题的认识。因而,当我们开始处理一个主题之前,应当交代主题的背景,这个背景既可以是与该主题相关的案件的基本事实,也可以是与该主题相关的学术争议。通过介绍案件事实、学术争议等方式交代背景,锁定问题领域。

提出问题。正如我们在上一讲提到的,"谋篇"要寻找一个一以贯之的问题,并以此来提领整篇文章的写作。以"泸州二奶案"[5]为例,通过对于案件事实的了解以及学术争议的梳理,我们可以将问题锁定在——本案能否通过适用公序良俗原则判决遗嘱效力问题? 这一问题是如此重要以至于所有的学术争议事实上都是建立在这一问题之上。

理清思路。当我们有了一个中心问题以后,要思考的是如何能够层层地展开对问题的讨论,引领读者与我们一同进入对于问题的思考中。这就是"谋篇"的成果了。仍以"泸州二奶案"为例,我们可以将"法院是否能通过适用公序良俗原则判决遗嘱效力问题"分解为若干子问题:

问题1:遗嘱效力或更为一般的法律行为效力的实质要件? 公序良俗原则对遗嘱效力的实质限制?

问题2:公序良俗原则的内容如何确定? 公序良俗原则与意思自治原则关系如何?

问题3:本案的性质如何? 争议的核心是遗嘱效力还是家庭财产? 遗嘱的财产处分权与夫妻财产制问题的关系如何? 进而,继承制度与家庭制度的关系如何?

通过对这些问题的层层追问,我们能够充分的揭示遗嘱效力、公序良俗原则以及夫妻财产制之间的关系。这三者的逻辑关系在于:夫妻财产制是否构成公序良俗的一个重要内容;公序良俗是否可以作为遗嘱无效的一个重要的实质条件。

---

⑤ 张学英诉蒋伦芳遗赠纠纷案,(2001)纳溪民初字第561号,【法宝引证码】CLI. C. 37779。

突出重点。当我们理清思路后，也许会发现我们有许多问题要叙述。为了避免"眉毛胡子一把抓"，冲淡了文章的主线，我们应当在处理这些问题时突出重点。上述三个问题即是一例，在"泸州二奶案"中，这三个问题并不是同样重要的，需要我们集中论述的是那些尚未被学界所充分认识，甚至是从未意识到问题。就遗嘱的效力问题而言，已发表的学术文献已经研究有清楚的定论；就公序良俗原则而言，目前学术研究还不太清楚；而夫妻财产制问题则很不清楚。因此，需要追问的问题——也就是需要突出的重点是，夫妻财产制能否作为公序良俗的重要内容，能否构成遗嘱无效的实质要件？

说明方法。写作者应当在文章的开头部分就交代研究方法。在法学研究领域，常见的研究方法有规范分析的路径、案例研究的路径、法律经济学的路径、历史学的路径，不一而足。而为了将一个问题研究透彻，学者也大可"上穷碧落下黄泉"，不必拘泥于学科之樊篱。

摆明意义。在提出问题的部分还应当论述该研究的意义，说明为什么重要。大致可以归纳为两个方面：该问题具有实践上的重要性，引起国内外的广泛实践和激烈争议；该问题具有理论重要性，已有的研究存在理论的盲点，在此基础上我们可以作出哪些理论贡献。

总体说来，"经"部的核心是要提出一个问题，可以包括交代背景、提出问题、理清思路、突出重点、说明方法、摆明意义这些内容。

二、史部：综述文献

"史"部，指对已有学术成果和实践成果的总结。广义而言，不仅包括学术论文和书籍内容的综述，还包括法规梳理和制度比较。因此这里的"文献"要做广义理解。从做研究的角度来讲，文献综述、法规梳理和制度比较都是一个分类、梳理、概括和总结的过程，不同的只是所涉及的研究对象。因此，我们不妨按照同样的思路来处理这样的三种类型的"文献"。

现在的学术论文，一般必备文献综述部分。这部分需要针对研究主题已有的观点、理论或者制度做一个整体的梳理。原因很简单，我们通常不是开创者，我们现在所思考和解决的问题在人类的思想上或者实践上往往都是有渊源的。所以写文章要把渊源理清楚，这就是我们前面讲谋篇的时候谈到的"知己知彼"。尤其是自己的思想宗主，通常是要通过文献综述呈现出来的，例如，文章要处理的这个问题以往有几派观点，作者需要归纳这几派的观点，或者至少阐释清楚作者更倾向的哪一派的观点。

陈兴良老师常常将文献归纳为几类，即对于某个问题有"肯定说"、"否定说"等学术观点。比如在《目的犯的法理探究》一文中，陈兴良老师运用二分法梳理文献，对客观违法性论与主观违法性论的学术史演变以及这两个概念的意涵进行梳理[6]，在《社会危害性理论——一个反思性检讨》中，陈老师对于刑事古典学派与刑事实证学派对于犯罪的形式概念与犯罪的实质概念的文献综述。[7] 我想，某种程度上正是由于陈老师用了非常简单明了的结构，并精准贴切地进行了文献综述，这使得他能够更快捷、顺畅地处理自己想要处理的主题。陈兴良老师的这种清晰、有力的综述方式，是初学法学论文写作的同学模仿入门的好范本。

就目前中国学术界的状况而言，文献综述都是一篇文章必不可少的内容。但是由于现在的学术期刊对文章的长度有所限制，所以作者常会舍弃这部分内容，或者不希望它占过多的篇幅。我自己写作也常常遇到这个问题，即文献综述放在什么位置。一方面，文献综述很

---

⑥　陈兴良："目的犯的法理探究"，《法学研究》2004 年第 3 期。
⑦　陈兴良："社会危害性理论———一个反思性检讨"，《法学研究》2000 年第 1 期。

重要;另一方面,如果这部分过于冗长,就会阻碍作者进入到研究的主题。作者们常常会在这个阶段花费很多精力、耗费很长篇幅,但是读者还是不清楚他们的主张和看法。即使很多名家在处理文献综述时,情况也并不常是那么理想的。因此,大家在写作中要特别注意这一点。

我建议,不要把文献综述写得太长。就整篇文章而言,去掉开头结尾之后,文献综述部分最好不要超过剩余篇幅的五分之一,最多不能超过三分之一。如果花费了一半的篇幅来完成这个工作,不仅会给读者以头重脚轻的感觉,后边的论证、探讨更是难以充分展开。

那么,具体而言,应当怎样进行文献综述呢?可以通过高度概括的方式,在开始时就尽可能区分主流观点和异议观点。在文献综述部分,一方面可以明确作者所要批判的、或者要进行对话的理论是什么,即竖起靶子、找出对手。于是,文章的其他部分可以从多个角度进行驳斥,从而提出作者自己的观点。另一方面,也可以以作者的观点为核心展开一些综述。而这就需要在写作之前做好充分的研究,明确自己思想的渊源和脉络,把作为自己思想宗主的那个观点作为文献综述的核心部分,而其他观点要么作为这个观点的对立面,要么作为它的附属。这样一来,即使是在文献综述阶段,整个写作的基本论证就已经开始,作者的观点也多多少少呈现出来了。

这进一步说明,文献综述不是简单地罗列各种学说、各派意见,而需要分清主次,有自己明确的判断。现在大多数同学都知道要写文献综述,可是纯粹的、机械的观点罗列也越来越常见了。事实上这是不行的,如果文献综述部分跟文章后面探讨的部分没有多少关系,文章就缺乏一以贯之的逻辑结构,甚至导致整篇文章都在罗列观点、没有问题也没有主线。

因此,需要提醒各位同学注意的是,在综述文献以前往往都需要有一个检索文献的过程。检索文献,严格而言并不是布局的内容,而是在谋篇阶段就应当完成的工作。通过文献的检索,我们有意识地积累一些最基本的文献,了解学界对于我们关心的问题都有哪些研究成果,对这些文献内容进行逻辑结构的梳理,直到能够获得一个总体判断、基本上得出自己的结论了,再开始文献综述部分。也就是说,通过检索文献形成或者完善我们自己的构思,通过综述文献,梳理自己的学术源流进而为后面的所有研究奠定理论的基石。

同样,法规综述和制度比较也不是简单的事实罗列,都带有自己视角和眼光的选择和辨析,只有这样才能够使法规综述和制度比较和文章的论证联系起来成为一个有机的整体。在下文中我们还将分别作出论述。

三、子部:论证观点

"子"部,集中论证自己的观点,建构自己的理论视角,作出自己的特有的学术贡献。其中包含的内容,不外乎"摆事实"和"讲道理"。

摆事实,是一个求实的过程,正所谓"上穷碧落下黄泉,动手动脚找东西"。可供选择素材范围何其广阔,文本、法规、案例、报道、典籍、档案、访谈调查等都可以成为我们论证观点的素材。同学们也许会问,这和上文提及的法规、制度材料有何区别。事实上很难区分开来。我们在"史"部完成的往往只是一个史料的工作,检索、甄别、梳理和归纳,从而形成一系列的原材料供我们下一步论证之用。在"子部"更多的使用这些原材料进行论证,这就要求我们能够解读出文献、法规、制度背后的逻辑来,为论证我们的观点服务。

以案例为例，白建军教授认为"案例是法治的细胞"，真是恰如其分。⑧ 案例包含了大量的信息，很多学者希望在文章中论证的问题，往往都已经由案例给出了实践中的答案。因此，案例可以成为写作的、尤其是法律写作的重要素材。仔细地研读案例、提炼出里面的重要情节，这些工作的意义不仅在于分析和研究一个案例，更在于为我们的写作、研究提供灵感，启发我们理解问题的不同层面。特别是，这种灵感和启发不是凭空想象，而是来源于现实，来源于实践的回应和尝试。所以，我建议，如果文章有足够的容量，就应该将案例作为研究的素材，这会很大程度上充实我们的研究。

我们研究的法律条文和案例就是最基本的素材。除此之外还有很多历史资料可以运用，作为建构这些案例或者这些事件的社会现实背景和经济政治的基本结构。有时候我们不一定能够完全清楚所有相关事件的来龙去脉，但重点摘取一些经典案例、重大事件，以及与其有关的统计数据，对我们的研究都是很有帮助的。当然，这对于我们的资料搜集能力提出了更高的要求。这部分将是本书法律检索部分重点介绍的内容。

讲道理，是一个求真的过程，正所谓"君子无所不用其极"。有了诸多素材作为基础和佐证，我们可以集中精力陈述观点，建构理论了。这当然是一个讲道理的过程，道理要讲得好，除了素材充分之外，还要有相当的论证手段，这也是英文中"argument"与"argumentation"的区别。这时我们应当调动一切的学术理论资源、范式作为工具完成我们的论证过程。诸如案例研究、定量研究、思想实验等方法都可以应用于此。

一篇文章的核心部分就是讲道理的部分。一篇文章，不应该做过文献综述、把以往的研究成果进行了总结，找了素材、案例来说明这个问题很重要，然后文章就结束了——但这也是很多论文常常会出现的问题。其实，完成了这些部分，如果就此结束便只是在为他人做嫁衣裳，真正重要的部分还没开始。如果要写好文章，最后作者是要把自己的观点穿着嫁衣嫁出去的。因此，讲道理是整个文章的核心，无论是文献综述中作者想要批判的观点，还是想支持的观点，都要结合法律规定、案例和事实等素材加以分析，动用一定的理论资源与学说范式进行解析或建构。

四、集部：理论升华

一般来说，文章论证了自己观点之后，就已经足够了。但是一篇好的文章可以继续向前，而非止步于此。

一方面，论证观点之后可以进一步阐释发扬，尤其是对现有的理论和实践作出批判。学术研究有时候就像是攀爬一座云雾迷茫的高山，你在许多道路中选择了一条道路，背负着理想而风雨兼程，终于凭借自己的努力攀登到山的顶峰，这时候当你俯瞰整个世界时一定会有不同于过往的风景。这个比喻又何尝不是论文写作的写照呢？当我们拨清迷雾，找到问题的本源，并且提出自己的理论视角或理论范式以后，应当回过头来审视现有的法学理论与社会现实——这就是所谓理论的批判功能。比如苏力老师在《变法、法治及其本土资源》⑨一文中，论证了本土资源在构建本土法治中的重要地位之后，并未止步于此，而是进一步将问题引向本土资源背后更深层次的理论问题，对当代中国以西方法治观为核心的法律移植理

---

⑧　白建军："案例是法治的细胞"，《法治论丛》2002 年第 5 期。
⑨　苏力："变法，法治建设及其本土资源"，《中外法学》1995 年第 5 期。

论作出了深入批判。苏力老师在他的研究和论文写作中不仅构建了理论,也升华了理论,与西方法治理论辩论,而不是仅仅复制与阐述西方法学理论中的剩余问题。

再以"泸州二奶案"为例。如果我们关注到公序良俗原则、家庭财产制与遗嘱继承三个法律问题之间的紧张关系,并且进行一定的思辨与论证,我们可以得出这样的观点,即夫妻财产制是公序良俗的一个重要内容;公序良俗是遗嘱无效的一个重要的实质条件。而这恰恰是为现有情人遗赠类型案件研究所忽视,而又对理解中国语境下的情人遗赠纠纷极其重要的一个视角。进而,我们可以对上述结论进行理论升华:遗嘱继承的效力问题背后所彰显的西方自由主义的价值,强调意思自治;而公序良俗原则确实是对中国传统儒家伦理秩序的维护与延续。只有将理论延伸到这一层面,我们才能深入而全面地理解为什么"泸州二奶案"的法官要判决二奶蒋伦芳败诉。

同学们在论文写作的最后一步,也可以尝试着作理论的升华,用自己提出的观点或者理论视角去反思当下的理论学说、实践中的法律问题,去和这些学说和实务做法背后的理论基础对抗。这种理论升华,一方面是检验自己的理论成果,迫使自己去回答"什么是你的贡献",确立自己的理论在现在的学术研究中的价值,另一方面是用学术研究的成果观照现实,考察自己所提出的观点或视角是否足够的解释力去解释复杂法律实践活动。

"集"部,还可以是"集思广益",也就是引入更多论据和方法来补强自己的观点和结论。这一部分就不仅会运用到各种法律理论,也需要其他社会科学的理论,法学、哲学、政治学、经济学、历史学、社会学、统计学与心理学。关于如何在"集"部综合运用多种学科的资源和理论知识,是本书除写作以外的另外一个重点。本书在后面的章节中提供了诸如经济、商业、社会、统计、历史等重要数据库的介绍,这部分的内容是建立在信息资源基础上的,因此动手实践的意味很浓,感兴趣的同学一定要跟着演练一下。通过一些具体的题目的练习,我们能够更加深入地了解法学作为一门经世致用的学科,和各种学科之间的密切联系,进而学会用这些资源去论证自己的观点,充实自己法学理论的底色。

五、总结

以上四部分基本上构成了文章的主体,形成了一个基础的逻辑结构。但是任何规则总是死的,跟具体要研究的问题之间还有很大的距离。有了"四部研究法"的意识,我们还可以把各种观点,各种理论,各种事实与自己的观点更为灵活地结合在一起。不同的研究有不同的材料组合方式。在四部的每一部分中,究竟如何安排特定内容,都是一个更为具体的布局问题。这部分内容,我们会在后文中进一步探讨。总之,布局是个战术问题,最终要服务于谋篇这个战略目标。怎样布局、采取什么样的结构,还要与最开始的谋篇相结合。

最后,正如前文一再强调的,论文的结构绝不仅仅是个写作技巧问题,而是"学术素养"和"心灵质量"问题。这里引用两位作家的话。他们虽然讲的是长篇小说在结构上遇到的挑战,但是对于法学论文的写作同样深有启发。作家余华在《许三观卖血记》的"自序"中写道,"相对于短篇小说,我觉得一个作家在写作长篇小说的时候,似乎离写作这种技术性的行为更远,更像是在经历着什么,而不是在写作着什么。换一种说法,就是短篇小说表达时所接近的是结构、语言和某种程度上的理想。短篇小说更为形式化的理由是它可以被严格控制,控制在作家完整的意图里。长篇小说就不一样了,人的命运、背景的交换、时代的更替在作家这里会突出起来,对结构和语言的把握往往成为了另外一种标准,也就是衡量一个作家是否训练有素的标准。"⑩正像谢有顺教授所说,"如果说,短篇小说的写作还能靠技巧取胜,那么,长篇小说的写作所考验的就完全是一个作家的心灵质量了。"⑪尤其是学位论文,动辄几万字、十几万字乃至几十万字,很像余华所说的长篇小说。不同于提笔成文的短章,可以依靠灵光闪现的小聪明,一篇学位论文的写作最终考验的是作者开始写作以前所积累的学术素养。这时,能否把握住文章的结构,其实往往不是下笔之前所能预设,而在于作者驾驭自己和文章本身生命力的能力。

是的,文章本身有生命力。文章的思想就像是一匹未经驯服的烈马。结构只是思想最终的奔走轨迹。当作者下笔时,作者与文章这两个生命之间就展开了较量。大多数时候我们会被这匹烈马摔下身去。只有好的御者才能把烈马变为骏马,让胯下的宝马按照自己的意向行进。

一个好的御者,除了天分,还需要长久而刻苦的训练。没有人不想写出锦绣文章。问题在于,我们有没有那样的眼界、胸襟、气度和意志。再好的老师或书籍,都无法代替作者本人的修炼。本书希望提供的是一种辅助,提醒和激励法学研究和写作的初学者们,努力提高自己的学术素养,提升自己的心灵质量。

课堂练习(五)

依据课堂练习(一)中选定的研究主题,进一步联系如何在写作中提出问题,要求:

1. 交代背景。以介绍案件事实、学术争议等方式交代背景,锁定问题领域。
2. 提出问题。寻找一个一以贯之的问题,并以此来提领整篇文章的写作。
3. 理清思路。提出几个子问题,将主题引向深入。
4. 说明方法。
5. 摆明意义。
6. 字数 3000 字以内。

---

⑩　余华:《许三观卖血记》,作家出版社 2011 年版。
⑪　谢有顺:"重申长篇小说的写作常识",《当代作家评论》2006 年第 1 期。

第二编

经部:开头与结尾

第一讲　开头

写作是非常个人化的,优秀作者的写作方式都不一样。好的作品都深深打下了作者的人格烙印。有些人很有性格,一接触便会给人留下深刻的印象;有些作品也很有性格,读过一篇这样的作品,将来再读到类似文章的时候就会发现,即使不看作者的名字,也能知道这是谁的作品。

开头和结尾尤其体现作者的风格。我记得小时候看作文书,讲好文章要是"凤头、猪肚、豹尾"。现在想来,也很有道理。猪肚是说要内容充实,好理解。那么凤头是什么意思呢?简单的说,就是要漂亮夺目,同时短小精悍。那么"豹尾"呢?除了漂亮,还要有力。这也是我们写作应当遵循的要点。谁说法学文章就应该面目狰狞,读读国外那些法学名家的文章,哪一篇不是文采斐然。这一点怎么就不能努力"同世界接轨"?更不用说中国古人的锦绣文章了。作为当代法学读物的受害者,我们应当诅咒那些把法学文章变得味同嚼蜡的人!

当然,这涉及的是作品风格的问题,更多地要靠平时积累。这本书只能讲一些概要的内容,通过一些例子,让读者知道开头的基本内容可以是什么,通过一些范例,带给读者一些启发,让读者知道开头也可以这样写。其实在我自己的写作过程中,开头也总是最令我伤脑筋的部分,常常一个文章的基本内容都写完了,或者思路都很清楚了,但是如何开头仍然很费思量。因为有时候虽然要写的问题清楚,但从哪儿下笔写起却说不准。

第一节　概　　论

一、提出问题

如果说写好文章的开头有一项基本功,那就是要能够提出问题,能够回答写作所要解决的问题是什么。如果有必要,通常还要说明这个问题的重要性。我自己比较喜欢开门见山的作品,一读开头就知道作者要写什么,或者就被作者引导到一个他所设计的路线上去了。我不喜欢从一开始就不知道作者想说什么的作品。作者可能说了很多内容,但总是让人感觉模模糊糊,不得其要。这样的情况并不少见。就一般的学术写作而言,有的时候需要在开头有一些铺垫或交代,但一定要注意不能喧宾夺主,不能因为需要有所交代,就忽略了问题的本身。无论是好的研究还是好的作品,总是在一开始就能让别人知道其所要说明的问题是什么,而且能从始至终紧紧地把握住这个问题。

一如前述,一篇文章所提出的问题,往往是这篇文章从头至尾贯穿始终的"经义"。前面讲了很多,这里不多赘述了。再举一个实例吧。比如,肯尼斯·阿罗说,为什么很多并不缺少分析能力、并不缺少天分的出色的经济学家,没能像科斯一样成功的建立一个学派,或者没能成功的开辟经济学新的研究领域?为什么科斯能让制度经济学研究呈现出一个新的气象?跟所有时代的经济学家相比,科斯并不是一个像凯恩斯、瓦尔拉斯或者肯尼斯·阿罗一样的天才,可他却作出了一个天才都难以企及的学术贡献,这到底是为什么? 肯尼斯·阿罗认为,新制度经济学成功的关键,或者说科斯成功的关键,并不在于以新的方式回答了旧问题,而在于提出了一个新的问题。让我们来看看科斯《社会成本问题》一文的开头[1]:

> 本文涉及对他人产生有害影响的那些工商业企业的行为。一个典型的例子就是,某工厂的烟尘给邻近的财产所有者带来的有害影响。对此类情况,经济学的分析通常是从工厂的私人产品与社会产品之间的矛盾这方面展开的。在这一方面,许多经济学家都因袭了庇古在《福利经济学》中提出的观点。……传统的方法掩盖了不得不作出的选择的实质。人们一般将该问题视为甲给乙造成损害,因而所要决定的是:如何制止甲? 但这是错误的。我们正在分析的问题具有相互性,即避免对乙的损害将会使甲遭受损害,必须决定的真正问题是:是允许甲损害乙,还是允许乙损害甲? 关键在于避免较严重的损害。

恰恰是因为科斯提出了新的问题,一个在经济学领域以往没人意识到的新问题,才成就了他自己、成就了新制度经济学的伟大贡献。这一贡献的影响已经持续了 50 年,直到现在还在发热,这一影响甚至跨越了单纯的经济学领域,为法学和其他很多学科的研究提供了了不起的方向! 文章的开头是整个文章的命脉所在,好问题本身就是文章的点睛之笔。

一篇文章的"经义"是在选题和谋篇阶段构思好的,但是真正"落笔成文"却是在写作开头的时候。想清楚问题是一回事,写清楚问题是另一回事。能像科斯那样,一两段话就把这么重要的问题的理论背景说清楚,一两句话就讲清楚自己的观点,是很需要功力的。因此,开始写作时,无论选题、谋篇、布局,还是写作开头部分的时候都要重视这一点,要想清楚自己的问题到底是什么。如果不清楚自己的问题是什么,不清楚自己的问题该如何表述,通常都是因为思考还不够,研究还不够,还不理解自己要处理的主题。想不清问题,就不要开始写作。

对很多人而言,提的不是问题,而是寂寞。尤其是很多讲座的回答问题阶段,一些人纯粹是为了提问而提问,但其实并没有想清楚真正困扰自己的问题;或者,尽管他们知道自己有困惑,知道有些东西就是不明白、想不通,却说不清自己这个问题究竟是什么——然而,只有当自己确确实实知道了而且能够说清问题是什么的时候,才可能进一步寻求帮助,获得答案。如果别人都不清楚问题是什么,也就很难继续交流。当然,常常有一些出色的回答者,虽然面对一些不知所云的问题,仍然能作出很出色的回答,那是因为回答者比提问者先把握住了问题的实质。对于学术论文的写作而言,常常也是如此。

因此,一个实质性的问题绝不是笼统的,而必须清晰可见。诸如"经济对法律有什么影响"之类的问题,提出来也没有意义。那么,应当怎样锤炼自己的问题表达呢? 我的建议是,尝试用"一句话"把问题说清。问题的关键。通常就是那么一句话、一个简单的问句。把这句话找到了,就真的把问题想明白了,那么回答问题也就简单了。就像有个故事说一群技工要维修一个锅炉故障,忙了半天都修不好,后来请了个专家来。专家只是在锅炉上画了个圈,就解决了问题。因为这个圈就是问题的关键所在。文章的开头,就是要把这个关键的问题圈出来。

对于很多事情,几乎所有人都知道其中有问题,但只有很少的人能够知道问题在哪儿。科斯曾回忆过他写作《企业的性质》[2]时的情形。一开始的时候,他也只是朦朦胧胧地感到

---

① 科斯、阿尔钦、诺斯等:《财产权利与制度变迁》,上海三联书店、上海人民出版社 1994 年版。
② Ronald Coase, The Nature of the Firm, 4 *Economica* 386(1937).

存在一些问题,但总也抓不住关键所在。在之后的很长时间里,包括他去美国做访问学生的一年,他一直在探索这个问题。经过一段时间的摸索,通过跟他的同学、老师探讨和通信,他才逐渐明白了问题的关键所在,于是著名的"交易成本"概念就提出来了。③ 事实上,科斯整篇文章的核心在于他提出的一个最基本的问题——企业和市场之间的边界在什么地方。而找到这个问题所花费的时间远胜于写作本身所需要的时间。科斯最初的经历也是我们常常遇到的情况。我们一定要明白,当朦胧地知道感兴趣的方向或者所困惑的领域的时候,我们距离提出问题还有很长的路要走,而这一段路也就是研究的过程。所以,往往是一个研究结束了,文章的开头才能写成。

二、问题的重要性

成功地提出了问题,有时候作者还需要多说两句——虽然作者自己知道为什么提这个问题,但别人并不一定理解这个问题的重要性。这时便需要向人解释,为什么提出的是这个问题,而不是别的问题。这就有必要在文章的开头,强调一下该问题的重要性。

重要性通常包括两个方面。一方面是问题的实践重要性,即它对社会生活,对政治、经济、文化的影响。尤其是对于法律研究。法律是为了回应社会生活的需要而存在,对实践重要性的说明更是必要的。例如,要研究一个案例,就要讲清楚这个案例到底有什么意义,除了是个"热点",为什么还值得深入挖掘。再如,要引入一个国外的法律制度,也要说明为什么需要引进这个制度而不是其他制度,为什么这个制度值得花费时间和精力去探索。没有"理所应当"的问题。

另一方面,除了实践重要性,理论重要性也值得思考。很多学生通常不太注意这一方面,他们更多地关注实践重要性,而对于整个理论,以及自己所研究的问题在理论体系中所处的地位并不清楚。这也是需要在研究过程中解决的。其实,很多实践层面的意义与理论意义不无关联,如果能成功解决一个实践中发现的问题,往往意味着以往的学术探讨并没有很好地回答这一问题。同时,实践上重要的不见得理论上一定重要,例如,现在有飙车案、醉驾案,有与包二奶、找小三等社会现象相关的纠纷,这些似乎是在实践中出现的新问题,但不见得是学术上、理论上的新问题。在学术上,这些问题很可能早就被探讨过很多次了,只是我们不知道罢了。因此在研究这些问题时,应当说明在理论上可能的贡献。当然,即使对于一些学术界讨论过,似乎是"陈芝麻烂谷子"的问题,只要自己认为它仍然有探讨的意义,甚至认为以往的学术研究都存在谬误,或者不够完备,那么作者也同样有义务在文章的开头说明以往的研究的局限,点名这个问题的重要性。

三、对象、方式、篇幅

文章的开头还有一点需要特别注意。在提出问题,说明问题的重要性时,一定要想象一下这篇文章的读者群。对于不同的人群,有着不同的表达方式。

如果要发表一个学术研究,可能需要兼顾实践重要性和理论重要性两个方面。但如果是写给律所合伙人的文章,那么文章的读者可能根本就不需要论证问题的重要性——作为问题的布置者,他很清楚这个问题为何重要。

---

③ 伯烈特·史宾斯:《诺贝尔之路:十三位经济学奖得主的故事》,黄进发译,西南财经大学出版社 1998 年版,第十二章。

另外,虽然开头相对于整篇文章所占的篇幅不多,但我们还是应当训练自己写作开头的能力,尤其是在较短篇幅内精确、凝练地表达意思的能力。其实,不管是论文,还是其他类型的文章,比如出国申请、求职的自我介绍、奖学金申请材料等,文章最开始的几句话都可以是非常出彩的。尤其是文章的第一段,如果说开头是整个文章的眼睛,那么开头部分的第一段常常就是眼神,对于女孩子来说也可能是她的睫毛,尤其需要精心勾画。

我想,大家可以有意识地做一个训练。文章的第一段不超过三句话,一句话说明文章提出的问题。尽管写作不应该这么机械死板,但是作为训练,大家却应当朝这个方向努力。就像达·芬奇画鸡蛋、莫泊桑练速写一样,基本功的训练有助于大家驾驭自己的才华。

第二节　常见开头举例

对文章开头的写作进行了一些概要介绍后,这一节主要列举一些常见的开头方式,并通过一些名家的范例,将这些开头方式更为直观地呈现出来。这些例子大多是阅读中和学生作业中看到的例子,以偏概全,漏万挂一,仅供大家参考。我也举了自己写过的文章作为例证。虽然难免贻笑大方,希望总归对大家多多少少会有一些启发吧。

一、开门见山

例1:

> 婚内强奸问题是近些年来刑法学界讨论的热点问题,也是社会关注的热点问题。……从现有的讨论来看,大多将关于婚内强奸是否应当犯罪化的观点归结为两种:肯定说与否定说。肯定说主张婚内强奸构成了强奸罪,而否定说否认婚内强奸构成强奸罪。在笔者看来,正是这种简单的分类将婚内强奸犯罪化的讨论引入了歧路。关于婚内强奸犯罪化的讨论进路应当区分为以下三种层次。[④]

这个开头看似平淡,但是文章所要探讨的问题一句话就写完了。虽然文字特别简单,但是体现了开头的基本要素。用很短的篇幅就交代完学术背景之后,用"在笔者看来"几个字一转,一下就把问题的关键提出来了。这种开头方式虽然平淡无奇却十分有效,传递的信息非常简洁明快。

我们不要以为这样的开头简单、套路化,其实这就是好文章的所在。陈兴良老师绝不是平白无故地随意套了个模板,写了这个开头。实际上,经历了多年的写作,怎么才能够让自己的写作简洁明快,仍然会成为困扰很多学者的问题。要最有效地传达信息,让读者一目了然,并不是一件容易的事情。这样简单的结构,平白的陈述可能是淘汰了很多种替代方案之后浓缩下来的精华。这个开头是大家练习写作的一个极好范例。以下是我一篇文章的开头,经过了改写,是对陈老师手笔的一个模仿吧。

例2:

> 当市场运行受阻或者失灵时,应当由谁来打破僵局?是政府还是法院?五十年来,没有哪个关于市场与法治关系的理论,能比科斯定理及其推论在当代社会实践和学术研究中产生更大影响的了。科斯的《社会成本问题》一文,既说明了在交易成本较低情

---

④　陈兴良:"婚内强奸犯罪化:能与不能——一种法解释学的分析",《法学》2006年第2期。

况下的市场效率，也指出了交易成本较高情况下法治对市场的替代，将全部市场与法治之间的复杂效率关系归结为了"取决于交易成本高低"这样一个如此简明而深邃的结论。然而在笔者看来，由于忽略了法律运行的"界权成本"，科斯定理及其推论的实践影响并不可欲，而且在理论上也难以成立。⑤

二、摆事实

例1：

2004 年 8 月 2 日无锡电视台播放了一则社会新闻：一夫妇生养一男孩后竟将自己亲生的女儿活活打死，女孩死后身上竟无一块完好的地方。……然而，放眼我们的周遭，这样的悲剧又何止是这一件。1995 年 9 月，陕西省汉中市径阳县某村民因反对妻子陈某支持一家企业，便用菜刀剁掉了陈某的右手及左手的三根手指，并挑断其右脚筋。2000 年 3 月安徽省辛县一居民丁某只因妻子与他人开玩笑，便将其脱得一丝不挂，吊在窗户上毒打，并在其昏迷时入其右腿上注射了两管汽油。⑥

摆事实也是一个简单而有效的开头方式。这个开头也很简单，但把几个新闻事件罗列在一起后，冲击力很强，让人印象深刻，可以达到不言自明的效果。我在自己的一篇文章中，也模仿着写了这样一个开头。

例2：

2010 年 10 月 8 日，一张"中国血房地图"赫然出现在互联网上，制作者将媒体报道过的发生过暴力拆迁的地方，通过标签的方式在地图上一一标注出来。短短半个月的时间里，血房地图上"标注的血拆事件已达到了 82 起，覆盖了从上海到新疆、从黑龙江到广西的全国大多数区域。……唐福珍拆迁自焚、江西宜黄拆迁自焚、呼和浩特拆迁通知附带子弹、广西北海白虎头村强拆等轰动一时的案例在血房地图上都有标注"。⑦

三、列数据

例1：

……陕西省妇联于 1998 年 7 月对该省女子监狱抽取了 101 份杀人犯的案卷进行了研究，其中杀夫案 64 份，占 63.3%，因遭受丈夫暴力而导致杀人的 29 份，占杀夫案的 45.3%。另据调查，东北某省女犯监狱关押的千余名犯人中，杀害恋人和丈夫的比例达 62.4%，其中杀害丈夫的比例更突出为 55%。严酷的现实不得不让我们对家庭暴力这一古老而普遍的社会现象作一番重新的审视。⑧

这一段与上文的例子都出自同样一篇文章。除了摆事实，通过查阅一些相关的统计研究，用数据说明某一问题在社会中的影响力，也是很有说服力的开头方式。从这篇文章所引

⑤ 凌斌："界权成本问题：科斯定理及其推论的澄清与反思"，《中外法学》2010 年第 1 期。
⑥ 王丽君：《试论家庭暴力及其对策》，苏州大学硕士专业学位论文，2005 年。
⑦ 凌斌："科层法治的实践悖论——行政执法化批判"，《开放时代》2011 年第 12 期。
⑧ 王丽君：同注 6。

用的研究可以看出,家庭暴力中,女性对于男性的暴力行为一般不反抗,但唯一一次的反抗也就是最后的、最厉害的反抗。接着,作者用一句话在提出问题的同时说明了问题的重要性:"严酷的现实不得不让我们对家庭暴力这个普遍的社会现象做一番重新的审视。"这句话非常简洁明了,说明了这个老问题为什么值得重新研究。这也是一个值得效仿的例子。我自己一篇文章的开头,也是类似的写法。

例 2:

> 2006 年 5 月 19 日,中国大地上发生的一场激烈、精彩的产权之争终成定局。北京市高级人民法院一日两判,最终将"小肥羊 LITTLE SHEEP 及图"的商标权赋予了内蒙古小肥羊餐饮连锁有限公司。这场"小肥羊"争夺战跨越世纪之交,前后历时 6 年,影响波及全国,涉案标的高达近 60 亿元人民币,牵连企业多达上千家,包括中央电视台、《人民日报》在内的百余家国内主流媒体连篇累牍地做了专题评论,国家商标局和商标委员会先后十几次裁定,三个省市的六家中高级法院作出了 10 份判决,各类期刊上发表了 20 余篇学术评论或论文。无论从争议法律问题的重要性和涉案诉讼标的数额来说,还是就社会关注程度和经济影响范围而言,"小肥羊"案都不仅是一个有关商标争议案件,而且本身就是一个"商标式"的案件。⑨

一系列数字,有助于凸显"小肥羊"商标的争夺已经进入白热化的阶段:历时长短、涉案标的额、判决文书、媒体报道、学术评论这些指标都说明这一问题,其理论和实践上的意义也就不言而喻。

四、举争议

例 1:

> "一尸两命"!这一概括引发了全国各类媒体广泛的关注和激烈的讨论,涉及从手术签字、医疗体制、贫富差别等大小的社会问题;不少媒体、网民和学者反思、质疑、辩论了签字手术制度以及医院坚守这一制度的正当性。尽管绝大多数网民认为肖志军应当对这一悲剧负责;但几乎所有官方媒体的评论都高唱"生命尊严高于一切",倾向于强行救治。不少人,包括一些专家建议修改相关法律。有律师匆忙出动,据称"连夜"起草了修改法案,次日便寄往国务院。⑩

这是苏力老师评论肖志军案的文章。有时候不见得要讲具体的事件和数据,摆出人们关于这个问题的各种意见,就足以向大家证明某一问题所具有的实践和理论重要性了。这个开头,一开始就点出,这个案件涉及广泛的社会领域,引起了对诸多问题的争论,参与讨论的人士类型多样,有网民、媒体、法学学者和律师。但正是这种列举才呈现和强调出了一个热点问题的现实的重要性。我自己的一篇书评,也是从读者关于这部著作的不同感受出发:

例 2:

> 在亚马逊网上书店(Amazon.com)的页面上,一共有两段对本书的评论,一段摘自

---

⑨ 凌斌:"肥羊之争:产权界定的法学和经济学思考",《中国法学》2008 年第 5 期。
⑩ 苏力:"医疗的知情同意与个人自由和责任——从肖志军拒签事件切入",《中国法学》2008 年第 2 期。

Publishers Weekly，评价是：[本书中的]"一些讨论是技术性的（比如回归分析），只有专家才能看懂。另一些章节的内容是波斯纳对其他法律经济学理论的主要拥护者近来的一些论文的回应，因而吸引的将是学院派读者"。另一段摘自 *Library Journal*，说得更绝："这本书艰深难读（heavy reading），主要是供对法学有很高兴趣的读者阅读，仅推荐高等院校及法律图书馆使用。"……再看其他地方对本书的评价，截然相反。一位法学院的研究生写道，"所有思考可能的法律改革的人，所有喜欢更彻底地思考法律是什么和这位作者认为法律应当是什么的人，都应该读这本书。……尽管这本书讨论的内容很可争议，可我还是觉着，读起来非常有意思。"另一位作者说，"有心的读者将会迷上这本书。这不只是因为这本书的讨论格外深刻，而且是因为，这位文艺复兴时期的法官为了推进一种更起作用的法律制度，运用了那些法律以外学科的清新视角。"

一边说这本书艰深难读，看不懂，一边说这本书令人着迷，有意思。

这真是怪了。⑪

五、背景交代

例1：

在过去的三十多年中，西方女性主义以其明确的问题意识、坚韧的实践精神在法学等学科领域对已有的理论和知识系统进行全面的质疑和挑战，以全新的视点和价值观对一切固有的、传统的理论体系进行重新评价，形成了自己独特的理论体系，同时也推动了法律的变革，改变着女性自身的命运。⑫

除了强调问题的实践重要性，文章开头可以通过概括一个问题的理论或现实背景来追溯思想的"宗主"、点明其理论重要性。但是要用一句话既把学术背景概括出来，又要引到所要谈及的具体问题上，并不容易。例1给出了一个直截了当的陈述，在交代这个学术传统的发展历程、展现这个学术传统的特点的同时，也马上举出了它与法律、与社会变革之间的关系，为后面的论述奠定了很好的基础。

一些对于理论本身的研究，如果追溯得太远，就需要用很大的篇幅去交代理论背景，反而使得问题本身被淹没掉了；然而如果一点都不交代，不熟悉这个背景的人就不了解这个问题为什么重要。对于这类作品，像这样一句话就交代清楚，的确是可取的做法。以下是我的一篇文章的开头，也是从时代背景写起。

例2：

从某种意义上讲，中国改革开放三十年，是人文社会科学的三十年。从"真理标准"到"市场经济"，从"民主法制"到"人权宪政"，从"民族国家"到"儒家传统"，从"经史子集"到"古今中西"，中国的人文社会科学知识分子一次次将关系社会发展和民族命运的重大问题提到了时代的风口浪尖，牢牢引领了这三十年来的社会想象和公共议题。可以说，随着媒体和网络的兴起，人文社会科学塑造了我们整个时代的话语模式和心智结构。但随着人文社会科学对于社会政治经济文化的全面影响日益增长，我们需要追问，又是谁在塑造中国学界的话语模式和心智结构呢？改革开放三十年来，构成我们阅

⑪ 凌斌："洞悉法律的多维视角——读波斯纳《法律理论的前沿》"，《法律书评》2003年第1期。
⑫ 陈红、李华："从女性主义的视角重新理解'正当防卫'"，《浙江学刊》2005年第4期。

读和研究语境的是哪些作品?⑬

苏力老师关于刘涌案的评论,也是从时代背景入手。

例 3:

> 2003 年是令中国的法律人难忘的一年。令人难忘并不全在于法律人的光荣,也因为法律人的尴尬、困惑甚至羞辱。从年初最高人民法院有关"奸淫幼女"司法批复引发的争论,到春夏之交"非典"疫情引发的关于信息公开、紧急状态和问责政府的讨论,从82 年宪法的第四次"修宪"的讨论到年末的孙大午案件、李慧娟事件。然而,最令法律人关注、凝聚了他们的激情、搅动他们的心潮的,无疑是上半年的孙志刚事件和年底的刘涌案提审。事件已经过去,平面媒体和网络媒体上留下的炽热的文字已经蒙上灰色。我却在此重提这两个事件,不是重复,只是为了面对中国的法学。⑭

简简单单的一段话,把案件的时代背景、学术背景都揭示出来了,它既通过摆争议、摆事实体现了问题的理论和实践意义,同时很好地把这个案件的特点放在时代的背景之中。这个出色的开头综合运用了我们前面介绍的多种开头方法,值得体会。我在一篇论文的开头,也采用了这一方式。

例 4:

> 从 1989 年的《行政诉讼法》颁布实施算起,中国以法治为目标的法律体制改革也已经进行了二十年了。二十年风雨兼程,法治之"法"硕果累累,但法治之"治"却长路慢慢。"法"多而"治"少,是"变法之后"中国当代法治进程的一个隐忧。……这里提出的问题,其实和鲁迅先生"娜拉走后怎样"的问题一样,是一个"立法之后怎样"的问题。……我们同样必须、事实上也必定追问:立法之后,究竟能否顺利实现法治;要从立法转变为法治,究竟要解决哪些鲁迅先生所说的"最要紧的"法治问题。⑮

除了上述这些中规中矩的"问题与意义"的开头方式,其实还有很多值得学习的好方法。从古至今,有很多人用不同的写法写出了同样精彩的开头,我们也列举其中的几种。

六、赋陈

例 1:

> 一个幽灵,共产主义的幽灵,在欧洲大陆徘徊。为了对这个幽灵进行神圣的围剿,旧欧洲的一切势力,教皇和沙皇、梅特涅和基佐、法国的激进派和德国的警察,都联合起来了。……从这一事实中可以得出两个结论:
>
> 共产主义已经被欧洲的一切势力公认为一种势力;
>
> 现在是共产党人向全世界公开说明自己的观点、自己的目的、自己的意图并且拿党自己的宣言来反驳关于共产主义幽灵的神话的时候了。
>
> 为了这个目的,各国共产党人集会于伦敦,拟定了如下的宣言,用英文、法文、德文、

⑬　凌斌:"走向开放的中国心智",《读书》2009 年第 1 期。

⑭　苏力:"司法解释、公共政策和最高法院——从最高法院有关'奸淫幼女'的司法解释切入",《法学》2003 年第 5 期。

⑮　凌斌:"法治的两条道路",《中外法学》2007 年第 1 期。

意大利文、弗拉芒文和丹麦文公布于世。⑯

不管在什么时候看来，不管读者是左派还是右派，是老年还是青年，《共产党宣言》都是极出色的作品。文章的开头气贯长虹，直截了当，迅速提出了自己的问题和主张。这是在赋陈的过程中，在特定历史政治背景下提出的政治主张。第一段看似是在描绘整个历史背景，但这历史背景的交代中又隐含了一个结论：共产主义已经是一支不能忽视的力量了。之后，共产党人便应该来说明自己的宗旨和主张了。

当然，这种大师的经典作品不是朝夕之间就能写出的。我们要去模仿，去反反复复诵读，甚至抄写——这是最有效的模仿办法。中国古人常常让学生去背诵名篇，的确是写作训练的有效途径。

我们再举一个今人的例子。

例 2：

> 我似乎注定了要过一种在路上的生活，我有着不安分的灵魂，总想四处游荡，我的内心深处有一种呼唤，总是把我带向不可知的远方。即使让我坐在房间里，我也希望有一扇能够让我眺望遥远的地平线的窗户。⑰

这是俞敏洪先生的作品《在路上》的开头，后来这段话也被谱写为歌词了。文章的开头一下子把意境确定下来了，也展现了一种了不起的气质。文字朴实，但也很有感染力。因为这是作者心灵的独白，字里行间蕴含着一种激情，一种沉郁凝练而强有力的激情。这种开头方式的可贵之处在于它给整篇文章定了调子，也让我们明白了他要写的问题。

七、断言

例 1：

> 西方人正经历着一场整体性危机——一种许多男男女女在他们年满五十时便会经验到的那种危机。其实，他们极为严肃，并且经常不安的自问，生活的意义何在，他们正去向何方。……我们的全部文化似乎正面临一种精神崩溃的可能。这种业已临近崩溃的一种主要征兆，乃是对法律信任的严重丧失——不仅遵守法律的民众如此，立法者和司法者亦是如此。第二个主要征兆，是对宗教信仰的丧失殆尽——同样，不但在出入教堂和犹太会堂（至少在葬礼和婚礼上）的民众方面是这样，教士也是这样。⑱

这段文字来自伯尔曼的名篇《法律与宗教》，也是用很简短的文字一下子就呈现出作者所要提出的问题及其重要性。但这种开头方式的特点在于，这一段不是平铺直叙地揭示问题而是以一个论断，将这个问题的复杂性以及它所蕴含的张力，一下子推了给读者，像一部电影一样，一开始就设置悬疑。我在以下开头中所用的手法，也与此类似。一开始就作出一个鲜明的论断，不做论证，从而把问题直接抛给读者。

例 2：

> 当代法学，还没有哪部电影甚至很少有学术专著，能够像《秋菊打官司》一样，不断

---

⑯ 马克思：《共产党宣言》，中共中央马克思恩格斯列宁斯大林著作编译局，人民出版社 1997 年版。
⑰ 俞敏洪："在路上"，《格言》2010 年增刊。
⑱ 哈罗德·伯尔曼：《法律与宗教》，梁治平译，中国政法大学出版社 2003 年版。

吸引中外学者的反复解读,而且至今势头不减。也许这就是一部出色作品区别于普通作品的标志所在:有持久的生命力,并且赋予生命。这部从头至尾弥漫着浓郁乡土气息的艺术影片,因而超越了一个边远农村的"地方性知识",展现出中国政治和法治实践的深层逻辑。⑲

八、对比

例1:

从前,在美国中部有一个城镇,这里的一切生物看来与其周围环境生活得很和谐。这个城镇坐落在像棋盘般排列整齐的繁荣的农场中央,其周围是庄稼地,小山下果园成林。春天,繁花像白色的云朵点缀在绿色的原野上;秋天,透过松林的屏风,橡树、枫树和白桦闪射出火焰般的彩色光辉,狐狸在小山上叫着,小鹿静悄悄地穿过了笼罩着秋天晨雾的原野……野外一直是这个样子,直到许多年前的有一天,第一批居民来到这儿建房舍、挖井筑仓,情况才发生了变化。

从那时起,一个奇怪的阴影遮盖了这个地区,一切都开始变化。一些不祥的预兆降临到村落里:神秘莫测的疾病袭击了成群的小鸡;牛羊病倒和死亡。到处是死神的幽灵。农夫们述说着他们家庭的多病。城里的医生也愈来愈为他们病人中出现的新病感到困惑莫解。不仅在成人中,而且在孩子中出现了一些突然的、不可解释的死亡现象,这些孩子在玩耍时突然倒下了,并在几小时内死去。

……是什么东西使得美国无以数计的城镇的春天之音沉寂下来了呢?这本书试探着给予解答。⑳

这也是一个出色的作品,叫《寂静的春天》。作品一开始讲的是美国东部的一个小镇,小镇很和谐,花都开了,动物都很欢乐,人们的生活也很祥和。可是有一天情况改变了,一个阴影笼罩了这个地方,一切开始变得不祥和恐怖。通过这样的对比叙事,我们的头脑中马上就能浮现出极具震撼力的画面。同时,这个作品的题目也非常出色。春天本是喧闹的季节,可是这篇作品却名为《寂静的春天》。这的确是令人震撼的开头,在形成了强烈对比之后提出的问题也就更能引人深思了。我在一篇文章中,也模仿了这一开头。

例2⑳:

改革开放以来,无论是工人、农民还是知识分子和政府官员,都越来越多的走出了祖祖辈辈生活的空间,经商的人也日益增多了。由此带来的,是中国历史上前所未有的人们之间的丰富交往。随着交通、通讯特别是网络的发展,可以说,我们已经进入了一个"无限"可能的交往时代,人类之间的联系变得前所未有的"密切"——世界变成了"地球村"。

但是,表面上"无限"的交往频度背后是人们非常"有限"的交往深度,人们在交往日益"密切"的同时却似乎永远的丧失了交往的"亲密"。人们发现,彼此之间越来越难以建立信任了,哪怕曾经是两小无猜、亲知近邻。"杀熟"这一名词所昭示的,恰恰是人

---

⑲　凌斌:"村长的困惑:《秋菊打官司》再思考",《法律与政治评论》2010年第1期。
⑳　卡逊:《寂静的春天》,吕瑞兰译,科学出版社1979年版。
㉑　凌斌:"形成和克服中国当代信用危机的市场机制",《陕西师范大学学报》2008年第4期。

们不再珍视信用。地球"村"并没有乡村里温馨宁静中的朴实与坦诚,并没有乡村里人与人之间的默契和信任。相反,现在的乡村却日益沾染了城市之风,农民也开始用自己的信用换钱而最终在几年间毁了几千年积累下的美德。人们一方面慨叹世风日下、人心不古,另一方面自己的行为却又充满了投机取巧、见利忘义。许多人深感忧虑,越来越多的有识之士指出,社会进步和经济发展的繁荣景象背后依然涌动着暗流:我们正在面临"信用危机"。

例3:

人们往往把最重要的调整工作委弃给平庸的谨慎和个别人的裁量,而这些裁量者所关心的是反对实质上的利益均沾的高明法律,这些法律遏制他们结成寡头,拒绝把一部分人捧上幸福和强盛的顶峰,把另一部分人推向软弱和苦难的深渊。……我们翻开历史发现,作为或者本应作为自由人之间的公约的法律,往往只是少数人欲望的工具,或者成了某些偶然或临时需要的产物。往往法律已不是由冷静地考察人类本质的人所制定的了,这些考察者把人的繁多行为加以综合,仅仅根据这个观点进行研究:最大多数人分享最大幸福。[22]

这是贝卡利亚的《论犯罪与刑罚》的开头。比起例一的开头,它的对比虽然不像叙事对比那样细致和震撼,但也呈现了不同观念之间的巨大张力。在这种张力之下所提出问题的重要意义,也就不言而喻了。以下是我一篇书评的开头,也是取的这个意思。

例4[23]:

从上世纪九十年代初开始,法学界进入了一个学术繁荣期,其中讨论的最为热烈、成果最为丰富的无疑是"司法改革"这一主题。然而讨论的热烈和成果的丰富反映的也许恰恰是这个领域还没有发生实质性的改进。由于现实与理想的差距太大,放眼望去,仿佛哪里都有问题,因此总会有观点谈,有牢骚发,有建议提。但也正因为如此,面对这些彼此盘根错节、牵一发而动全身的问题,没有对中国法制全部病症的望闻问切、没有华佗的眼光,很难有真正深刻的洞见:那些一时一事的议论总难免会流于片面,经不住追问。

贺卫方教授是少数通盘考虑了中国司法改革的方方面面同时又保持了自己一贯风格和进路的法学家之一;也是少数真正影响到中国法制改革、尤其是司法改革的法学家之一。对于希望了解、理解和探询中国的司法改革之路的人而言,贺卫方是绕不过的。

九、起兴

起兴:名言
例1:

I could be bounded in a nutshell
And count myself a king of infinite space...
—Shakespeare, Hamlet, Act 2, Scene 2

---

[22] 贝卡利亚:《论犯罪与刑罚》,黄风译,北京大学出版社2008年版。
[23] 凌斌:"德先生、赛先生与蜜思劳:解读贺卫方的'上书'——以孙志刚案为契机",《法律书评》2004年第2期。

···Is the universe actually infinite or just very large? And is it everlasting or just long-lived? How could our finite minds comprehend an infinite universe? Isn't it presumptuous of us even to make the attempt?[24]

引用名人名言是我们从小就学会的写作技巧之一。但在开头引用名言,尤其是跨领域地引用、以名言类比自己要说明的问题,也还是一个不错测选择。如例中霍金的作品,前面引了莎士比亚戏剧《哈姆雷特》中的台词,从哈姆雷特的戏剧引到他要谈的宇宙问题。以下是我的一篇文章的开头,反其道而用之。

例 2:

当法律人传颂霍姆斯的名言"法律的生命在于经验而非逻辑"时,我们不免要问:植根于经验的法律如何超越经验的局限,摆脱成见的束缚,有效回应当下以及未来不断涌现的新的现实问题? 难道法律真的只能是在黄昏后起飞的"密涅瓦的猫头鹰"么? 黄昏后起飞的猫头鹰是否看到的只是黑夜? 如果它还必须知道百灵鸟的生活,应当如何去探寻?[25]

起兴:设疑

例 3:

本来我为会议准备的是另一篇论文。可是,6 月 3 日科斯(R. Coase)教授的助手来信转述了以下意见:"他认为如果没有一篇关于邓小平的论文,这次研讨会将是不完美的。"来信还说,"你可能是提供这样一篇论文最合适的人选"。这当然不是我可以承受的荣耀。不过,我倒愿意说明,为什么自己愿意冒着不自量力的风险,也要尝试着完成已经 97 岁高龄的科斯——这次研讨会的发起人和主持者——指定要求完成的任务。[26]

这是周其仁老师演讲的开头,既交代了整个问题的学术背景,又呈现了问题蕴含的张力,同时给我们留下了很多疑问。为什么他要改写另一篇文章? 为什么科斯认为周其仁是合适的人选? 科斯在这个会议里到底有多大的重要性? 邓小平与科斯又有什么关系? 通过这样一个氛围我们似乎根本不知道周老师要讲的是什么,但这些疑问实际上将我们引导向与这个演讲相关的学术、历史背景,听众在疑惑的同时也得到了很多暗示。这也是很好的开头。

我在写波斯纳《性与理性》的书评时,也多少尝试了这一方式。从性的神秘开始,引入波斯纳的打破神秘。

例 4:

性始终是一种神秘。或许作为人类个体行为的性本身需要神秘,但是这种神秘却绝非仅仅关涉个人的行为,它带来了对性的种种禁忌、公共政策的规制乃至严厉的外在惩罚。同时,这又势必反过来强化神秘和加深蒙昧。因此这样一种循环强化就造成了,与性相关的领域,既是道德意识最为"敏感"的地方,又是道德意识最为"盲目"的地方。而盲目无知,或许正是道德、尤其是性道德的根基,甚至也是人的根基。[27]

---

[24]　Stephen Hawking, *The Universe in a Nutshell*, Bantam Press, 2001, p.69.
[25]　凌斌:"思想实验及其法学启迪",《法学》2008 年第 1 期。
[26]　周其仁:"邓小平做对了什么?",在芝加哥大学"中国改革 30 年讨论会"上的发言。
[27]　凌斌:"洞穴里的微光——读波斯纳《性与理性》",《清华法学》2003 年第 2 辑。

起兴：立异

例 5：

> WON? CHEERS!
>
> LOST? CHEERS UP!
>
> What time is it? It's a football time!

　　以上是 Tiger Beer 公司在英国足总杯期间播放的一则广告。赢了要饮酒，输了也要饮酒，这则广告似乎很理想，因为不管是输是赢 Tiger Beer 公司的啤酒都笃定有销路。这与 Savage 提出的确定事件原则（sure-thing principle）不谋而合。[28]

这个开头一开始讲了一个广告（赢也要喝、输也要喝），以一个生动的例子，接下来一下子把文章研究的问题提出来了。但是这种立异方式也是需要抓住机遇和灵感的。

我在写托克维尔《旧制度与大革命》的书评中，用的也是这样一种开头方式。

例 6：

> "我认为我们目前正睡在火山口上。"
>
> "让统治阶级在共产主义的革命面前发抖吧。"
>
> 这是托克维尔和马克思、恩格斯面对同一场革命的相同征兆、在几乎相同的时间（1848 年一二月见）里、所作的截然不同的反应。[29]

起兴：意象

例 7：

> 　　在考虑到罗马城的起源时，不应当把我们今天看到的城市拿来和它相比；能和它相比的只有克里米亚的那些城市，因为它们是为了收藏战利品、牲畜和粮食而修建的。罗马的主要地点的古老名称都是由于这样的习俗得来的。……
>
> 　　可是从罗马的建筑物上面，立刻就能看出它的伟大来。这些营造物不仅在过去，就是在今天，依然也能使人对于它的强大产生一种最为崇高的念头，它们都是在国王执政的时期修建的。那时人们已经开始建造这座永久之都了。[30]

这个是西方法学大家孟德斯鸠在《罗马盛衰原因论》开篇的描写，他没有直接探讨罗马盛衰的原因，而是通过描摹罗马城的建筑、民风来塑造罗马的伟大意象，从而为下文的历史叙述与评论奠定基调。

例 8：

> 　　法院大街向南，穿过熙熙攘攘的、同我们一样关注着今天以及各自事务的人流，我们的目光可能会落在屹立在麻州大街尽头的那座深色小楼上。像一座不祥的礁石，它切割开涌动着奔向远处峭壁般高耸的灰色大厦的商业人流。……但如果我们是法律人，我们会涌起更深厚的记忆和敬畏。我们记得，就在这座陈旧的麻州小楼内，詹姆

㉘　汪祚军、李纾："行为决策中出现的分离效应"，《心理科学进展》2008 年。

㉙　凌斌："现代危机与政治实践：托克维尔的历史救赎"，《北大法律评论》第 9 卷第 2 期，北京大学出版社 2008 年版。

㉚　孟德斯鸠：《罗马盛衰原因论》，婉玲译，商务印书馆 1995 年版，第 1 页。

斯·奥提斯辩论了协助令案,奠定了美国宪法的基础之一。[31]

这是霍姆斯大法官在《约翰·马歇尔》中的一段文字,起笔写的是一座看上去并不起眼、但对美国法律人意义非凡的小楼。在我看来,这种写法也许是对于《罗马盛衰原因论》有意无意的模仿,尽管着眼于美国立宪之精神,却着墨于一幢小楼及周遭事物的描写,试图塑造美国宪法朴素起源的意象。

例9:

仿佛以前这个词都用错了,只是到了青海西南部,我才知道了什么真正叫作"辽阔"。……辽阔并不只是一个空间的概念,而是一种心灵的感悟。这里属于青藏高原,植被生长缓慢,一旦破坏了很难恢复,生活在此地藏民都只能以放牧为生,并且是游牧。这里的人们的所有财产都是可以放在马背上的。在当地巡回审判的法官告诉我:"这里没有不动产"。……就在这辽阔的世界,我获得了另一种辽阔——关于近年来议论颇多的法律移植。[32]

这也是苏力老师的一篇文章的开头:《这里没有不动产》。"以前这个词都用错了,只是到了青海才知道什么叫辽阔",这一句所展现的宏大意境与孟德斯鸠、霍姆斯的意象营造有异曲同工之妙。正是通过地域和心灵两种辽阔的对比,他呈现了不同地域之间制度与生活方式的差异,接下来再谈法律移植的问题也就非常恰当了。

课堂练习(六)

选择一篇你认为开头部分写得出色的文献(不限于法学),摘录出来,并指出好在哪里。评论不超过 1500 字。

---

[31]　霍姆斯:"约翰·马歇尔——对法庭于 1901 年 2 月 4 日,马歇尔就任联邦最高法院首席大法官 100 周年纪念日,休庭之动议的回答",苏力译,《法律书评》2000 年。

[32]　苏力:"这里没有不动产——法律移植问题的理论梳理",《法律适用》2005 年 8 期。

第二讲 结尾

第一节 概 论

有开头也要有结尾。某种程度上结尾更难写。俗话说"编筐编篓,贵在收口",下围棋也讲究"收官"。不管前面写得多好,内容多么翔实,草草收尾对于整篇文章来讲仍然是很大的遗憾,甚至是很大的破坏。

的确,有些学术文章不太依赖于结尾。就我自己读过一些好文章来看,有些文章的结尾并不出色,对整篇文章来说最重要的是中间部分,人们常常引用、批评和讨论的部分也不在结尾。但是,还有一些文章具有这样的特点:作者把整个文章的重心放在结尾,前文都在做铺垫,就是为了结尾部分能够"图穷匕见",能够提出一个震撼人心、或者至少引人不断反思的问题。如果要用心学习写作,我想这样的结尾应当是我们学习的立足点。

我们常常喜欢那些出人意料却又在情理之中的结尾,例如《秋菊打官司》的结尾。整部电影的叙事都非常好,都是围绕着开头提出的一个问题展开。极为妥帖的叙事在前面一层一层地不断积蓄,把所有的问题和所有的答案都凝聚到了结尾部分——电影开始提出的这个问题,村长没解决,李公安解决不了,严局长解决不了,终于轮到了无名的法官去解决。最后,当电影把所有的答案公布了以后,反倒重新提出了一个更为深刻的新问题,这可能就是整部电影的精华所在。可以看到,后来几乎所有关于《秋菊打官司》的学术研究都是基于影片结尾所凸现出来的问题。这就是一个好的结尾,值得反复体会和模仿。

总而言之,文章的结尾可以被概括为围绕本论所做的结束语,其基本要点就是总括全文、加深题意。这就是说,结尾部分的任务就是要对绪论里提出的,本论中分析或论证的问题加以综合概括,从而引出或者强调通过研究所得出的结论,抑或对论题未来的发展趋势进行展望,抑或对其他有关的问题进行简要说明。因此,我们也按照结尾的任务将结尾方式基本分成两类,一类是"总括全文";一类是"加深题意"。

第二节 常见结尾举例

一、结论

例:

> 董伟死刑案暴露出来的最大问题就是死刑复核程序。中国《新闻周刊》以"未出膛的子弹击中杀人程序"为题,虽然不无夸张,也确是切中要害。确实,董伟枪下留人案使我们对我国目前死刑程序的正当性产生怀疑,从而开始检讨我国的死刑程序,尤其是死刑复核程序,这在我国刑事司法史上是具有重要意义的一个个案。从我国现行的死刑程序来看,董伟经一审、二审被最终判处死刑,似乎是一种必然的结果。在本案经律师

努力,最高人民法院下达死刑暂缓执行令后,陕西省高级人民法院重新组成合议庭进行审理,在合议庭人员的组成上,不能不说存在一定的瑕疵。因为重新组成的合议庭成员,只是在原合议庭三个成员的基础上,增加了两个人。这样一种合议庭组成,维持原有的死刑判决也是可以预料的结果。此外,死刑案件的二审一般都是书面审理,从来不开庭,也在一定程度上影响死刑判决的公正性。如果说,一般的刑事案件由于数量大不开庭尚可以理解,但像判处死刑,并且辩护人提出无罪或者证据不足的死刑案件也不开庭,由此可见在我国司法实践中,程序意识是何等之淡漠。在刑事法治的背景下,程序正义越来越受到社会的重视,死刑适用至少应当从程序正义做起,这就是我们的结论。[1]

这是陈兴良老师的文字,是一个案例分析的结尾。结尾部分的结论非常直截了当,首先对案例反映出来的问题做了总结,重新强调了这个案件中刑事程序存在的问题,最后一句话点明了结论,就是刑事法治中程序正义越来越受到重视,死刑适用也应当从程序正义做起。这个结尾仍然非常平实,但整个文章要说的意思很清楚,这是我们必须学习的。我还要强调,不要觉得这样的结尾简单。能用一句话把想说的意思表达出来,意味着整个文章都想明白了,所有问题都想清楚了。一篇法学论文,如果不能把它写得漂亮,写得清楚明了也很好。朴实的东施是很可爱的,如果是朴实的西施会更可爱,但东施效颦就不好了。所以,写作最基本的要求,就是能够把自己的意思清清楚楚、明明白白地表达出来。

总结全文,把全文的要点重新的简述一遍,这是最基本的结尾方式。但这样的结尾有时会带来一些问题。现在的法学论文多半有提要,提要部分往往就是整篇文章的简写版,是对文章的总括和归纳。因此,如果在结尾的部分重述全文要点,重复的内容就会显得太多。从我自己的经验看来,这种类型的结尾是比较多的,并且多多少少会让人觉得有些啰嗦。实际上,这样的总结读者自己也可以做,如果说文章还需要用不小的篇幅去重复前面已经说过的内容,的确容易乏味。

二、照应

结尾照应开头的写法,我们都很熟悉。中学语文里《口技》一篇的结尾,想必大家都还记得:

> "忽然抚尺一下,群响毕绝。撤屏视之,一人、一桌、一椅、一扇、一抚尺而已。"

读到这里,读者自然回想起文章的开头:"京中有善口技者。会宾客大宴,于厅事之东北角,施八尺屏障,口技人坐屏障中,一桌、一椅、一扇、一抚尺而已。"我们下面来看一个法学的例子。

例:

> 于是,当我们打开现代中国法学院第一门基础课程的教科书之际,我们就看到了本文一开始引述的那段许慎的关于"法"的故事。[2]

这一段选自苏力老师的《法的故事》。这个结尾也非常简单,但是这样的结尾往往很奏效,起到了贯穿全文的作用。所谓照应,就是让文章最后的这句话,像一面镜子一样把光芒

---

[1]   陈兴良:"从'枪下留人'到'法下留人'——董伟死刑案引发的法理思考",《中外法学》2003 年第 1 期。

[2]   苏力:"法的故事",《制度是如何形成的》,北京大学出版社 2009 年版,第 148 页。

重新反射到文章的开头,促使读者重新思考文章开头所提出的问题。当然,就这篇文章而言,结尾的语意还不止于此。通过这样一个照应,呈现了"法的故事"的双重含义。如果人家理解什么是故事,什么是历史,那么这两者之间的差别,恰恰就在法的故事叙事过程中呈现出来了,因此当结尾的光芒再反射到文章开头的时候,这样一个主题也就被重申了。

三、提炼

例1:

> 任何一种公司治理都被嵌入在由社会中的博弈者之间的互动、合作、谈判、寻租之中,被嵌入在一个融政治、经济、社会、文化、历史,以及既有的法律规则体系的系统之中。就公司治理和公司法而言,作为法律中的技术性规则,并不存在所谓"中国特色"的问题。这部分是因为全球化的压力,也部分是来自于社会和市场的自身逻辑,判断标准就是应当以社会效率作为尺度。……本文的考察揭示出,中国公司法的特殊性并不是物种多样性的表现,并不和德国、日本的传统相同,而是一种进化不足的表现。③

这是邓峰老师的作品,结尾部分也是对全文的总结。我截取了前半段。即使采取"提炼"方式结尾,作者也可以在总结的时候提炼出某些新内容,而不只是重复前面的内容。就这个结尾而言,邓峰老师不仅概括了整篇文章的内容,而且将其中一些很有意义的命题和思想进一步提炼出来了。

有的时候,一篇文章的结尾可以看作是另一篇独立的小文章,文章的结尾部分也有开头、中间和结尾。邓峰老师的这个结尾就是如此。在结尾的开头部分,作者表达了对论题的一般性看法,从前文的分析提炼出了自己的观点,即公司法作为一种法律中的技术性规则,应当以社会效率作为其衡量尺度。之后,作者进一步总结和提炼了前面的观点——实际上,作者认为中国的公司法是进化不足的产物,是在过度规制的压迫和市场自由的需求之间,艰难、扭曲地成长起来的产物。这个结论构成对全文更进一步的一个总结。最后,作者提出了一些路径,试图解决目前中国公司法在治理方面遇到的问题。这些路径的提出也是整个结尾部分的引申,即作者不光对全文内容进行了概括和提炼,而且在此基础上对问题进行了更深入的思考。

上述这种将结尾部分相对独立成节的方式是值得推荐的。一方面,这样的结尾能够对全文加以总结,为文章提供一个落脚点。另一方面,又能让结尾服务于一个更高的义务,在文章基本论点的基础上提出一些更有意义、更具普遍性的命题,或者进行更深层次的追问,迫使读者继续思考。

以下是我一篇文章的结尾,也是提炼基础上的一个引申。

例2:

> "肥羊"一词在中国尤其是北方有着一个特殊的含义:财富。正如美语中的"big bucks",并非是实指体型巨大的雄鹿,而是意指"一笔大钱",意指一笔响当当的"财产"。当初众多企业选择"小肥羊"作为品牌名称,而且历尽艰辛,不改初衷,都是看中了这一名称语义双关的吉利和靓丽。本文也借助这一语义双关,表明《商标法》修订引发的这场"肥羊之争",丝毫不逊于《物权法》制定引发的激烈争议,不仅是法律实践和

③ 邓峰:"中国公司治理的路径依赖",《中外法学》2008年第1期。

经济理论的一面镜子,也是中国产权制度改革和现代社会发展的一个缩影。

……五十五年前,新中国建立初期,国家从私人手中赎买私有企业,确立了单一的全民或集体的共有财产制,迎来了中国经济的第一次起飞,也留下了日后积重难返的隐患。如今,五十五年后,风水轮流,私人开始从国家或者集体手中赎买共有财产,并且通过法律确认了新的社会经济结构,建立了私有财产和共有财产平等保护的产权制度,推动着中国经济的继续腾飞。身处其中的人们在争论和思索,这一次财产制度变革是否能够如三十年前一样成功,其中是否潜伏着未来发展的危机和新的障碍,怎样找到一条健康和谐、科学持续的发展道路。正当此时,一只"小肥羊",无意间跃到了时代发展的前头,成为了五十五年来中国财产法律改革和经济发展历史的一个醒目的"商标"。④

四、升华

例1:

老屋离我愈远了;故乡的山水也都渐渐远离了我,但我却并不感到怎样的留恋。我只觉得我四面有看不见的高墙,将我隔成孤身,使我非常气闷;那西瓜地上的银项圈的小英雄的影像,我本来十分清楚,现在却忽地模糊了,又使我非常的悲哀。

母亲和宏儿都睡着了。

我躺着,听船底潺潺的水声,知道我在走我的路。我想:我竟与闰土隔绝到这地步了,但我们的后辈还是一气,宏儿不是正在想念水生么。我希望他们不再像我,又大家隔膜起来……然而我又不愿意他们因为要一气,都如我的辛苦展转而生活,也不愿意他们都如闰土的辛苦麻木而生活,也不愿意都如别人的辛苦恣睢而生活。他们应该有新的生活,为我们所未经生活过的。

我想到希望,忽然害怕起来了。闰土要香炉和烛台的时候,我还暗地里笑他,以为他总是崇拜偶像,什么时候都不忘却。现在我所谓希望,不也是我自己手制的偶像么?只是他的愿望切近,我的愿望茫远罢了。

我在朦胧中,眼前展开一片海边碧绿的沙地来,上面深蓝的天空中挂着一轮金黄的圆月。我想:希望是本无所谓有,无所谓无的。这正如地上的路;其实地上本没有路,走的人多了,也便成了路。⑤

第二类结尾方式是加深题意。加深题意的一种就是升华文章的思想。上面的这个段落出自鲁迅先生的《故乡》。我们在中学时代都读过这篇文章,但当我重新读到这个段落的时候,自己又再一次深受感染。伴随着这样一个结尾,确实能够感受到一种思想境界的升华。这个结尾的叙事本身是很宏大的,读起来似乎是把整个文章都酝酿在了一种情绪之下,而且这种情绪自身也在不断升华,仿佛有一种无情的力量在托着读者,让人不自主地感受这种情绪、产生同样的情绪。我反复读了好几遍,觉得这真是一个非常出色的结尾。

当然,作者也在这个结尾里进行了总结。这是一篇小说的结尾,几乎小说中的所有人物都在结尾里重新出现了。在这里,一方面,鲁迅先生开始反思、回味、总结他小时候各个角色之间的相互关系,而另一方面,在这个氛围基础之上,鲁迅先生和盘托出了自己的思考,加深

---

④ 凌斌:"肥羊之争:产权界定的法学和经济学思考",《中国法学》2008 年第 5 期。
⑤ 鲁迅:"故乡",《呐喊》,人民文学出版社 1973 年版。

了题意。这种进一步的升华是通过释放前文积蓄的情绪表现的，是一种悲哀和希望交融的情绪。一方面作者感到悲哀和绝望，从前的故事以及故乡都离他远去了；但另一方面，在这个过程中，那种不甘心、那种在内心深处的希望又生长了起来。这种情绪非常难以把握，但我觉得作者的叙述的确能让读者体会到鲁迅先生内心的纠结。作者内心十分痛苦，可是这痛苦最终并没有变成绝望，而是在痛苦之中丰富升华起来，产生了一些新的东西，这些新的东西也是文章真正想要表达的东西。如果我们把文章放回当时的情景，可以想见在那个时代里所有中国人的情绪，这就是这个结尾高妙的地方。与《秋菊打官司》的结尾很像，在弥漫着回忆、追思、痛苦、纠结的氛围中，有一股清气，有一个桀骜不驯、不屈不挠的希望慢慢地升腾起来，宏儿和水生之间小小的故事开始酝酿出一种新的情绪。

以下是我的一个模仿，无法与鲁迅先生相比，只能是一种致敬吧。

例 2：

> 影片结束了。但秋菊的说法依然没能得到，影片开头的官民冲突也并未解决。……这多少意味着，无论是旧体制内的村长和李公安、还是新体制内的吴律师和法院的无名法官，不论是新旧体制之间的严局长、还是新旧体制之外的秋菊，都未能充分理解在"村长"身上纠结并且冲突着的新旧体制的运行逻辑，以及体制改革带来的更深层次的政治文化冲突。"村长的困惑"因此并未随着远去的警笛被带走，反而是留在了秋菊的眼中。
>
> 影片的结尾通向的是一条蜿蜒远去的道路。那多少意味着，中国的政治体制改革还有很长很长的路要走，有很多很大的山要翻。作为目标的西方法治理念与作为起点的中国政治实践之间的距离，并不亚于秋菊打官司走过的坎坷而遥远的距离。要走过这段距离，只有秋菊的执着还远远不够，只有法律的严厉更不够。那个刚刚刮了胡子却在警笛中体面尽失的村长，在带着他的困惑离去的同时，也给我们留下了更多的困惑。
>
> 困惑，也许就是我们面对当代中国政治和政治体制改革方向时的真实感受。……在经过了毛泽东和邓小平两个时代的制度实验之后，作为中国政治改革中心问题的行政体制究竟该如何运行，再没有一个现成的答案。……《秋菊打官司》预言了一个时代的悲剧，也预示了另一个时代的迷茫。对望影片结尾那双困惑的眼睛，看到的是在我们自己心中的深深困惑。"秋菊的困惑"也好，"村长的困惑"也罢，都是我们自己的困惑，是中国政治的未解"困惑"。⑥

读到《故乡》的时候，我感觉也许在某种程度上，自己在写这个结尾的时候，不知不觉地也在做着与鲁迅先生同样的事情。这篇文章我用了一个非常实验性的、也很特殊的叙事结构，就是和《秋菊打官司》一样的叙事结构，一层一层地提出问题，不断地回答问题，最后将所有的答案堆在一起，在这个基础上提出新的问题。

在某种意义上，也许是因为《秋菊打官司》跟《故乡》有着一样的情绪，在我写出这个结尾的时候也有某种情绪在不断积蓄。但我走的是相反的路径，鲁迅先生在《故乡》中从绝望中看到了希望，但我们面对各种看似"出路"的方案，却深深感受到了迷茫。一方面我们看到了对于中国法律问题的各种解决方案，但这些解决方案之间充满了张力，而且几乎所有这些解决方案都从来没有任何的要解决的"问题"。中国法律面临的新的问题、新的困惑到底是什么？我们知道自己困惑，知道面对问题，但是困惑和问题到底是什么，其实远不是那么容易琢磨的。

---

⑥ 凌斌："村长的困惑：《秋菊打官司》再思考"，《法律与政治评论》2010 年第 1 期。

五、反思

例1:

我知道许多读者,即使完全不关心本文涉及的具体学者,也会感到从我的分析中无法得到一个结论:该如何评价公共知识分子,他们是好还是坏。我想评价其实不是我的追求。我是在以一种同情理解的、同时也是批判的态度在解析中国当代公共知识分子这种社会现象。……重要的其实是理解,而不是给一个判断。我也不希望我的分析影响了一些读者自己对公共知识分子的评价或自己的追求。

……但是展望未来,我却希望中国公共知识分子的数量将随着社会的知识分工、专业化以及文化普及化而减少。……

但是,也许我的这个判断本身就是有问题的,我判断的基础——韦伯的理论和分工的理论也许就是有问题的,也许我还没有保持知识分子对任何前提或前人结论都要问一个为什么的态度。

也许,甚或由于我自己就是一个公共知识分子,我无法对自己下狠手。

但是,这些都算是对读者的提醒吧。每个人都只能走一段路,剩下的路都得其他人自己走。[7]

另一种在结尾中加深题意的方法是"反思",即对前文的某些分析或者结论的反思。

例文是苏力老师《公共知识分子的社会建构》的结尾。在这段文字中,苏力老师在文章的最后所提出的恰恰是对自己的反复批判,或者说是一个自我反思。这种反思性的结尾在某种程度上也是升华,它意味着尽管前文得出了结论,但实际上更多的问题也被呈现或激发出来了,仍然有待于我们去回答和思考。

例2:

所以,甚至我们明白了关于自由的一切道理,仍然与自由相隔万里,反而是不明白这些道理的阿甘始终与之相伴。所以,甚至我们具有了自由必需的一切美德,也仍然可能与其失之交臂,像安迪那样秉承自由精神的人都难免于此。所以,甚至我们拥有了掌握命运的一切权力,仍然难免将自己和他人一并囚禁,正如诺顿和海利的作茧自缚。所以,甚至我们对自由怀抱着无比的激情,仍然不能得到自由的垂青,哪怕像珍尼和丹中尉那样不屈地面对命运。恐惧、希望、坚持、交易、反抗、礼貌、算计和法律,都与自由相关,但都不能担保自由。自由不是法学家所说的只要为权利而斗争就能得到,也不是经济学家所说的只要付出代价就能得到,也不是政治学家所说的共和立法就能得到,更不是庸俗的自由主义者在口号中可以得到。

毕竟,自由不是理由,而是问题。自由不是用来为我们任性放肆进行的辩解,而是要我们力为笃行作出的回答。真正的自由并不是口号、激情和写在纸上的法律权利,不是自由主义鼓吹的可以带来福利的自由,而必须是植根于公民的心中,植根于古老的传统中,植根于年复一年、日复一日的工作和生活中。自由是一种生活方式。因此,要不失去这样一种生活方式,就必须天天过这样的生活,而不是天天想象这样的生活。自由,只是需要"不被忘记"才有了这个名字。自由,只能是每个人自己在每日每时的日常

---

⑦　苏力:"公共知识分子的社会建构",《天涯》2004 年第 5 期。

生活中给出的人生答案。

只是"这答案",虽然年复一年,日复一日,却并非一劳永逸和一成不变,因为一劳永逸和一成不变的东西,正如这两部影片的教诲,恰是自由的反面。"这答案",正如珍妮珍爱的那首《随风飘荡》里反复吟唱的,"我的朋友,在随风飘荡。这答案在随风飘荡……"⑧

这是我写的一篇关于《阿甘正传》和《鲨堡救赎》(一般译为《肖申克的救赎》或《刺激1995》等)的影评。结尾是总结也是反思。

六、召唤

例1:

因此,请勿错失良机,因为意大利人长期等待的,她的救世主终于要出现了!……请你那显赫的王室,怀着从事一切正义事业所需要的勇气和希望,担当起这个重任,使我们的国家在她的旗帜下重新闪光,在她的指示下,我们可以把诗人彼特拉克的诗句变成现实:

反暴虐的力量,将拿起枪,

战斗不会很长!

因为古人的勇气,

在意大利人心中至今没有消亡。⑨

还有一类结尾,我称之为"召唤"。这种结尾在法学论文中是非常常见的。作者提出了明确的观点,而且在号召他的同志们,号召跟他有一样感触、一样问题的人,跟随一个伟大的目标。

这个结尾选自马基雅维利的《君主论》。马基雅维利在他这部代表作的最后号召意大利的君主和意大利人去承担一个历史使命,把意大利从封建野蛮的状态之中解放出来,缔造一个伟大、自由、富强的新意大利。人总是有理性和感性两面的,而这两面又都存在一定的限度。当理性的说教已经尽到极致,感性的召唤往往能让读者从另一个角度进一步领会文章的意图、接受作者的观点——我们就这样被这个结尾中的恢弘气势所感染。

我在《普法、法盲与法治》中也采取了这种结尾方式,到最后我引用了《红高粱》里边的歌曲:"妹妹你大胆地往前走,莫回头,通天大路九千九百九十九。"这实质上跟马基雅维利希望达成的目标一致,即通过"召唤"感染读者。不过他太雅了,我太俗了。

例2:

这当然不是单个人所能做到的,而是对整个中国法学界和法律界提出的历史要求。尽管如此,这依然是一个太高的、以至无人能够担保的要求。不过,这也因此为中国法学家作出"自己的贡献"——无论是对法学还是对中国——提供了无限可能。陪伴我们的不仅有秋菊上路时曲折婉转的民间小调,还有张艺谋导演的另一部电影《红高粱》的主题曲,——那不仅是唱给秋菊的歌,那也是唱给法治路上所有中国人的歌:

嘿——妹妹你大胆地往前走

---

⑧ 凌斌:"法律与自由——《沙堡监狱》与《阿甘正传》的一个法哲学思考",《清华法学》2008 年第 3 期。

⑨ 马基雅维利:《君主论》,王水译,上海三联书店 2008 年版,第 117—118 页。

往前走,莫回头

通天的大路,九千九百、九千九百九……⑩

例 3 和马基雅维利的更为匹配,那就是冯象老师的《法学三十年:重新出发》的结尾。⑪此结尾跟马基雅维利《君主论》结尾的结构、思路都非常像,也是面对一个落后的处境——中国当代法学的封建、落后、被殖民的这样一个处境;提出了新的号召——号召年轻的中国人、号召雄心壮志的未来者和俊杰能够重新解放中国法学,摆脱被殖民化的命运,重新出发,缔造一个新生的中国法学,一个属于中国的法学。

例 3:

我希望,将来能有幸看到一部或两部这样的历史——给人以睿智、洞见和悲剧意识的历史。……当法学重新出发之际,或许可以寄希望于来者中的俊杰,愿他们"有一双治史的眼睛","不为历史的现象所迷惑,不为议论家捉弄"……中国法学和法律教育须具备起码的史识,才能走出新法治话语的寄生领地,抗拒"灭人之史";才能使受教育者如自由的雅典人那样,获得为有效履行公民义务、投身公共政治而必需的美德和智慧。否则,当"文明"建成异化之日,凡自称其公民者,必再一次受到立法者梭伦的谴责(《残篇》之十一):

将来你们感到悲伤,做错了事,

不要把责任推给众神;

是你们自己把力量交给了〔僭主〕。

例 4:

所有的法律人,团结起来!

无论是最高法院的大法官还是乡村的司法调解员,无论是满世界飞来飞去的大律师还是小小的地方检察官,无论是学富五车的知名教授还是啃着馒头咸菜在租来的民房里复习考研的法律自考生,我们构成了一个无形的法律共同体。共同的知识、共同的语言、共同的思维、共同的认同、共同的理想、共同的目标、共同的风格、共同的气质,使得我们这些受过法律教育的法律人构成了一个独立的共同体:一个职业共同体、一个知识共同体、一个信念共同体、一个精神共同体、一个相互认同的意义共同体。……

今天,我们必须清醒地认识到我们的主张。这些主张不是简单地停留在感情的接受上。而是建立在理性思维的反思和认识上,我们必须对法律共同体的历史、理论逻辑和思维方式以及我们对待我们这个社会的态度有一个清醒的认识;我们必须对这个共同体的现状、社会功能、所遇到的问题以及未来的走向有一个清醒的认识。惟有如此,我们才能自觉地主动地团结起来,抵制专断和特权,抵制暴力和混乱,维持稳定与秩序,捍卫公道和正义,现实改良与发展。这正是我们今天的历史使命。

道德的社会解体了,政治的社会正在衰落,法治的社会还会遥远吗?⑫

例 4 是强世功老师的《法律共同体宣言》。他号召法律人团结起来,这个宣言式的号召与《共产党宣言》很像,也是用诗一样的排比,号召大家承担今天的历史使命。

---

⑩ 凌斌:"普法、法盲与法治",《法制与社会发展》2004 年第 2 期。

⑪ 冯象:"法学三十年:重新出发",《读书》2008 年第 9 期。

⑫ 强世功:"法律共同体宣言",《法律人的城邦》,上海三联书店 2003 年版。

七、追问

例：

我们当然不能忘记法律的价值理性，但更应当指出，目前法律中的科学技术的因素不是太多了，而是远远不够。法律中的科学精神，法律对实证科学的关注以及对实证研究成果的采纳都太缺乏了。不改变这一点，我们就会永远停留在原则的争论之中，永远无法推进对法律的了解和对实际问题的解决。这一点，在缺乏科学技术传统并历来容易将社会的政治法律问题道德化、不关注法律的操作性的中国，也许格外应当引起警惕。

我们甚至应当反省我们自己：法学界、法律界作为一个职业集团，是否会因为自己知识的优势和缺陷（相对擅长道德哲学、政治哲学的术语而缺乏对科技知识甚至科技常识的了解和关心），是否会有意无意地为了维护职业利益，抬高我们所熟悉的那些道德化的概念或将我们所熟悉的国内外某些法律制度和原则永恒化，而以一种鸵鸟政策对待科学和技术，对待大量的经验性实证研究?![13]

还有一类结尾也是提出问题，但是并不是自我反思。比如苏力老师的很多文章，看似是作者自己的反思，其实在是向法学界、向读者进行追问。像这个结尾，苏力老师似乎是在"反省我们自己"，实际上是将"为了维护知识优势，是否正采取一种鸵鸟政策对待自己的知识劣势（科学、技术）"这一命题抛向了整个法学界和法律人集体。

八、余韵

例：

我还想多说两句。我们是靠着象征活着的，而一个视觉形象究竟象征了什么，取决于目睹这一形象的人的心灵。……所有的东西都是象征，如果你喜欢这样说的话；哪怕是国旗，也不例外。对一个缺乏诗意的人来说，国旗不过是一块布而已。然而，幸亏有了马歇尔，幸亏有他们那一代人——并且首先是因为这一点我们才纪念他和他们——国旗的红色化作我们的鲜血，国旗的星星化作我们的国家，国旗的蓝色化作我们的天空。它覆盖着我们的国土。为了它我们不惜献出我们的生命。[14]

这也是一个非常非常好的结尾，仍然摘自霍姆斯的《约翰·马歇尔》。整篇文章都值得反复阅读，可以说是一个文学家写的法律作品，一个顶级的法学作品也是文学作品。某种程度上这个结尾蕴含了我们前面所说的所有的结尾优点，它既是对整个文章思想的总结，也深化和升华了题意，同时，它还像鲁迅的《故乡》一样，留给我们在读完后仍旧挥之不去的氛围和意蕴。余韵，其实是前述各种结尾方式的最高境界。正像叶圣陶先生讲的，"结尾是文章完了的地方，但结尾最忌的却是真个完了。"[15]

---

[13]　苏力："法律与科技问题的法理重构"，《中国社会科学》1999 年第 5 期。

[14]　霍姆斯："约翰·马歇尔——对法庭于 1901 年 2 月 4 日，马歇尔就任联邦最高法院首席大法官 100 周年纪念日，休庭之动议的回答"，苏力译，《法律书评》2000 年。

[15]　叶圣陶：《怎样写作》，中华书局 2007 年版，第 68 页。

> **Tips:**
>
> 这两讲介绍了这么多开头、结尾方式,其实更主要的还是想为大家提供一种学习写作的路径——通过观摩、体悟别人的好作品、好的写作方式,慢慢揣摩、打造自己的写作风格。正如,要想知道一个伟大的作者如何写作一部伟大的作品,那么头一件要做的事情就是去临摹。法律写作有什么捷径? 其实最近的路就是最远的路,只有用最简单、最直接的方法才能达到目的。

课堂练习(七)

选择一篇你认为结尾部分写得出色的文献(不限于法学),摘录出来,并指出好在哪里。评论的字数不超过 1500 字。

第三编

史部:文献综述、法规梳理与制度比较

第一讲　文献综述

第一节　论文的检索

检索的要点在于找到合适的"关键词"(key word)。明确了研究主题,接下来就需要通过检索论文来细化不同研究方向的具体内容、观点。在普通法系的检索中,论文的检索很受重视。论文普通法检索系统中也被称为"二次资源"(secondary sources),虽然学者意见不具有直接的法律拘束力,但由于普通法系国家有尊重权威学者的论著的传统,学界通说及权威观点在法律实务中经常为律师们引用,法官有时也采纳学说背后的说理来撰写判决书,二次资源的检索因此变得十分重要。一般来说,二次资源检索可以在总的检索步骤中,放在纸质图书、权威论著之后,法律文本之前。对一个初学者来说,专著有助于检索者形成对某一主题的完整认识。同时,二次资源中也经常援引法规及案例,有助于之后案例检索的进行。

论文的检索方向在主题范围之下都可再做细分。这里举两个例子来说明。对于交通肇事案被告人的赔偿与量刑问题,可以从三个子研究方向进行切入:刑事附带民事诉讼关于赔偿和量刑问题的规定及其合理性;交通肇事罪的基本量刑标准;关于"赔偿减刑"的学说理论如刑事和解、恢复性司法等。对于遗嘱继承案中配偶单方将夫妻共同财产处分给第三人的遗嘱效力问题,同样有三个切入视角:遗嘱的效力问题及其生效要件;遗嘱效力与民法上公序良俗原则的关系问题;夫妻共同财产制对于配偶单方处分财产行为的限制。

检索进行到这一步时,积累下来的关键词比检索初始时更丰富,可以根据不同的检索方向将关键词分类。以与交通肇事案件相关的中文关键词及其同义词为例,与刑事附带民事诉讼制度相关的有附带"民事"、"刑事"、"赔偿"、"物质损失"、"财产损失"、"经济损失"、"精神损失"、"实际损失"、"财产执行"、"补偿被害人"、"追缴退赔"等;与该制度相关的学术概念有"刑事和解"、"恢复性司法"、"宽严相济"、"刑事赔偿"、"被害人保护"、"和解"、"调解"等;与交通肇事罪量刑标准相关的有"量刑情节"、"量刑标准"、"醉酒驾驶"、"自首"、"逃逸"、"赔偿"等。以与遗嘱继承案件相关的英文关键词及其同义词为例,与遗嘱效力即生效要件相关的有"wills(遗嘱)"、"gifts(遗赠)"、"legacy(遗产)"、"testator(立遗嘱人)"、"restriction on gifts(遗嘱的限制)"、"conditions of wills(遗嘱要件)"等;与公序良俗或社会公德问题相关的有"illicit relation(非法关系)"、"meretricious relation(不正当关系)"、"illicit cohabitation(非法同居)"、"undue influence(不正当的影响)"、"persons of low morals(道德水准低的人)"、"fraud(欺诈)"、"misrepresentation(失实陈述)"等;与夫妻财产制相关的有"marital property regime(婚姻财产制度)"、"tenancy in common(共同财产)"、"community property(共有财产)"、"joint tenancy(联合财产)"等。

与法律文本检索类似,论文检索也存在关键词的选择和组配问题。正如上文所列举的,这一阶段的关键词比前几个阶段数量更多,其相互组配的情况也更复杂。对于这种情况,一方面要尽可能多地找出同义检索词,并注意使用逻辑符(如"或/OR")将其连接起来;另一方面,可以通过"聚焦、深入、打扫战场"总结归纳关键词的步骤,相应地将关键词进行分级为核心关键词、重要关键词、其他相关关键词,形成"关键词金字塔"。这样在检索时能保证组配关键词过程的有序进行。

例如,可以构造交通肇事案件中与刑事附带民事制度问题相关的中文关键词金字塔(如图3.1.1),以及遗嘱继承案件中与公序良俗、社会公德问题相关的英文关键词金字塔(如图3.1.2):

附带民事 OR 附带民事诉讼→核心关键词
刑事 OR 交通肇事、赔偿 OR 补偿、赔偿 OR 量刑、
量刑 OR 减刑 OR 从轻、物质损失 OR 财产损失 OR 实际损失 }→重要关键词
补偿被害人、刑事和解、调解 OR 和解、恢复性司法、刑事损害赔偿→其他关键词

图 3.1.1

Illicit relation OR meretricious Relation OR Illicit cohabitation→核心关键词
undue influence OR fraud OR misrepresentation OR persons of low morals→重要关键词
wills OR gifts、conditions of wills、community property OR tenancy in common→其他关键词

图 3.1.2

所谓"关键词检索三部曲",即"聚焦"阶段在标题中检索核心关键词、结果中检索重要关键词,"深入"阶段在标题中检索核心关键词、结果中检索重要关键词,"打扫战场"阶段直接在标题或全文字段中检索其他关键词,在此不再举例详述。需要注意的是,在应用这种检索方式时,由于关键词本身所涵盖的主题范围有大小之分,使用不同组的关键词得到的检索结果数量可能会有较大差别。在这种情况下,对于检索结果较少的关键词,是否需要重新修改检索项,对于检索结果较多的关键词,是否需要进一步缩小关键词的范围——如何确定期刊论文检索已基本完成是比较复杂很十分常见的问题。接下来还是以前述两组关键词及其研究方向为基础,通过其在不同数据库中的组配方式来介绍法学论文的检索方法。

一、北大法律信息网

北大法律信息网提供的论文检索功能与一般的论文检索并无不同。不再赘述。此外还可以通过数据库的"法条联想"功能查找与关键条款相关的论文,如图3.1.3、3.1.4所示,通过对作为关键条款的《刑事诉讼法》第99条①以及《最高人民法院关于刑事附带民事诉讼范围问题的规定》第4条进行联想,分别得到以附带民事诉讼制度为写作主题的论文76篇、14篇。同时,还可以进入北大法律信息网独立的"法学期刊"数据库(http://journal.chinalawinfo.com/,如图3.1.5),通过关键词组配的三部曲(聚焦、深入、打扫战场)进行检索。

---

① 2012年新修改的《刑事诉讼法》中第99条规定了刑事附带民事诉讼的具体内容。通过北大法宝的法条联想中的"修订沿革"功能,我们可以进一步了解此条款的历史变革过程。通过检索和比较可以发现,刑事附带民事诉讼的内容在1996年修订的《刑事诉讼法》中位于第77条,并且新修订的《刑事诉讼法》并未对这一条款做实质性的修改。因此,我们可以通过北大法宝中提供的1996年修订的《刑事诉讼法》的法条联系来进行我们的学说比较。感兴趣的同学不妨试一试这个功能。

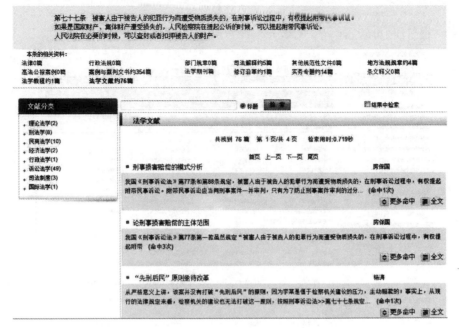

图 3.1.3

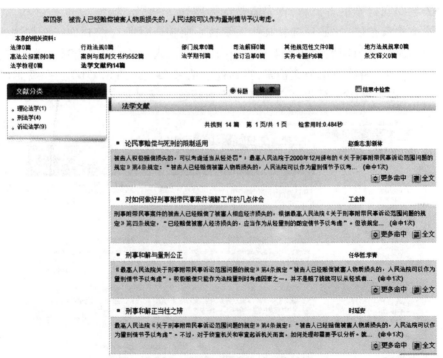

图 3.1.4

图 3.1.5

　　进入法学期刊检索的首页后，首先需要选择期刊，一般先选择"全选"，在检索结果过多时再考虑缩小检索范围，比如只选择某些法学核心期刊。对所有期刊进行全部选定后，以遗嘱继承案件的遗嘱效力问题为切入点，首先在标题中输入核心标题"遗嘱效力"进行检索，仅得到 1 条检索结果，因此换用全文检索，得到检索结果 43 条（图 3.1.6）。一般而言，43 条检索结果并不多，将结果限定至此可以逐条阅读和筛选。通过图 3.1.6 中的文章标题列表即

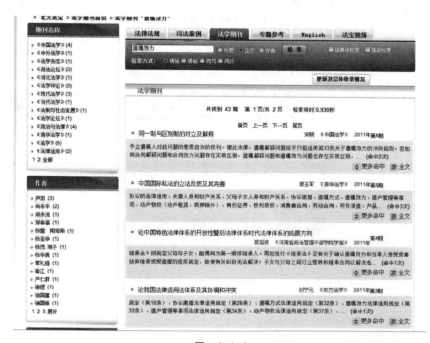

图 3.1.6

可看出,虽然都关注遗嘱效力问题,但很多文章与我们希望研究的婚姻家庭中配偶单方擅自处分共同财产、以此设立的遗嘱效力问题关系并不大,如《论警察的刑事自由裁量权》《国际私法的秩序、正义及其衡平》等。北大法律信息网为我们提供了一个较好的筛选工具,点击"高级检索",通过"分类"功能可确定查找文章所属的部门法领域(图3.1.7)。在分类中分别选择"婚姻、家庭法"及"继承法",在图3.1.6的结果中查找,以"遗嘱效力"作为标题分别进行精确检索,可以在婚姻、家庭法类别中得到0条(图3.1.8),可以在继承法类别中找到8条(图3.1.9)。再浏览这8个文件,其相关性比开始的43条要高。

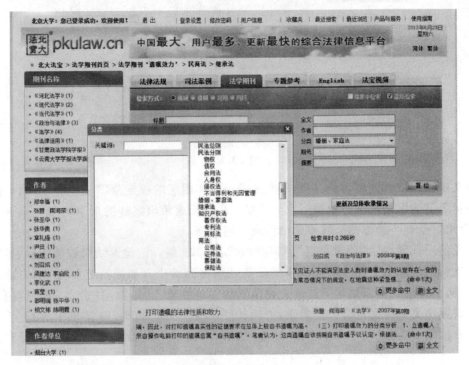

图　3.1.7

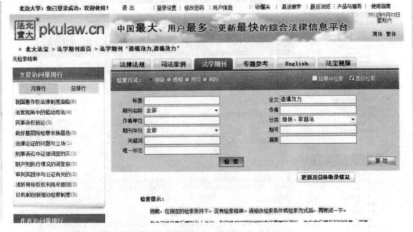

图　3.1.8

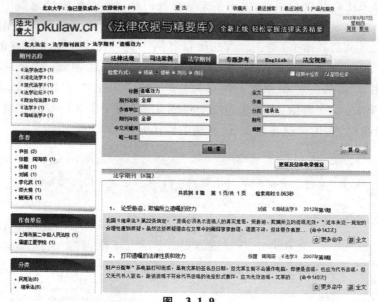

图 3.1.9

前文以遗嘱效力问题为例，讲解了在关键词初步限定的检索范围较小时，应当如何快捷地进一步限定检索结果又不致遗漏重要信息。现以交通肇事案件的刑事附带民事诉讼制度为例，介绍对于初步检索结果较多的情况应如何处理。

首先使用标题检索"附带民事"，得到检索结果 221 条。该检索结果数量较多，显然需要进一步进行限定。由于刑事附带民事诉讼就是刑事诉讼法方面的特色制度，从关键词的性质来看，初步得出的检索结果与这一主题范围的相关性较大，不宜用"分类"进行再次筛选。因此需要用重要关键词进行二次检索。分别使用"赔偿"和"量刑"在结果中进行全文检索，得到检索结果 140 条（图 3.1.10）和 41 条（图 3.1.11）。可以看出，在刑事附带民事诉讼的

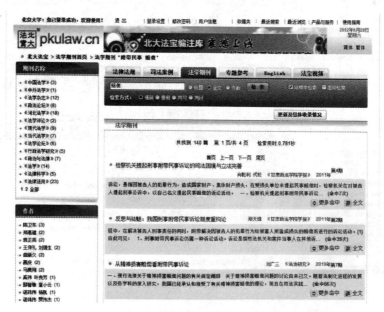

图 3.1.10

主题下,北大法律信息网中以"量刑"为关键词比"赔偿"的限定范围更小。因此,在图
3.1.10 的结果中用"量刑"再次进行全文检索,得到结果 41 条(图 3.1.12)。通过对比图
3.1.11 与 3.1.12 的结果,发现两者基本一致,即包含"量刑"这一关键词的检索结果基本也
都与"赔偿"这一因素相关。因此,在标题检索核心关键词"附带民事"后,在结果中同时检
索关键词"量刑"与赔偿得到的是与研究课题最相关的结果,并且 41 条属于比较合适的
结果范围,到此为止完成了学说检索的"聚焦"步骤。

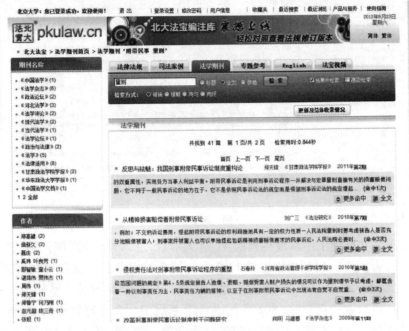

图　3.1.11

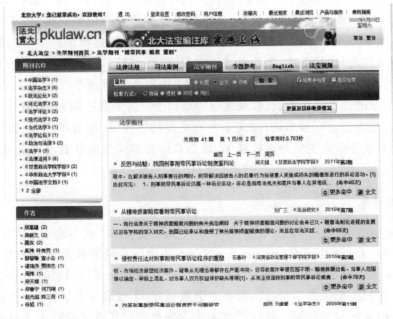

图　3.1.12

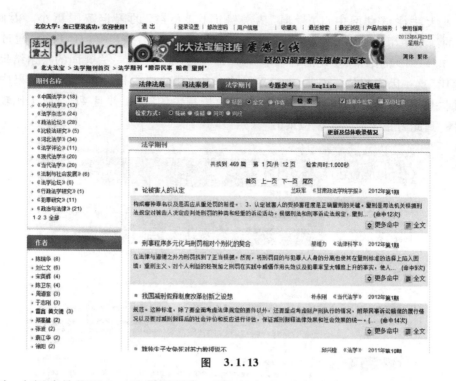

图　3.1.13

其次,在阅读并整理上一阶段得到的 41 篇文章后,进入检索的"深入"阶段。使用全文检索关键词"附带民事",得到检索结果 1802 条。因为检索范围太宽泛,因此在结果中对"赔偿"进行全文检索,并进一步在结果中对"量刑"进行全文检索,得到结果 469 条(图 3.1.13)。与初步检索的得到的 1802 条相比,469 条属于一个合理的范围,与图 3.1.12 中的检索结果进行比对,可以看到有一部分结果是重合的,多出来的结果涉及刑事和解、被害人参与量刑等同样与我们研究主题相关的内容,因此可以看作是成功的"深入"检索结果。

由于图 3.1.13 中的检索结果较多,且虽与研究主题有一定相关性,但毕竟不是最核心的,因此浏览时可以采取标题、相关关键词数量方法,进行快速筛选。除了这两种筛选方法外,还可以通过作者、期刊名称、浏览量或下载量来进行筛选。检索过程中经常会出现标题和内容类似的文章,如图 3.1.13 显示的检索结果中有多篇以刑事和解为主题的文章,这时可以通过该文章的作者是否权威、收录文章的期刊是否属于核心期刊、以及该文章的下载量或浏览量来进行筛选。一般来说,在文章主题类似的情况下,作者越权威,收录文章的期刊质量越好,文章被下载或浏览的次数越多,该文章的阅读优先级就越高。这就完成了"打扫战场"。

二、北大法意

北大法意也拥有独立的论文数据库,在其主页上方点击"法学论著"即可进入(http://www.lawyee.net/Legal_Book/Legal.asp)。与北大法律信息网的法学期刊数据库相比,法意的论文数据库从资源类型上来说更多样,其不仅包括期刊论文,也包括网络论文、学位论文及法学专著。但是,该数据库是目录摘要索引数据库,不收录全文,并且使用该数据库进行关键词检索,得到的检索结果往往没有北大法律信息网或其他综合性人文社科类数据库提供的资源全面。如同样以"遗嘱效力"为关键词进行全文检索,北大法律信息网得到的检索结果有 35 条（图 3.1.6），而北大法意仅得到检索结果 8 条（图 3.1.14）。这主要是由于两个数据库在技术开发上的侧重点不同。北大法律信息网的法律法规检索、期刊文章检索、案例检索资源均比较丰富,而北大法意除了提供与北大法律信息网同样功能强大的法律法规数据库外,其主要开发的是案例资源,并提供了能够对案例数据进行统计分析的实证研究平台,关于该平台的功能会在本书第四编详细介绍。

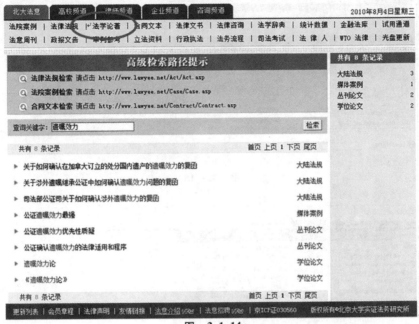

图 3.1.14

三、Lexis

Lexis 和 Westlaw 与中文的法律专业数据库相比,提供了更多检索路径。但检索步骤与检索方式也相应更加繁琐复杂。接下来即详细介绍 Lexis 和 Westlaw 的论文检索方法,主要分为两种:

一种检索方法是选择合适数据库,并输入术语和连接符语言直接检索。如前所述,英文法律专业数据库的子数据库数量繁多,找准最合适的期刊论文数据库、从源头上保证信息来源的恰当和充分,有助于提高检索结果的质量。另一种检索方法是通过 Lexis 和 Westlaw 的母数据库目录导引,查找与研究主题相近的学科主题,通过浏览确定学科主题下与研究目标最契合的分支方向,在该方向下进行术语和连接符语言检索。

以查找与恢复性司法相关的论文为例,在 Lexis 中使用第一种方法进行检索。首先在首页上方的工具栏中点击"检索来源"(search by source,如图 3.1.15),在弹出的页面中选择"二次法律资源"(secondary legal),如图 3.1.16。如前所述,原始文献资源(primary sources)和二次文献资源(secondary sources)是普通法系国家流行的法律资源划分方式。前者包括法律、行政法规、政府公告、司法解释、法院判决、政府函令等规范性的文献。后者则泛指所有非规范性的文献,如法学评论文章、论文、专著、法学教材、研究报告书等。Lexis 数据库提供的二次资源包括超过 700 种法律评论与学刊(law reviews and journals)、法律新闻(legal news)、法律百科(legal encyclopedias,如 American jurisprudence 2d)、法律释义(annotations,如

American law report annotations）、法律专著（treatises）、法律重述（restatement）、法院或商业交易中标准文本（forms）等（如图 3.1.17 所示）。

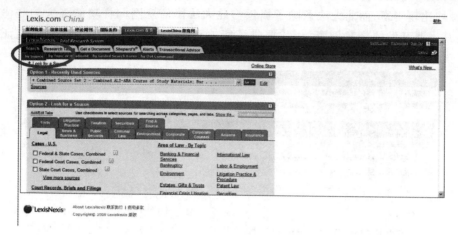

图　3.1.15

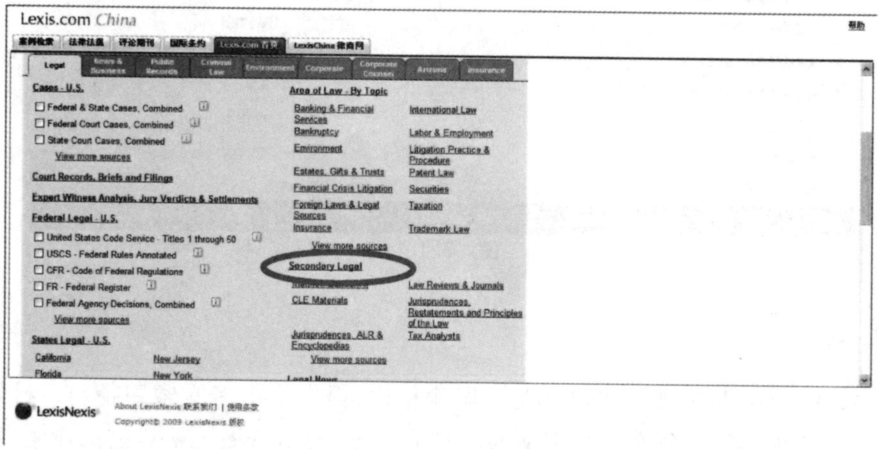

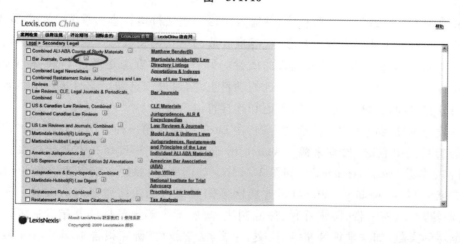

图　3.1.16

图　3.1.17

面对数量如此庞大的二次资源，我们尽可以放心，不会找不到自己所需的信息。但问题在于,如果不加选择地在所有二次资源中进行检索,得到的可能是浏览不尽的几千条检索结果。那么应当如何恰到好处地对这些资源的范围进行限制,选择其中的某一个或几个数据库,又不至于漏掉有用的信息呢?Lexis 推荐给一般使用者的二次资源数据库有"法律评论、CLE 课程学习材料、法律期刊综合数据库"(law reviews, CLE legal journals & periodicals, combined)、"美国、加拿大法律评论综合数据库"(US & Canadian law reviews, combined)以及"Martindale-Hubbell 法律文章"(Martindale-Hubbell legal articles)。其中 CLE 课程学习材料由美国法学院及美国律师协会(American Bar Association,以下简称 ABA)提供,Martindale-Hubbell 是一家旨在为全球法律职业者提供信息咨询服务的网路服务供应商(http://www.martindale-hubbell.co.uk/),即上述三个综合数据库基本包括了北美所有主要的法律评论、期刊、课程学习资料以及实务指南资源。此外,我们还注意到,在每个数据库的右侧都有一个带"!"号的小方框(如图 3.1.17 所示),点击这个方框可以看到对该数据库内容的介绍。如点击"法律评论、CLE 课程学习材料、法律期刊综合数据库"右侧的方框,可在弹出的窗口中看到对该数据库内容的详细介绍(图 3.1.18)。

Source Information

Law Reviews, CLE, Legal Journals & Periodicals, Combined

FILE-NAME: LGLPUB

COVERAGE: Varies by individual publication.

FREQUENCY: Varies by source, see individual source descriptions.

UPDATE-SCHEDULE: Updated regularly - Atypical update schedule; Varies by individual publication.

CONTENT-SUMMARY:

The Legal Publications group file consists of over 900 individual secondary sources and will appear in the following Partitioned Result Sets:

GROUP 1: Law Reviews
GROUP 2: Bar Journals
GROUP 3: ABA Journals
GROUP 4: Legal Newspapers
GROUP 5: Legal Newsletters
GROUP 6: Specialty Legal Publications
GROUP 7: CLE Materials

FORMER-NAMES:
Legal Publications Group File

COMPLETE FILE:
ABA Administrative Law Review
ABA Communications Lawyer
ABA Criminal Justice
ABA Entertainment and Sports Lawyer
ABA Family Advocate
ABA Family Law Quarterly
ABA Human Rights
ABA Journal
The ABA Journal of Labor and Employment Law
ABA Section of Intellectual Property Law
Administration of Trusts in Florida
Administrative Law Journal
Adoption, Paternity and Other Florida Family Practice
Advanced Transportation Technology News

图 3.1.18

在二次资源目录中选中"法律评论、CLE 课程学习材料、法律期刊综合数据库"、"美国、加拿大法律评论综合数据库"以及"Martindale-Hubbell 法律文章"这三个数据库(图 3.1.19),点击右下角的"综合资源"(combine sources),进入检索框界面。通过阅读纸质图书或使用专业词典进行查询得知,恢复性司法对应的英文词组为"restorative justice",在检索框中键入术语及连接符语言 TEXT("restorative justice") and TITLE("restorative justice"),即正文及标题均出现"恢复性司法"词组(图 3.1.20),点击检索(search)。

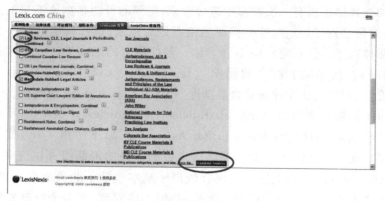

图   3.1.19

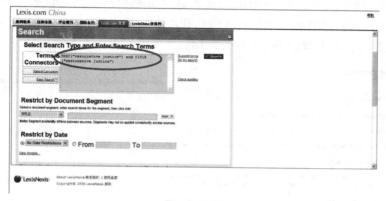

图   3.1.20

如图 3.1.21 所示，在三个数据库中初次检索的结果为 262 个，Lexis 数据库还提供对结果自动分类的功能，即将其按照结果文件类型（category，分为专著、评论、法律实务指南）和资源来源（sources，即上述三个数据库）。

如果希望在检索结果中进一步检索，可以在页面左上方的"FOCUS Terms"中键入其他关键词，如在图 3.1.21 的检索结果中键入"criminal"（图 3.1.22），将初次检索结果限定为与刑事问题相关，得到检索结果 252 条（图 3.1.23）。

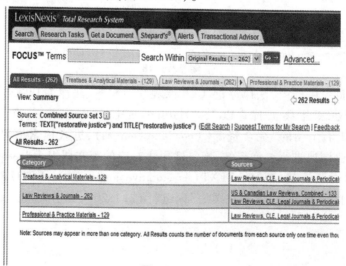

图   3.1.21

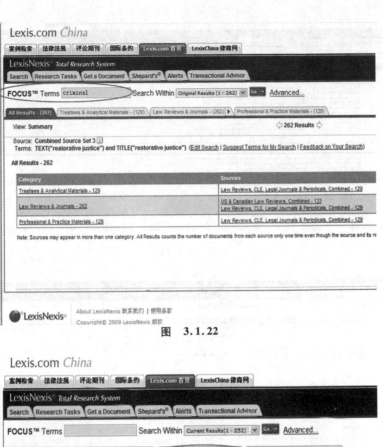

图　3.1.22

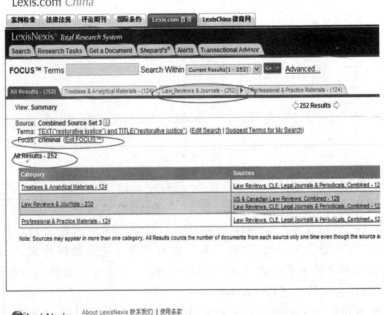

图　3.1.23

　　图 3.1.23 中,在检索结果的表格上方有一排小标签,即除了显示所有结果的表格,可以按文件类型的分类直接浏览结果文件。点击"法律评论"(law reviews & journals)的分类进入结果文件页面(图 3.1.24)。可以看到,页面左上方提供了三种浏览结果的模式,即引证与文献列表(cite)、以关键词为中心的 25 个单词(KWIC = Key Words In Context)、文档全文(full)。图 3.1.24 是以引证与文献列表模式呈现的结果,这也是系统方便使用者快速浏览和筛选结果的默认设置。使用者也可根据自己使用习惯选择浏览模式。点击任一文件名即可进入全文阅读模式(图 3.1.25)。

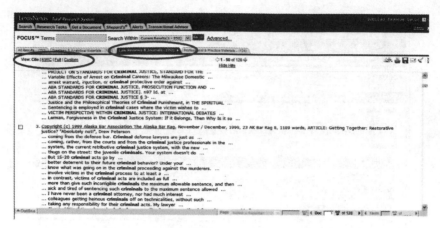

图 3.1.24

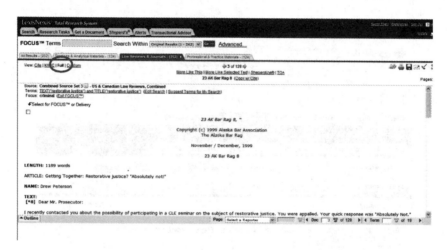

图 3.1.25

以上介绍了使用 Lexis 选择适当的数据库、进行期刊论文检索的检索模式。该模式适用于所有类型的使用者,检索得出的结果一般也较多,因此也被业内人士称为"粗略检索"(rough research)或"概括检索"(general research)。对于法学学术论文的写作,因为使用者一般为学者或学生,其需求更明确,检索对象一般为学理性论述较强的文章,而对实务指南等类型的二次资源需求较小。因此,Lexis 在第一种模式下还为这类使用者推荐了另一个数据库,即美国律师协会法律评论(ABA journals)。

仍以与恢复性司法相关的期刊论文检索为例,在"二次资源"的目录中选择"美国律师协会"(如图 3.1.26),并在弹出的下级菜单中选择"美国律师协会法律评论"(如图 3.1.27)。在该子目录中选择"所有该协会的评论"(ABA journals combined,如图 3.1.28),进入检索框页面。

在检索框中输入术语及连接符语言 TEXT("restorative justice") and TITLE("restorative justice")进行检索(图 3.1.29),得到检索结果 42 条(图 3.1.30),浏览、筛选检索结果并进行整理即可。

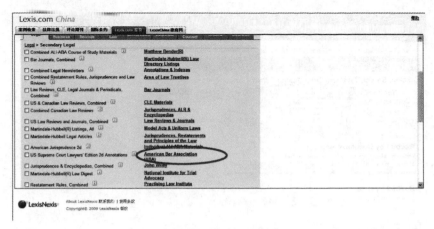

图 3.1.26

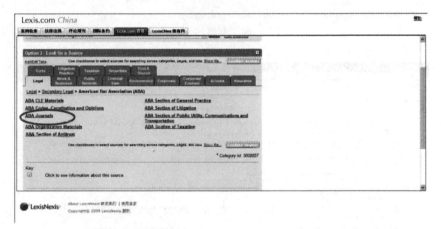

图 3.1.27

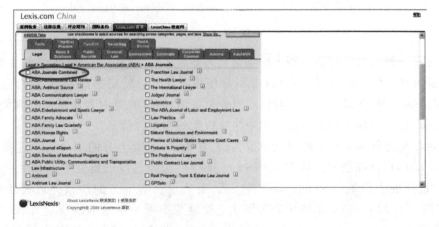

图 3.1.28

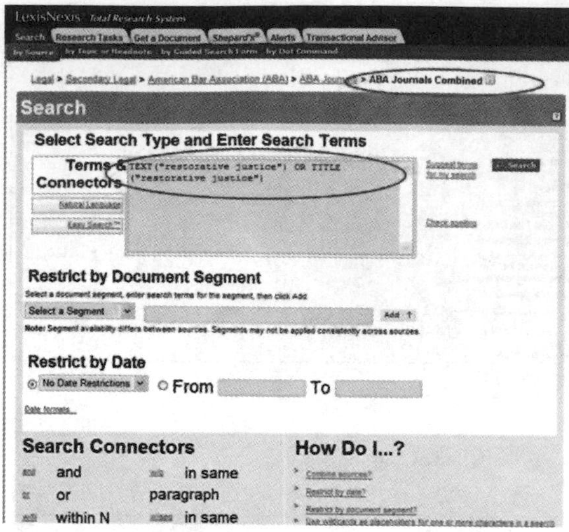

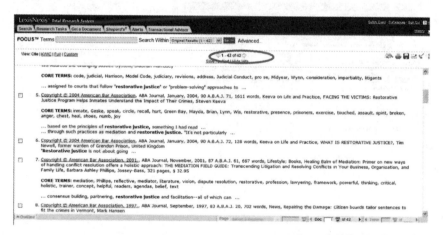

图　3.1.29

图　3.1.30

　　介绍完第一种通过选定数据库来检索论文的方法之后,现在对 Lexis 的学科主题检索功能进行简要介绍。Lexis Search Advisor 是引导使用者在某一特定法律领域内进行逻辑检索的方法,它是基于 5000 多个法律主题构成的分类系统,能帮助使用者从众多的判例、法学期刊、专业论著、行政机构资料和法律新闻中快速检索到有用的信息。

　　以检索与交通肇事罪相关的量刑情节为例,在 Lexis 首页上方的工具栏中选择“检索任务”(search tasks),并在所有法律领域(area of law)中选择与自己研究主题相关的领域(图3.1.31)。选择刑法领域(criminal law)进入后,看到页面右下方的检索建议模块(research advisor,如图 3.1.32)。我们希望研究美国法上交通肇事罪关于量刑的规定,因此在该模块中选择“量刑”(sentencing),点击右侧的“进入”键(图 3.1.33)。在刑法与刑事诉讼法(criminal law & procedure)这一主题下浏览目录,找到“量刑”(sentencing)一节(图 3.1.34),点击该项左侧的“＋”号可以浏览展开的子目录(图 3.1.35)。

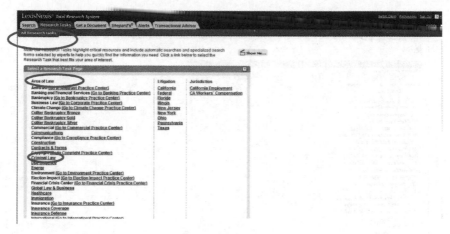

图 3.1.31

图 3.1.32

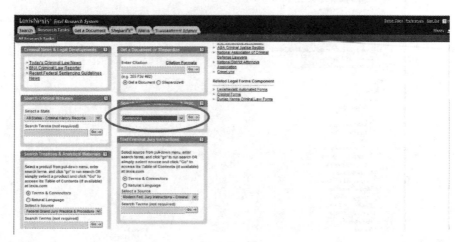

图 3.1.33

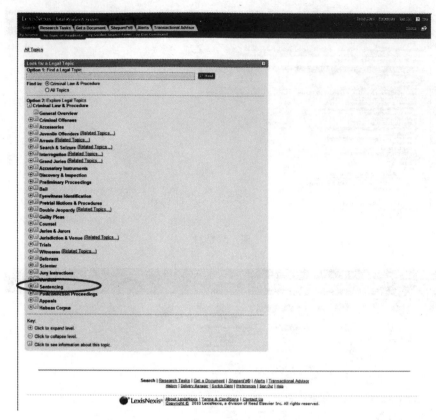

图　3.1.34

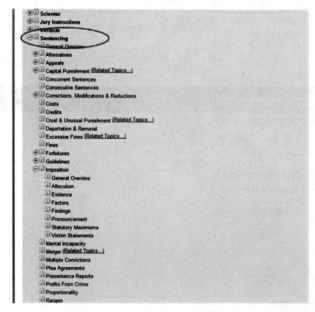

图　3.1.35

　　点击图 3.1.35 中的"量刑"（sentencing）一项，进入该法律主题检索界面（图 3.1.36）。可以看到，该主题项下包括案例、成文法以及二次资源等其他资源。选择"美国所有州及联邦"(all states & federal)作为管辖范围,点击"来源"(sources)进行选择。如图 3.1.37 所示,资料来源中会显示刑法及刑事诉讼法领域与"量刑"相关的所有数据库,并以案例、成文法、法律评论、机构文章为大类对来源进行了分类。选择好资料来源后,在检索框中键入"negligent driving"OR"reckless driving"(过失驾驶)这一组同义词(图 3.1.38),点击检索,得到检索结果 443 条(图 3.1.39)。但检索结果中的 441 条属于案例,仅 2 条与法律期刊文章相关。这可能是在选择来源时对法律评论一栏的来源范围限定过小所致,同学们可以在使用过程中自己摸索、调试。

以上是对使用 Lexis 数据库法律主题工具检索期刊文章的方法介绍,该方法也同样适用于检索案例、成文法等其他信息。

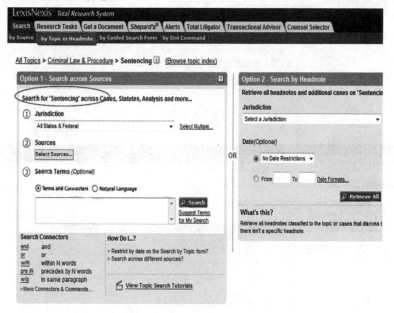

图　3.1.36

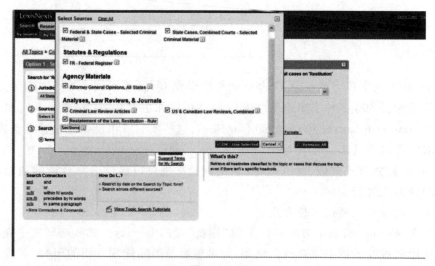

图　3.1.37

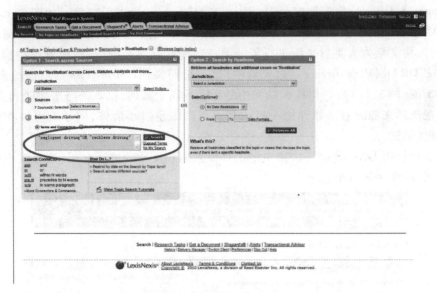

图 3.1.38

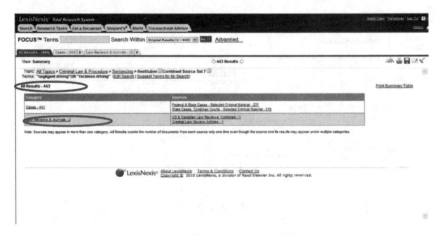

图 3.1.39

四、Westlaw

Westlaw 在二次资源方面收录了 1000 余种法学期刊,覆盖了当今 80% 以上的英文核心期刊。此外还包括 300 多种法律通讯(legal newsletter)和法律新闻(legal news),如 New York Law Journal,American Lawyer 和 Criminal Law News,这些实时资讯能帮助法律专业人士更多、更快的获取学界最新动态。

与 Lexis 的检索方式类似,使用 Westlaw 检索论文也可以通过选择合适的数据库和查找学科主题两种方式进行。

数据库的选择可以通过三种方式:

一是点击 Westlaw 首页上方工具栏中的"导航"键(Directory),输入与研究主题相关的关键词或数据库名称的关键字来查找。例如,如果想要做国际仲裁方面的研究,在检索框中输入"international arbitration",即可得到相关数据库的列表(图 3.1.40)。注意,采取此种方法选择数据库每次不能超过 10 个。

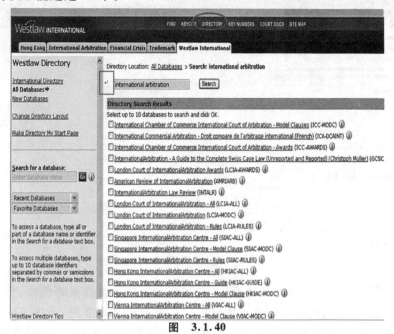

图 3.1.40

二是通过 Westlaw 主页左侧的"查找数据库"(search for a database)功能进入一个或多个数据库。与第一种查找数据库的方法不同,在该检索框内,除了输入关键词的自然语言外,还可以通过输入数据库的识别号(identifier),即该数据库的简写来进行查找。如图 3.1.41 所示,在检索框内输入"ALR",即进入"美国法律大全"(American Law Report)数据库。值得一提的是,ALR 也是 Westlaw 极力推荐的百科全书类数据库,是美国法律注释领域的最权威著作之一。该数据库包括第一、二、三、四、五、六、联邦、美国法律报告汇编第 2 版以及这些领域的注释索引。法律注释是专业律师或法官对重要法律问题进行的全面梳理和分析,往往是长达百页的专文,覆盖与该问题相关所有案例法的法条。另外,如果希望进入多个数据库,实现跨库检索,两个数据库的识别号之间应当用";"号连接。

图 3.1.41

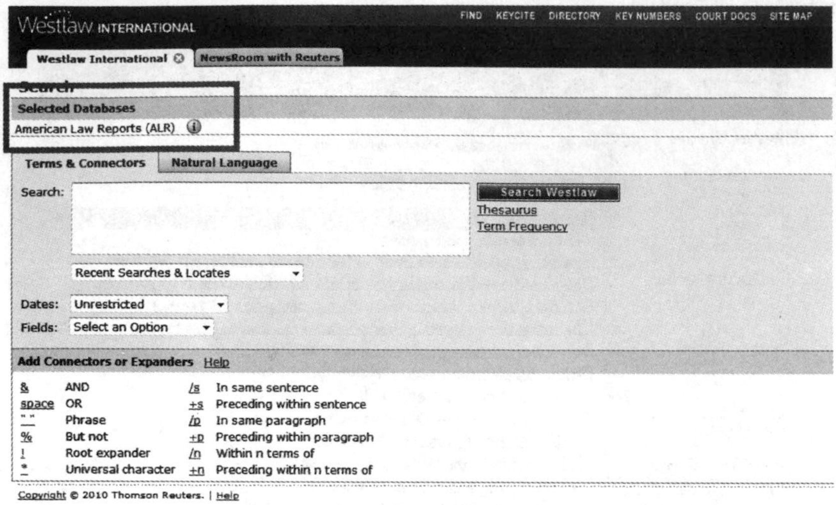

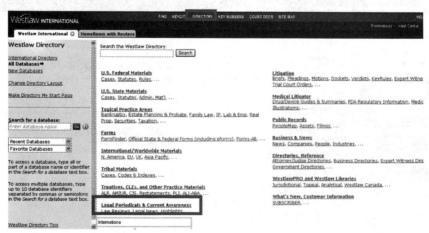

图 3.1.42

　　第三种选择数据库的方法则与之前介绍过的 Lexis 的数据库选择类似，即在 Westlaw 的目录导航中逐级点击链接，选择和进入数据库。在检索期刊论文时，点击 Westlaw 首页上方的"导航"（directory）工具栏，在页面左下角选择"法律期刊出版物"（Legal Periodical & Current Awareness，如图 3.1.43 所示），在打开的数据库列表中进行选择即可。和 Lexis 一样，点击 Westlaw 数据库右侧带"!"的小方框也能看到对该数据库的介绍。

　　在期刊论文方面，Westlaw 特别推荐"世界期刊及法律评论"数据库（World Journal and Law Review，其识别号为 WORLD-JLR，如图 3.1.44）。该数据库收录了美国、加拿大、英国、欧盟在内的世界各国及地区的 1200 多种法律评论，包括世界多所著名大学的法律评论如《耶鲁法律评论》、《哈佛法律评论》、《牛津法律评论》、《渥太华法律评论》等，以及欧盟、英国、香港及加拿大等地区的法律期刊和法律评论。该数据库具体涉及美国联邦及各州法律，包括商法、破产法、知识产权法、刑法、税法、国际法、比较法等领域。

　　在选择恰当的数据库后，使用术语及连接符语言检索的过程大致与 Lexis 相同，在此不赘述。

图 3.1.43

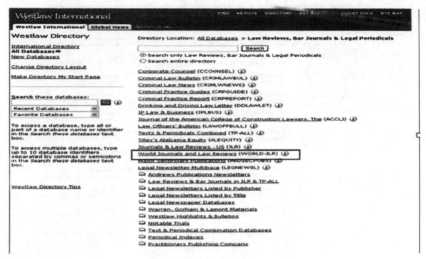

图 3.1.44

使用 Westlaw 进行期刊论文检索的第二种方法与 Lexis 的"Search Advisory"功能类似，也是通过浏览特定的学科主题进行检索。Westlaw 的该项功能成为钥匙码检索(key number)，即将全部法律分为 400 个法律主题(Legal Topic)，每个主题再逐级细分，共有 10 万多个法律议题(Legal Issue)。使用者可以选择进入具体的法律议题、输入关键词检索，也可以直接唤出具体的法律议题。每一个法律议题内都有与该主题有关的判例，成文法，法学期刊文章和专著等。

接下来即以遗嘱继承案件中遗嘱的效力问题为切入点，介绍 Westlaw 的钥匙码检索功能。在 Westlaw 首页上方的工具栏中点击"钥匙码"(key number)，再在页面中点击"查找钥匙码"(key search，如图 3.1.45)。在打开的页面中可以看到多个法律主题，直接在左边的检索框中输入"遗嘱"(wills)进行快速查询(图 3.1.46)。因为"泸州二奶案"中遗嘱处分的财产为房产，因此在结果中点击"遗嘱、信托以及房地产"(wills, trusts and estate planning，如图 3.1.47)，在打开的页面中选择"效力"(validity，如图 3.1.48)，"validity"即为最终的法律议题。

图 3.1.45

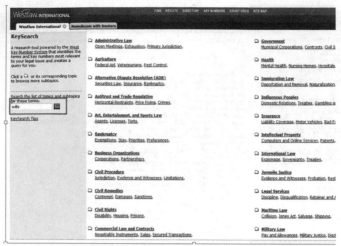

图 3.1.46

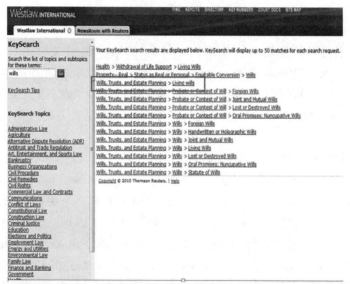

图 3.1.47

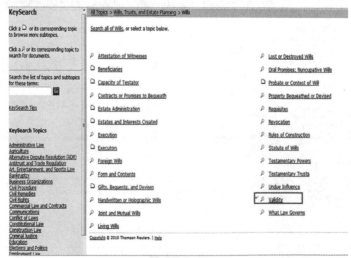

图 3.1.48

在法律议题的检索页面中选择资料来源为"法律期刊及评论"（Journals & Law Reviews），在检索框中键入"restrict! 5/ gift!"，表示"遗赠"与"限制"两词之间间隔不超过 5 个单词，开始检索（图 3.1.49），得到检索结果 417 条（3.1.50）。根据个人研究需要，可以进行二次检索，对该检索结果进行进一步限制。具体的限制方法与结果的浏览、筛选在前几讲均有涉及，在此不赘述。

KeySearch

All topics > Wills, Trusts, and Estate Planning > Wills > Validity

Choose a source:

○ Cases With West Headnotes ⑦
  ☐ All State Cases ▼
  ☐ All Federal Cases ▼

○ Cases Without West Headnotes ⑦
  ☐ All State Cases ▼
  ☐ All Federal Cases ▼

○ Encyclopedias and Treatises: ⑦
  American Jurisprudence 2d ▼

● Journals & Law Reviews (JLR)

Add Search terms (optional):

restrict! 5/ gift!   [Search]

View/Edit Full Query

Copyright © 2010 Thomson Reuters. | Help

图 3.1.49

需要注意的是，在图 3.1.50 的检索结果右侧，Westlaw 提供了一项名为"Result Plus"的增值服务，即系统会自动把与不在选定数据库能检索到的结果中，但与结果相关联的篇章或章节都罗列出来。这可以帮助使用者减少可能存在的思维或检索技巧盲点。

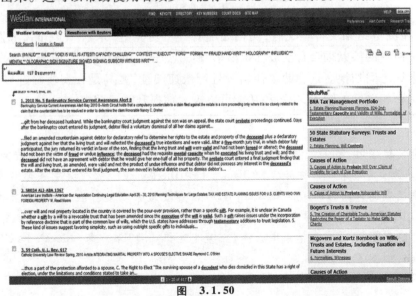

图 3.1.50

另外，在处理结果文件全文时，文档的左侧除了提供针对该篇文章的"Result Plus"增值服务外，还提供了两类与引证文献相关的信息。如图 3.1.51 所示，一类是页面左上的"引证参考"（Citing References），另一类是页面左下角的"参考文献列表"（Table of Authorities，简称 TOA）。Citing References 提供的是引用该文章的文献列表，通过这一功能可以大致了解结果文章的重要性及是否权威。TOA 代表被该文章引用的文献列表，除了提供必要的文件信息，帮助规范引证以外，还可以帮助读者进一步了解与该文章相关的研究领域。这两项功能与中国知网的"相似文献列表"类似，都能帮助使用者在自己阅读之外，更好地理清每篇文章的大致脉络与写作思路。由于普通法系国家判例的特殊价值，Citing Reference 与 TOA 功能在判例检索时发挥的作用更大。

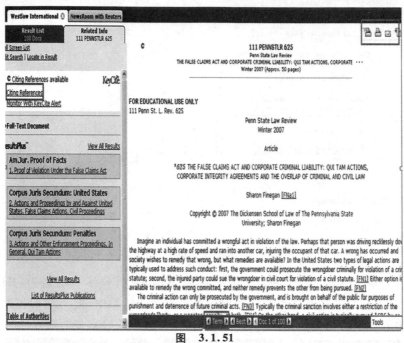

图   3.1.51

最后，在浏览结果文件全文时，文档底端有一个功能键"术语"（Terms，如图 3.1.51）。因为结果文档中的检索词会自动被标识出来，通过点击该功能键左右两侧的方向键，系统能在不同检索词之间切换。这有助于使用者进行快速阅读，尤其是在初步筛选以确定某一文档与研究主题相关性的阶段，使用该功能可以极大地提升阅读效率。

> **Tips：**
> 在论文检索时，我们经常遇到新的法律术语，在不确定某一专业术语的概念或含义时，可以求助于《布莱克法律辞典》（Black's Law Dictionary）。《布莱克法律辞典》是英文法律界最权威的辞典，Lexis 和 Westlaw 都有该辞典检索功能。在 Lexis 主页顶端的"法律辞典"（legal dictionary）中输入要查询的术语（图 3.1.52），或在 Westlaw 主页中检索"black"（图 3.1.53），在其结果中选择《布莱克法律辞典》第八版（Black's Law Dictionary, 8th Edition，如图 3.1.54）即可。

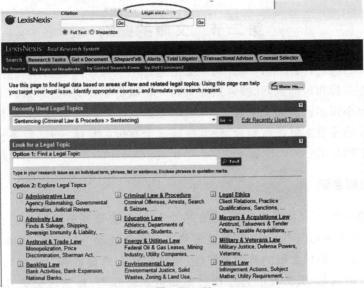

图 3.1.52

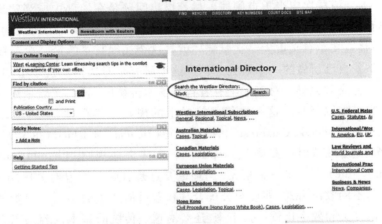

图 3.1.53

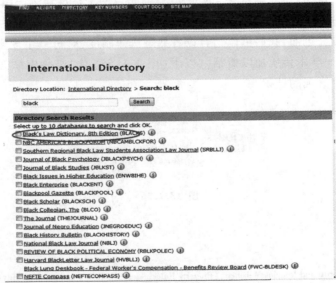

图 3.1.54

第二节 文献的归纳

在上一节中,我们为同学们详细介绍了如何通过中文和外文数据库在有效地检索文献,如果同学们能够掌握相应的技巧,搜索到相关研究领域的重要文献,那么在文献综述这一节课中的压力就会小很多。所谓文献综述,其目的是进一步巩固问题意识,具体是将搜索到的与研究主题相关的零散文献进行整合,使其变成一个有机的整体,使其服务于自己的论题和论点。这就要求同学们:

一、确立问题意识

这是"史"部和"经"部的关系问题,我们在"经部"的谋篇环节给同学们介绍了如何提出问题,这个问题必须是你内心的困惑,是驱使你进行研究的动力。于是,才有"史部"的工作,我们需要通过对同一领域文献的检索和综述,来区别别人的观点和自己的观点。换言之,一旦我们有了自己的问题,那么我们自然而然地知道如何分类,包括区分为几类、区分到哪一个层次、哪一个类别或层次应当重点阐述。尽管提出问题是在经部中应当解决的内容,但在史部也依旧起着提纲挈领的作用。可见,找到一个问题,就如钱穆先生所说的找到一根贯钱的绳,对于贯穿整篇文章意义重大。文献综述就是这个钱绳贯穿的第一枚铜钱。

这里还是举我自己所做的一个研究为例。这项研究是对法律经济学上的一个经典的规则分类框架加以补充和完善。对于一个有着自身学术传统的问题,文献综述的第一步,是对这一学术传统本身加以概括。这一法律经济学上的规则分类框架,学界称之为"卡—梅框架",是由卡拉布雷西(Guido Calabresi)和梅拉米德(Douglas Melamed)在 1972 年所做的"三类规则"的划分:也就是"财产规则"(property rule)、"责任规则"(liability rule)和"禁易规则"(inalienability rule)。[②] "卡—梅框架"的理论要点是着眼于国家对公民"法益"(legal entitlement)给予的不同救济方式,即侵犯公民合法权益可能产生的不同法律责任,对法律规则体系作出的逻辑分类和效率比较。接下来,还要对这一传统的基本内容加以介绍,给读者一个必要理论准备。说明"卡—梅框架"的原初结构,是以两个标准作为三组规则的划分依据:一是法律规则是否允许私人对特定法益进行自由处分,二是法律规则是否允许私人对法益进行非自愿的处分。进而,我们可以结合读者熟悉法律制度,对每一个规则的进一步学术发展有所交代,对这一学术传统加以概括。以下(图 3.1.55)是"卡—梅框架"的规则示意图,同学们可以有一个直观的认识:

图 3.1.55

---

② See Guido Calabresi and Douglas Melamed, "Property Rules, Liability Rules, and Inalienability: One View of the Cathedral", 85 *Harvard Law Review* 1089—1128 (1972).

二、概括学术传统

一个问题需要放入或者对比既有的学术传统,表明其理论上的意义。因此,当我们产生一个问题意识以后,应当回溯其学术传统。以"卡—梅框架"为例:

> 这一框架提出的四十年来,不断有学者从各自的角度对两位作者构建的这座法律理论的"大教堂"作出更为精致的内部修饰。尽管两位作者谦虚地表示,他们的规则分类就像莫奈当年众多画作中的一幅,只是描绘了法律这座"大教堂的一副景观",但是这幅景观却在随后的岁月中战胜了其竞争对手,成为美国法学尤其是法律经济学研究的基本框架之一。特别是其中的责任规则,时至今日,仍然是学界探讨的热点问题。可以说,卡拉布雷西和梅拉米德建构了"大教堂"的地基和墙壁,而学者们日后的工作,则是对"大教堂"内部架构的调整、装修和进一步的扩展与精细,比如区分"事前"规则还是"事后"规则,"引导"规则还是"执行"规则,"景观"规则还是"阴影"规则,"单次"规则还是"多轮"规则,"一阶"规则还是"高阶"规则,"买权"规则还是"卖权"规则,如此等等。这些研究,或是对"卡—梅框架"提出的禁易规则、财产规则或责任规则加以批评、完善与扩展,或是依照这一框架对现实中的法律体制分析、比较和批判既有的规则或案例,或是通过加入分类标准提出新的规则类型或者规则内容。

如果我们的研究目的,并非是系统介绍这一法律经济学框架,那么通过上述概括,表明其大致的发展演变,也就可以了。

对于具体规则的学术流变,也可以做这样的概括。比如"禁易规则",就可以从美国政治和法律传统中对"禁易权利"(unalienable or inalienable rights)——受禁易规则控制的权利——的持久讨论开始:

> 这一传统可以追溯到美国《独立宣言》中,并且在许多判例中得到了不断重申。因此一直不乏从法律角度探讨禁易规则的研究。比如 Haddock 和 Hall 通过分析美国联邦最高法院有关合同无效的四个重要判例,讨论了美国文化中那些由来已久并且不可动摇的禁易权利。同样从这一角度出发,更多研究则是聚焦宪法问题,比如代孕母亲的违约权利、普通公民的宗教自由、垂危病人的生命尊严(安乐死的权利),直至抽象层面的哲学思辨。但是就法律经济学层面而言,这些研究往往只是重复了卡拉布雷西和梅拉米德文中早已申明的理由。更为富有启发的研究,是从经济效果上表明了一些法益的内在性质要求"禁易规则"。比如涉及人力资本、家庭关系、文化资产、法律诉权等一系列因素的法益争议,并非由于文化或者宪法的"先定约束",而是由于允许交易将会降低其法益价值,因此需要适用禁易规则加以保护。

总之,作为学术背景的文献综述,只需要简明扼要的介绍清楚这一学术传统的总体变迁就可以了。不需要长篇大论,面面俱到。那只会模糊自己论文的研究主题。我们反复强调,一个文献综述如何去做,取决于研究的目的,服务于论文的整体,要始终紧扣着研究的主线,也就是那根穿钱的线绳。

三、区别现有观点

当你有一个很有意思的问题,有一个新颖的视角,有一个别致的解读,你最想的要做的并不是找到一个和你讲法一样的权威。相反，你需要通过区别与他人的观点，来确立自己的原创性和独立性。这跟我们拿着发明专利、实用新型或者外观设计去专利复审委员会申请复议是一个道理，你必须检索现有的专利库，解读他们技术和原理，并与其作出区别，才能维持自己专利的垄断地位。因此，必须用尽智力去与其他观点相区分，避免混淆。这其实也是表达能力的一种训练。

仍然是以"卡—梅框架"为例，如果我们要对"禁易规则"有所发展，那就需要针对论述这一规则的经典文献，作出明确的区分：

> 对"卡—梅框架"中禁易规则加以系统讨论的，是耶鲁法学院的 Rose-Ackerman 教授。她的研究"试图对法益在转让（transferability）、所有（ownership）和使用（use）方面的限制理由作出完整分析"。[③]

那么我们可以就从研究 Rose-Ackerman 入手。首先，与前面一样，当然要概括和提炼 Rose-Ackerman 教授的"禁易规则"理论。她把所有类型的政府管制，比如价格管制和税收征缴，都视为"禁易规则"。这时，我们就可以看到，这既不符合"卡—梅框架"的原本划分，容易造成概念上的混乱；也混淆了两类不同性质的法律干预，容易忽略不同规则导致的实践差异。那么由此出发，就可以作出理论上的界分，表明自己观点的独特性。我们可以表明：

> 价格管制和税收征缴并没有禁止交易本身，也没有对可交易的法益归属作出变更，而是系统性地直接改变了法益的定价。而"卡—梅框架"的特点恰恰在于将规则内容从法益归属、法益处分和法益定价三个层面区分开来，构建了不同的规则类型。这些"管制规则"实际上与责任规则更为类似：两者都是对法益定价而不是法益处分的规定。

这样，我们在做文献综述的过程中，就应是有针对性地概述 Rose-Ackerman 教授的研究，并对她的分类标准进行深入的辨析和批评，为提出我们自己关于"禁易规则"进一步地分类做好铺垫。我们可以通过对 Rose-Ackerman 观点的批判来确立自己的观点，前提是我们要在文献综述阶段很好的概括 Rose-Ackerman 的研究，将自己的观点和她的进行区分。

下文再以我所做的另一项关于"诉调对接"的研究为例，简要讲解文献综述的方式，核心依然是上文提到的三点。

举例："诉调对接"制度研究

首先，还是要说明问题要点。人们也许并不是都了解什么是"诉调对接"。它的背景是这样，随着社会转型期的矛盾冲突日益显现，如何处理人民调解和诉讼程序的关系从而建立起一套适应社会发展的纠纷解决和社会管理机制，成为一个重要的实践问题和理论问题。人民调解和人民司法的制度衔接，实践上和理论上通常称之为"诉调衔接"。当然，如何为诉调衔接下一个学术上的定义，这本身就是一个有关文献综述的问题，不同的学者从不同的视角看到这个问题，对于"诉调对接"这一制度所强调的侧重也有所不同。我尝试着将我研究的思路分解为几个步骤，和同学们分享我对这一问题的研究历程，在这个过程中，同学们可以看到我是如何从一个问题出发，通过和文献的较量，逐步过渡到一个成型的系统表述。尽管这个研究还有许多不到之处，但这个研究过程大体可以展现文献综述的方式。

---

③　Susan Rose-Ackerman, "Inalienability and the Theory of Property Rights", 85 *Colum. L. Rev.* 931 (1985).

1. 确立问题意识

我在最初涉猎这个领域时,并没有找到一个问题,直到我发现在纠纷解决中事实上可能存在两种机制或者思路,我才有了深入研究的动力,想进一步挖掘。我的基本思路是,诉调对接不同于"多元竞争"的纠纷解决机制的传统思路,而是"多级一体"的政法结构。所谓"多元竞争"和"多级一体"是我在进过文献阅读、基层法院实践经历后提炼的两个概念。"多元竞争"是这样一种模式:强调诉讼与调解,包括人民调解、司法调解、行政调解在内的多种纠纷解决方式的优势与不足,在并行的视角上尝试提供其合作和对接的最佳模式。通常称之为"多元纠纷解决机制"。而这种并行的视角之外,我认为应当存在另外一个视角,一个也许是更符合实践经验,同时也是更能回应实践需求的视角,我称之为"多级一体"模式:强调诉讼与调解存在多个级别,各级之间是存在上下级行政或司法关系,形成了金字塔似的一体结构。从这个视角看来,诉讼与调解之间复杂精致的关系更能够得到揭示。这样,依据纵向结构的不同,我在研究中进一步将诉调关系区分为诉内衔接、诉外衔接、诉间衔接等形式。

2. 概括学术传统

手执问题意识,就得去寻找问题的传统。通过文献检索,可以发现在诉调对接这个领域中的研究已经颇具规模。那么接下来的工作依旧是简单而必需的,浏览每一篇文献,将文献进行分类概括,在这一过程中我们可以了解学界对这个问题研究的深度和广度。我逐渐将归结为几类,包括诉调衔接的概念、诉调衔接的必要性和可行性、当前诉调衔接制度存在的主要问题以及诉调衔接如何有效实现,然后对这几类进行简要的概括。需要注意的是,注释规范需要完备。

针对"诉调衔接的概念",我们阅读和梳理文献,不难得出这些文献主要是从"诉讼"和"调解"这两个独立的概念入手,考察二者的"对接关系",在此,"诉讼"和"调解"作为先行存在的两种纠纷解决方式,通过"对接"产生了新的纠纷解决机制。对于"诉调衔接"的具体指代内容,当前学术界主要有两种观点,一种是**双重说**,认为"诉调对接既包括法院诉讼与法院外的人民调解和行政调解的衔接,也包括诉讼调解与判决的衔接,但重点是前者,特别是与人民调解的衔接"。④ 另一种是**单一说**,将诉调衔接仅仅界定为诉讼与法院外的人民调解和行政调解的衔接:"从实践中的具体做法来看,诉调对接强调的是如何实现诉讼和人民调解的衔接,主要是使人民法院(或法庭)接手的某些纠纷通过人民调解的方式得到有效解决。"⑤

同学们可以看到,双重说和单一说事实上就是持上述观点的学者的一种分类,一种文献综述的方式,他们通过对"诉讼"与"调解"的关系的不同解读,将自身与对方的观点区分开来。

同样的,针对研究诉调衔接的必要性和可行性的文献可以分为**必要说**和**不必要说**。其中必要说的观点主要有三类:(1)法治化社会标准和理念变化的推动⑥;(2)社会发展需求推动:从社会纠纷解决需要与纠纷解决机制的适应关系切入⑦;(3)优势互补:从诉讼和调解

---

④ 范愉:《纠纷解决的理论与实践》,清华大学出版社 2007 年版,第 465 页。

⑤ 刘树桥:"大调解格局下的诉调对接",《贵州职业学院学报》2009 年第 10 期。

⑥ 范愉:同注 4,第 465 页。

⑦ 何杰:"人民调解与诉讼程序衔接机制探究",《昆明师范高等专科学校学报》2007 年第 29 卷;李广辉、孙永军:"关于大调解之法理思考",《汕头大学学报人文社会科学版》2002 年第 18 卷;阕学勤:"'大调解'的社会学认知",《公共管理高层论坛》第 2 辑;贾西稳、赵倩:"乡村司法中的大调解制度——以半陌生人社会和内生村庄秩序为前提",《中南财经政法大学研究生学报》2009 年第 3 期。

的相互补充角度切入。⑧ 而诉调衔接的不必要说，依据主要研究视角又可以分为三类：（1）社会学视角：诉调衔接对党组织、政府的依赖程度高，把显明的社会政策目标渗透其内，压抑了自发秩序的生存空间，也无法发挥解决民间纠纷"第一道纺线"的作用⑨；（2）政治视角：诉调衔接的配合性特征有违权力的运行逻辑，产生公正性问题⑩；（3）经济学视角：治理成本分析。⑪

如果同学们对研究诉调对接的衔接的必要性感兴趣，那么在文献综述阶段就需要做到上述的层次，仔细地探讨必要说和不必要说的内部观点分野，以及各种视角，也许同学们在经历些实践，积累了理论深度以后也能够提出自己的视角来。

研究诉调衔接的文献主要集中在，从调解作为"替代性"的"非诉"讼纠纷解决机制的视角出发，对调解机制本身和调解与法院诉讼对接两个层面进行探讨。从非诉讼纠纷解决机制中的调解自身来看，当前的调解机制存在一系列难题：调解组织的形式、包括调解经费和调解人员的选任、培训和监督，调解程序的正当性，调解协议的法律效力，调解工作的业务范围，人民调解委员会的发展思路等若干问题。⑫ 从调解与诉讼衔接的视角来探讨诉调衔接的问题主要包括：一是调解机构纷乱、权限各异，在机构、人员和经费方面存在诸多问题⑬，同时在诉调衔接的政策背景下，作为非诉讼纠纷解决方式的调解工作机制存在着"行政化、司法化的倾向，可能会挤压自发秩序的生存空间"。⑭

对于实务问题感兴趣的同学，会很重视研究实践中存在的问题。那么同样地需要对这些问题做一个分类，上文的分类可以说是从功能和组织两个层次去区分的，可以检验实践中存在的不同层次的问题。如果同学们能够提出一个新的层次，关注到功能和组织层面所不能洞察的问题，那是极好的。在提出你的层次以前，照例是需要和这些现有的文献相比较相区分的，区分的程度越细致，你的观点的原创性或者贡献可能就越大。

最后，同学们还可以去研究如何建立有效的诉调衔接机制，这是建构性的问题。检索文献，可以发现文献主要提出两种思路：（1）司法是否应在诉调衔接机制中发挥核心作用？⑮（2）诉讼与非诉讼的衔接方式。⑯ 同学们思考一下，是否还有其他的视角？ 或者说，你认为在每个思路内部是不是可以再有建树？ 如果你有想法不妨进一步看看两个思路的文献，记得将你的想法和文献的观点进行区分。

---

⑧　何杰："人民调解与诉讼程序衔接机制探究"，《昆明师范高等专科学校学报》2007 年第 29 期。邱迎春："关于人民调解与诉讼调解衔接的浅析"，《江西金融职工大学学报》2009 年第 2 期。

⑨　卢雷："人民调解和法院调解制度衔接问题初探"，《法制与经济》2010 年第 3 期；季卫东："法制与调解的悖论"，《法学研究》1989 年第 5 期；吴英姿："'大调解'的功能及限度：纠纷解决的制度供给与社会自治"，《中外法学》2008 年 2 期。

⑩　李志栋、胡丁月："'大调解'特征分析及反思"，《中共四川省委省级机关党校学报》2010 年第 4 期。

⑪　吴英姿：同注 9。

⑫　相关研究请见，尹力：《中国调解机制研究》，知识产权出版社 2009 年版，第 94—100 页；宋朝武等：《调解立法研究》，中国政法大学出版社 2008 年版；河南省法学会（编）：《调解制度理论与实践》，郑州大学出版社 2010 年版，第 218 页；浙江省高级人民法院课题组："关于人民调解、行政调解与诉讼程序衔接机制的调查和思考"，《法治研究》2008 年第 3 期；徐昕：《迈向社会和谐的纠纷解决》，中国检察出版社 2007 年版，第 106—114、118—120 页。

⑬　周彦生："对我省人民调解介入社会矛盾纠纷大调解防调体系的几点思考"，《辽宁法治研究》2008 年第 2 期。

⑭　邱黎黎："论中国诉讼调解和人民调解衔接制度的发展和完善"，苏州大学 2008 年硕士论文。

⑮　赵旭东：《纠纷与纠纷解决原论》，北京大学出版社 2009 年版，第 127 页。

⑯　方易、林萌："自治性与司法性的互补和融合——对诉调衔接模式构建的若干思考"，张延灿（主编）：《诉调衔接机制理论和实践》，厦门大学出版社 2009 年版，第 205—207 页；高建勋："论人民调解与诉讼制度的衔接"，《中国司法》2010 年第 7 期；河南省法学会（编）：同注 12，第 218 页；吴志明：《大调解：应对社会矛盾凸显的东方经验》，法律出版社 2010 年版，第 142—158 页。范愉等（编著）：《调解制度与调解人行为规范》，清华大学出版社 2010 年版，第 41—46 页。

3. 区别现有观点

在上文讲解概括学术传统时,我已经稍微讲到区别其他观点的重要性,也举了几个例子。而具体到我自己所处理的问题而言,我试图提出一个与以往学者不同的关于"诉调对接"的理解视角,因此区别其他学者的观点就显得十分重要。由于是一个视角,这就决定了和其他一般的文献有所不同,我并不去关注各个文献内部的具体差异,他们在某一个问题上分为几派观点,观点内部又有多少划分。相反,我更关注他们观点之间的共同之处。上述文献是我研究的简要概括,大致反映了在诉调衔接这一研究领域的情况。通过文献综述,我更确信我此前的假设,就是当前对诉调衔接的主流意见,是以"多元纠纷解决机制"、"替代性纠纷解决方式"这种将调解与诉讼并列的观点作为基本预设,来考察诉讼与非诉讼纠纷解决方式的对接和合作,这种研究进路事实上是围绕纠纷解决提出一种多元竞争的理论阐释。换言之,越是成功地将这些观点之间的共同点进行提炼和整合,越能够为提出自己的新观点做好坚实的理论铺垫,也就越能够为我的视角提供开阔的理论前景。

以上就是我在构思"诉调对接"制度过程中的思路,而文献综述的过程正是巩固、补强我观点的过程。在与其他文献的辩诘中,鲜明地区分出自己的视角和观点。这就是文献综述的本质功能。这样,文献综述就不会脱离于文章主题,始终紧扣着中心论题,成为钱绳上的第一枚铜钱。

我在平时教学中还遇到学生提出下列问题,我想这些问题都带有普遍性,在此也一并讲解。

有的学生会困惑于文献综述部分在一篇学术论文的哪一部分处理会比较合适。我的回答是:文献综述的具体写法往往是不拘一格的,我们既可以将它集中在文章的开头处理,也可以在文章的中间进行交代,还可以在文章的注释中将其完成。比如说我们文章的主题处理的是禁易规则,然而对于财产规则的某些理论也有所涉及,希望对于某些文献的观点有所回应,那么我们可以在正文中稍微提及,点到即止,表示我们对这个问题有所关注。但是有的文献与我的研究很相关,那么可以将注释写得较为完整。有的作者喜欢在注释中就某些问题进行详细的阐述,这是因为这些文献尽管与文章的主题并不密切相关,但是作者又不想提笔来写另外一篇文章,因此将注释写成一篇小论文的形式。但是在中国目前的学术环境下并不提倡将注释写成小论文的形式,了不得就是注释写到半页就到头了。同学们初学论文写作,还是建议将文献综述部分放在文章开头之后的第二部分较好。

还有的学生会遇到文献综述篇幅太长的问题。觉得文章没有什么好写的,常常使将精力集中在文献综述上,文献综述写完了,文章也就写完了。我的回应是这样:不要愁没话说。有人反对你了,你将反对观点进行辨析。有人和你一样的,那你就将他们引述过来。先通过基本面的写作,勾勒理论背景,帮助读者了解你文章的思路。对于与研究主题相关的文献观点进行回应,尽管并不是所有观点都要引述,但是对于那些特别论述有力的观点应当进行回应,这取决于与研究主题的关联性,以及作者本身研究所提出观点的。可以陈兴良老师的写作为例。陈老师通常会对某一主题进行深入研究以后,区分出肯定说,否定说。他就要对肯定说进行梳理,对否定说进行梳理。陈老师会对肯定说的长处和短处进行评议,否定说的长处和短处进行评议。然后提出自己的折中说,然后论证他所提出的观点综合了肯定说和否定说的优点,避免了肯定说和否定说的弱点。

真正要担忧的是你可能提不出新的问题,或者你提出的观点强度不够。引申可以是正面的,也可是反面的。本科阶段很多学生的论文只是文献综述,实际上写的是一篇很多作品合在一起的读书笔记。然而最主要的研究精力,你不能仅仅是文献综述。至少在文献综述之后,要研究一下人家的剩余问题。这并不渺小。某种程度上洛克和卢梭都是在做霍布斯理论的剩余问题。比如说卡—梅框架。我们的研究可以去补充和修正这个"卡—梅框架"。我们仍然是在研究别人的剩余问题。如果你清楚地知道你在什么意义上提出自己的观点,他所说的问题就是你进步的起点。还有些人的观点,是你必须进行区分和切割的。比方说在纠纷解决机制上,多数人的分类是多元的,你的分类就可以是多级的。当你作这种类型的文献综述时,你就知道哪些文献是更基础的,是你的研究的一个背景,而哪些文献是你要作出区分的,需要更为详细的论述。这正是你做这个研究的意义。当你要表明你文章的理论重要性时,你要清楚地知道,你处在这个研究传统中的什么地位。比如我是在卡拉布雷西和梅拉米德的框架下直接进行研究,那么其他学者的理论都是我要进行区分的。比如我是在禁易规则里进行进一步区分,那么我们就要主要是在 Rose-Ackerman 教授的理论基础上进行研究。

尽管文献综述的方式多种多样,但是有一些通用的技巧,我认为适合初习写作的同学,它能够帮助同学们找到基本的步骤和途径,沿着这些路径,就能够大致习得综述文献的要领。

课堂练习(八)

从以下两组题目中任选一组练习文献综述:

1. 使用中国期刊网检索有关刑事附带民事诉讼、刑事和解的法学论。使用 Westlaw 数据库检索有关庭财产制、遗嘱效力的学说论文。检索后进行文献综述。

2. 使用中国期刊网检索有关家庭财产制、公序良俗的法学论文;检索后进行文献综述。使用 Westlaw 数据库检索有关刑事和解的法学论文。检索后进行文献综述。

第二讲　法规梳理

第一节　法规的检索

一、法律写作中的法律文本

法律的生命力在于其规范性,对于某一社会问题的关注或立法建议,终究要落实到白纸黑字的文件上才能成为被实施的、有约束力的法律。因此,无论是法官判决、律师提交的诉答辩状、还是法学学者的专著论文,都离不开对现行法律文本的遵循或解读。即使是针对现行法漏洞的立法建议、改革方案,也需要基于对现行法律文本的清醒认识。因此,法律文本不仅应当是法律写作的出发和立足点,也是其他类型法律写作的核心组成部分。找出关键的法律文本,便当然成为法律检索的重要步骤。

因为法律传统的不同,大陆法系与普通法系的法律文本有较大差异。大陆法系多颁布成文法典,因此法典成为最重要的法律文本。近年来由于两大法系存在融合趋势,大陆法系也越来越注重法官的判决意见和高等法院的司法解释,但这些文件能否成为大陆法系国家规范意义上的法律文本根据各国情况有不同。普通法系主要以判例法为主,传统的法律规则、原理都体现在法官判决中,虽然随着普通法体系的复杂化,也有学者和出版公司倡导并作出法典化、编纂法律重述的努力,但判例法仍是普通法系国家最重要的法律文本。

同时,在采取不同国体的国家,法律文本的结构也不同。在单一制国家,中央的法律文本具有最高法律约束力,地方立法不得与中央立法相冲突,形成的是自上而下的一套法律制度。而在联邦制国家,州具有独立于联邦的自治权力,相应的也形成了州与联邦两套法律制度,州有权力通过州议会的表决决定自己的法律。

鉴于上述种种不同,法律文本的检索不能一概而论。由于篇幅和读者群的主要需求,本书对法律文本的介绍将主要集中在中国和美国的法律文本上,相应的,法律文本的检索方式将分为中文法律文本检索和英文法律文本检索。

二、如何进行法律文本的检索

(一) 中文法律文本检索

中文法律文本的结构和效力,主要由我国《立法法》规定,法律文本的法律效力自上而下依次是宪法、基本法律、行政法规、政府规章、地方性法规与自治条例及单行条例、地方性规章。《立法法》承认全国人大常务委员会通过的法律解释与法律具有同等效力,但未阐明由法院颁布的司法解释的效力。实践中,由最高人民法院颁布的司法解释对下级法院的判决有指导作用,需要在判决书中加以援引,具有事实上的法律约束力。

　　现行法律写作的关注点也一般集中于基本法律与行政法规、或最高人民法院的司法解释上。但实践总比法律规定的情况复杂。由于中国享有立法权的主体较多，近年来整体呈现出多而乱的状况，加之缺乏一个全国统一的司法审查机构，虽然《立法法》规定了地方立法不得与基本法律相抵触，但地方立法的具体内容与中央立法常常有较大差异。同时，虽然地方立法存在多而杂的问题，却又是必要的。这主要是因为我国颁布的基本法律存在大陆法系的抽象化、原则化特点，在法律的具体执行中存在诸多空隙甚至问题需要地方立法机关进一步明确，将其具体化为更具操作性的法律文本。另外，中国地域面积广阔，各地区经济政治文化差异很大，对于同类法律问题，各地的规定时常千差万别，无法一概而论。因此，在法律写作，尤其是与实践相结合、探讨法律实务问题的法律写作，也应当注重考察地方性的法律文本。

　　本节将主要从基本法律的查找，以及其与其他法律文本的相关性查找出发，介绍中文法律文本的检索技巧。

1. 北大法律信息网

　　北大法律信息网拥有独立法律文本数据库，在其首页（http://www. chinalawinfo. com/）上方点击"法规中心"进入即可。该数据库的提供的检索方式包括简单检索与复杂检索，即主要通过直接键入关键词进行检索，操作比较简便（图 3. 2. 1）。此外，北大法律信息网还开发了"法条联想"功能，即在点击法规条文或法宝之窗当中的相关资料之后，系统即可转到法条联想系列页面，包括与该法条的相关司法解释、裁判文书、相关论文等（图 3. 2. 2）。在此主要对关键词检索和以法条联想功能为基础的关键条款检索技巧进行讲解。

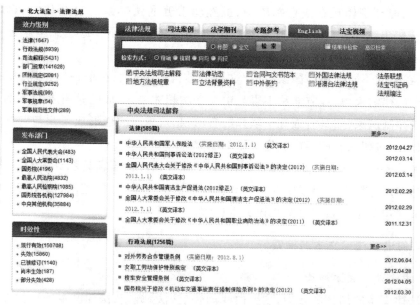

图　3. 2. 1

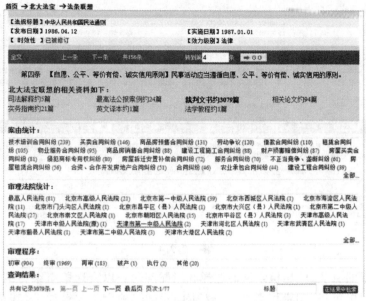

图 3.2.2

关键条款检索比较简单,只要确定基本法律中的关键条款,系统即可自动生成相关信息。以交通肇事案关注的量刑与赔偿问题为例,2012 年修订的《中华人民共和国刑事诉讼法》(以下简称《刑事诉讼法》)第 99 条直接规定了被害人在刑事诉讼中提起民事诉讼的权利,在此基础上才有被告人对被害人进行赔偿、以及其赔偿金额与法院是否考虑这一情节从轻量刑的问题。因此,《刑事诉讼法》第 99 条可谓是我们研究这一问题的关键条款。如图 3.2.3 所示,点击第 99 条下方的"相关资料",即可显示图 3.2.4 中通过法条联想得出的与该条款相关的司法解释、地方法规、实务指南等信息。

关键条款一般可通过阅读初步检索得到的纸质图书来确定,或者直接浏览与主题相关的基本法律。

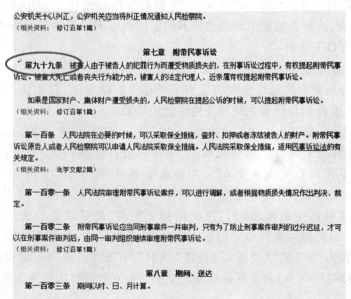

图 3.2.3

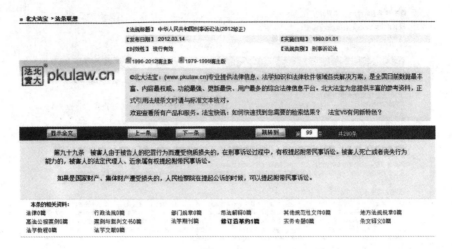

图　3.2.4

关键词检索的实质，就是检索词的选择和组配问题。以交通肇事案为例，在阅读纸质图书和论文的过程中可将"附带民事诉讼"或"附带民事"确定为关键词，因其是被告人赔偿和量刑问题的前置条件。"刑事"、"赔偿"、"量刑"、"刑罚"、"从轻"等相关检索词及其近义词也是重要的关键词。另外，通过阅读纸质图书和论文，也可能发现一些新的检索词，如"刑事和解"、"恢复性司法"等。这些学说虽然没有直接揭示刑事案件中赔偿与量刑的关系，但其均以"补偿受害人损失，恢复社会之创伤"为指导理念，并且可能从客观上带来"赔偿减刑"的后果。这些学理概念是否被用在规范性的法律文本中还有待查验。

在初步确定关键词范围后，就需要对其进行组配。北大法律信息网的法规检索包括若干个子库，如中央法规司法解释、高法公报案例、条文释义等。在法学论文写作中，一般使用较多的是中央法规司法解释、条文释义、地方法规规章、立法背景资料这几个子库，法律实务中还较常用到实务指南库。因为法律文本的结构较学说论文、案例资源简单，因此北大法律信息网的法规数据库提供了"标题"和"全文"两项检索字段。此外，北大法律信息网还提供"在结果中查询"功能，这即方便使用者能选择不同字段进行不同关键词的检索组合。通常，关键词的组合方式有以下几种：

第一，用主题关键词进行标题检索，根据检索结果，再用其他关键词在结果中进行全文检索。因为以主题为检索字段比以全文为检索字段得出的结果少，首先使用这种检索方式能起到"聚焦"作用，即得到与检索主题相关性最大的结果。

以交通肇事案为例，在北大法律信息网法规中心库中，选择中央法规司法解释、地方法规规章、立法背景资料三个库，以"附带民事"为关键词进行标题检索，得到检索结果25条（法律动态不计入）（图3.2.5、图3.2.6）。在检索结果中，再分别以"赔偿"、"量刑"、"刑罚"为关键词进行全文检索，分别得到检索结果16条、6条、2条。由此可看出，"赔偿"和"量刑"较之于我们关注的主题领域"刑罚"使用频率更高，是更常见的法律文本用语。因此，在以"附带民事"为关键词进行标题检索得到的25条结果中，使用逻辑算符"或"（北大法律信息网将其设置为"＊"或"（空格）"）连接"量刑"与"赔偿"作为关键词进行二次全文检索（图3.2.7），得到与我们检索主题最相关的中央与地方的法律法规共5条（图3.2.8）。

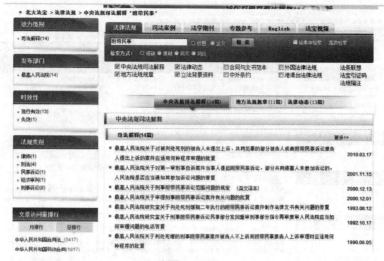

图 3.2.5

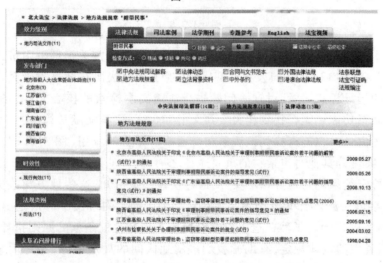

图 3.2.6

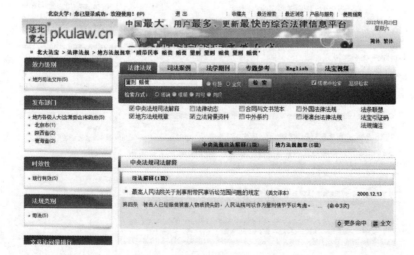

图 3.2.7

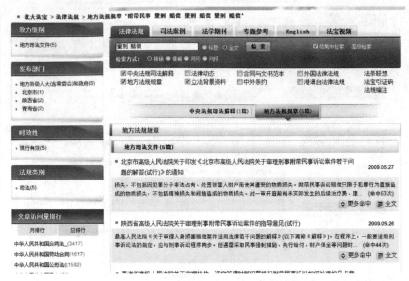

图 3.2.8

通过浏览 5 条检索结果并进行筛选，可发现《最高人民法院关于刑事附带民事诉讼范围问题的规定》(2000 年 12 月 13 日发布)第 4 条体现了我国法律在刑事附带民事案件在赔偿与量刑问题上的指导思想，是针对这一问题进行法律文本检索的核心文件(图 3.2.9)。通过该条的法条联系功能还能查找到相关裁判文书 116 篇、法学文献 9 篇、实务专题 6 篇。根据每类资料的案由分类也能查找到该法条在交通肇事罪上的应用(图 3.2.10)，这也是我们之后检索论文、案例等其他写作素材的重要途径之一。

其他四条检索结果均为地方司法文件，通过快速浏览可知，这些地方司法文件均为关键条款文件(《刑事诉讼法》第 99 条、《最高人民法院关于刑事附带民事诉讼范围问题的规定》第 4 条)的具体实施规定。虽然在这一检索阶段还不具有关键条款的原则指导作用，但通过积累、归类不同省市的具体规定，有助于我们理解地区间的规定差异，为之后案例检索以及阅读、理解不同案件事实和统计分析打下基础。

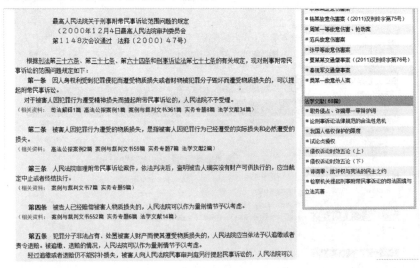

图 3.2.9

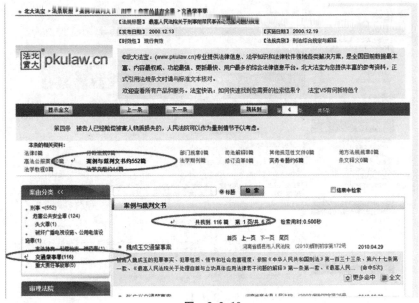

图 3.2.10

在将检索结果聚焦到核心法律文本后,第二步检索要求扩大文件检索范围,进一步深入检索,即以主题关键词进行全文检索,根据检索结果,再用其他关键词在结果中进行全文检索。还是以交通肇事案为例,全文检索"附带民事"共得到 332 条结果(图 3.2.11),在其结果中使用逻辑运算符连接关键词"量刑赔偿"进行全文检索,得到 68 条结果(图 3.2.12)。由此可看出,全文检索的结果比标题检索多,且在北大法律信息网中,全文检索包括标题检索。与"聚焦"关键条款相比,这种检索方法是检索的深入推进,有助于我们了解整个课题的立法背景和相关资料。同时,由于检索结果较多,这一阶段的筛选工作也十分重要。法律文本的筛选标准主要有如下两种:

第一,从标题上初步判断文件与研究主题的相关性。如图 3.2.11 中的行政法规,《中共中央办公厅、国务院办公厅关于福建、湖南、山东、江苏、海南省少数农村基层干部粗暴对待群众典型案件的情况通报》及《中华人民共和国集会游行示威法》从标题上看就与本课题希望研究的交通肇事案件中的量刑与赔偿关系问题关系不大。而《道路交通事故处理办法》虽然是于新《刑事诉讼法》规定刑事附带民事诉讼前颁布,且现已失效,但是由于其与交通肇事案件直接相关,还是有可能帮助我们理解不同时段的交通肇事案件量刑结果,因此需要进一步阅读。

第二,打开全文进一步判断与研究主题的相关性,特别是阅读关键词周围的文字内容进行筛选。同时满足的关键词越多,结果可能与研究主题越相关。如检索出广东省高级人民法院印发《广东省高级人民法院关于审理刑事附带民事诉讼案件若干问题的指导意见(试行)》的通知,虽然文件中多次出现"赔偿"这一关键词,但主要都是赔偿具体额度的确定,而非针对赔偿与量刑的关系。因此不是与研究课题直接相关的法律文本。

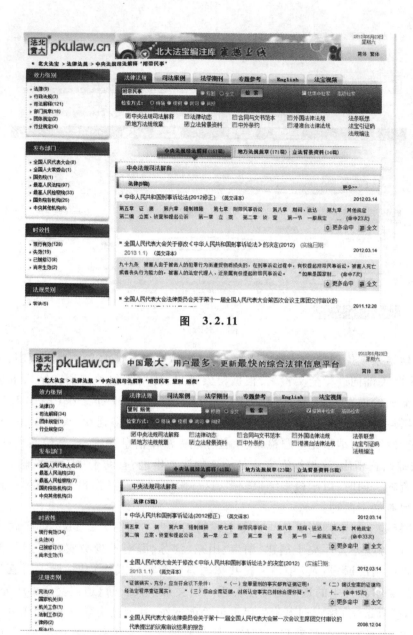

图　3.2.11

图　3.2.12

对上述检索结果进行筛选之后,需要对有效的结果进行整理。按照不同研究课题所关注的问题,整理方式根据个人偏好各异,但均需要注意准确提炼整理的变量、写明其法律依据及该法律文本的生/失效时间、发布机关等信息。如在交通肇事案中,关注点在于被告人的赔偿金额与其量刑结果之关系,而决定被告人赔偿金额和量刑结果的因素又有多种,因此可以法律文本中对交通肇事案件被告人量刑情节的规定,以及被告人赔偿金额的认定作为基本变量,分别整理检索结果。图 3.2.13 提供了以交通肇事罪量刑情节为整理依据的部分结果,该模板也可用于法律文本以外如纸质图书、学说论文的信息整理。

		交通肇事罪之情节量表		该情节的法律依据
基本情节	A1	三年以下有期徒刑或者拘役	A1-1交通肇事造成公私财产直接损失数额在3万元至6万元之间	1987.8.21《最高人民法院、最高人民检察院关于严格依法处理道路交通肇事案件的通知》
		三年以下有期徒刑或者拘役	A1-2死亡一人或者重伤三人以上，负事故全部或者主要责任	2000.11.10《最高人民法院关于审理交通肇事刑事案件具体应用法律若干问题的解释》
		三年以下有期徒刑或者拘役	A1-3死亡三人以上，负事故同等责任	2000.11.10《最高人民法院关于审理交通肇事刑事案件具体应用法律若干问题的解释》
		三年以下有期徒刑或者拘役	A1-4造成公共财产或他人财产直接损失，负事故全部或主要责任，无能力赔偿数额在三十万元以上六十万元以下	2000.11.10《最高人民法院关于审理交通肇事刑事案件具体应用法律若干问题的解释》
		三年以下有期徒刑或者拘役	A1-5酒后、吸食毒品后驾驶机动车辆，交通肇事致一人重伤，负事故全部或主要责任	2000.11.10《最高人民法院关于审理交通肇事刑事案件具体应用法律若干问题的解释》
		三年以下有期徒刑或者拘役	A1-6无驾驶资格驾驶机动车辆，交通肇事致一人重伤，负事故全部或主要责任	2000.11.10《最高人民法院关于审理交通肇事刑事案件具体应用法律若干问题的解释》
		三年以下有期徒刑或者拘役	A1-7明知是安全装置不全或者安全机件失灵的机动车辆而驾驶，交通肇事致一人重伤，负事故全部或主要责任	2000.11.10《最高人民法院关于审理交通肇事刑事案件具体应用法律若干问题的解释》
		三年以下有期徒刑或者拘役	A1-8明知是无牌证或者已报废的机动车辆而驾驶，交通肇事致一人重伤，负事故全部或主要责任	2000.11.10《最高人民法院关于审理交通肇事刑事案件具体应用法律若干问题的解释》
		三年以下有期徒刑或者拘役	A1-9严重超载驾驶，交通肇事致一人重伤，负事故全部或主要责任	2000.11.10《最高人民法院关于审理交通肇事刑事案件具体应用法律若干问题的解释》
		三年以下有期徒刑或者拘役	A1-10交通肇事致一人重伤，负事故全部或主要责任，为逃避法律追究逃离事故现场	2000.11.10《最高人民法院关于审理交通肇事刑事案件具体应用法律若干问题的解释》
	A2	三年以上七年以下有期徒刑	A2-1交通肇事造成公私财产直接损失数额在6万元以上	1987.8.21《最高人民法院、最高人民检察院关于严格依法处理道路交通肇事案件的通知》
		三年以上七年以下有期徒刑	A2-2死亡二人或重伤五人以上，负事故全部或主要责任	2000.11.10《最高人民法院关于审理交通肇事刑事案件具体应用法律若干问题的解释》
		三年以上七年以下有期徒刑	A2-3死亡六人以上，负事故同等责任	2000.11.10《最高人民法院关于审理交通肇事刑事案件具体应用法律若干问题的解释》
		三年以上七年以下有期徒刑	A2-4造成公共财产或他人财产直接损失，负事故全部或主要责任，无能力赔偿数额在六十万元以上	2000.11.10《最高人民法院关于审理交通肇事刑事案件具体应用法律若干问题的解释》
		三年以上七年以下有期徒刑	A2-5交通运输肇事后逃逸	1997《中华人民共和国刑法》第133条
	A3	七年以上有期徒刑	A3-1行为人在交通肇事后为逃避法律追究而逃跑，致使被害人因得不到救助而死亡	1997《中华人民共和国刑法》第133条
其他情节	B1	法定从轻情节	B1-1自首	1997《中华人民共和国刑法》第67条/97解释定位酌定从轻情节
	B2	法定从重情节	B2-1交通肇事后，畏罪潜逃，或有意破坏、伪造现场，毁灭证据，或隐瞒事故真相，嫁祸于人	1987.8.21《最高人民法院、最高人民检察院关于严格依法处理道路交通肇事案件的通知》
		法定从重情节	B2-2酒后驾车而肇事	1987.8.21《最高人民法院、最高人民检察院关于严格依法处理道路交通肇事案件的通知》
		法定从重情节	B2-3非司机驾驶机动车辆	1987.8.21《最高人民法院、最高人民检察院关于严格依法处理道路交通肇事案件的通知》
		法定从重情节	B2-4驾驶无牌照车辆	1987.8.21《最高人民法院、最高人民检察院关于严格依法处理道路交通肇事案件的通知》
		法定从重情节	B2-5明知机动车关键部件失灵仍然驾驶	1987.8.21《最高人民法院、最高人民检察院关于严格依法处理道路交通肇事案件的通知》
	B3	酌定从轻情节	B3-1受害人有一定的过错	学术意见
		酌定从轻情节	B3-2交通肇事时天气状况不好，如多雾	犯罪时空及周围环境等，学术意见
		酌定从轻情节	B3-3认罪态度好	认罪态度，学术意见
		酌定从轻情节	B3-4事后赔偿被害人或其家属物质损失	学术意见
	B4	酌定从重情节	B4-1造成恶劣的社会影响	赔偿情况，学术意见
		酌定从重情节	B4-2事后基本未进行赔偿，或隐匿财产逃避赔偿	社会影响，学术意见
		酌定从重情节	B4-3经常违反交通法规被交警部门处罚	赔偿情况，学术意见
		酌定从重情节	B4-4有犯罪前科	前科，学术意见
		酌定从重情节	B4-5驾驶非法改装的车辆	学术意见
		酌定从重情节	B4-6认罪态度不好	学术意见

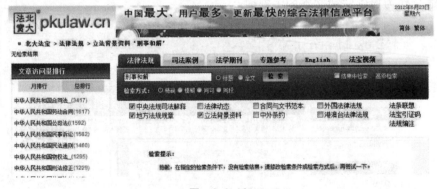

图　3.2.13

在"聚焦"、"深入"检索与研究主题直接相关的关键词后，第三步检索主要关注其他关键词，即在阅读纸质图书及相关信息过程中积累的新的关键词，尤其是与研究课题相关的学说理论概念。通过对这些关键词进行标题和全文检索，进一步发现线索、拓宽思路、概览相关信息，相当于为法律文本检索"打扫战场"。

还是以交通肇事案为例，将"刑事和解"与"恢复性司法"作为本研究课题的相关关键词。首先以"刑事和解"为关键词分别进行标题、全文检索，标题检索的结果为0（图3.2.14），全文检索的结果共48条（图3.2.15）。这时可按照前文所述的筛选标准与整理方式归纳检索结果，并可由检索结果得知，"刑事和解"的概念已被我国立法者接受，成为规范的法律文本用语。但我国司法实践中"刑事和解"的概念与学界使用的思想内涵是否一致，在何种程度上存在区别，尚需要通过阅读法律条文进一步体察。

图　3.2.14

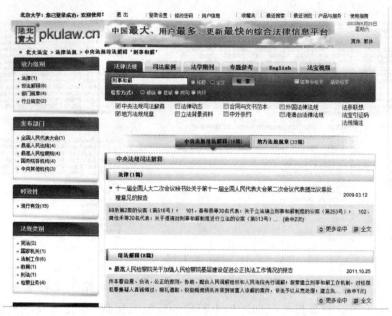

图 3.2.15

其次，以"恢复性司法"为关键词进行标题与全文搜索，发现仅在全文搜索情况下有 2 个检索结果（图 3.2.16），且经浏览知该结果与研究课题相关性不大。这时应对关键词进行拆分，即以"恢复 司法"为关键词分别进行标题和全文检索。标题检索得到 13 条结果（图 3.2.17），全文检索得到结果 6774 条，因为结果范围太广，因此将关键词"恢复"和"司法"之间的关系限定为"同句"，得到检索结果 86 条（图 3.2.18）。经浏览得知，标题与全文检索结果与研究主题相关性均不强，即"恢复性司法"这一学理概念尚未成为普遍意义上的立法用语，且将其拆分为"恢复"与"司法"改变了其内涵，导致拆分检索的结果不理想，即"恢复性司法"不适合作为检索法律文本的关键词。

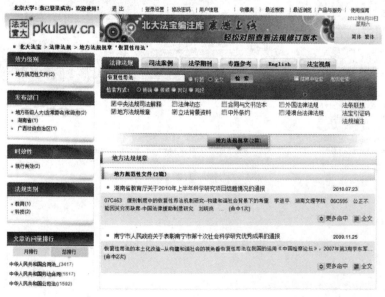

图 3.2.16

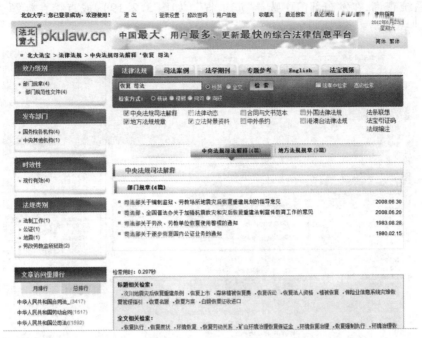

图　3.2.17

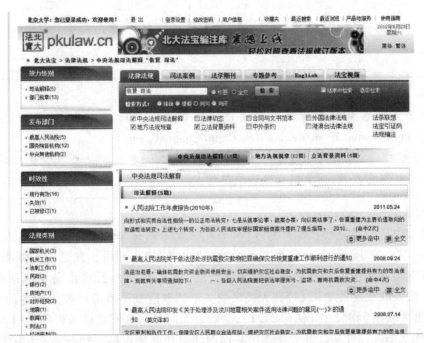

图　3.2.18

使用北大法律信息网检索法律文本的最后步骤就是不断地筛选、整理、汇总,即根据阅读检索结果得到的新信息调整已有关键词、定位新关键词,使用第二、三种关键词检索方法重新检索,并与关键条款检索及第一种关键词检索方法中得到的核心条款进行比对,得出最终的检索结果。比如,对于交通肇事案,根据之前的检索结果看出广东省在该类案件的量刑与赔偿问题上出台了较多规定,可以点击打开"中国地方法规规章库"对广东省的相关法律文本进行系统查询,在发布部门中选择"广东省"(如图3.2.19),或直接在标题关键词中键入"广东省"即可。

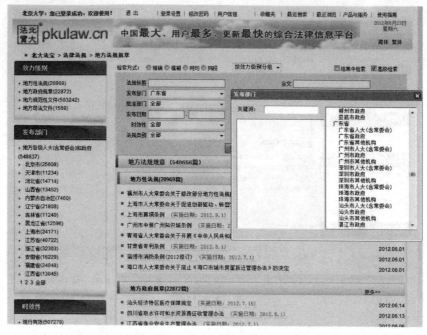

图   3.2.19

> **Tips:**
> 1. 北大法律信息网的其他功能设置及检索技巧介绍可参见"使用帮助"页面:
> http://vip.chinalawinfo.com/newlaw2002/help/Chapter0.asp。
> 2. "法规中心"数据库下的每一子库都可点击打开,其检索选项及设置针对不同类型的法律文本均有差异,同学们可多尝试使用。

2. 北大法意

北大法意也拥有独立的法规数据库(http://www.lawyee.net/Act/Act.asp),或在北大法意主页(http://www.lawyee.net/)上方点击"法律法规"进入即可。法意的检索界面设置与检索技巧基本与北大法律信息网提供的功能类似(图3.2.20),且也配备了法条联想功能。如通过法意法条联想功能查看《最高人民法院关于刑事附带民事诉讼范围问题的规定》第4条,能引导出关联案例455件(图3.2.21),这较北大法律信息网就该条引导出的552件关联案例少(图3.2.10),但同时,北大法律信息网的联想功能还包括法律论文,且关联案例有案由分类,即这两大数据库在细节上各有千秋,用户可根据个人使用习惯进行选择。

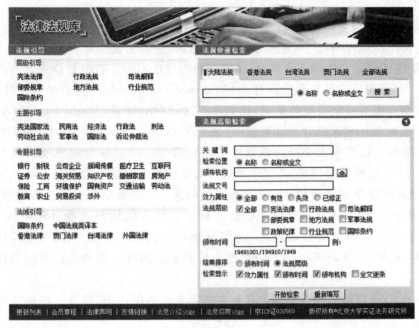

图　3.2.20

最高人民法院关于刑事附带民事诉讼范围问题的规定

最高人民法院公告
《最高人民法院关于刑事附带民事诉讼范围问题的规定》已于2000年12月4日由最高人民法院审判委员会第1148次会议通过，2000年12月13日最高人民法院公告公布，自2000年12月19日起施行。
2000年12月13日
最高人民法院关于刑事附带民事诉讼范围问题的规定
（2000年12月4日最高人民法院审判委员会第1148次会议通过，自2000年12月19日起施行。）
根据刑法第三十六条、第三十七条、第六十四条和刑事诉讼法第七十七条的有关规定，现对刑事附带民事诉讼的范围问题规定如下：

一、因人身权利受到犯罪侵犯而遭受物质损失或者财物被犯罪分子毁坏而遭受物质损失的，可以提起附带民事诉讼。
对于被害人因犯罪行为遭受精神损失而提起附带民事诉讼的，人民法院不予受理。
关联资料：关联案例共200部　司法解释共1部

二、被害人因犯罪行为遭受的物质损失，是指被害人因犯罪行为已经遭受的实际损失和必然遭受的损失。
关联资料：关联案例共39部

三、人民法院审理附带民事诉讼案件，依法判决后，查明被告人确实没有财产可供执行的，应当裁定中止或者终结执行。

四、被害人已经赔偿被害人物质损失的，人民法院可以作为量刑情节予以考虑。
关联资料：关联案例共455部

五、犯罪分子非法占有、处置被害人财产而使其遭受物质损失的，人民法院应当依法予以追缴或者责令退赔。被追缴、退赔的情况，人民法院可以作为量刑情节予以考虑。
经过追缴或者退赔仍不能弥补损失，被害人向人民法院民事审判庭另行提起民事诉讼的，人民法院可以受理。
关联资料：关联案例共49部

2000年12月13日

图　3.2.21

（二）英文法律文本检索

如前文所述，由于法系与国体诸方面的差异，英文法律文本与中国的法律文本在办颁发机构、效力等级、文件形式等方面均有不同。[①] 因而英文法律文本（在此以美国的法律文本为主）的检索方式也与此前介绍的中文法律文本检索方式有较大差异，这种差异主要体现在

――――――――――
① 关于这些不同，本书无法一一详述。对英美法系的系统介绍可参见杨桢老师的《英美法入门：法学资料与研究方法》，北京大学出版社2008年版。

两方面：

首先，由于美国的法律检索与法学发展联系紧密，相应的检索系统不仅开发很早，也早已形成了完善、复杂的体系。以 Westlaw 数据库为例，它其实是由超过两万七千个小数据库组成的，根据这些小数据库的不同类型，其收录的内容也不同。有的数据库包含的内容是单一的，就是一本期刊，比如《哈佛法律评论》(*Harvard Law Review*)；有的是综合性的，可能包含一系列的期刊或某一个类型的案例，比如世界法律期刊评论(World Journals and Law Reviews)。因此，在使用英文法律专业数据库(主要是 Lexis 和 Westlaw)检索信息时，面对的首要问题就是如何在这些大大小小的数据库中进行选择。这就像我们当初向图书馆借书一样，需要首先进入正确的借阅室，在文学或经济阅览室里要借法学的书是不可能的。

其次，与北大法律信息网和北大法意提供的检索方式主要是简单或高级检索方式不同，Lexis 和 Westlaw 的绝大部分数据库均包含 2 种检索语言供用户选择，terms and connectors (术语和连接符语言，即专家检索方式)以及 natural language(自然语言，对应简单或高级检索方式)。Lexis 和 Westlaw 中的大部分数据库检索页面都将术语和连接符语言作为预设的检索语言。

术语(terms)是指输入的检索词。在英文法律专业数据库中，涉及一些检索词输入的特殊功能：

(1) 单字(words)

单字是搜索的基本单位。一个单字是指两边有空格的一个单独的字符或一组字符。字符可以是字母也可以是数字。例如，McPherson 为一个检索单字，1998 也是一个检索单字，而 $1998 则是两个检索单字。

(2) 带有连字符的单字(hyphenated words)

一个连字符被看作是一个空格，所以一个带有连字符号的单词被看作两个单词。例如，pretrial 为一个检索单字，但 pre-trial 和 pre trial 则为两个检索单字。

(3) 复数和所有格(plurals and possessive)

只要名词的复数形式为规则变化，使用名词的任何一种形式(单数、复数或所有格)都将自动获得该名词的其他形式。例如，键入 writ 将得到 writ, writs, writ's 或 writs'，键入 city 将得到 city, cities, city's 或 cities'。

(4) 特殊符号(special symbols)

很多键盘没有法令引文中经常使用的 § 符号。如果键盘中没有这个符号，可以在其位置上用@代替。如，要查找对 305 的提及，可输入@ 305。

(5) 干扰字(noise words)

在 Lexis 和 Westlaw 中，某些常用单字不能作为检索关键词。这类词统称为干扰字。由于干扰字非常多，在此无法给出干扰字列表。但在日常文章中经常出现的诸如 the、of、his、my、when、is 和 are 等单词都属于此类干扰字。如不确定时，可以省略可疑单词用/n 连接符代替。

除了上述功能外，Lexis 和 Westlaw 在其检索框右侧都提供了"术语检索建议"(suggest term for my search)及拼写检查(check spelling)，点击这两个按键，系统会分别显示键入术语的同义词或正确拼写方法(图 3.2.22)。这省去了我们在中文检索中查找同义词的过程，如键入"cal"，系统可以帮助找到 CA、Cal. 和 California 等形式。但关键的法律术语，如恢复性司法(restorative justice)，还是应当通过纸质图书或其他权威来源确定。

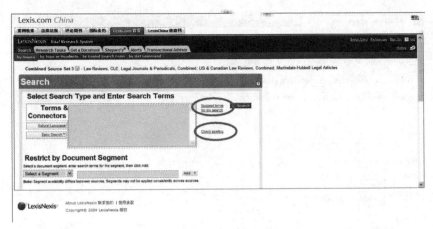

图 3.2.22

连接符(Connectors)是连接不同的检索词,实现它们之间特定逻辑位置关系的符号。例如检索指令"breach /s contract"中,连接符"/s"表示 breach 和 contract 必须出现在同一个句子中。连接符都是英文输入法的简写,常用的连接符如下表 3.2.1 所示:

表 3.2.1

连接符	含义	示例
AND/ &	表示并列关系	Judgment & verdict
OR/space（空格）	表示或然关系	Judgment or verdict
" "	引号中的词作为词组,不可拆分	"direct judgment"
/s	在同一个句子中	Breach /s contract
+s	在同一个句子中,且第一个词要出现在第二个词之前	Breach +s contract
/p	在同一个段落中	Breach /p contract
+p	在同一个段落中,且第一个词要出现在第二个词之前	Breach +p contract
/n	两个字词之间间隔最多不超过 n 个字词	Breach /2 contract
+n	第一个字词必须在第二个字词之前 n 个字词范围内出现	breach +2 contract
!	字根扩展号,检索不同结尾的字词	negligen!
*	代替某一个字母	crimin*l
%/But not	文件中不可包含%后面的字词	euthanasia % suicide
Atleastn( )	括号中的字词必须在文件中最少出现 n 次(注意:atleast 和 n 之间无空格,且括号中文字不能套用除引号外的其他 connectors)	atleast10(anti-trust)

对连接符不熟悉的同学还可点击检索界面左下方的"add connector"键来连接术语,但要知道每个连接符的含义以及在哪些术语之间连接;或者通过阅读"add connector"键右方的"help"来阅读用户指导手册获取帮助。

了解了常见连接符的用法后,另一种限定结果的方式是通过检索字段。与第一章在基本检索技巧中介绍的检索字段类似,Westlaw 的搜索框下方,有一个标有"fields"的下拉菜单,即是检索字段的选择框,包括标题、作者简介、内容摘要、正文内容、参考文献等等(如图3.2.23)。Lexis 的检索字段与 Westlaw 用法类似,也在检索框的下方,叫做"document segment"(如图3.2.24)。根据收录文件类型的不同,期刊、案例、成文法数据库所提供的检索字段也会不一样。

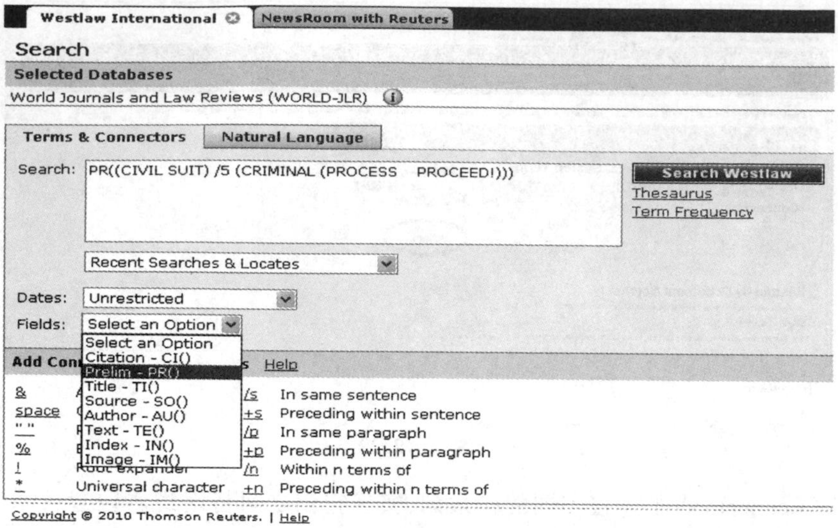

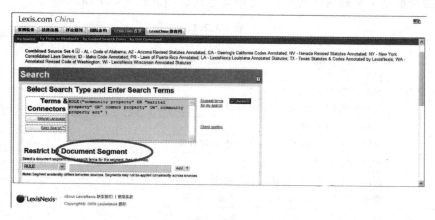

图 3.2.23

图 3.2.24

在使用英文法律数据库的检索字段限定结果时需要注意以下几点:

(1) 英文引号的作用:如果不使用引号,两个词汇之间的空格表示或然选择的关系,如作者姓名为 Barton Beebe,但不加引号进行检索可能导致姓名被分拆。

(2) 作者姓名组合:是在选择作者(AU)作为检索字段时,涉及中国、日本等国家的作者,其母语中姓、名的顺序与英文不同,检索时就有不同的组合可能。例如,要检索王利明教授的文章,应输入 au("wang liming" or "liming wang"),也可以巧妙地利用/n 这个连接符,输入 au(wang /1 liming)。

(3) 长标题组合:选择标题(TI)作为检索字段时,如果标题较长且含有多个介词、连词,如"on"、"and"、"or"等,系统可能会弹出警告表示无法识别检索式。此时去掉这些词汇,输入少数关键实体意义词汇即可。

(4) 刊物检索:检索某一特定的期刊物,需要用到 CITATION(刊数 +1 刊物英文缩写)。例如要检索 *Yale Law Journal*(《耶鲁法律评论》)的第 100 期,可以进入 *Yale Law Journal*(YLJ)数据库,在检索框中输入 ci(100 +1 ylj)。但如果把刊物缩写换成全称则无效,所以事先了解特定刊物的英文缩写,也即数据库识别号是必需的。一般各个刊物所在数据库全称后面的括号中即显示其识别号。

自然语言(Natural Language),即普通英语(Plain English),类似于 Google,百度中的检索语言,用户输入描述性语句或者字词,系统会按照相关度原则,给出 100 份文件。这种检索语言即通常说的简单检索,适合初级用户。下表 3.2.2 给出了术语与连接符和自然语言两种检索方式的比较,从其不同功能可看出,对 Lexis 和 Westlaw 数据库而言,最有效的检索方式是术语与连接符语言,也即通常所说通过发布"指令"或构造检索式的专家检索方式。

但也存在另一种情况,即在做比较法研究时可能遇到某些属于在普通法系中没有固定术语的情况,如我们希望研究的刑事附带民事诉讼制度是中国法的特色,美国采刑民分立体系且没有对应的术语。这种情况下也可以试用自然语言做简单检索,数据库系统可以快速给出一些与自然语言匹配度高的文章,这说不定比输入关键词找到的文章更切合研究预期。总而言之,读者应根据不同的研究需要选择检索方式。

表　3.2.2

	Terms and Connectors	Natural Language
语言风格	简单,随意输入单词,词组或者句子	复杂但精确,需要严格按照各连接符格式组织不同检索词
结果文件数量	全部显示,上限 1 万篇	100 篇
结果文件排列顺序	按照时间倒序	按照相关度
最符合部分突出显示(Best)功能	不可用	可用
栏目(Fields)功能	可用	不可用
自动检索(WestClip)功能	可用	不可用

1. Westlaw

根据上文所述的英文法律专业数据库的两大特点,使用 Westlaw 检索法律文本,第一步也是选择合适的数据库。进入 Westlaw 检索界面首页,选择左上角的美国联邦法律材料(U. S Federal Materials)中的成文法(Statutes)(图 3.2.25),进入与美国联邦法律相关的数据库选择界面。在此界面下,可看到 Westlaw 官方推荐的 64 个常用数据库中最常使用的两个成文法数据库 U. S. C. A 和 U. S. C. A-POP(图 3.2.26)。

U. S. C. A 全称为"United States Code Annotated",即美国法典注释。该数据库包括美国宪法、议会通过的全部法律、各级法庭规则、联邦量刑指南等。同时 U. S. C. A 也是官方的美国联邦法典的全注释版本,不仅涵盖全部美国联邦法律,还由 WEST 的资深律师编辑全文注释,以重点案例来解释法条,精确权威。U. S. C. A-POP 全称"USCA Popular Name Tables",即美国法典通俗名称索引,该数据库将收录在美国法典中的成文法按照其通俗名称的首字母排序,用户能通过某成文法的通俗名称来找到该法律现在收录在法典中的版本。U. S. C. A-POP 一般作为 U. S. C. A 的补充或备选数据库,因为英文中有一些法律法规的官方名称与其与在教科书或一些文章中的通俗法案名称不一样。如在 U. S. C. A 中输入美国最著名的反垄断法之一"谢尔曼法",很难找到与此相关的篇章,但在 U. S. C. A-POP 中输入这个词一般很快就可以找到。

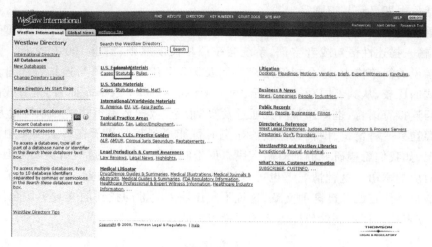

图　3.2.25

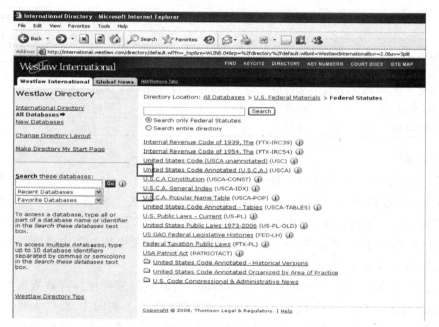

图　3.2.26

　　选择 U.S.C.A 作为我们检索的数据库后,希望检索交通肇事案件与刑事附带民事诉讼的法律法规,但美国没有相应的制度和术语,因此选择自然语言的简单检索方式,如图 3.2.27 所示。在检索框内输入"traffic accident crime"后,检索得到与交通事故犯罪相关的所有美国联邦法律(图 3.2.28),点击第一条检索结果《纽约州交通运输法》(New York Vehicle and Traffic Law),选择页面右上方的法规目录(Table of Contents)进行浏览(图 3.2.29)。由于希望检索与刑事附带民事诉讼相关的制度,我们发现该法规目录中的第 16 章"程序性与宪法性权利"(Chapter 16. Procedural and Constitutional Rights,图 3.2.30)可能与被害人请求被告人进行民事赔偿、或被告人在刑事诉讼中表示愿意赔偿被害人等诉讼过程中的事实和权利相关,因此可以进一步点击该章节进行浏览。

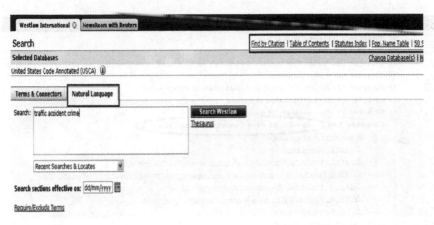

图 3.2.27

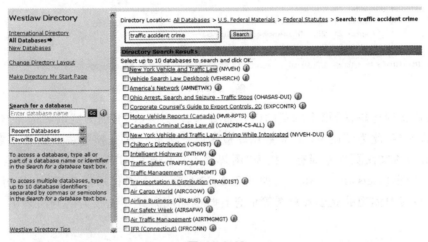

图 3.2.28

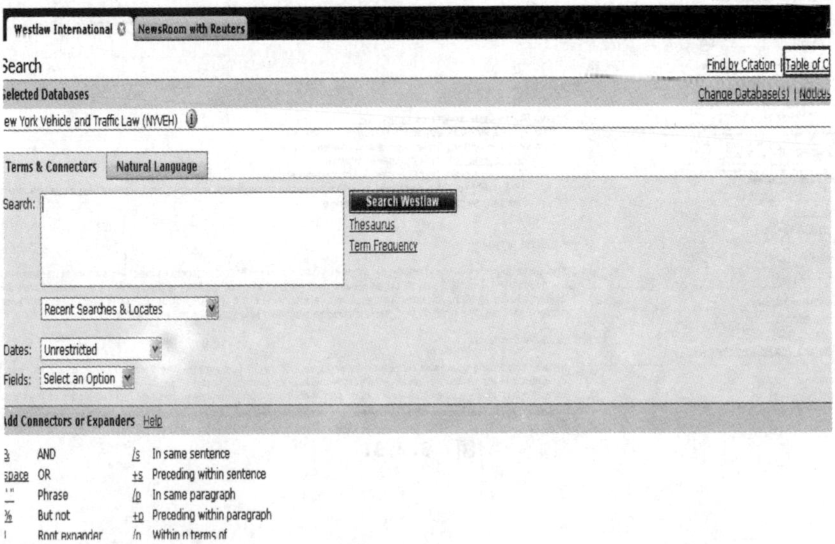

图 3.2.29

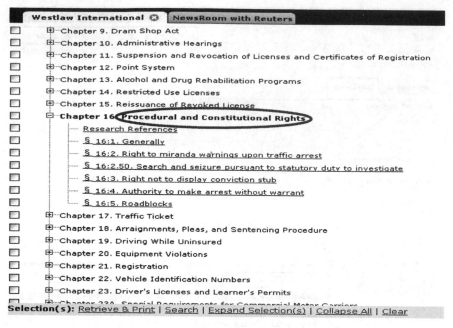

图 3.2.30

《纽约州交通运输法》第十六章的内容如图 3.2.31 所示，继续浏览以筛选和整理与研究课题相关的内容，此为使用 Westlaw 数据库检索成文法的一次完整过程。需要注意的是，在最终检索出的成文法页面左端有一栏为"图解法条"（Graphical Statutes），即用树形图表示该法案的立法历史（legislative history），如图 3.2.32 所示。由于普通法系下，立法历史有十分详细的记录，其中体现的立法者意图等信息有时也能成为具有说服力的判决理由，因此应当受到重视。

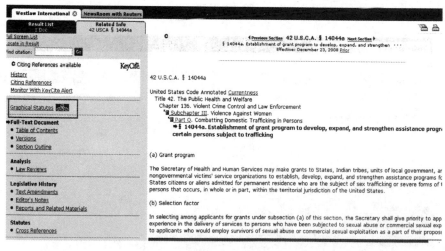

图 3.2.31

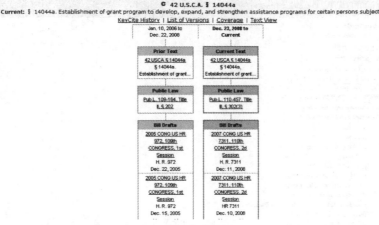

图 3.2.32

　　除了在成文法数据库中检索法律文本外，Westlaw 还提供了一种可以同时检索成文法与专著的模式，即目录阅读法（Table of Contents，简称 TOC）。TOC 模式是模拟纸本书籍结构，按照所选法律领域的子领域层级式展开目录，在这种模式下明确检索方向即可，无需输入检索词。之所以将专著和成文法的检索都放在 TOC 模式下，是因为二者内容均确定而权威，有助于为整个检索思路奠定基础。

　　以与遗嘱继承案件相关的遗嘱效力问题为例，使用 TOC 功能检索成文法规。首先点击 Westlaw 首页上方的"网页地图"（Site Map）功能键，在页面左侧的"浏览 Westlaw 数据库"（Browse Westlaw International）中选择"目录阅读法（成文法与专著）"（Table of Contents（Legislations & Treatises），如图 3.2.33 所示）。然后选择国家和欲查找文件类型，如图 3.2.34，分别点击"美国"（United States）和"各州成文法及宪法"（States statutes & constitutions），以检索阿拉巴马州（Alabama）的成文法为例，在该目录下点击 Alabama（图 3.2.34）。在展开的目录中选择"阿拉巴马州法典"（Code of Alabama），通过浏览在不同类型的法典中选择"遗嘱与后代的不动产继承法"（wills & decedent's estate，如图 3.2.35）。逐级点开目录"遗嘱法"（Probate code），通过浏览发现其中的第 7 条"关于遗嘱的一般规定"（Wills generally）、第 8 条"遗嘱的构成要件"（Construction of wills）均与我们的研究主题相关（图 3.2.36）。

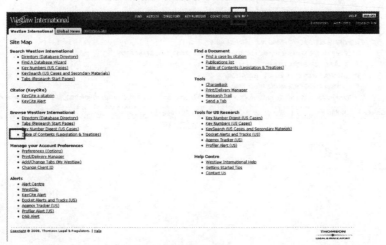

图 3.2.33

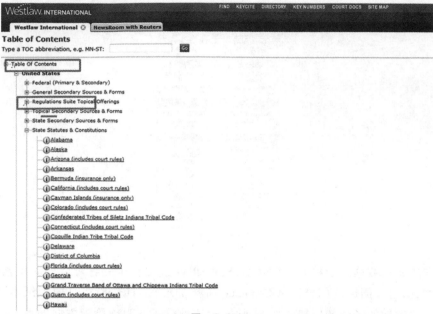

图 3.2.34

图 3.2.35

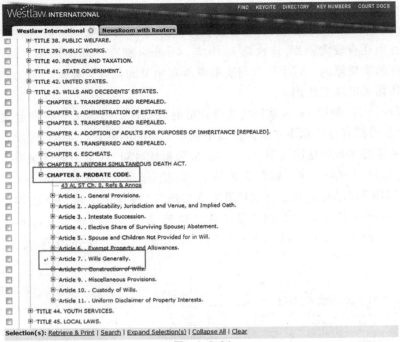

图 3.2.36

继续点开条款直至最后一个子目录即可。如点开第 7 条第 3 款"质询遗嘱效力"(Contesting validity of will),即可浏览阿拉巴马州在该问题上的全部条款(图 3.2.37)。也可通过点击页面选项左侧的小方框选定检索范围,点击页面下方的"检索"(search)进入术语与连接符语言检索界面。

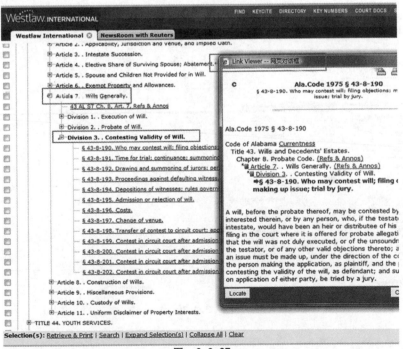

图 3.2.37

2. Lexis

Lexis 与 Westlaw 在检索原理、技巧与数据库资源方面基本相同,但页面资源布局、具体检索功能设置上还有较大差别,这也是 Lexis 与 Westlaw 拥有不同使用偏好的稳定客户群,能够长期并存的重要原因。以下就以与遗嘱继承案相关的美国夫妻财产制为例,用 Lexis 数据库检索与其相关的成文法例。

与 Westlaw 一样,使用 Lexis 首先应选择合适的数据库。因为夫妻财产制属于婚姻家庭法内容,美国各州都有自己家事立法并在其中规定了不同的财产制类型,因此检索与此问题相关的成文法应当从州的立法入手。进入 Lexis 数据库首页,在页面的目录引导左侧中部选择"美国各州法律"(State Legal,如图 3.2.38),并在下级目录中选择"所有州的法律"(Combined States,如图 3.2.39)。在展开的目录中依次选择"查找成文法与立法相关材料"(Find Statutes & Legislative Materials,如图 3.2.40),"法条、宪法、判例法以及行政法规"(Codes,Constitutions,Court Rules & ALS,如图 3.2.41)。最终得到各州所有成文法典的列表(图 3.2.42)。

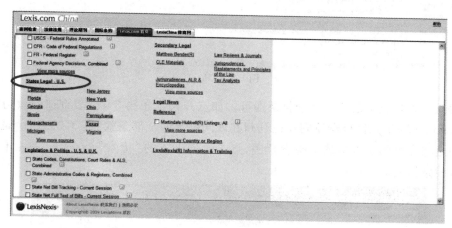

图 3.2.38

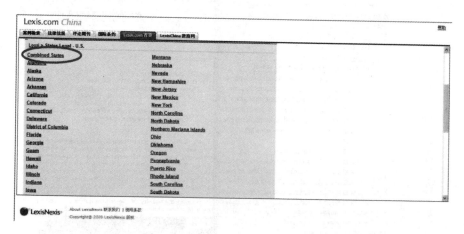

图 3.2.39

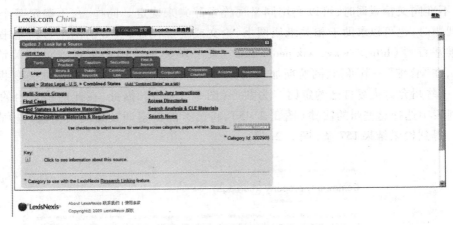

图 3.2.40

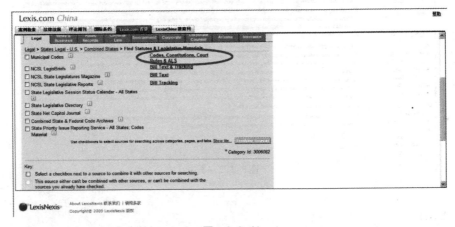

图 3.2.41

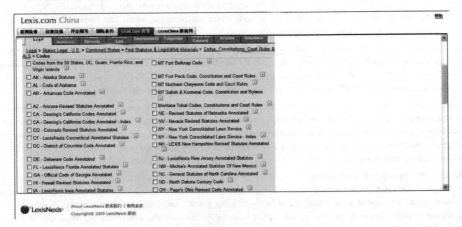

图 3.2.42

由于各州关于夫妻财产制的规定不同,而在多种财产制类型中,只有夫妻共有财产制赋予配偶一方单独处分共有财产的权利。因此,要考察美国法律规定下夫妻财产制与配偶一方处分共有财产的遗嘱效力的关系,应当将检索重点放在规定了夫妻共同财产制的州的法律文本上。那么,哪些州的立法规定了共同财产制呢? 第一章在介绍基本检索技巧时提到过，在拿不准同义检索词时，可以利用同义词检索辞典来确定。同样，在不确定某个背景性的法律问题时，也可以求助于相关纸质图书、论文或更加便捷、权威的网上百科全书。这里即通过维基百科（http://www.wikipedia.org/）来了解关于美国夫妻财产的相关情况（图3.2.43），在"管辖"一节可知，阿拉斯加、亚利桑那、加利福尼亚等10个州采取夫妻共同财产制，另有一些州允许夫妻自己约定财产为共产（图3.2.44）。据此，在此前检索出的各州成文法典列表中选择这些州的法律（图3.2.45），将已有的检索词及其同义词输入检索框（图3.2.46），得到检索结果157条（图3.2.47）。

图　3.2.43

Jurisdictions [edit]

In the United States there are ten community property states: Alaska, Arizona, California, Idaho, Louisiana, Nevada, New Mexico, Texas, Washington and Wisconsin. Puerto Rico allows property to be owned as community property also as do several Indian jurisdictions. Alaska is an opt-in community property state; property is separate property unless both parties agree to make it community property through a community property agreement or a community property trust.

If property is held as community property, each spouse technically owns an undivided one-half interest in the property. This type of ownership applies to most property acquired by the husband or the wife during the course of the marriage. It generally does not apply to property acquired prior to the marriage or to property acquired by gift or inheritance during the marriage. After a divorce, community property is divided equally in some states and according to the discretion of the court in the other states.

It is extremely important to bear in mind that there are no two community property states with exactly the same laws on the subject. The statutes or judicial decisions in one state may be completely opposite to those of another state on a particular legal issue. For example, in some community property states (so-called "American Rule" states), income from separate property is also separate. In others (so-called "Civil Law" states), the income from separate property is community property. The right of a creditor to reach community property in satisfaction of a debt or other obligation incurred by one or both of the spouses also varies from state to state.

Community property has certain federal tax implications, which the Internal Revenue Service discusses in its Publication 555. In general, community property may result in lower federal capital gain taxes after the death of one spouse when the surviving spouse then sells the property. Some states have created a newer form of community property, called "community property with right of survivorship." This form of holding title has some similarities to joint tenancy with right of survivorship. The rules and effect of holding title as community property (or another form of concurrent ownership) vary from state to state.

Consumers who are considering how to hold property should either research reliable legal source materials, or consult with a lawyer, a

图　3.2.44

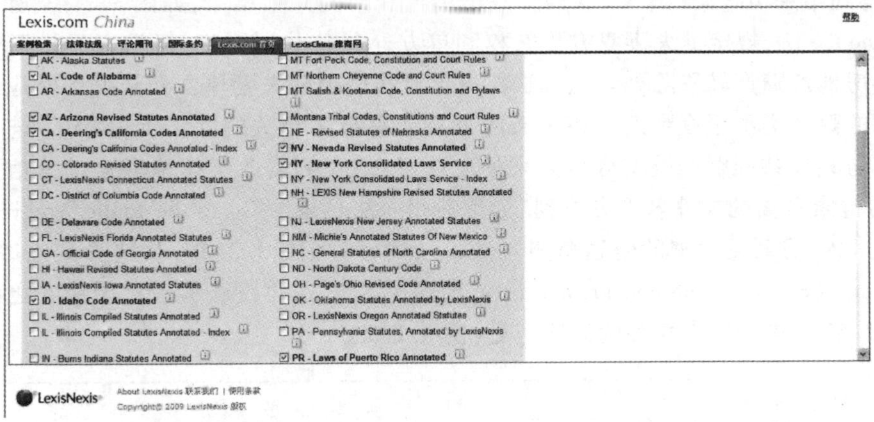

图 3.2.45

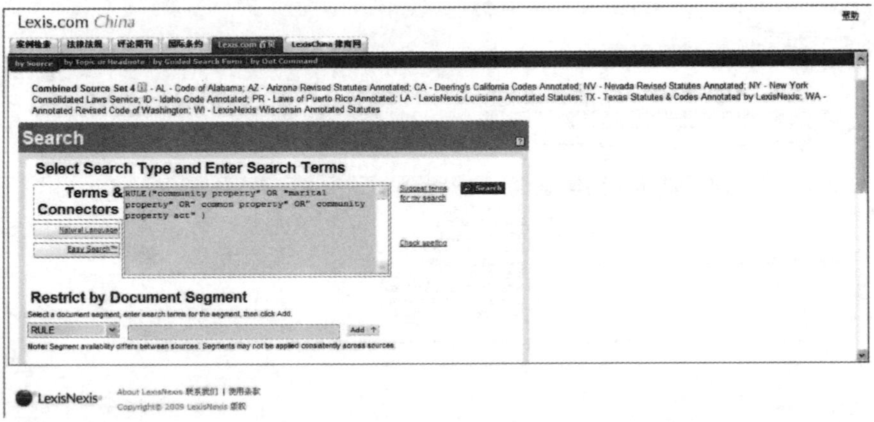

图 3.2.46

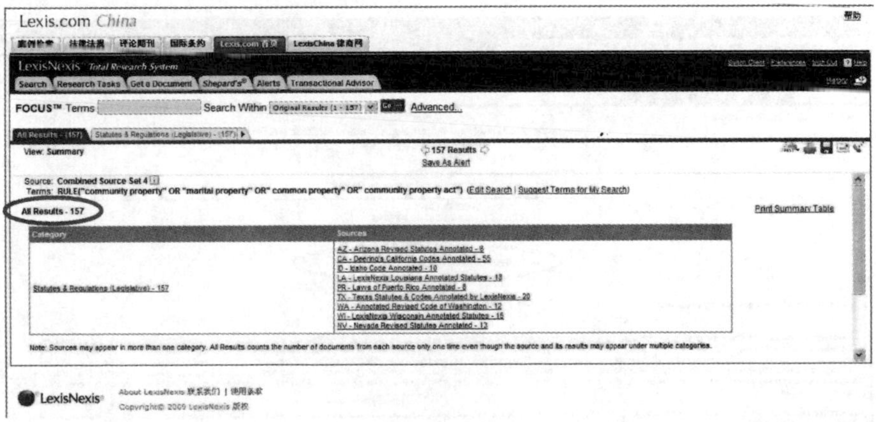

图 3.2.47

因为157条结果对于我们来说仍偏多,需要进一步筛选,这是可以用到页面左上角的"进一步筛选"(FOCUS)功能,在这一搜索框中键入"转移、处分、管理"(transfer! OR dispos! OR convey! OR manage OR control)等与配偶单方处分财产及设立遗嘱相关的动作行为词汇,检索得到结果 103 条(图 3.2.48)。点击浏览其中的某条结果,如图 3.2.49 所示的爱达荷州(Idaho)立法,规定了夫妻双方均有权利单方处分其共同财产,但没有经过双方书面同意购买的房地产财产转移除外。这一法律规定对我们理解夫妻单方处分财产时应当区分不同案件中的财产类型很有帮助。该法条的下方还有与之相关的立法历史,为了进一步了解将房地产与其他共同财产类型区分开来的立法意图,我们需要继续检索这部分信息。在图 3.2.52 的检索页面的文件名下方找到"爱达荷州立法目录"(Go to the Idaho Archive Directory),点击进入,可看到完整的爱达荷州立法目录列表(如图 3.2.50)。选择列表底部的"检索整个目录"(Search combined archive files,如图 3.2.51),再次在检索框中键入之前的检索词(图 3.2.52),得到所有相关的立法历史(图 3.2.53)。

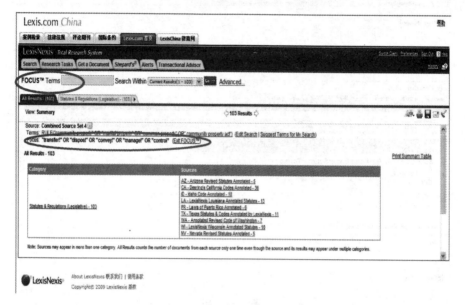

图　3.2.48

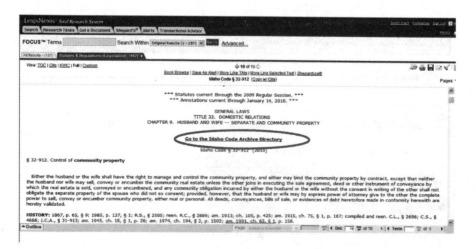

图　3.2.49

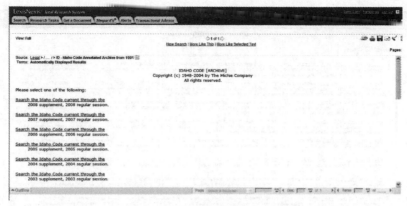

图 3.2.50

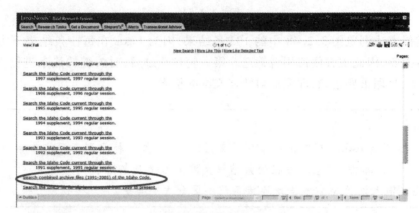

图 3.2.51

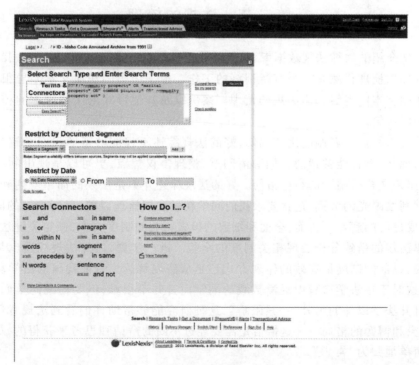

图 3.2.52

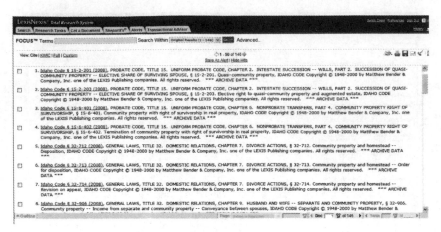

图　3.2.53

　　采用类似方法浏览图 3.2.48 中的 103 条结果,因为 Lexis 在每一条结果下方都提供该文件的内容摘要,因此更方便使用者筛选。第一轮筛选过后,对关键的法条进行立法历史检索,最后归纳、整理重要信息,即完成对法律文本的检索。

Tips:

　1. Lexis 及 Westlaw 都提供一系列检索后续服务,如在检索到所需文章后可以下载、打印或订阅跟踪邮件,这些服务在检索结果文章的右上角均可找到。

　2. 英文输入法的检索术语或连接符均不区分大小写。

第二节　法规的梳理

　　通过上文介绍的法律法规数据库,我们能够初步获得与研究主题相关的法律文本,但是如何进一步加以梳理仍然是一个有待训练的工作。由于中美的法律文本差异很大,这里集中于中国法律文本即各级法律法规的梳理。案例以及其他形式的法律文本的梳理,将在后面的部分加以讲解。

　　与好的文献综述或者制度比较相似,好的法规综述不仅能够帮助我们了解与研究主题相关的立法现状,而且能够帮助我们廓清问题,整理争议焦点,更可以呈现出制度变迁的线索,展现法律条文背后精彩的利益格局。好的法规综述并不是法条的简单罗列和阐释,而应当是带有批判性眼光的解读,这就要求我们同学在做法规梳理以前,对所涉及的问题有所思考,初步形成自己的观点。进而,全面和细致的检索相关的制度文本,锁定关键法条,务求通过对于法律法规的精致分析展现相关制度的全貌。进一步说,做好法规综述也是做好制度比较的前提,目前的制度最有效的体现方式还是从法规解读。目前我国的法学教育长于法教义分析,这对于在法学教育中浸淫数载的同学而言并不很难,但要提醒同学们的是,在适当的时候打开法学以外的另外"一只眼睛",这种研究能够帮助你们看到法规背后的制度沿革、利益冲突和博弈的格局——这恰恰是需要经过不断的辩诘和思考来获得的,尽管我们通常将这些简单地归为"常识"。

　　下文还是以我所做过的关于《〈婚姻法〉司法解释(三)》"房产分割条款"为例,讲讲如何做法规综述。总体的思路是：

（1）全面检索法规法条。 这里的全面是相对于研究主题而言的。例如在《〈婚姻法〉司法解释（三）》的"房产分割条款"研究中，我们不仅要检索《婚姻法》及已经出台的《〈婚姻法〉司法解释（三）》、还可以检索历次的《〈婚姻法〉司法解释（三）》的草案稿或征求意见稿，通过历次草案稿的对比，我们能够从中解读出立法者在"房产分割条款"问题的认识变化和条款背后的利益考量。对很多法律法规而言，都有不同时期修改的历史沿革，应当在我们的梳理中加以体现。

（2）锁定核心法条，辐射其他文本。 事实上关键的法律制度总是由某一个或某几个制度文本中的法条所确定的，锁定核心法条，在勾连与之相关的制度文本进行比较，有助于我们进一步展开细致的分析。例如在下文中，我们可以锁定《〈婚姻法〉司法解释（三）》第7条、第10条，对比《婚姻法》和《〈婚姻法〉司法解释（三）》的意见稿，这样大致能够把握住"房产分割条款"的主要精神。

（3）提炼核心原则，归纳重点内容。 法律条文总是枯燥的，我们需要对之作一个学术化的处理，提炼出与我们研究主题相关的核心原则，并将其有效的表达出来。我看到有些同学在做法规综述的时候，往往是"行百里半九十"，前面的检索整理功夫都做得十分细致，在关键的学术处理这一步没有做到，那么前面的功夫只能是很好的资料汇编，而不能为后面的研究提供好的学术支撑，令人感到惋惜。希望这本书介绍的法条综述能够帮助这些同学走出最后的十步，有效地完成法规综述。我们还是以《〈婚姻法〉司法解释（三）》为例，在完成上述第二步的"锁定核心法条，辐射其他文本"的环节后，可以将《解释三》对于婚前按揭房屋的基本规定概括为三个原则："谁首付谁所有"，"谁所有谁还贷"和"谁所有谁补偿"。两个由此形成的债权关系，即还贷请求权和补偿请求权，都派生于房屋上的物权。这样一来，能够十分清楚地看到司法部分再处理这类型案件的时候所坚持的"立法精神"。

（4）理论引申。 我们处理法条最根本的还是服务于文章核心观点的论证，因此在这一步就可以适当地做一些理论延伸。比如对于婚前按揭房屋，如果我们要集中关注"按揭"房屋的经济和法律特点，那么在法规梳理时就也要突出这一方面。当然，并不是每篇文章都要做到这一步，视研究的实际需要而定。

例一：保护纯粹经济利益的特别立法简析

在这小节中，我将主要以葛云松老师在《纯粹经济损失的赔偿与一般侵权行为条款》中有关"保护纯粹经济利益"的特别立法的法规综述为例，和同学们一道学习做法规综述的方法。

（1）检索法规，进行分类。 葛老师的做法规综述的目的很明确，是要分析我国大量立法和司法解释中涉及纯粹经济损失的赔偿问题，其中最重要的是分析这些规范性文件与《民法通则》第106条第2款之间的关系问题。根据这个思路，文章将现有的规范性文件分为三类：

一、侵权致人死亡、受伤或者致残时，应赔偿丧葬费、护理人员的各种费用（护理费、交通费、伙食费）、受害人的被扶养人的生活费等。这些情形下，发生损害的是人身损害直接受害人之外的其他人，其受侵害的利益形态是纯粹经济利益。

立法：……

> 司法解释:⋯⋯
> 二、各种专业服务机构因过错对利害关系人的赔偿责任。
> ⋯⋯
> 三、其他明确保护纯粹经济利益的法律。
> ⋯⋯

这种分类的好处在于比较全面,是一般法和特别法相结合的思路。先从民法的一般原理入手,考察立法和司法解释中关于"纯粹经济损失赔偿"的一般性规定。再从专业服务机构因过错对利害关系人的赔偿责任,这一实践中最为常见的事由入手检索和综述相关领域的文献。

（2）锁定相关法条。以上文的第二类为例,检索法条具体到某一规范性文件的具体条款。这种法规梳理的方式是根据文章所要研究的具体问题而言的,事实上重要的制度往往只是由一两个关键法条所规定,锁定关键法条有助于下文进行深入的解读和剖析。值得注意的是,文章没有全部引述法条全文,只是以类似于"立法条标"的形式概括法条内容,注明出处,某些法条的处理精确到段落。这种高度概括的梳理方式尤其值得同学们借鉴。如果在处理制度时,涉及的法条很多,就可以使用这种方法。只有在需要重点阐述某一法条的原理和构造时,适合全文引用。

> 现行法上的有关规定非常多。比如注册会计师的责任(《注册会计师法》第 42 条);资产评估、验资、验证机构的责任(《公司法》第 208 条);产品质量检验机构、认证机构、质量承诺或者保证机构的责任(《产品质量法》第 57 条第 2 款前段、第 57 条第 3 款前段、第 58 条);种子质量检验机构的责任(《种子法》第 68 条前段);农产品质量检测机构的责任(《农产品质量安全法》第 44 条第 2 款前段);公证机构的责任(《公证法》第 43 条第 1 款前段);证券服务机构的责任(《证券法》第 171 条)。

（3）重点法条解读。在检索锁定相关法条以后,文章以注册会计师为例,进一步探讨《注册会计师法》第 42 条与《民法通则》第 106 条 2 款的关系。事实上从各种专业服务机构因过错对利害关系人的赔偿责任入手,更能够解读"纯粹经济损失赔偿"问题在实践中的状况。一般说来,解读法条有许多不同的方法,而最常见的是法律解释的方法,从文法、逻辑、系统、历史、目的、比较法等角度去解读,这些同学们在上法理学的时候就有所涉及。在此只是如何应用的问题。仔细分析葛老师的法条处理方式,可以说是上述方法的综合运用。

> 以注册会计师为例,由于注册会计师执业上的过错给"利害关系人"带来的损害,通常不会是绝对权的侵害,而是纯粹经济损失。而"利害关系人"与会计师没有合同关系,该赔偿责任的性质不可能是违约责任。从比较法来看,其性质要么是德国法上"附保护第三人作用的合同"之下的责任,要么是侵权责任。我国通说认为《注册会计师法》第 42 条上的责任是侵权责任,司法解释也确认了这一观点。
>
> 《最高人民法院关于会计师事务所为企业出具虚假验资证明应如何承担责任问题的批复》(法释(1998)13 号)第 1 条规定:"会计师事务所为企业出具验资证明,属于依据委托合同施的民事行为。依据《中华人民共和国民法通则》第 106 条第 2 款规定,会计师事务所在 1994 年 1 月 1 日之前为企业出具虚假验资证明,给委托人、其他利害关系人造成损失的,应当承担相应的民事赔偿责任。"也就是说,在《注册会计师法》施行

之前,依《民法通则》第 106 条第 2 款判决,此后依照《注册会计师法》第 42 条判决。

以上是援引了立法解释和司法解释,阐明在会计师事务所由于出具虚假验资证明给其他利害关系人造成损失的性质。进而,理解《注册会计师法》与《民法通则》第 106 条第 2 款之间的关系。

> 该司法解释是应山东省高级人民法院的请示而作的批复。在请示中,山东高院对于会计师事务所的虚假验资行为如果发生在《注册会计师法》1994 年 1 月 1 日施行前,是否应当承担赔偿责任的问题,出现了两种不同意见。一种意见认为当时法律没有规定赔偿责任,所以不应赔偿。另一种意见认为,依据《民法通则》规定的诚实信用原则,虚假验资的会计师事务所应当承担赔偿责任。可见,在当时,山东省高院之内可能无人认为《民法通则》第 106 条第 2 款是保护纯粹经济利益的。依最高人民法院此处的见解,即便没有《注册会计师法》的明确规定,《民法通则》第 106 条 2 款也应当被解释为保护利害关系人的纯粹经济利益。

> 这时的一个疑问是,既然在《注册会计师法》颁布之前,因虚假验资发生损失的其他利害关系人原本就可以依据《民法通则》第 106 条第 2 款获得赔偿,那么《注册会计师法》第 42 条似乎并没有让受害人获得某种新的权利。法学方法论上在对法条性质进行区分时,认为有一"说明性法条",其任务在于进一步比较详细地描述其他法条的构成要件的要素(即该构成要件所使用的概念、类型)或其法律效果,或者进一步加以具体化、类型化。对该条的一个可能的理解是,它仅仅是《民法通则》第 106 条第 2 款的一个说明性法条,意义在于对于该款一个具体类型进行详细描述。而请求权基础,仍在第 106 条第 2 款,而非本条(说明性法条是不完全法条)。那么,《注册会计师法》第 42 条是不是一个说明性法条?

> 另一种可能的理解是,《注册会计师法》第 42 条并非《民法通则》第 106 条第 2 款的说明性法条,而是对于该款所不保护的利益所提供的特别保护,它本身就是独立的请求权基础。

> 上述司法解释好像倾向于第一种理解,但是,果真如此的话,《注册会计师法》施行后仅仅援引该法第 42 条就是错误的,每一个案件中都必须同时援引《民法通则》第 106 条第 2 款。

> 可以看出,最高人民法院对于《民法通则》第 106 条第 2 款是否保护纯粹经济利益的问题,缺乏很明确并且逻辑一贯的认识。只能说最高人民法院在实质意义上认为会计师事务所应当为虚假验资对利害关系人承担赔偿责任,而完全没有回答《民法通则》第 106 条第 2 款是否一般性地保护纯粹经济利益的问题。

葛老师在此处运用了体系解释和目的解释的方式。事实上,如果单从《民法通则》第 106 条第 2 款和《注册会计师法》第 42 条的简单比较,并不能够解读出最高法院的态度。葛老师考察在《注册会计师法》出台以前,法院对于出具虚假出资证明侵害利害关系人利益的若干种意见,从法律解释上推理出这两个条文的紧张关系?他们到底是重合的,像葛老师说的说明性条款?还是彼此独立的,第 42 条具有独立的请求权?通过对法院适用这两个条文的解读,文章推理,最高法院事实上并没有将第 106 条第 2 款作为保护纯粹经济利益的一般性条款的一贯态度,甚至并没有考虑到第 106 条 2 款也应当被解释为保护利害关系人的纯粹经济利益的可能。

葛老师的原文要比我引述的详细和严谨得多,我们在此只讲方法,对于文中具体内容和法理的论证,感兴趣的同学应该阅读葛老师的这篇文章。重要的是学习葛老师如何解读法规,并不是孤立地解析法条的文义,而是联系与该法条相关的法律、司法解释和学说,综合地来解读。另外,历史地看待法条,可以看到法律条文之间的断裂或者漏洞。或者引证学者的观点,并在与其他学者观点相区别的时候深入解析法条内容。

例二:"小肥羊"商标案的法规综述

与上例不同的是,在此例中,我将从法规沿革、体系和文义解释的角度来梳理和解读法规。前面讲过,这是我做过的一个关于商标制度的研究,以"小肥羊"案件为切入点。[②] "小肥羊"商标案是指世纪之交系列热门案件,具体是指陕西小肥羊实业有限公司与国家工商行政管理总局商标评审委员会商标行政纠纷上诉案、西安小肥羊烤肉馆与国家工商行政管理总局商标评审委员会商标行政纠纷上诉案。

(1) 概括制度沿革。"小肥羊"案件的事实其实并不复杂,是法律变革导致了案子难办。我们可以通过检索和梳理相关案件报道和法律法规,概括其制度演变的历程。

2001 年之前,支配本案的是 1982 年颁布、1993 年修订的《商标法》第 8 条。该条款实际上是只字未改地延续了 1982 年《商标法》第 8 条第(5)(6)两项的内容,对于商标法学上所谓的"通用名称"(generic term)和"描述名称"(descriptive term)的商标界权问题,给出的是一个不留余地的禁止规定:"(5) 本商品的通用名称和图形"和"(6) 直接表示商品的质量、主要原料、功能、用途、重量、数量及其他特点的""文字、图形","商标不得使用"。这种通用名称和描述名称并列的陈述方式在此后的商标法修订中一直延续下来。(如下图 3.2.54)

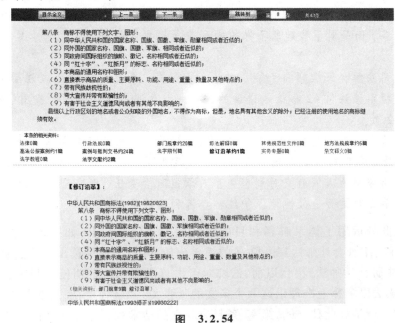

图 3.2.54

---

② 参见,凌斌:"肥羊之争:产权界定的法学和经济学思考——兼论《商标法》第 9、11、31 条",《中国法学》2008 年第 5 期。

因此,尽管在世纪之交中国大地上迅速涌现出了为数众多的以"小肥羊"为名的餐饮公司,但是各家企业的商标注册申请,都被国家商标局以"小肥羊"一词"直接表述了服务的内容和特点"为由予以驳回。

2001年10月,新修订的《商标法》第11条第2款(图3.2.55)改变了产权界定的法律规则:以往根据旧法不得注册为商标的标志,如果具有"经过使用取得显著特征,并便于识别"的特点,今后可以作为商标注册。正是由于这次法律修订产生的产权规则改变,国家商标局和商标评审委员会的裁定前后发生了一百八十度急转,溯及既往地改变了权利性质和权利归属,从而刺激了一系列诉讼的提出,也引发了新闻评论和学术批评的持续争论。2003年,国家商标局根据上述条款,通过了内蒙古小肥羊公司的"小肥羊"商标初审,予以公告。其后,其他小肥羊公司援引《商标法》第31条中关于"申请注册商标不得损害他人现有的在先权利"的规定,相继向国家商标评审委员会提出异议申请、向北京市第一中级人民法院和北京市高级人民法院提起诉讼和上诉,但均被驳回,理由是"小肥羊"文字已经通过使用和宣传获得显著性。

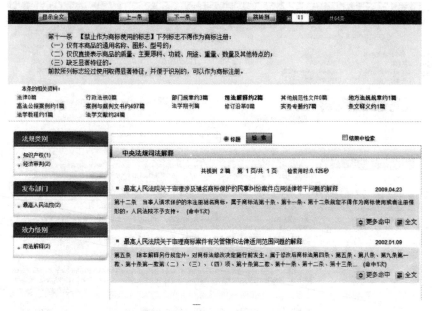

图 3.2.55

通过概括这个《商标法》第11条的历史沿革,我们不难发现法规背后的财权界定逻辑的变革:《商标法》第11条取代了旧法第8条的(5)、(6)两项,建造了一条准许共用名称商标化的法律通道。共用名称"经过使用取得显著特征,并便于识别的,可以作为商标注册"。这一规定看似只是给第1款"共用名称不得赋予商标专用权"的一般原则增添了一个例外,但是实际上却是打开了一扇共用名称通向商标注册的大门:原本作为"保留地"的共用名称,由于这一条款的规定,无声无息间变成了一块任何人都有机会从中攫取利益的"处女地"。原本归属全体使用者所有的共有财产,一夜之间便化作了可望成为私有财产的"无主物"。如前所引,第11条第2款正是北京高院据以判决本案、明确"小肥羊"名称产权归属的法律依据。

法院判决以及《商标法》第11条第2款的法律理论依据,学界称之为"第二含义"理论:即共用名称之类"本来不具备显著性的描述性或说明性的标记,在经过长期商业使用后,从而产生其原含义以外的新的含义,获得显著性",因而准许注册为商标。这既反映了新的商标法律制度的基本精神,也顺理成章地成为了各个法院在多个判决中几乎无一例外给出的法理依据——有四份判决书中直接写入了"第二含义"的概念。

(2) 有体系把握法条内涵。如果要对《商标法》第 11 条有清楚的理解和应用,就不能孤立地去看这一法条,而是要联系《商标法》相关法条一起其他法律文件综合地分析。

检索法条,我们不难发现与《商标法》第 11 条联系最为密切的是第 31 条:"申请商标注册不得损害他人现有的在先权利,也不得以不正当手段抢先注册他人已经使用并有一定影响的商标。"(图 3.2.56)这也正是其他小肥羊公司在国家商标局初审公告内蒙古小肥羊公司的商标注册申请后,据以提出异议和提起诉讼的法律依据。《商标法》第 31 条对于本案的意义在于,要求法院在授予内蒙古小肥羊公司"小肥羊"商标专用权之前,必须首先确认国家商标局初审公告"小肥羊"商标之前,是否存在"他人现有的在先权利"以及这一商标界权是否会损害到这些在先权利。

图　3.2.56

同样在《商标法》第 9 条对"在先权利"已经作出了一个更为详细的表述:"申请注册的商标,应当具有显著特征,便于识别,并不得与他人在先取得的合法权利相冲突。"(图 3.2.57)

图　3.2.57

在分析《商标法》第 11 条时,我们应当将这几条联系起来一起解读。

(3)集中解读关键法条文义。通过集中解读《商标法》第 31 条我们可以看到,北京高院排除《商标法》第 31 条、单一适用第 11 条的法律推理并非无懈可击,其法律解释值得商榷,以及本案存在适用第 31 条的法律解释余地。

北京高院的解读:在终审判决中对《商标法》第 31 条的规定是:"申请注册商标不得损害他人现有的在先权利,也不得以不正当手段抢先注册他人已经使用并有一定影响的商标,即任何人不得利用不合理或不合法的方式,将他人已经使用但尚未注册的商标以自己的名义向商标局注册。依据该规定,第一,该在先使用的商标应当具有可注册性,法律规定禁止注册的不在此限;第二,注册人主观上具有恶意;第三,至申请注册时该在先使用的商标具有一定的影响,以至于注册人知道或应当知道该商标的存在。"其由此排除了第 31 条在本案的适用。这一推理同样是国家商标评审委员会异议复审裁定中的解读思路。

国家商标评审委员会和北京高院在上述推理中对第 31 条的解读,与通常的法律解释不同,实际上减损了该条文的内容:认为该条款仅为关于禁止恶意抢注他人知名商标的规定。换句话说,仅仅是采纳了该条款的后半句话,把两句话之间的"也"读成了"即"。然而从第 31 条行文可以明显看出,这一条款的前后两句之间是一个并列关系,表达了两层含义:一是如果申请注册商标不得损害他人现有的在先权利;二是禁止恶意抢注他人知名商标。这意味着第 31 条前半句所规定的"现有的在先权利",不论是否包含后半句所指的知名商标先用先得的权利,但势必还包括其他与商标注册相冲突的合法权利,否则就纯粹是"多此一句"。因而,即便不论其对这后半句话的解读是否准确合理,单单抛弃了前半句话本身就值得商榷。最后,尤为重要的是,其他小肥羊公司提出异议和提起诉讼的法律依据,恰恰主要在于该条款的前半句话,在于强调"小肥羊"作为一种共用名称,构成了各家"小肥羊"公司的"现有的在先权利"。当然,本案究竟是否存在"在先权利"也可以争议,可以探讨,但是执法者和司法者至少应当对当事人的权利主张给予审慎回应,而不能直接予以排除。综上所述,从法律解释上来说,第 31 条既然在前半句做了对"在先权利"更为一般性的规定,那么将之仅仅限制为是在重复后半句话就断然没有道理。

那么,第 31 条应当如何理解?所谓"在先权利"究竟何意?"他人"应当包含哪些民事主体?"损害"应当作何解释?这些都值得法院仔细考量,更值得更深入的探讨。这时,可以引入第 9 条,从《商标法》的整体结构进一步作出法律解释。

《商标法》第 9 条对"在先权利"已经作出了一个更为详细的表述:"在先取得的合法权利"。这至少意味着将第 31 条中的"在先权利"仅仅解读为关于知名商标权利或者其他商标权利是不妥的。而第 9 条"合法"权利这一措辞,由于本身并未强调仅限于符合商标法或者知识产权法律体系,因此并未排斥以整个民事法律体制为"合法"依据的广义解读。如果将"合法"理解为"民事合法",那么对于"权利"二字也就不能仅仅理解为在特定法律条文中作出明确规定的"有名"权利,而是也应包含其他符合民事法律制度保护原则的"未名"权利,比如"信赖利益"。

这样,几个不同的法律条文就通过我们的梳理和阐释而成为了一个整体。在"小肥羊"商标案有关的法规综述中,我们通过梳理法规的历史沿革、联系相关法条进行体系解释、法条文义解读等方式,最终论证了北京高级法院判决之外的另一种解释途径。

课堂练习(九)

从以下题目中任选一个练习法规梳理:

1. 使用北大法律信息网检索有关刑事附带民事诉讼的法律规定(包括中央和地方的规范性文件);检索后进行法规梳理。

2. 使用北大法律信息网检索有关家庭财产制、公序良俗的法律规定(包括中央和地方的规范性文件);检索后进行法规梳理。

第三讲　制度比较

　　制度比较,与文献综述和法律梳理一样,本质上都是一种逻辑分类和理论阐释,只是处理的对象是图书专著、学术论文和法律文本中所记录的具体制度。

　　比较法的问题现在成了法学研究的基本问题,也是中国当代的法学研究的一个显著特点。说得不客气一点,还根本称不上比较法研究,因为没有比较,仅仅是"西天取经",即从思想方法和结论都直接从外国法域"借鉴"过来。用我一位朋友的说法,比较法在中国已经取得了自然法的地位。

　　我检索了支配中国当代学术研究的主要作品,发现影响中国学界的西方社科作品,几乎作者全都来自美国的哈佛大学、斯坦福大学、芝加哥大学、麻省理工学院和华盛顿大学这类名校;而哲学或其他人文学科基本来自于德国,法学研究也大抵属于这一领域。我做了更为细致的研究,可以为中国的法学研究画一个时局图,宪法领域的学者多主张美国的宪政,民法领域主要为德国掌控,刑法领域以意大利刑法学家贝卡利亚的《论犯罪与刑罚》为代表,还有英国的牛津法律指南、法国的人权宣言、日本的民事诉讼法等。这是中国当代法学研究的一个形象举例,一个主权国家自我殖民的鲜明写照。我们在法学院说是学习中国法,学的竟全是外国法!当然实务中已经越来越突破了上述限制,呈现了中国法自身的特点。

　　抛开上述种种限制不谈,去理解什么是法学研究中的制度比较,我们可以看到其实存在两种"比较法"。一种是横向的比较法,即各个国家、法域之间的法律制度比较;另一种则是纵向的比较法,即不同时期的制度比较,通常被称为法律史或法律思想史。当然这两种比较法也会有交叉,如法律史也会涉及不同国家、国别的差异。在我看来,这两种比较法没有本质的差异,尽管他们在学科的划分和研究方法上均不同。"比较法"是横向比较的法律史,而"法律史"是纵向比较的比较法。这两个学科在研究方法论上差异巨大,主要是由于其服务于不同的目的。比较法带有很强的国际化传统,而法律史的研究往往与一国的历史紧密相连。不过就我们的研究来讲,尤其是对于中国学者来讲,我们需要同时重视这两者。比较法应当有更多的历史视野。宪法学崇尚"马布里诉麦迪逊案",这是美国建国初期的法律实践,我们应当从法律史的角度加以追问。同样,为什么研究德国的法律思想史是从民法典制定后开始?因为德国民法典制定的一个重要作用在于切断了以前的法律史研究,德国自身的法律思想史从民法典制定后开始,而这当然是政治所作出的选择。国内目前的研究集中在横向比较,而且更多的时候仅仅局限于横向比较,机械地借鉴国外的立法例。在很大程度上忽视了各国法律自身的传统——也就是我所说的纵向比较法。好的比较法作品一定是横向和纵向结合的比较法,只有在共时和历时两个维度来看制度的形成,才能够合理地把握制度的实质以及其约束条件。在这样的情况下,如果脱离开各自的历史语境,将国外的法律径直照搬到我国,其后果自然不甚乐观。某种程度上,中国立法中出现的问题,实际上是学者们法律史研究和比较法研究出了问题。

　　下文我将结合例证,简要说说我对于制度比较的理解,供同学们参考。由于这部分内容在原则上与文献综述和法规梳理没有本质的区别,但在具体分析上却需要一定的专业背景,这里只能是作相对简要的介绍。

例一:家庭财产的制度比较

还记得在"谋篇布局"阶段我们曾举的"泸州二奶案"。在此案中,对于是否适用公序良俗原则这一问题,当时很多学者照搬了德国民法的理论乃至案例。比如有学者会取法德国,性交易不符合公序良俗,但自愿的包二奶是符合公序良俗的。① 而其实问题的关键应当是,遗嘱效力的实质要件有什么考量,即遗嘱作为一种法律行为与其处分的财产是什么关系。而遗产的性质会影响我们对遗嘱效力的理解。不同学者很可能因为对遗产的法律性质有不同理解,而对遗嘱是否有效得出了不同结论。因此我们需要追问这个案件中遗产的性质,是家庭共同财产制? 分别财产制? 这在不同时期不同国家都有不同规定,是一个比较法上的问题。也可以说这是我们的一个问题意识,要通过制度比较的方式来寻求答案。

暂且不考虑中国对遗产性质的规定,我们来看看家庭财产制的内容及其要素。研究不一定要从德国开始,德国在比较法意义上并不当然优先于任何国家。我们可以先从最一般化的定义和超越于国别的理解开始。

从财产权属的角度来看,家庭财产制可以分为如下类型:家庭共同财产制,是指家庭财产的一部或全部依法合并为共有财产,按共同共有原则行使权利,承担义务,在家庭关系终止时加以分割;家庭分别财产制(家庭个人财产制),是指家庭各方的财产不受婚姻关系(在此视婚姻关系为家庭关系的核心关系)的影响而使得各方始终各保有其财产所有权,这是很多富裕家庭的父母希望的家庭财产形式;家庭联合财产制,在婚姻存续期间,家庭的财产都归丈夫所有,由丈夫管理和处分。在现代国家,基本都采用以共同财产制为基础的混合制度,以特定条件下的分别财产制对共同财产的范围进行限制。

从不同的家庭财产制中可以提炼出一些核心构成要素,包括成员、共有财产范围、处分权、家庭关系存续阶段。例如,成员指对家庭财产享有物权性权利的人,可能以夫妻作为核心成员,根据家庭财产制的不同形式也可能有未成年子女、夫妻的直系尊/卑亲属等形式。再如共有财产范围,有一般共同制,指除了特有财产和法律规定以外,夫妻的婚前和婚后的所得为家庭共同财产;也有劳动所得共同制,即男女双方在婚姻关系存续期间的劳动所得为夫妻双方共同所有,非劳动所得的财产,如继承、受赠的财产及原物的孳息等归夫妻个人所有;还有婚后所得共同制等等。而处分权,虽然根据家庭财产的范围和财产的所有权人可以基本确定家庭财产制的静态表现形式,但在特定自然事件(如夫妻一方死亡)或人为事由(如夫妻一方或双方立遗嘱)出现的情况下,家庭财产制的形式会发生变化。此时,家庭财产的所有权人对财产的处分权对变化后的家庭财产制形式具有重要影响。例如美国法上,在绝对的家庭联合财产制(joint tenancy)情况下,夫妻一方的死亡导致夫妻婚姻关系存续期间内的家庭共同财产直接归属于另一方所有,即配偶互相享有法定的第一顺序继承权。这即与中国的继承法规定不一样。而在一般共同财产制(tenancy in common)中,夫妻一方的死亡不直接导致夫妻婚姻关系存续期间内的家庭共同财产归属于另一方,而要视其他法定继承人或遗嘱指定的继承人的情况而定,此时,家庭财产的成员与财产范围都会相应发生变化。

---

① 金锦萍:"当赠与(遗赠)遭遇婚外同居的时候:公序良俗与制度协调",《北大法律评论》2004 年第 6 卷。

因此,为了进行家庭财产制的制度比较,我们在梳理各法域的家庭财产制规定时,可以提取上述四个要素作为列表的依据,如下表 3.3.1:

表　3.3.1

家庭财产制的形式(No.)	成员	共有财产范围	处分权	阶段
1	夫妻	婚后劳动所得	不具单独处分权	婚姻关系存续期间
……	……	……	……	……

在这个表中,所反映的家庭财产制的成员只包括夫妻,共有财产范围仅限婚后劳动所得,夫妻均不具有单独处分权,并且财产制的存续期间与婚姻关系的存续期间相同。这反映的即是我国当前的家庭财产制。而在不同时期或不同地区,上述表格中的成员、共有财产范围、处分权和阶段都会发生变化。通过这样的制度比较,我们可以将不同时期、地区的制度放在同一个平面上进行比较,这才是真正的比较法——而不是觉得德国法对就直接抓来德国法,认为美国法好就直接搬来美国法,总之把国外某项制度作为尺度,而中国的影响制度只能是衡量的对象。

有了这样的表格,只是标识出了相同和不同的制度,那么如何进一步进行比较?首先要将一个国度或法域中有关这一制度的法律规定加以梳理。这一点我们在"法规梳理"中已经掌握了。以我国对家庭财产制的规定为例,有物权法上的规定:"第九十四条　按份共有人对共有的不动产或者动产按照其份额享有所有权。""第九十五条　共同共有人对共有的不动产或者动产共同享有所有权。""第一百零三条　共有人对共有的不动产或者动产没有约定为按份共有或者共同共有,或者约定不明确的,除共有人具有家庭关系等外,视为按份共有。"从上述规定可看出,我国规定的家庭财产属于共同共有,成员对共有财产共同享有所有权。有婚姻法上的规定:"第十七条　夫妻在婚姻关系存续期间所得的下列财产,归夫妻共同所有:(1) 工资、奖金;(2) 生产、经营的收益;(3) 知识产权的收益;(4) 继承或赠与所得的财产,但本法第十八条第三项规定的除外;(5) 其他应当归共同所有的财产。""第十八条　有下列情形之一的,为夫妻一方的财产:(1) 一方的婚前财产;(2) 一方因身体受到伤害获得的医疗费、残疾人生活补助费等费用;(3) 遗嘱或赠与合同中确定只归夫或妻一方的财产;(4) 一方专用的生活用品;(5) 其他应当归一方的财产。"从上述规定可看出,《婚姻法》规定了家庭共同共有财产的范围和成员(夫妻),并且,将这种规定的限定在"夫妻婚姻关系存续期间"。所谓夫妻关系存续期间,是指夫妻结婚后到一方死亡或者离婚之前这段时间。这期间夫妻所得的财产,除约定外,均属于夫妻共同财产。夫妻对共同所有的财产,有平等的处理权。夫妻一方对夫妻存续期间的财产的处分,需征得配偶的同意。也有继承法上的规定:"第十条　遗产按照下列顺序继承:第一顺序:配偶、子女、父母。第二顺序:兄弟姐妹、祖父母、外祖父母。继承开始后,由第一顺序继承人继承,第二顺序继承人不继承。没有第一顺序继承人继承的,由第二顺序继承人继承。本法所说的子女,包括婚生子女、非婚生子女、养子女和有扶养关系的继子女。本法所说的父母,包括生父母、养父母和有扶养关系的继父母。本法所说的兄弟姐妹,包括同父母的兄弟姐妹、同父异母或者同母异父的兄弟姐妹、养兄弟姐妹、有扶养关系的继兄弟姐妹。"从上述规定可以看出,在夫妻婚姻关系因一方死亡而终止时,家庭共同共有财产的所有人(即上述"成员")发生了变化,在配偶之外,还增加了父母和子女。

将我国法律的规定进行总结,即可得到如下家庭财产制的形式(表 3.3.2):

表 3.3.2

家庭财产制的形式（No.）	成员	共有财产范围	处分权	阶段
1	夫妻	（1）工资、奖金；（2）生产、经营的收益；（3）知识产权的收益；（4）继承或赠与所得的财产。但下列除外：（1）一方的婚前财产；（2）一方因身体受到伤害获得的医疗费、残疾人生活补助费等费用；（3）遗嘱或赠与合同中确定只归夫或妻一方的财产；（4）一方专用的生活用品；（5）其他应当归一方的财产。	夫妻对共同所有的财产，有平等的处理权。夫妻一方对夫妻存续期间的财产的处分，需征得配偶的同意。	婚姻关系存续期间
2	未亡配偶、子女、父母	同上	单方不具备处分权，遗嘱除外。	婚姻关系终止（因一方死亡）

从这个表可以看出，仅仅是在我国，根据不同时期的不同法律，规定的家庭财产制会存在不同、甚至互相之间存在冲突。

相同的道理，美国在不同历史时期也有对家庭财产制的不同规定，如在英国普通法的传统下，美国直到 19 世纪早期，都将夫妻视作一人，妻子没有单独意志而家庭的意志统一体现为丈夫意志。在婚姻关系存续期间，妻子的所有财产都转移至丈夫所有，且丈夫的债权人可以直接对妻子的财产行使债权。这种情况一直到 1839 年《已婚妇女权利法》（Married Women's Property Acts）通过才得到好转。

当时的规定则体现了如下家庭财产制的形式（表 3.3.3）：

表 3.3.3

家庭财产制的形式（No.）	成员	共有财产范围	处分权	阶段
3	夫	夫妻的全部财产	仅丈夫具有财产处分权	婚姻关系存续期间

从上述例子可以看出，归纳某一制度的核心因素并通过列表形式进行梳理，可以清晰地看到该制度的横向比较（不同法域）。

还可以进行法律史的研究，比较不同历史阶段的家庭财产制。关于我国财产继承制度的历史沿革[②]，下表可以反映这种法律史的纵向变化（表 3.3.4）：

表 3.3.4

家庭财产制的形式（No.）	成员	共有财产范围	处分权	阶段	依据
4	直系卑属、夫或妻、直系尊属、亲兄弟、家长、亲女，顺位继承	*（代表未知）	*（代表未知）	婚姻关系终止（因一方死亡）	1911 年（宣统三年）编制民法第一草案

---

② 关于中国近代婚姻家庭继承制度的演变，参见，马忆南：《婚姻家庭继承法学》（第二版），北京大学出版社 2007 年版，第 21—26 页。

（续表）

家庭财产制的形式（No.）	成员	共有财产范围	处分权	阶段	依据
5	直系血亲卑亲属，父母、兄弟姐妹、祖父母。配偶为法定继承人，无固定顺序	*（代表未知）	*（代表未知）	婚姻关系终止（因一方死亡）	1930 年制定的民国民律继承编
6	配偶、父母、子女，无固定顺序	（1）工资、奖金；（2）生产、经营的收益；（3）知识产权的收益；（4）继承或赠与所得的财产。但下列除外：（1）一方的婚前财产；（2）一方因身体受到伤害获得的医疗费、残疾人生活补助费等费用；（3）遗嘱或赠与合同中确定只归夫或妻一方的财产；（4）一方专用的生活用品；（5）其他应当归一方的财产。	单方不具备处分权，遗嘱除外。	婚姻关系终止（因一方死亡）	1985 年《中华人民共和国继承法》

通过这样的表格可以对古今中外的家庭财产制度进行梳理,并进行公允的评判,而不是仅仅以德国法、美国法的某个制度或原理作为标准,来裁判中国当代或者历史上的相应制度。这些表格虽然简单,但是代表的却是不同的"制度类型"。我们可以在此基础上进一步加以提炼和丰富,进而相互比较,一篇制度比较的文章雏形也就呼之欲出。当然,上述例子非常粗浅,真正的研究还要下更大的功夫。

例二:诉调对接的制度比较

诉调对接制度在文献综述阶段已经给同学们做过介绍,研究的对象是人民调解和人民司法的制度衔接问题。我尝试在目前主流的"多元竞争"的理论模型之外提出一种"多级一体"的解释思路。

上述结论是的概括并不是凭空而来,需要经过系统的制度比较。只要在前期通过制度比较,了解我国诉讼与调解的特殊关系,才能够有自己的看法。我认为诉讼和调解在我国并不能简单地等同与国外的诉调关系,他们不是平行竞争的关系,更多地体现为司法主导的纠纷解决方式,而这种模式又是和前面我所讲过的"多级一体"的组织模式相联系的。

那么,如何进行制度比较呢?我认为至少要在两个维度上进行比较:在历史沿革的维度梳理诉讼和调解的关系,在当前的地方实践的维度总结诉讼和调解衔接的创新形式。通过这两个维度的比较,大致就能够把握诉调衔接的制度实质。

维度一:从历史沿革的维度比较诉调衔接制度

在历史严格的维度上梳理诉讼和调解的关系,这就需要我们大量地检索法律法规等规范性文本,以及其他的相关资料,比如最高人民法院公报上的讲话、法院座谈纪要上诉调衔接相关的内容。阅读这些制度文本,需要用到我们之前提到的法条梳理的功夫,将重点法规、核心法条摘出来,并且将一定时期的制度文本归纳提炼出一些特点来。我在阅读检索和阅读了相关的制度文本以后,以 1982 年的《中华人民共和国民事诉讼法（试行）》为起点,中国的司法诉讼和调解机制开始了一系列的变化、发展,根据不同时期的发展特点,主要可以划分为四个阶段。如何恰当地划分历史阶段确实是较难的问题,建议同学们一方面可以参考其他老师的划分方法,另一方面,也是更重要的,要精读具有标志性的法律文本,将若干时期进行合并。多练习,假以时日,这些都会驾轻就熟的。

第一阶段:以诉讼调解为主导(1982年—1990年)。80年代初至80年代末,从中国立法制度对诉讼和调解的相关规定考察,可以发现这一阶段与诉讼相比,诉外调解的地位相对较低,同时这一时期的诉讼之内强调"应当着重调解"。

在进行制度比较的时候,我们始终围绕着诉讼与调解的关系展开,因为这就是这项研究的"经"。要特别重视寻找制度文本中诉讼与调解的交集,并且做深度的解读,比方说对1982年《民事诉讼法(试行)》第99条的解读就是一例。将其概括为"邀请型诉调衔接",这与下文研究中提炼的另一种模式"指导型诉调衔接"形成了相互对应。

第二阶段:以诉讼为主导(1991年—2002年)。20世纪90年代初至2002年,由于1991年《民事诉讼法》的颁布,从诉讼和调解的地位上看,诉讼的地位上升,同时诉调衔接维持上一时期"邀请型诉调衔接"的发展,并增加了"指导型诉调衔接"模式。同样的,我们可以从司法诉讼、调解、诉调衔接的角度来进行法规综述。由于篇幅所限,在此不再详细解说示范,感兴趣的同学也可以参照"法规综述"一节中的内容,在那一节中,我以这一阶段的法规为例,给同学们讲解解读法律法规的技巧。

由于举例,第三阶段和第四阶段我就不再详细论述了,我将大致的思路给同学们勾勒出来,同学们在做历史沿革类型的制度比较时可以适当的参照。通过上述概括,所有制度文本的法言法语都会转变成为基本的学术概念和判断,我们在这个基础上可以去比较诉调衔接模式的异同:每一阶段的诉调衔接的侧重是什么?诉调衔接的具体形式有哪些?"邀请型模式"和"指导型模式"分别针对哪些情形?这些解读能够为我在文章一开头提及的"多级一体"的理论模型能够提供些什么支撑?通过比较,梳理和比较立法规范的历史沿革,我们大致可以从中得出一些经验,支持自己的假设,或者证伪自己的命题。这本身是一个有趣的过程。这部分与单纯的法规梳理有所不同的是,需要对特定的法规内容加以概括提炼,形成"类型"或"模式"。这里关心的不是条文的完整内容,而是制度的特点与类型。当然,两者并不是完全不同,大家不必拘泥于类别的归属。

维度二:从地方实践的维度比较诉调衔接制度

历史沿革维度的比较,就是我在本章一开头所介绍的"纵向比较法",这种比较法的优势在于很能够反映制度的生长与互动的过程。我正是在不同历史阶段的切片之间比较,总结出"邀请型"、"指导型"等诉调衔接的模式。然而,这种历时性的比较还不能够很好地反映区域性的特点,事实上同样的制度并不当然能够在普遍地适用,都会或多或少地在实践中受到检验和修正。我想这和每一个社群的习惯、道德和观念相关,也就注定法律带有地方性的色彩。所以,我们在做历史维度比较的同时,也应当着手准备共时维度的比较。

这种地方实践的比较往往比较困难,原因是收集资料往往费时耗力,不及在做立法规范的历史沿革时方便——你只需要熟练地操作本书提及的法律数据库,解读法规即可。地方实践的比较需要收集的资料范围相对宽广,其中法院公报、会议纪要、内部文件和基层实践经验都是最为难能的资料。因此,好的学术研究往往不是一时之功,而需要对一个问题持久的关注。有了充分的资料,那么论文写起来就风生水起,底气足多了。

就诉调对接的地方实践而言,可供收集的资料也许远较同学们想象的多。伴随立法制度的不断充实和发展,各地方逐渐活用法律,并在立法规定的基础上,结合本地的矛盾纠纷类型和资源特点,展开了类型各异、内容丰富的诉调衔接实验,通过创新性的地方实验将诉讼与非诉讼纠纷解决机制有机地相结合,以实现地方矛盾纠纷的有效解决。比如我所说的"邀请型诉调衔接",全国多地法院都有类似的实践,但模式并不完全相同。以下举一些实例。

这类实践最多的地区是江苏省。江苏省南通市中级人民法院,通过巡回审判制度建立并实践了邀请型诉调衔接[3],设立巡回法庭、巡回审判服务点,与当地人民调解组合署办公,充分利用人民调解资源,以"现场调解、就地开庭"为审理案件的式,"为及时化解纠纷创造有利条件"。人民法庭审理涉及人民调解协议案件和人民调解委员会调解未成的案件,一般采用简易程序进行,并经常组织巡回审理、现场办案,并邀请原调解的调解员参加旁听,并注重调解,调解不成及时判决,并将法律文书寄一份给原调解的调委会,同时,对于交通事故纠纷,江苏省一些地方采取了在交巡警大队或中队设立人民调解室,巡回法庭审理案件可邀请人民调解员参与诉前调解。[4] 江苏省还将邀请型诉调衔接适用在执行程序中,江苏省射阳县基层人民法院的执行人员,在执行涉及调解协议案件或经调解组织调解未成而起诉的案件,邀请纠纷发生所在地调解组织人员参加,组织执行和解工作,及时化解争议。当事人对法院执行认为不公的,信访接待人员可邀请人民调解员参加,共同做好信访工作。

类似的地区还有上海市。在上海市,截至2003年10月底,上海市浦东新区法院和新区司法局在外高桥法庭和高桥、高东、高行3个镇尝试开展人民调解员诉讼参与制试点工作,其具体做法是:法院在审理复杂、疑难的婚姻家庭、相邻关系、继承以及侵权民事案件时,邀请案件当事人所在地司法所干部和人民调解委员会成员参加案件审判的全过程。在福建省,人民法院邀请具有专门知识、特定社会经验与当事人具有特定关系的人员协助调解,并以司法的方式予以确认。浙江省衢州市积极实践邀请型诉调衔接,规定:根据地区的地域状况和交通条件以及法庭设置的变化等,县(市、区)人民法院要设立一定数量的巡回审判站(点)。巡回审判站(点)可以借用司法所的场地开展工作。巡回审判站(点)原则上采用就地立案、就地审理、现场调解、现场裁判。在审理过程中,要吸纳人民调解员参与。[5] 同时,杭州市拱墅区还将邀请型诉调衔接适用到涉及调解协议的案件设立程序,"对审理涉及调解协议的案件,可邀请调解员协助诉讼调解或者庭外调解"。[6] 四川省的多个人民法院采取请进来的方法,选择典型案例就近开庭、巡回审理,邀请人民调解员现场旁听、观摩调解、以案代训,有效提高调解人员化解矛盾纠纷的能力。[7]

北京市在审理商事案件过程中,也积极实践邀请型诉调衔接模式。"当事人因商事纠纷向人民法院起诉的,人民法院可以询问原告是否同意特邀调解员的调解。原告同

③　江苏省南通市大调解工作指导委员会、中共南通市委政法委员会、南通市中级人民法院:《关于进一步完善"诉调"对接机制的实施意见》。

④　江苏省司法厅、公安厅等部门:《关于在交通事故损害赔偿处理中推行人民调解制度的意见》。

⑤　浙江省衢州市司法局:《关于加强人民调解和诉讼调解相衔接工作的若干意见》。

⑥　沈恒斌:《多元化纠纷解决机制原理与实务》,厦门大学出版社2005年版,第211—212页。

⑦　四川省高级人民法院:"构建大调解体系促进社会和谐稳定",载最高人民法院(编),《当代人民能动司法》,人民法院出版社2011年版,第509—511页。

意的,人民法院可以暂缓立案,告知当事人选择特邀调解员进行调解。原告不同意由特邀调解员调解或者调解不能达成协议的,人民法院应当及时立案。商事案件立案后,经当事人选择或者人民法院指定,可以由特邀调解员独立进行调解或者协助人民法院开展调解工作。特殊情况下,经当事人同意,人民法院也可以邀请特邀调解员名册以外的有利于促进调解的组织或者个人参与调解。"⑧海淀区人民法院实行商事特邀调解员制度是其中的典型代表,该院从北京民营科技实业家协会的会员企业中聘请在商界具有较高知名度和丰富商业运营经验的企业家作为调解员,在商事案件开庭审理前对案件进行调解,法庭对经特邀调解员调解促使当事人达成的调解协议进行审查和确认。⑨

此外,其他一些地方也都有自己的"高招"。山东省在法院的庭前调解中,注重整合调解资源,积极发挥社会调解力量。根据案件的具体情况,邀请人民调解组织参与庭前调解。东营市中级人民法院对一些案情简单、争议不大、当事人均在同一辖区的案件,在当事人申请立案时,积极引导当事人先行至当地的调解组织进行调解。⑩ 辽宁省规定"各级法院可以邀请与当事人有特定关系或者与案件有特定联系的,具有一定职能优势、行业优势、专业优势、地缘或人缘优势的国家机关、企事业单位、社会团体、基层群众自治组织、民间组织和个人,协助法院开展调解工作。"⑪等等。

依照这些实践经验,我们还可总结邀请型诉调衔接、指导型诉调衔接、执行型诉调衔接、审查型诉调衔接、委托型诉调衔接、确认型诉调衔接和其他类型诉调衔接模式。我们一方面可以在这些地方实践内部进行比较归纳总结,概括出我上述所讲的各种诉调衔接模式,另一方面,也是更重要的,我们可以将这些地方实践和制度文本相比较、和文献观点相比较。完成了对于地方诉调衔接实践的考察以后,我们就更能够有足够强的经验证据支持我的问题意识,这种地方实践的经验始终反映的是一种诉讼为主导的诉调关系,是法院内部的多种诉讼调解衔接方式,而不是其他文献所判断的那种彼此地位平等而供当事人自由选择的多元竞争的关系。

比较各地司法实践,这在我看来并不比单纯地援引德国或美国的立法例论证力弱,相反,这种地方实践比较是"接地气"的,有足够的经验支持,是更为有力的"横向比较法"。我建议同学们利用暑假和寒假的时间,到各地走走,多出去实习,看看实践中的法律是怎么运行的,我们需要的又是什么样的法律。这样才能够检验看似森严的理论、制度、法规的合理性。

我们举的这些例子,除了葛老师的文章需要较深的专业功底,基本上具有法学基础知识的人都能够做。选择这些简单的例子,希望能够向大家表明,制度比较未必要基于高深的理论架构,只要具有分类和归类的基本能力,我们都可以作出有点意思的研究。更不用说,如果专业素养很深,知己知彼,了然于胸,那就可以作出更为精湛的制度比较了。这不是比拿着一个美国或者德国制度的尺子量来量去,更能体现"比较法"的"比较"精髓么?

---

⑧ 北京市高级人民法院:《关于加强社会力量参与上市纠纷调解工作的意见》。
⑨ 北京高级人民法院研究室:《北京法院探索十个机制加强调解工作》。
⑩ 邱黎黎:"论中国诉讼调解和人民调解衔接制度的发展和完善",转引自,山东省东营市中级人民法院:《和谐社会视角下的诉调对接制度》,2006 年 11 月,诉调对接工作理论研讨会论文。
⑪ 辽宁省高级人民法院:《关于全面加强诉讼调解工作、推动建立大调解工作格局的指导意见》。

课堂练习(十)

通过 Lexis 搜索关于美国各州夫妻共同财产制度的规定及其历史变化,以及各州规定的异同。

Tips:

1. 专业术语的翻译。在检索外文数据库的时候,最常遇到的困难是语言。在这个题目中可以通过翻译工具将要搜索的"夫妻共同财产制度"翻译成三种说法,分别是"marital property system"、"joint property system"以及"marital community property"。此外,还可以补充查询"marriage law"和"family law",防止法规中有其他的表达。这样检索出来的法规将会更为齐全。

2. 检索各州法规。点击页面左侧的"州法规",检索的多个主题词,并且将它们之间的关系设定为"或者"。这样,通过一个一个州的全文检索,可以得到几个州的关于夫妻共同财产制度的规定。从某一个判例的规定。

3. 检索法律文献。回到主界面,点击左侧的"法律评论",检索美国各州夫妻共同财产制度的规定及其历史变化。在关键词处输入"marital property system",然后全范围检索,可以选取最近最新的文献作为参考。

第四编

子部：案例分析、定量研究与思想实验

第一讲 案例分析

第一节 案例资源的重要性

普通法系最伟大的法官之一霍姆斯曾说过"法律的生命在于经验"。[①] 这经验可以体现为律师的雄辩、法学学者的讲演、不同领域法律人每天的实务积累,但最终都汇集成为法官撰写的案例。一封判决书中,有案件发生的事实,帮助读者理解该案发生的背景和适用某法律所应有的情境;有律师的代理意见,从两个截然对立的视角切入问题;有判决所援引的现行法,帮助明确抽象的法律是怎样运用到现实生活的具体案件中;也有对现行法及其适用条件的解说,进一步呈现出法律背后的理性;而每个案例在作出之后,也成为事实与历史的一部分。可以说,每一个好的案例都是对一个特定法律问题全面而有序的回答,是法律规则与真实世界的连接点;而这些案例的汇总又不断地创造出法律的生长点,新的法律规则通过案例解说凸显其理性,最后为立法所吸收。早在 2002 年的时候,白建军老师就曾呼吁道:"案例是法治的细胞,既包含立法要素,又包含司法要素;既包含实体规则,又包含程序性规范;既包括字面上的法律,又包括案例中当事人及法律人心目中所理解的法律;既包括法官所适用的法条,又包括法律适用活动本身对法律的生动解释。"[②]可以说,在当下的法学教育中,案例研究的重要性再怎么强调都不为过。

案例的作用如此重要,在法学学术论文写作中,也理应重视案例资源的重要性。一方面,每一份判决书汇总了案件事实、现行法律规则与不同角度的法律说理,检索案例资源因此也可以说是对各种类型的法律资源的汇总。无论是法律性文件中现行法的构成要件及立法历史,还是纸质图书与学说论文中的学界通说和异议观点,都在判决书中得到了体现并被进一步情境化。另一方面,案例资源对写作思路和研究进路的选择也有很大影响。一般而言,法学学术论文用到的案例资源分为两种类型:一种是针对常见的社会问题,现行法能够较好地回应社会现实(以下简称"普通案件"),便有与之相关的大量案例,如与本书研究例证之一的交通肇事案相关的案例资源;一种是针对事实复杂、法律存在空白点的社会疑难问题,适用现行法可能会导出有争议的结论(以下简称"疑难案件"),与这类型问题相关的案例较少且彼此间可能不一致,如引发社会广泛关注的"公序良俗第一案"(张学英诉蒋伦芳案)及其相似案例。对于第一种案例资源,可以利用其数量多、覆盖面广这一优势采集一定数量的同类案例,运用社会学方法进行统计分析。通过抽离个案事实并将其类型化,能够看到法律在不同地域、时间、形态的社会中的不同适用状况,由此可以总结现行法的适用状况,并进一步探询该法律的应然状态。对于第二种案例资源,因其数量有限且每份判决书中包含的信息较一般案例多和复杂,不适用统计学的分析方法。因此,可以对该类型的案例及法律问题作个案剖析,通过深度解析案例中的各种事实情节,尤其是使其成为疑难案件的因

---

① Oliver Holmes, Jr., *The Common Law*, with an Introduction by Thomas Schweich, Barnes & Noble Publishing, Inc. 2004, p. 1.

② 白建军:"案例是法治的细胞",《法治论丛》2002 年 9 月。

素,理解法律漏洞之所在并试图找到解决方案。

第二节　如何进行案例检索

如前文所述,因为存在不同类型的案例资源,案例检索的过程也应当与不同类型案例资源的特点相适应,因不同研究进路的选择而异。

对于普通案件的案例检索,应当注重检索结果的全面性和完整性,即一方面不要对检索结果进行过多限制,以免没有足够的样本量以供统计分析;另一方面可以利用数据库的已有功能对检索结果进行分类,为进行统计时的划分变量阶段提供便利。

对于疑难案件的案例检索,应当注重检索结果的准确性。因为疑难案件的事实部分包含了大量信息,这部分信息的复杂性和特殊性也正是该类案件之所以为"疑难"的重要原因。因此,检索疑难案件的案例,需要至少在特殊事实的某一方面具有较大的相似性与可类比性,这即需要对检索词进行精确的选择和组配。

对于普通法系国家的案例而言,案例所包含的信息更丰富,尤其是关于法律背后的理性说理更多,即使是对某一特定的法律规则还可能分不同情况讨论。因此在检索、筛选英文案例资源时,更要注重及时进行整理、分类。同时,由于美国是联邦制国家,州与联邦的法律系统相互独立,不同法律系统中法院的管辖权直接决定了其判例法的适用范围和约束效力。因此,在检索美国法的案例时还应将州与联邦的案例区分开来。

中文的案例资源一般可从如下几个渠道获取:第一,查找纸质出版物,包括官方公报(如《最高院公报》、《最高检公报》)和案例集(如《中国审判案例要览》、《人民法院案例选》)。纸质出版物中的案例都较典型,但查找不方便。第二,通过法院官方网站查询,如北京法院网。法院官方网站包含的案例资源有限,且一般都只提供以本院为审判机关的案例。第三,通过综合性法律网站查询,如中国法院网。综合性法律网站的案例资源较法院官方网站丰富,但其检索功能相对单一,一般只提供标题和全文检索。第四,通过专业法律数据库的案例数据库查询,如北大法律信息网和北大法意的案例数据库。专业案例数据库不仅综合了纸质出版物、法院官方网站、综合性法律网站的内容,还是功能更强、使用更方便的专业检索工具,提供一站式检索。

下文即将结合代表普通案件类别的交通肇事案,以及代表疑难案件类别的"泸州二奶案"(张学英诉蒋伦芳案)及其同类案例,对北大法律信息网、北大法意、Lexis 以及 Westlaw 的案例检索功能进行讲解。

一、北大法律信息网

北大法律信息网中已经有几十万件案例,含民事、刑事、行政案例。其案例数据库(http://vip.chinalawinfo.com/Case/)可通过点击首页上方的"司法案例"导航条进入,其检索界面采用高级检索方式,包括案由、关键词等多条检索通道。除在案例数据库中进行检索外,还可采取前两讲介绍过的"法条联想"功能,通过定位关键条款查找与之相关的案例资源。

本小节将以两类案例资源为例,介绍在案例库中,如何用案由和关键词结合检索相关案例。根据北大法律信息网的特点,这一步是案例检索的重心,绝大部分检索目的要在这一步实现。

1. 普通案件:交通肇事案为例

首先在案由中选择"交通肇事罪"(图 4.1.1),得到检索结果 4493 条。对于进行统计分析所需要的样本量而言,4493 条结果不算多。但有时使用数据库提供的检索条件进一步限定结果范围,虽然单独看每一次的检索结果量变小了,但将这些检索结果进行加总后,不仅总的样本量差异不大,还能为统计分析阶段的变量分类提供便利。例如,在选定案由为"交通肇事罪"的情况下,分别选择审理程序为"初审"、"终审"进行检索(图 4.1.2、图 4.1.3),得到检索结果 3328 和 1122 条。将这两项结果加总共得到 4450 条结果,与附加限定条件前的 4493 条结果相差无几。同时,通过将案例分类为初审与终审案例,通过统计交通肇事罪中初审与终审案件的平均刑量,并加入初审判决后被告人积极赔偿被害人这一考虑因素,比对存在这种情节的初审与终审案件量刑,看其是否存在从轻量刑,也即"赔偿减刑"的趋势。因此,审理程序是我们在研究交通肇事罪赔偿与量刑的关系、统计分析案例资源的重要变量之一,通过使用案例数据库的功能将案例分为初审和终审案例,能一定程度减轻在依据变量梳理案例时的工作量。同理,通过选择"有"、"无"民事赔偿的检索条件(图 4.1.4),能帮助我们比对在犯罪事实严重程度相近的情况下,被告人赔偿或不赔偿被害人这一情节对其量刑的影响。

图 4.1.1

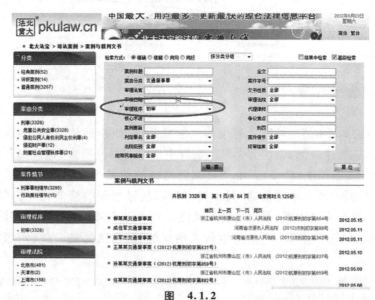

图 4.1.2

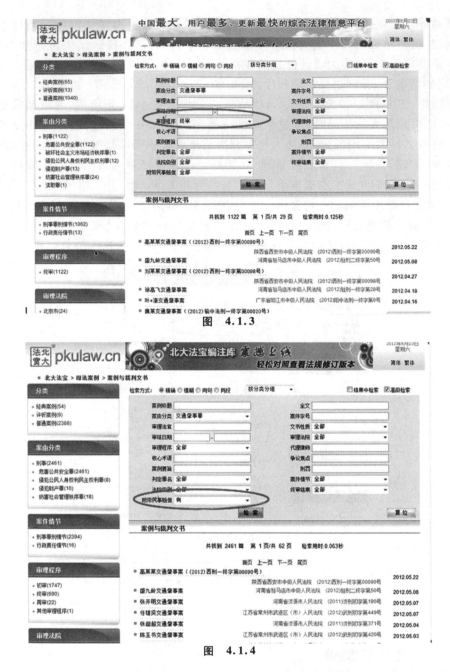

图　4.1.3

图　4.1.4

　　根据检索目的的不同,还可组合利用其他检索条件,如罪刑情节、文书性质、法院级别、审理法院的地域等条件。例如,在交通肇事案件中选择文书性质为"调解书",即可得出以调解书结案的案件 12 条(图 4.1.5)。由于以调解结案的结果一定程度反映了被告人认错态度较好,得到了被害人及其家属的谅解,也属于可以从轻量刑的情节之一,同样属于除赔偿以外能够影响量刑的关键因素,因此这种分类也具有一定意义。又比如,在社会上引起广泛讨论的"5·7 胡斌飙车肇事案"③,虽然被告人胡斌醉酒、超速驾驶,在杭州西湖边撞死一名

　　③　又称为杭州飙车案,是指发生于 2009 年 5 月 7 日,中国浙江省杭州市文二西路发生一起改装三菱车(车牌:浙A608Z0)因超速驾驶撞死人的事件。

青年学生的事实情节十分严重,但因其家人积极赔偿被害人家属,胡斌一审被判处有期徒刑三年。这一案件不仅引发很多人对"赔偿减刑"的质疑,更有舆论谴责浙江地区"富二代"风行飙车导致该地区交通事故频发。因此,如果希望关注在胡斌飙车案前后浙江省对于交通肇事案件的处理态度是否有变化,除了检索这一地区是否针对该问题出台了新的地方性法规、规章,还可以通过在案例检索中将检索条件的审理法院设定为"浙江省"(图 4.1.6),比对 2009 年 5 月 7 日前后的交通肇事案件中法院的量刑。

图 4.1.5

图 4.1.6

另外,罪行情节和关键词全文检索也是北大法律信息网案例数据库的常用功能。如图 4.1.7,选择"罪行情节"中的"量刑情节"下的"可以从轻",检索具有可以从轻情节的交通肇事罪案例。通过阅读检索结果中的判决书,一方面可以根据判决依据的不同从轻情节,检查此前检索法律性文件时对该问题的归纳是否全面,另一方面也是对可以从轻情节的再次梳理,为统计分析阶段的变量归纳做准备。如图4.1.8,在案由为"交通肇事罪"的检索结果中以"积极赔偿"为关键词进行全文检索,得到检索结果340条。通过阅读该检索结果,可能整理出积极赔偿被害人的被告人的共通之处。

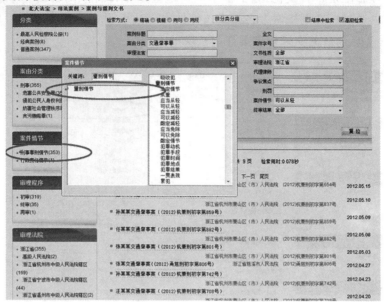

图　4.1.7

图　4.1.8

　　2. 疑难案件:以"泸州二奶案"为例

　　由于中国"家丑不可外扬"的古老传统,发妻将二奶诉至公堂的案件本来就少,而案件的重要证人,即发妻的丈夫,二奶的情夫已过世,遗嘱中将财产留给二奶的情况更是少之又少。因此,进行这类疑难案件的案例检索时,不仅要通过不同渠道尽可能多地检索到与之相关的同类案例,在得到初步检索结果后,也需要仔细阅读判决书,甄别其中的重要事实并及时归纳整理。检索疑难案件的案例大体有二种方法：

　　第一种是使用关键条款的法条联想功能。如"张学英诉蒋伦芳"案的判决依据为《中华人民共和国民法通则》（以下简称《民法通则》）第 7 条，也即通常所说的民法的基本原则之一——公序良俗条款。在北大法律信息网的法规中心检索《民法通则》，进入第 7 条的法条联想界面（图 4.1.9）。在与《民法通则》第 7 条相关的裁判文书中选择案由为"遗赠纠纷"，得到结果 3 条。如图 4.1.10 所示，这三条结果中有两条与"泸州二奶案"直接相关，分别是其初审、终审判决书。而另外一条结果经浏览得知（图 4.1.11），该案件主要关注点在于被继承人的债务纠纷，与遗嘱本身的效力以及受遗赠人的特殊身份无关，应加以排除。因此，法条联想功能虽然是检索疑难案件案例的重要途径，但有时并不能进行最全面地查找，需要其他检索方法加以辅助。

图　4.1.9

图　4.1.10

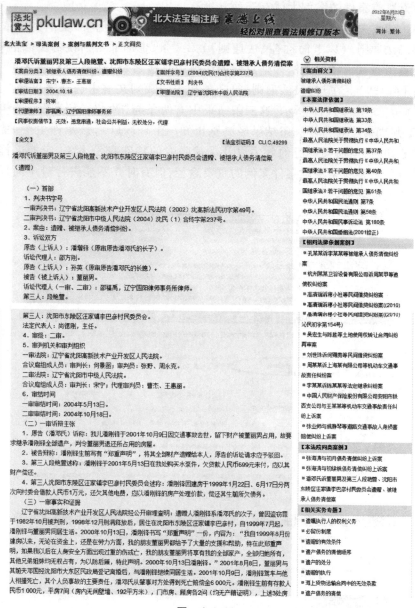

图 4.1.11

　　第二种方法是直接在案例库中进行关键词查询。这种方法与普通案件的盘里检索类似,但由于其案情较特殊,在关键词的选择、组配上需要更加准确。在案例库的"案由"一栏选择民事案件中的"婚姻家庭、继承纠纷",并在子选项中选择与我们研究主题相关的"遗嘱继承纠纷"、"夫妻财产约定纠纷"及"遗赠纠纷"(图 4.1.12),得到检索结果"遗赠纠纷"33篇,"夫妻财产约定纠纷"8 篇,遗嘱继承纠纷 187 篇,总共 228 篇(由于结果较多,图中只显示过程,并没有将结果作反映)。通过初步浏览,发现很多结果与泸州二奶案的相关性并不大,需要进一步限制检索范围、增加检索条件。因为"泸州二奶案"引起争议的重要因素之一是受遗赠人的身份为二奶,这也是该案依据《民法通则》第 7 条判决的关键性事实,因此"二奶"应当是检索的核心关键词。又因为"二奶"属于日常生活用语而非规范的法律语言,因此使用与其意思相近的"非法同居"作为检索词。在"遗赠纠纷"的 33 篇中,以"非法同居"进行全文检索有 5 篇结果(图 4.1.13),"夫妻财产约定纠纷"8 篇中有 0 篇结果,"遗嘱继承纠纷"的 187 篇中,以"非法同居"全文检索,有 2 篇结果,共 7 条结果,不再一一显示(图 4.1.13)。可以看到,"泸州二奶案"的初审及终身判决书都包含在内,通过浏览得知,其他案件的判决书也与检索主题相关,这是一次成功的筛选。

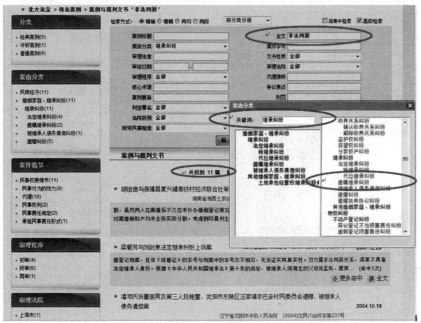

图 4.1.12

图 4.1.13

　　最后一种方法是通过查找关键案件的判决书，使用法宝的"关联案例"功能直接浏览案例。例如，查找到"张学英诉蒋伦芳遗嘱纠纷案"的初审判决书后，可在页面"本案相关资料"中看到相关案例（图 4.1.14）。直接浏览这些案例的判决书即可。该功能也适用于初步查找出与关键案件相关的判决书后，通过这些案例的"关联案例"功能进一步扩大检索范围。

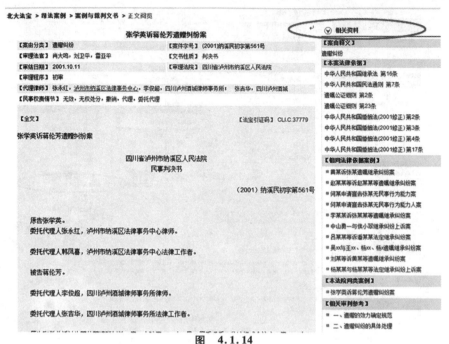

图　4.1.14

　　除了上述介绍的与案例检索相关的功能，北大法律信息网还将于近期推出案例库新版，进一步细分各种案例资源类型，包括普通案例、指导案例、经典案例、案例评析、案例报道、审判参考、实务专题等，充实案例相关资料。

二、北大法意

　　北大法意有两个数据库都提供案例资源，一个是法意的"法院案例库"，通过点击主页上方的"法院案例"导航条（如图 4.1.15）或直接访问 http://www.lawyee.net/Case/Case.asp 即可进入。该数据库收录的案例资源十分丰富，包括各级法院的裁判文书、媒体案例近 33 万件，其更新速度为每天 300 至 500 个，每年 12 至 15 万个，并且还在递增。数据库的资源来源主要为最高人民法院、最高人民检察院的公告、人民法院案例、中国审判案例要览以及中国审判指导。另一个是法意实证研究平台所提供的裁判文书智能检索，通过进入法意主页的"高校频道"（如图 4.1.16），通过点击该频道下的"实证研究"导航条，或直接访问 http://211.100.26.171:986/ui/Index/Default.aspx 进入。

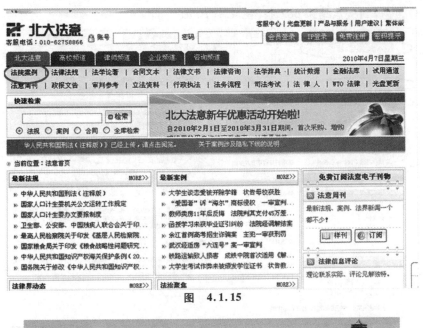

图　4.1.15

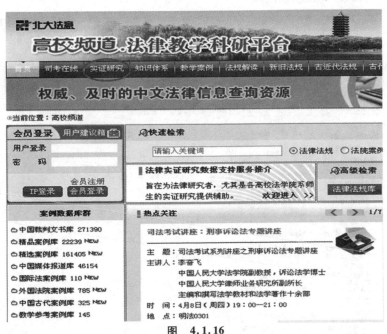

图　4.1.16

　　法院案例数据库提供了两种裁判文书检索方式：一种是分类引导检索，包括法院案由引导、地域引导、审理法院引导、专题案例引导；一种是案例高级检索，包括案件类型、案号、案由、学理词、当事人、审理法院、审理法官、代理律所、代理律师、全文、判决时间的检索。

　　以查找交通肇事案的案例为例，使用分类引导开始检索。页面左侧的"法院案由引导"目录是根据最高人民法院公布的体系指导进行分类的，显示的都是一级列表，点击即可进入二级列表、三级列表。首先在一级列表中点击"危害公共安全罪"（图4.1.17），再选择次级目录中的"交通肇事罪"，得到检索结果2231条（图4.1.18）。由此可见，北大法意的案例库资源十分丰富。与在北大法律信息网中检索案例的原理类似，如果需要将这些结果进一步分类，可以使用关键词在结果中检索。例如，以"附带民事"为关键词在结果中进行全文检索

（图 4.1.19），可得到检索结果 667 条（图 4.1.20）。

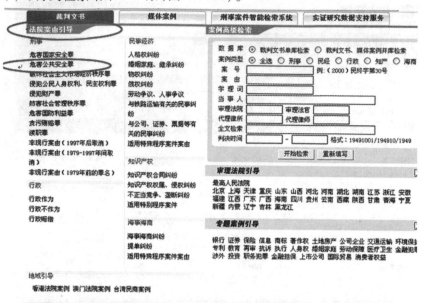

图　4.1.17

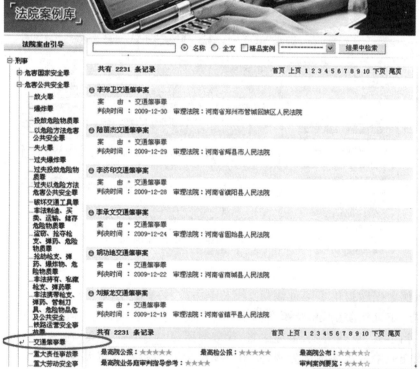

图　4.1.18

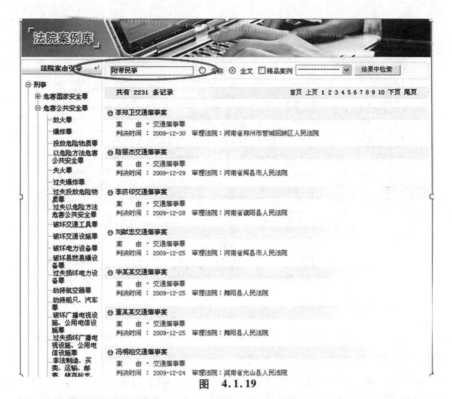

图 4.1.19

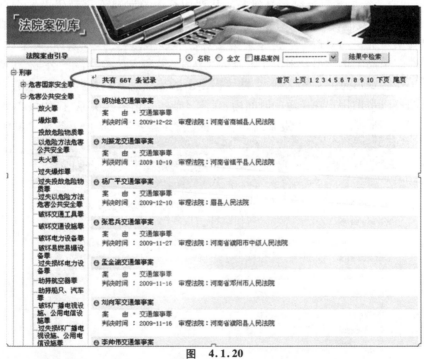

图 4.1.20

还是以交通肇事案件为例,通过案例高级检索方式检索案例。如直接在案由中输入交通肇事,在全文检索中输入附带民事(图4.1.21),同样可以得到图4.1.20中的667条结果。这种检索方式更适用于有明确检索目标和准确关键词的使用者。

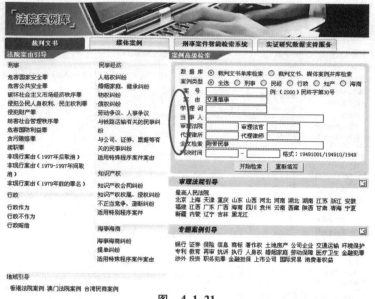

图 4.1.21

　　案件的类别主要就是案件的基本性质,如刑事类、民事类、知识产权类案件等。下方的"精品案例"和"精选案例"分类则主要是根据法意编辑对该案例编排的程度来进行。精选案例是编辑认为文本信息丰富,来源权威的案例,编辑在文本基础上提炼出了该案件的当事人、审理法院、审理时间等基本的案件客观信息要素。在使用者不需要对大量判决书样本进行统计分析,而主要希望通过案例检索了解同类型案件的事实情节信息和法官判决依据时,直接浏览精选案例可以为用户提供高效指导。精品案例则是精中选精,是更具权威性、典型性、疑难性和热点性的案件。精品案例大部分来源于最高人民法院、最高人民检察院的公告,在精选案例已经提炼出了一些客观信息要素的基础上,继续提出了法律点、摘要、裁判要素、核心学理词等信息。精品案例可以帮助用户在最短的时间内,理清复杂的案情事实关系、抓住核心争议点。

　　如图 4.1.22 所示,点击上述检索结果右侧的"精品案例",得到 57 条精品案例的结果列

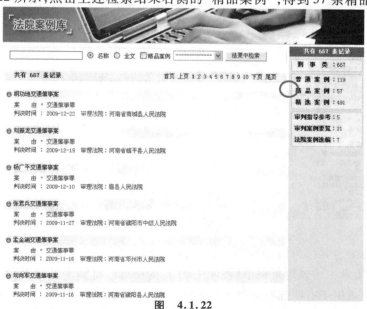

图 4.1.22

表。随意点开其中某个案例,如图4.1.23、4.1.24所示,除了浏览裁判文书全文外,还可以明晰地看到审判字号、审判时间、审理法院、案情摘要、法律点、学理词、法律案由、法律依据和裁判要素等信息。但凡页面中标识为红色或蓝色的字都可以点击打开,如点击这个蓝色的"安徽省淮北市中级人民法院",就可以进入法意数据库中该法院审理的所有案例。

乔小战交通肇事案

裁判文书:
点击浏览案例内容
审判字号:
(2006)淮刑终字第23号 (2006)烈刑初字第102号
审判时间:
2006年1月26日 2006年3月15日
审理法院:
安徽省淮北市中级人民法院 安徽省淮北市烈山区人民法院
案情摘要:
 被告人驾出租车将被害人撞死,公诉机关以交通肇事罪提起公诉,附带民事诉讼原告人请求三附带民事诉讼被告人承担赔偿责任。两审法院均认为,被告人犯交通肇事罪,保险公司应作为共同被告与其它附带民事诉讼被告人共同赔偿由此给被害人带来的损失。
法律点:
 发生交通事故后,如保险公司不及时理赔,是否可以将保险公司列为共同被告参加诉讼?
学理词:
从轻处罚 主体资格
法院案由:
 刑事 → 危害公共安全罪 → 交通肇事罪

图 4.1.23

法律依据:
 中华人民共和国道路交通安全法(2003年) 第七十六条第一款
 中华人民共和国保险法(2002年) 第二十二条第二款
 中华人民共和国刑法(1997年) 第六十一条
 中华人民共和国刑法(1997年) 第六十七条第一款
 中华人民共和国刑法(1997年) 第一百二十三条
 中华人民共和国刑法(1997年) 第一百三十三条
 中华人民共和国民法通则 第一百一十九条
 最高人民法院、最高人民检察院、司法部关于适用普通程序审理"被告人认罪案件"的若干意见(试行) 第九条
裁判要旨:
 对刑事部分。被告人违反道路交通管理法规,对造成一人死亡的重大交通事故负主要责任,其行为构成交通肇事罪,公诉机关指控罪名成立。被告人乔小站犯罪以后主动电话报警,并如实交待犯罪事实,系自首,可以从轻处罚。被告人乔小站认罪态度较好,有悔罪表现,根据《最高人民法院、最高人民检察院、司法部关于适用普通程序审理"被告人认罪案件"的若干意见(试行)》第九条之规定,被告人乔小站自愿认罪,可酌情予以从轻处罚。对附带民事部分。原判认定被告乔小站驾驶出租车将被害人撞死,案发后,被告人报警投案自首。淮北市公安局交警支队事故处理大队认定被告人负事故主要责任;被害人负事故次要责任;肇事车辆所有人是陈辉,被害人是陈辉的雇佣司机;陈辉在淮北市财产保险公司入保第三者责任险,并与淮北市天元汽车出租服务部签订出租车辆交纳保险金、办理保险业务协议,缴纳押金,按时交纳管理费;陈辉向淮北市公安局交警支队事故处理大队缴纳押金;附带民事诉讼原告人从该大队领取4400元;被告人乔小站的行为给各附带民事诉讼原告人造成经济损失70 232.4元,扣除已领取4400元,余款65 832.4元。经二审法院调解,双方当事人自愿达成调解协议。

图 4.1.24

　　除了上述介绍的裁判文书的检索以外,北大法意的案例数据库还提供媒体案例检索及刑事案件智能检索。媒体案例主要是从各大传媒机构对社会热点案件的报道,虽然不如裁判文书格式规整、法律用语规范,但是能为案件、尤其是疑难案件提供更多事实及背景信息。如图4.1.25所示,在媒体案例库的检索框中以"遗嘱"为案由,以"非法同居"为关键词进行全文检索,得到检索结果6条。如图4.1.26所示,6条结果中的3条都是对作为我们研究遗嘱继承问题关键案例的"泸州二奶案"的报道。点开其中的某条结果(图4.1.27),可以看到该报道的用语十分生活化,并且提供了一些裁判文书中未载明的当事人双方的个人信息。

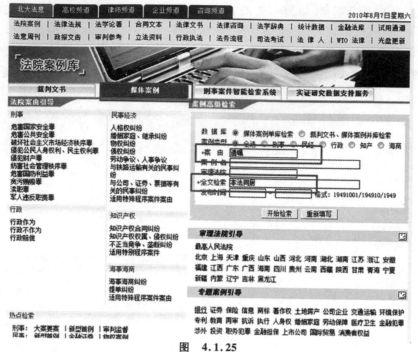

图　4.1.25

图　4.1.26

图　4.1.27

除了裁判文书、媒体案例的检索功能之外,法意案例库还提供刑事案件智能检索系统(图4.1.28)。该检索系统采取逻辑检索模式,主要是为法意独特的实证平台研究功能提供基础分析材料。由于该功能与法意高校频道的实证研究平台案例资源检索基本一致,因此与下文的平台的案例资源检索一并介绍。

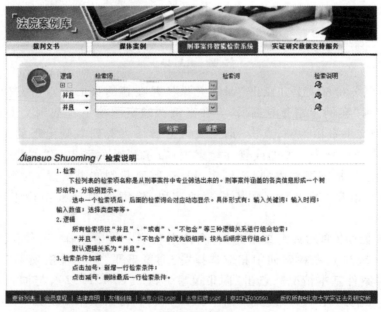

图　4.1.28

北大法意的高校频道(图4.1.16)主要是面向广大高校的用户,适用于高校的法律教学科研和备考的专业一体化平台系统。其中的亮点部分就是实证研究平台(图4.1.29),该平台主要为高校用户的法学研究提供统计分析工具,关于统计分析的基本原理及该平台的具体用法,我们会在本书下一编详细介绍。实证研究平台与本节介绍的案例检索之所以相关,主要是因为实证研究需要大量案例作为分析样本,该平台也就自带部分案例资源。与法意案例数据库不同,平台自带的案例资源已经突破了中国的裁判文书和媒体案例范围,扩充到其下 11 个子库,包括裁判文书库、精品案例库、精选媒体报道库、国际法案例库、外国古代案例、教学参考和港澳台案例库等。实证研究平台也提供与案例相配套的法规资源。

图　4.1.29

　　在实证研究平台首页上方点击"课题资源",并在新的页面中点击左侧的"系统课题资源",便可看到"案例课题资源选项"。在案例课题资源项下有裁判文书资源和媒体案例资源,以裁判文书资源为例,点击"刑事裁判文书",可看到右侧出现的逻辑检索框(图4.1.30)。其中加减号表示增加或删除检索项;布尔逻辑关系包括"并且"、"或者"、"不包含"三种;检索项根据案件类型(即刑事、民事、行政裁判文书资源)的不同,包含"案件信息"、"当事人信息"等上百个用于检索的字段;检索词则会根据检索项的不同自动变化。

　　以检索交通肇事罪的裁判文书为例,在检索项第一栏中选择"案件信息"中的"结案主罪名"(图4.1.31),在检索词中相应选择"交通肇事罪"。在检索项第二栏中选择"案件信息"中的"案件基本情况",点击"附带民事诉讼"(图4.1.32),与词相对的检索词为"是"或"否"。选择"是",开始检索(图4.1.33),得到检索结果 119 条。

　　点击结果中显示为蓝色的案件名称,即可浏览判决书全文。由于实证研究平台主要是为法学学术研究提供技术支持,该检索结果还可被导入用户的研究课题,供统计分析使用。具体的导入及统计分析方法留待下编。

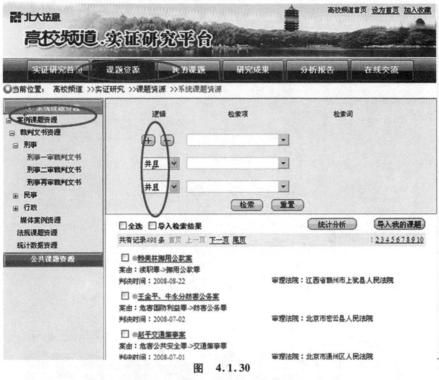

图 4.1.30

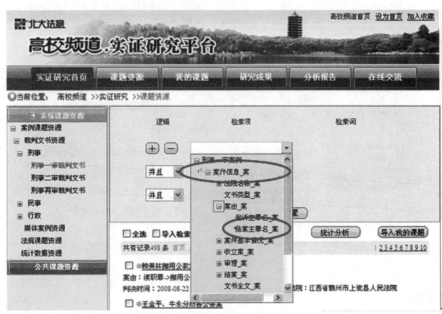

图 4.1.31

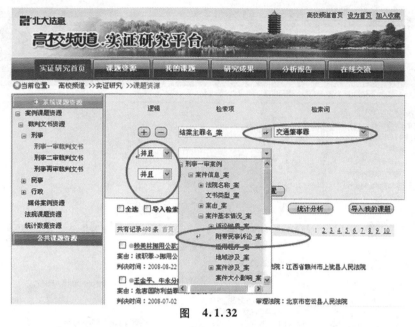

图　4.1.32

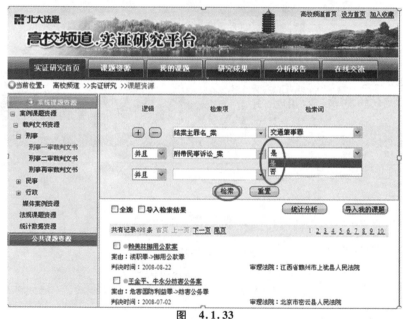

图　4.1.33

三、Lexis

　　与前两讲介绍的法律性文件与学说论文的检索类似,使用 Lexis 数据库检索案例也主要包括通过选择恰当的数据库、在其中使用术语与连接符语言进行检索,以及根据 Lexis 编辑的学科主题目录(Search Advisor)进行浏览两种方式。对学科主题检索在上一讲中已有详细介绍,在此不赘述。而在使用第一种方式进行案例检索时,数据库的选择随研究目的的不同而多有不同;同时,Lexis 数据库的案例资源十分丰富,一方面为检索提供了全面、完整的资源,一方面也为我们使用恰当的检索语言在数据库中定位出最可欲的结果提出了挑战。因此,下文主要就第一种案例检索方式进行讲解。

判例在普通法系国家法律系统中占有重要地位,主要体现在判例法具有直接约束效力,与成文法产生同等的法律效果,即普通法上的遵循先例原则(stare decisis)。但由于可撰写案例的法院层级远比有权颁布成文法的机构层级多,且美国在联邦和州之间有两套相互独立的法律系统,判例法内部也存在不同效力等级的划分。一方面,在每一个州或联邦巡回法院的管辖范围内,本院或上级法院的在先案例直接对下级法院产生约束作用,被称为"拘束力"(binding authority)。例如,纽约州某一地区法院的判决必须遵循本院和该州最高法院的判决先例,第一巡回法院的判决必须遵循本院及联邦最高法院的先例。另一方面,在各州法院或各联邦巡回法院之间,同级法院的判决不产生直接约束力,而只具有参考效力(persuasive authority)。例如,加利福尼亚州的两个地区法院之间的案例都不必然要为另一方遵守,而只作为判决说理的参考之一,又如联邦第七巡回法院和第九巡回法院之间的案例也都对彼此产生参考效力。

因此,在美国从事法律实务进行案例检索,案例数据库的选择十分重要,比如需要根据案件选择州或联邦的案例数据库、应当先选择具有约束力的案例所在的管辖法院数据库,再检索只具参考效力的案例所在的管辖法院数据库。不过,对于我们在中国写作法学论文而言,检索美国法的案例主要不是为了针对美国的某一具体案件分析其可能的判决结果,而是通过检索与我们关注的法律问题相关、或与中国某一类案例相似的案例,获得一种比较法上的双重视野和思维进路。因此,我们使用 Lexis 检索美国法案例,不必过多拘泥于数据库的选择,一般选择"联邦和州法院案例集"(federal & state cases, combined)即可。因为这个数据库包含了所有等级美国法院的案例,数据量十分大,因而我们在使用术语及连接符语言检索时应更注重关键词的选择和组配问题。

以检索美国法上与交通肇事案件相关的案例为例,首先来看检索词的不同选择和组配对检索结果产生的影响,以及粗略检索(rough search)的基本步骤。

首先在 Lexis 首页的数据库来源中选择"联邦和州法院案例集"(federal & state cases, combined,如图 4.1.34),进入检索框界面。以"胡斌飙车案"的事实情节作为需要查找的案例原型,尝试用自然语言和精确的法律术语及连接符语言分别进行检索。先在检索框中输

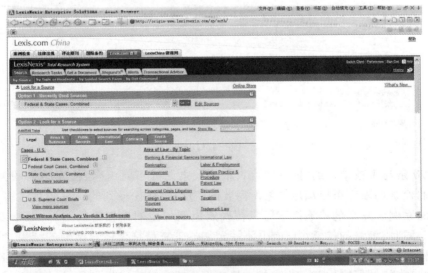

图 4.1.34

入"开得太快"(driving too fast)表示超速驾驶(图 4.1.35),得到检索结果 2190 条。再换用术语及连接符语言重新检索,在检索框中输入"CORE-TERMS(negligent driving)and CORE-TERMS(manslaughter)and CORE-TERMS(speed)and CORE-TERMS(reckless)and NOT juvenile and NOT intoxicat! And NOT drug"(图 4.1.36),其中前四个核心词表示案例必须同时具备"莽撞驾驶"、"撞死人"、"速度"以及"过失"几个要素,后三个用"否"逻辑运算符连接的术语表示结果中应不含有"少年犯罪"、"醉酒驾驶"以及"吸毒后驾驶"的因素。这一精确的运算式得到检索结果 1 条。

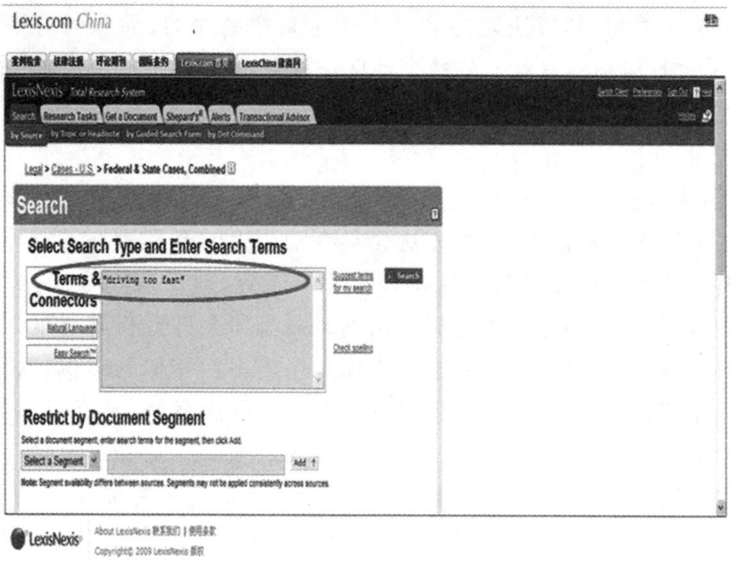

图 4.1.35

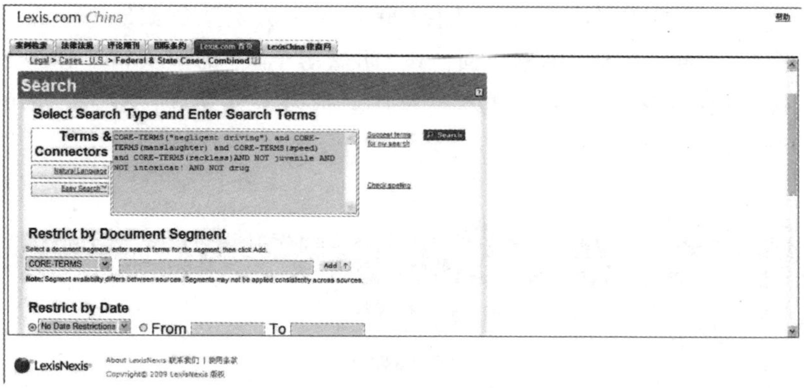

图 4.1.36

由 2190 条与 1 条结果的对比可看出,根据检索词的不同组合,检索结果的伸缩性非常大。简单的检索词限定可以满足检索所需要的广度,但往往得到的结果数量过多,难以筛选出最符合的案例。复杂的检索语言可以精确定位到与预期最相符的结果,但难以满足结果的多样性。同时,繁复的检索词限制并不一定能够带来最符合检索预期的结果,因为智能检索工具以检索词是否在文献中的某一字段出现为筛选依据,而不会考虑其出现的具体情况。以上文的交通肇事案件检索为例,我们在检索框中规定检索结果必须同时具备"莽撞驾驶"、"撞死人"、"速度""过失"等四个要素,同时不包含"少年犯罪"、"醉酒驾驶"及"吸毒后驾驶",然而现实的情况是,虽然有许多案例的文字中很可能包含了"少年犯罪"、"醉酒驾驶"等词汇,但判决书应用这些词汇的目的正是为了排除此类要素,如此一来,许多符合预期的案例反而被遗漏了,而真正得到的1条检索结果却很可能与我们的研究关系不大。因此,**在初次检索案例时,应当通过粗略检索大致确定结果范围,并以该结果为线索,不断对检索语言进行补充与修正,重复检索以得到预期的检索效果。**

例如,由于胡斌飙车案的主要事实要素为疏忽驾驶、超速驾驶以及造成一人死亡,因此粗略检索即以这几个关键词为核心展开。如图 4.1.37 所示,在检索框中键入"'careless driving' or 'negligent driving' and CORE-TERMS(speed) and CORE-TERMS(death)",表示核心关键词为"超速驾驶"、"致人死亡",并且检索结果中应包含"疏忽驾驶"这一因素,得到检索结果 13 条。

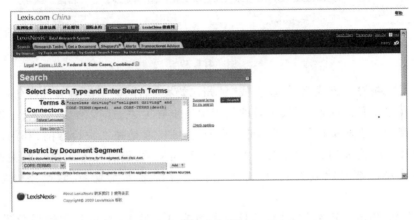

图　4.1.37

应当说,13 条检索结果对于初次案例检索而言属于比较恰当的检索范围,因为美国法的案例一般篇幅较长,虽然阅读起来需要一定时间,但同时也可从中获取大量信息。如图4.1.38 所示,通过浏览结果发现,可以用专业法律术语"vehicular crime"来代替生活化用语"traffic accident",表示交通犯罪。类似的,可以用"car-chase/ speed chase"来代替"speed"表示超速驾驶,用"manslaughter/ homicide"来代替"death"表示致人死亡。在拿不准的情况下,可以通过在线词典或其他百科全书工具查询某一词条的含义(图4.1.39)。可以使用这些更准确的法律术语进行新的检索,一般而言,粗略检索的过程需要反复进行几次才能得到希望的结果。

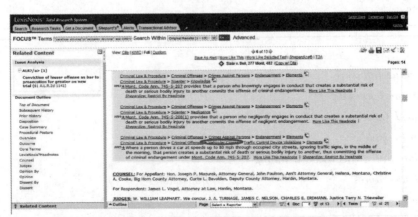

图　4.1.38

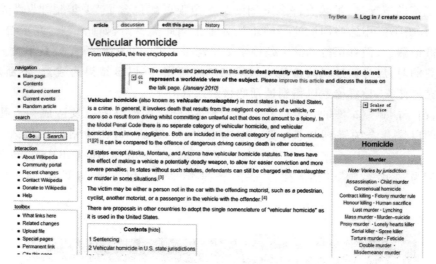

图 4.1.39

　　在介绍了粗略检索方式之后,以查找"泸州二奶案"的同类案例为例,讲解案例的精细检索。粗略检索主要靠在检索、阅读结果的过程中逐步修正关键词以推进检索,一般适用于查找特殊限制较少的普通案件的案例。与之相较,精细检索是在初次检索前,利用之前检索过程积累的信息提取关键词、对其进行分类并查找其同义词,最后从不同组别的关键词中甄别出核心关键词并检索的检索方式,该方式比较适合检索事实复杂、限制条件较多的疑难案件。

　　例如,基于"泸州二奶案"的法律争议点和重要事实情节,可以将关键词分类为:遗赠和非法同居关系(bequest & illicit relation)、不正当的影响(undue influence)、遗嘱(wills)、情妇(mistress)。以这几个关键词为基本类别,扩大其同义词范围如下:

Group 1

- *Bequeath/ Bequest/ Devise*
- *Illicit Relation/ Sexual Relation*
- *Illicit Cohabitation*
- *Woman*
- etc.

Group 2

- *Undue Influence*
- *Moral Turpitude*　　　　　　*Public Policy*
- *Good Custom*　　　　　　　*Good Moral*
- *Ordre Public*　　　　　　　*Bonnes Mœurs*
- *Gute SittenÖffentliche Ordnung*
- *Bonus Mores*　　　　　　　*Boni Mores*
- etc.

Group 3

- *Will(s) / Testament*
- *Testator/ Testatrix/ Legator*
- *Testamentary Successor/ Legatee*
- *Testamentary Disposition*
- *Probate of Will(s) / Testamentary Capacity*
- etc.

Group 4

- *Mistress*
- *Ladylove*   *Inamorata*
- *Lass*   *Paramour*
- *Kept Woman*   *Fancy Woman*
- *Courtesan*   *Demirep*
- *Dona*   *Concubine*
- etc.

　　同义词的查找可以通过前述的在线词典、百科全书或法律辞典等方式,此外还要注意,如果在查找过程中看到该词汇的拉丁文,也不要忽视。因为美国某些法官在撰写判决意见时仍继受了英国普通法的一些传统,在一些重要的法律原则、概念上仍习惯采用拉丁文写法,因此检索时使用"或"逻辑符连接重要关键词与其拉丁文写法,可以帮助更全面地检索,以免漏掉可欲的结果。

　　甄别上述关键词及同义词,挑出核心术语在"联邦与州案例集"这一数据库中进行检索,键入"'Moral Turpitude' or 'good customs' or 'good moral' pr 'bonus mores' or 'public policy' or 'undue influence' and 'bequest' and 'illicit relation'"(图 4.1.40),表示检索结果必须同时具备遗赠、非法关系、善良风俗或不当影响这三个要素,得到检索结果 36 条。

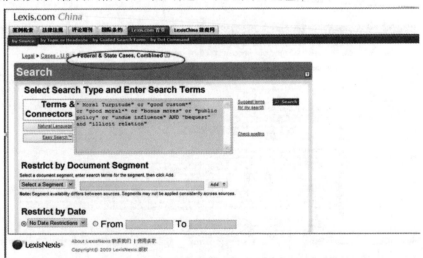

图　4.1.40

在 36 条的检索结果中使用"聚焦"（FOCUS）功能进一步限定范围，在"术语"（Terms）一栏键入"mistress or paramour or inamorata or lass"，得到二次检索结果 22 条（图 4.1.41），即为精确检索的结果。

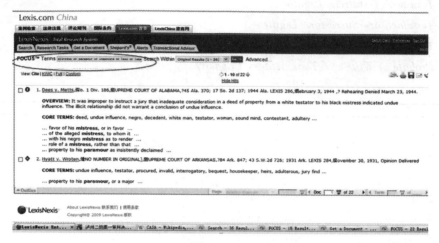

图 4.1.41

除了使用 Lexis 检索案例外，还需要掌握浏览、筛选案例检索结果的技巧。Lexis 的编辑团队对案例的原始文本进行了加工处理，提供了很多相关功能，帮助用户更有效地获取信息。例如，批注功能（LexisNexis headnotes）是 Lexis 编辑摘录出的与案例相关的法律点，每一个法律点项下不仅包括该法律术语的概念，还有其在某一法律主题下的定位，帮助使用者梳理法律关系。如图 4.1.42 所示，*Dees v. Metts* 一案中，批注功能就帮助整理出了三条与"不正当的影响"（undue influence）相关的信息。此外，如果认为该信息有用，如第一条批注意见为"州法律认为，不能仅凭情妇与情夫非法同居的事实认定遗嘱的设立受到了不正当的影响"，这为我们论证泸州二奶案中非法同居的事实并不一定导致遗嘱的设立违法提供了一定的说服力。如果希望查找更多与该批注相关的案例，可以点击批注右端的"更多结果"（more like this headnotes，如图 4.1.42），选择检索来源后（图 4.1.43）即可浏览前 100 条相似结果（图 4.1.44）。

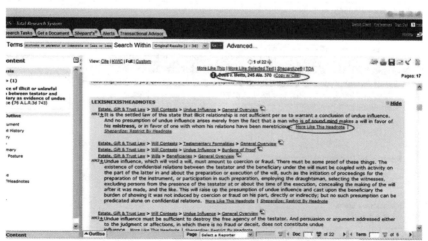

图 4.1.42

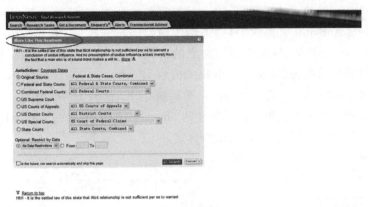

图 4.1.43

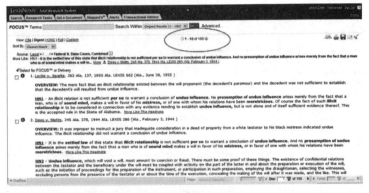

图 4.1.44

除了检索同类批注外,"查找更多相似结果"的功能还可用于查找同类案例和选中段落(More like this 和 More like selected text,如图 4.1.45)。"More like this"提供的是相似篇章跨库检索功能,即如果对于同一主题还需要补充其他的资料,可以通过点击"More Like This"链接,并选择需要检索的其他子数据库,也可以增加新的检索词一并进行检索。"More like selected text"提供的是检索相似段落功能,即如果发现文档中的某个段落十分重要,可以选中这个段落(最多 1000 个单字),点击"More Like Selected Text"即可使用选中的术语运行搜索。需要注意的是,为了得到最好的检索结果,选中的段落应当尽量简短,例如最好集中在某一个问题上、不多于一段等。如果有引证(Citation),应当确认是否已将其选中。

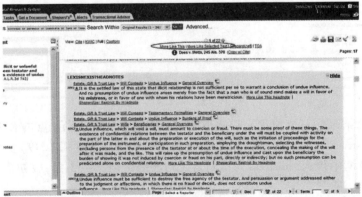

图 4.1.45

　　在 Lexis 中浏览、筛选检索结果时，有一对很重要的功能：谢泼德引证（Shepard's）和参考文献列表（Table of Authorities，简称 TOA）。谢泼德引证与 Westlaw 的 Key Cite 功能下的引证参考（citing references）类似，提供引用该文章的文献列表；TOA 与 Westlaw 中的 TOA 类似，提供该文章引用的文献列表（参见上一讲相关内容）。例如，在 *Dees v. Metts* 一案中，点击案件名上方的"Shepardize @"，进入引证参考页面。如图 4.1.46 所示，"谢泼德提要"（Shepard's Summary）以大纲的形式说明案件的 Shepard 情况，可通过该功能迅速判定案件被推翻的争点之所在，也可判断其获得的正面肯定。

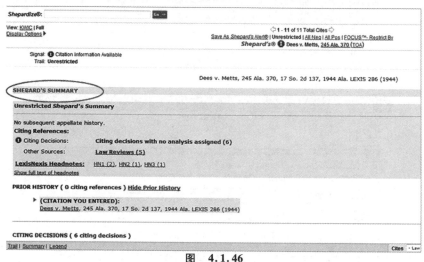

图　4.1.46

　　如图 4.1.47 所示，谢泼德引证中的引用判决是按照管辖和法院的顺序排列的，并且按照日期分类。点击引用文献可以移动到该文献的全文。点击定位（pinpoint）引证，可以移动到该页。点击"Return to Shepard's"链接可以回到最初的 Shepard's 结果。

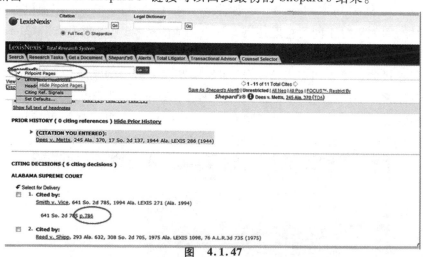

图　4.1.47

　　Shepard's 的结果还可以被进一步缩小范围。如图 4.1.48 所示，点击右上方的"聚焦/限制"（FOCUS-Restrict by）功能，进入给添加限制条件的页面（图 4.1.49）。例如，在"术语"（FOCUS Terms）框中键入"mistress"，得到与之相关的引用案例 3 条，较初次 Shepardize 的结果少了 3 条。

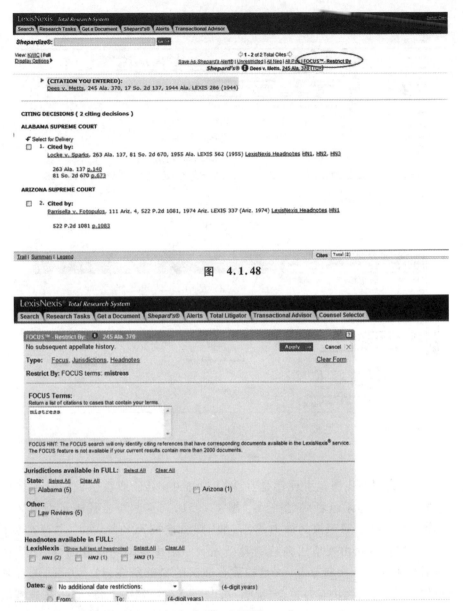

图 4.1.48

图 4.1.49

与谢泼德引证对应的是 TOA 功能,点击文档标题上方右侧的"TOA"(图 4.1.50),进入该文章引用的参考文献列表(图 4.1.51)。TOA 是验证文献有效性的工具,它能够分析文章所引用的案例的渊源,而这些通常是整个判决的基础性内容。同时还能提供案例基础的概览分析,甚至在没有未来负面评价的情况下也提供案件未解释的薄弱点。

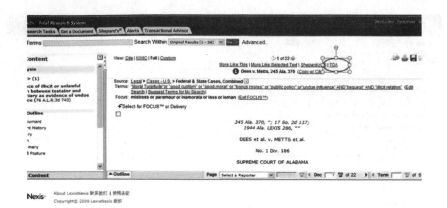

图 4.1.50

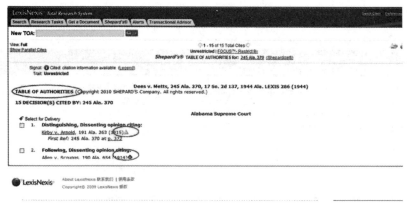

图 4.1.51

　　我们注意到,无论在谢泼德引证还是在 TOA 功能中,引证或被引证的文献名称右侧都有一个彩色的(本书未显示色彩)标识符号(图 4.1.51)。这些符号代表了引证文献的有效性,即不同的符号标识不同渊源的效力级别,如"判决推翻"(overruled)、"存在负面评价"(criticized)等。这主要是由普通法独特的遵循先例原则决定的。一方面,同一管辖范围内的在先判决需要被在后判决所尊重,这是构成普通法的基础所在;另一方面,随着时间推移和案件情势的不同,在后判决有时也会挑战(challenge)在先判决,通过修正在先判决的不合理之处促进普通法的长足发展。下图 4.1.52 给出了不同符号标识的具体效力级别,在每次使用 Shepardize 或 TOA 功能时,页面底端也会有关于这些符号的具体说明。

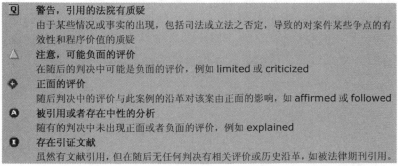

图 4.1.52

　　除了"查找相似文献"和与谢泼德引证 TOA 相关的文献引证功能,在阅读 Lexis 检索结果时还可使用页面左侧提供的两项功能:相关内容(related content)和文献提纲(document outline)。

　　如图 4.1.53 所示,文献提纲(document outline)条理清晰地按顺序显示了右侧文档中的每项内容,包括与该案例有关的后续历史、在先历史、判决提要等。点击其中的每一项,系统会直接导向该链接指向的内容。在案例检索结果较多、需要阅读大量判决书并整理出案例提要(case brief)时,尤其推荐使用"案例总结"(case summary)功能。案例总结由 Lexis 专业编辑在阅读判决书全文的基础上归纳得出,包括案件程序历史、案情提要、结果以及关键词,能够帮助使用者在阅读整篇判决书前大致了解其内容,提高筛选文件的效率。

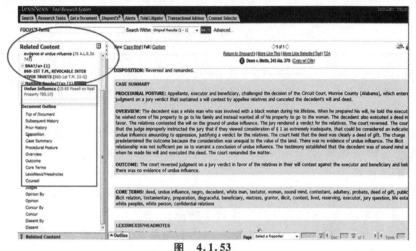

图　4.1.53

　　相关内容(related content)Westlaw 提供的"Result plus"增值服务类似,即在选定数据库检索出的结果文献之外,自动检索与给定检索条件相似的文件。如点击 Hyatt 诉 Wroten 一案的"相关内容"链接,得到美国法律大全(American Law Report)的一篇文章(图 4.1.54),通过浏览文件提要,发现该文章列明了与我们检索目标相关的多个案例(图 4.1.55)。

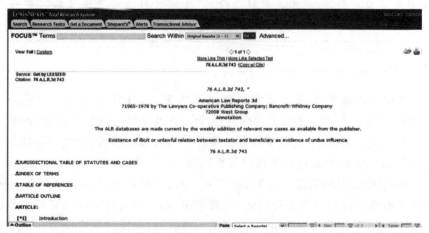

图　4.1.54

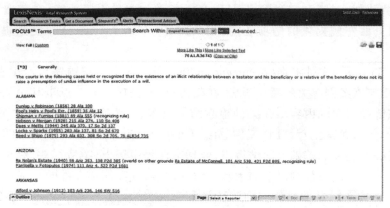

图   4.1.55

Tips:

截至本节,对 Lexis 数据库的功能已经进行了大致的介绍,现归纳如下:

1. 检索文件的途径:

➤ 通过选定数据库来源(sources),使用术语与连接符语言直接检索;

➤ 通过法律主题工具(research task & search advisory)进入法律主题目录,浏览和检索自己想要的内容;

➤ 直接通过输入已知文章的引证号(citation number),找出该篇文章。

2. 浏览检索结果、阅读文件的重要辅助功能:

➤ 使用"聚焦"(FOCUS terms)功能进一步限制结果文件范围;

➤ 跨库查找相似文献(more like this (headnotes/ selected text));

➤ 使用谢泼德引证(Shepard's)与 TOA 查找文献引证功能;

➤ 阅读 Lexis 推荐的"相关内容"(related content);

➤ Etc. 。

其中大部分功能本书结合具体例证给出了较详细的讲解,还有一部分功能及检索技巧由于使用方法较为简单,本书没有详加介绍,如通过引证号查找文章、"警报"(Alert)功能,同学们可自己尝试使用或参阅相关资料。

四、Westlaw

Westlaw 数据库收录的案例包括美国联邦和州案例(1658 年至今)、英国(1865 年至今)、欧盟(1952 年至今)、澳大利亚(1903 年至今)、香港地区(1905 年至今)和加拿大(1825年至今)的所有案例。除此之外,还提供其他国际机构的案例报告,包含国际法院、国际刑事法院(前南法院和卢旺达法庭)、世贸组织等案例报告。

在 Westlaw 中检索案例的方法与 Lexis 基本一致,一种是通过在目录(Directory)中选择数据库,使用术语和连接符语言进行检索,类似于在 Lexis 中选择数据库资料来源(sources);另一种是通过浏览"钥匙码"(key number)浏览法律议题,选择与研究领域相关的进行检索,类似于 Lexis 的法律主题工具(research task & search advisory)。因为前面几节对 Westlaw 的这两种检索方式都进行了详细讲解,这里只是大致对案例检索进行介绍。

第一种检索方式下,点击主页上方的"Directory"导航键,开始选择数据库,与 Lexis 数据库是以文件性质进行分类（例如，将一级了数据库分为一次资源、二次资源数据库）不同，Westlaw 先根据管辖、领域的法律进行分类，即将一级子数据库分为联邦法律文件、州法律文件、诉讼相关文件、法律新闻等等（图 4.1.56）。因此，与 Lexis 可以直接选择"州与联邦案例集"数据库不同，Westlaw 需要对州与联邦的案例进行分别检索。虽然对于我们检索案例存在一定不便，但 Westlaw 的设计主要针对从事普通法法律实务人士的需求，根据管辖划分数据库对于有两套独立系统的美国判例法而言是合理的。

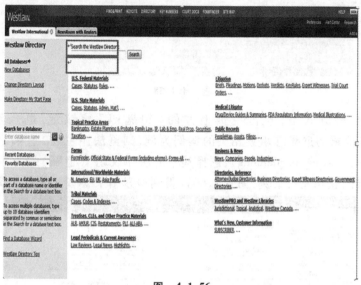

图 4.1.56

选择"联邦案例集"（All federal cases，识别号为"ALLFEDS"）数据库，在检索框中输入"SY.DI（'undue influence'/s'illicit relation'）"，表示希望检索结果的摘要（synopsis & digest）中在同一句中出现"不正当的影响"和"非法关系"（图 4.1.57），得到一条检索结果（图 4.1.58）。由此可知，使用"摘要"（SY.DI）字段进行检索得到的结果是比较精确的，但也有可能导致过度限制检索结果。因此需要不断调整检索字段、选择和组配关键词，其方法在前文多有涉及，在此不赘述。

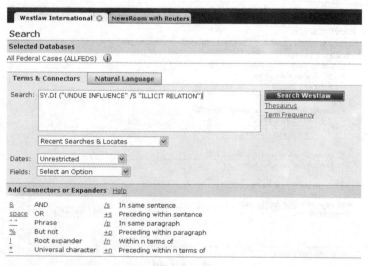

图 4.1.57

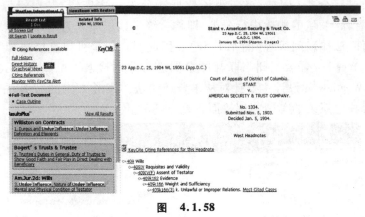

图   4.1.58

在第二种检索方式下,点击主页上方的"钥匙码"导航键,进入法律主题列表 (图4.1.59)。以检索与遗嘱继承案相关的案例为例,浏览法律主题"遗嘱、信托、房地产管理"(wills, trusts, and estate planning),选择其中的法律议题"(遗嘱)效力"(validity),选择资料来源为所有的联邦及州案例(图4.1.60),得到检索结果34条(图4.1.61)。

图   4.1.59

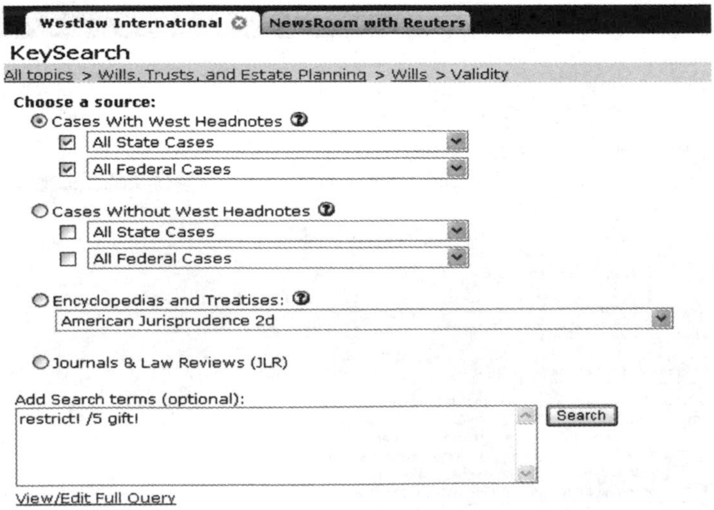

图   4.1.60

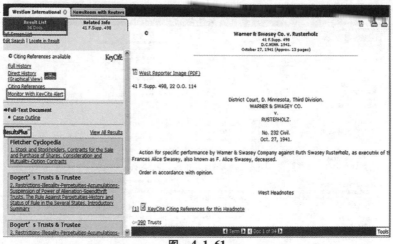

图 4.1.61

关于检索结果的浏览,Westlaw 也提供与 Lexis 类似的引证信息(KeyCite)、TOA、"result plus"信息增值服务、浏览文件提纲(case outline)等功能。由于"result plus"增值服务、TOA 等功能前一小节均有涉及,在此仅着重讲解 KeyCite 引证功能。

KeyCite 是法律相关文件的历史与引用查询系统,可查询的文件包括案例,法规,行政命令,法学文献等。在 Westlaw 中,美国,澳大利亚,加拿大和香港的法律资料已经应用了这一功能。如图 4.1.62 所示,每一项引证文件标题左侧都有一个小旗,表示该案例或成文法的有效性。各种 KeyCite 的含义可以通过点击文件左侧工具栏的"KeyCite"按钮获得。具体而言:

红旗:在案例或行政裁决中,表示至少有一个法律见解已经不是目前被接收的见解。成文法中,表示该法在近期立法中被修正或废止。

黄旗:在案例和行政裁决中,黄旗表示该案例或裁决出现过某些相反的判决历史记录,但该判决未被驳回或推翻。在成文法中,黄旗表示有足以影响该法现行效力的草案存在。

蓝 H:在案例和行政裁决中,蓝色 H 表示该案例或裁决有一些非负面的上诉历史。

绿 C:案例和行政裁决中,绿色 C 表示该案例或行政裁决目前没有发生上诉,不过已经被同级法院引用。

在案例和成文法的标题前,以及左侧页面的相关信息(Related Info)标签下,都有 KeyCite 标志。左侧的 KeyCite 区域除了提供旗号外,还提供案例和成文法的发展历史及参考清单。如图 4.1.63 所示,点击 KeyCite 项下的"全部历史"(full history),可以显示 *Hamdan v. Rumsfield* 一案的全部的诉讼过程,包括该案例前后的上诉历史。使用 Key Cite 功能还可查看该诉讼过程的解析图(graphical view,如图 4.1.64 所示)。

KeyCite 中的"引证参考"(citing references)是与 TOA 相对应的、提供结果文件引用文献列表的功能,与 Lexis 的 Shepard's 功能类似,在前文有具体介绍。

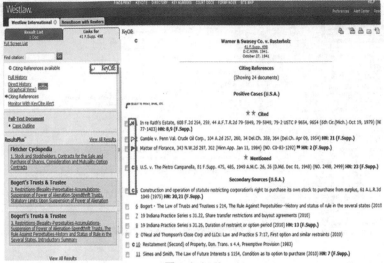

图　4.1.62

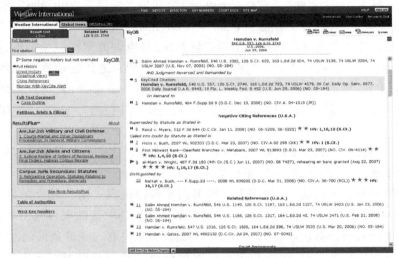

图　4.1.63

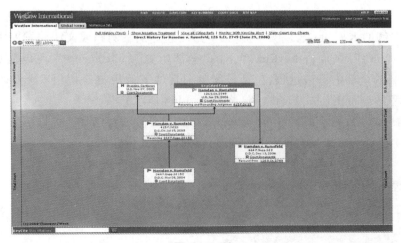

图　4.1.64

Tips：

1. 关于 Westlaw 的各项功能，可以点击主页上方的"网站地图"（site map）导航键，查看对 Westlaw 功能的全面总结（图4.1.65）。其中本书介绍了 Westlaw 检索文件的主要途径，如通过 Directory 目录导航选择数据库、使用术语及连接符语言检索，使用钥匙码浏览法律主题进行检索；还介绍了一些浏览结果文件的辅助功能，如 Key Cite、Result Plus 等。其他的检索技巧如创建 West Clip 管理自己的检索文档、查看检索历史、浏览法律新闻等，由于 Westlaw 提供的各种功能十分细致，在此无法一一展开，读者可以通过查看 site map 中的功能列表或查阅相关资料进行学习。

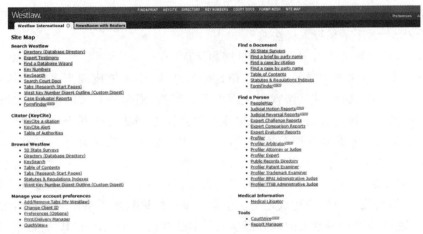

图　4.1.65

2. 通过介绍 Lexis 和 Westlaw 并对其功能进行比对，我们发现这两个数据库的基本功能、使用方法和所储资源量基本不相上下，例如，Lexis 的 search advisory 和 Westlaw 的钥匙码检索功能、Lexis 的选择数据来源（sources）和 Westlaw 的在数据库目录（directory）中选择功能、Lexis 的 Shepard's 和 Westlaw 的 Key Cite 等等。两者的不同的主要是针对不同用户检索习惯所设计的浏览界面，大家可在进一步使用这两个数据库的过程中体会其差异，选择最适合自己的数据库和检索方式。

第三节　案例梳理的基本方法

一、怎样读判决书（中文）

在这一小节中给同学们简要讲讲民事判决书的构成，同学们可以对照着"案例的定量研究"一章的内容来学习。

民事判决书主要由以下几部分构成：

（1）标题和编号。制作判决书时，在居中部分写明"某某人民法院民事判决书"。另起一行在右侧写明案件顺序号，如"（2007）海民初字第15962号"。

（2）当事人身份及基本情况。包括写明原告、被告及代理人的姓名、性别、年龄、民族、籍贯、职业和住址等。

（3）案由。最高人民法院颁布了一系列列案由，律师在书写起诉状或者立案庭在立案的时候都会根据案件情况表明案由。而在判决书中一般则表明"上列当事人因某某某一案，本院于何年何月何日组成合议庭，依法公开（或不公开）进行审理"。④

（4）事实和理由。这部分主要写明当事人各方关系，纠纷发生的时间、地点、原因、经过、双方争议焦点，事实陈述、主张和辩论提出的理由以及证据。同时写明原告的诉讼请求和被告的答辩。理由部分，通常有这样的字样："经查明：……"写明人民法院认为事实和纠纷性质的根据，人民法院判定是非所依据的法律。同时阐明法庭采信的证据、进行推理和适用法律的过程。

（5）判决结论。根据事实、理由及法律依据，写明对案件的处理决定。

（6）结尾。写明"如不服本判决，可在接到判决书之日其十五日内，想本院提出上诉状以副本若干份，上诉于某某级人民法院"。

（7）审判长、审判员及书记员署名，日期和院章。

那么我们阅读判决书的时候，也是遵循这样的结构，逐步地梳理当事人、案由、事实、诉讼请求及答辩、证据、法律依据、法官判决理由等。当然，根据研究目的的不同，研究和解读的重点也有所侧重。民商法的研究可能更重视事实归纳和法官在判决中推理的部分，当事人及其附带的信息并不是这些研究所关注的。如果要做一个法社会学的研究，那么可能还会关注当事人的年龄、工作及其住所地、法院所在地以及争讼的时间等，通过这些背景信息的解读，试图了解法律与民间习俗之间的互动关系。例如，"张学英诉蒋伦芳案"即是一例，判决的理由当然是我们研究的重点之一。但是如果我们细致地考察原告和被告的年龄和居住地，不难发现这场遗嘱继承案的双方当事人是居住在同一个社区之中，而且张学英较蒋伦芳而言年龄远为年轻。这说明张学英和蒋伦芳与案件中的死者黄永彬一道构成了事实上多配偶关系，真正撼动法官的，在"公序良俗"背后的原因，也许恰恰就是对单配偶制的坚守。因为如果一旦判决婚外婚的张学英能够获得死者黄永彬的遗产，那么无异于承认了多配偶制的现实性，这是现代社会所不允许的。⑤ 这些当事人的背景信息可以从判决书中直接读取，只要同学们足够用心，就一定能够从阅读判决中找到有意思的问题。

二、怎样读案例（英文）

英文案例通常由以下几部分组成，在阅读英文判决书时应当注意提取以下信息。

（1）案例名称（case name）。案例通常由下列几个部分组成。比方说马伯里诉麦迪逊（*Marbury v. Madison*）、多诺休诉斯蒂文（*Donoghue v. Stevenson*）。其中 v. 是 versus 的缩写。

（2）判决法院（Court rendering the opinion）。例如新泽西最高法院（New Jersey Supreme Court）和英国的最高法院（The House of Lord）。

（3）案号（Ctitation）。例如 93 N. J 324，A. 2d 138（1983），这说明该案出自《新泽西汇编》第 93 卷，第 324 页，以及《大西洋汇编》第二辑第 138 页，该案判决于 1983 年。

（4）主审法官姓名。

（5）判决书主体部分：包括法律争议（Issue）、双方当事人情况和事实经过（describing the parties and facts）、判决采用的相关法律（discussing the relevant law）以及判决结果（rendering judgment)。

　　判决意见通常分为好几种。其中主审法官的意见是法院的意见。此外还有"反对意见"（dissenting opinion or dissent）与"配合意见"（concurring opinion）。前者是指不同意大多数法官判决结论的某一法官的意见，后者是指同意大多数法官的意见，但是不同意判决结论的推理的某一法官的意见。

　　推荐同学们阅读何美欢老师的《理想的专业法学教育》一书，其中的附录部分详细记载了何美欢老师在清华法学院讲授"普通法精要"的课堂内容，讲解如何阅读判例、如何通过"树状报告"的方法研读判例，发现法官语言下的逻辑脉络。⑥

课堂练习（十一）

1. 使用北大法意数据库检索与"泸州张雪英诉蒋伦芳案"相似的案例。
2. 使用 LexisNexis 数据库检索与泸州案类似的遗嘱继承纠纷案例。

---

⑥　何美欢：《理想的专业法学教育》，中国政法大学出版社 2011 年版。

第二讲 案例分析的定量研究

第一节 学术研究类型的再思考

由于前述的中国当代法学研究的"比较法"特点,现在学术研究中比较常见的是"论证型研究",也就是结论已经确定,写作的重点在于找到尽可能多的论据。其中又以两种论证方式最为常见:一种是他人"罗列学说型",例如一篇论文写"马克思说……,孟德斯鸠说……,贝卡利亚说……,龙勃罗梭说……,当代某著名学者说……,而我认为……"。在这种论文套路下,经常是综述多于分析,观点多于观察,发明多于发现,演绎多于归纳,想象多于经验。[①] 另一种是"别国经验借鉴型",例如"某某国家的制度设计是……,所以我国应当……"这类的论文套路。这类论文没有察觉的潜在危险首先在于,未经比较而用一个样本代替总体,何以见得这一单一样本是最具代表性、最值得借鉴的?其次,忽略两国在历史原因和文化环境等方面的差异而对所谓的"完美样本"生搬硬套,"我国应当"的结论则何以成立?[②] 这种人文社会科学的论证,更多是神学性质的。它们在更大程度上,是让作者和读者获得一些心理安慰。即使是目前所谓交叉学科的法律社会学和法律经济学,其实都很少运用经济学社会学的社会科学研究方法去分析问题,而只是用这门科学已有的某些结论,比如说韦伯的某个结论、科斯的某个定理,或者博弈论的相关命题,来佐证和支持作者的观点。说白了就是"套理论"。这样的论证容易显得成功,其实只是因为我们这个时代的读者更容易接受这样的论辩方式,更倾向于倾听社会科学的理论。但是这些论证究竟在多大程度上解决了问题,或者加深了我们对问题的理解,实际上并不清楚。对于这类研究,重要的不是认识和解决问题,而是给出一个"解释"。对同一问题的不同解释彼此竞争,被期望于筛选出最佳的解释。然而实际上,由于不同人的出发点不同,这类研究的结果往往是给相应的读者一个心理安慰:我们有自己的答案。

在本质上,这些论证和过去的神学没有实质的区别,只不过以前的修辞用的是神话或道德的语言,现在则换成了社会科学的语言。我自己读《左传》的时候,有一个重要的体会,就是这里边一旦涉及重大的政治决策或军事决策,都要进行占卜,而且通常都会对占卜加以解释。占卜往往只会呈现出一个"卦象",比如说乾卦,之后就会有个长者来解释这个卦是什么意思。《左传》有个特点,就是每卦必应,几乎所有的卦都应验了。所以后来考证《左传》的内容哪些是后人加的,就是看这个卦是否应验。如果应验了,那说明作者一定是生活在春秋战国之交或者战国时期,因为他已经看到结果了,才写了这部分内容。然而在当时,人们的确就是相信占卜的内容。《左传》里面的占卜,其作用主要不是预测,而是修辞。可以说,占卜在春秋战国时期,就是当时的社会科学——它们研究的也是因果关系。占卜是当时的社

① 参见,白建军:《法律实证研究方法》,北京大学出版社 2008 年版,第 2 页。
② 同上书,第 3 页。

会科学,而社会科学也就是我们现在的占卜。只不过,春秋战国的人更相信占卜,而我们相信社会科学。试想,我们现在穿越到古代去,回到孔子的时代,给那个时代的人讲一套博弈论,讲一套社会学理论,他们肯定不会相信。他们占卜并记录占卜的结果,用它们说服其他人接受这样的预测,并作出决策,或大战或不战。占卜就是当时决策所需的依据,就像我们用经济学理论预计股市的涨跌一样。所以,从这个角度来看,很多人都把现代科学的理论命题作为一种论证工具,服务于我们这个时代的论证。但是,这些理论命题究竟能够在多大程度上推进我们对真实世界的理解、回答我们提出的问题,本身就值得画上一个大大的问号。就像占卜在多大程度上能够解释古代的政治和军事事件,也是要打上问号的。

因此,我们需要了解另外一种研究方式,也是本讲要着重介绍的**分析式研究**。什么是分析式的研究呢？就是根据你提出的问题,将问题加以分解,层层深入地进行探讨,不断推进我们对这个问题的理解和思考。最终可能会得出一个结论,也可能得不出结论,只发现一个困境,或者一个死结。都没关系。分析式研究的目的是为了充分理解我们面对的问题,至于答案,要么是作为有待检验的理论预设或"工作假设"(working hypothesis),要么是最终的分析结果,总之不是一开始就得到的结论。对于一个极度需要心理安慰的时代而言,论证式研究是需要的,而且格外重要。绝大多数人承担不了没有答案的日子。重要的是给他们一个答案,而不是正确的答案。就如同对一口猪而言,重要的是不能饿着,而不是吃得健康、高尚或者优雅。但是,如果你的目的是希望更多探索这个世界的真相,那么论证一个答案就显得不那么重要。相反,发现问题的实质才是目的。

人类有很多难题最后都是解决不了的,就算是贡献很大的理论或猜想,都未必一定是最后的结论。即便不是最后的结论,这些伟大的理论也可以推进我们对人类社会根本问题的理解,丰富我们的认识。因此,我希望同学们能够多少尝试着学会分析,掌握一些基本的分析、研究方法,用这些方法去解决问题,而不是仅仅论证某种自己相信或迷信的结论。

当然,最好能把分析和论证结合在一起,通过分析得出基本的结论,然后来进一步扩展,给予更充实的论证。

在科学史上有很多这样的例子,例如量子力学大师海森堡,他常常能猜出结果,这也许是天才的特征,但这些猜想事实上来源于分析。然而,有的时候他也无法为自己的猜想提供完善的论证,而其他学者,其他的数学家和物理学家,能够帮助证明他的猜想,加深对问题的了解。一个好的研究常常如此,一方面能够通过分析,最终感觉到或者捕捉到问题的核心,发现解开问题的钥匙,另一方面也能够找到更多的资源、更精确的方式去论证这个问题,给自己也给他人一些足够的确信。

人文社会科学面对的世界并不比自然界更简单,比如说我们要回答现在北京的房地产市场为什么呈现出房价高企的状况？一种解释提出,这是因为房地产的市场化程度不够高,然后进行论证,要解决北京房地产市场最好的办法是放开管制,允许土地自由交易,允许开发商自由定价;另外一个观念就是认为问题恰恰在于过度市场化,因此不能让市场来决定,围绕这个论点论证要加强管制,要让国企退出房地产市场,要有限制购买房子数量等等。我们常常会陷入这样的观点之争中,每一个观点都有自己的理由。但是,真相到底如何,导致这个结果的关键原因何在？我想这才是我们真正关心的问题。因为只有明白真相,知道了究竟是什么样的原因导致了这样的结果,我们才能更好地解决问题。归根到底,占卜也好,社会科学也好,我们相信这些并不是因为它们能"说服"我们,而是因为我们能够通过它们去理解问题和解决问题。这就涉及我们如何通过分析性研究,来发现事物之间真实的因果关系,或者至少去感知和接近事物之间的因果关系。

第二节　因果关系

因果关系大体分为两类,一类是定性的因果关系,叫做**逻辑因果关系**——这是我们从小到大最常接触到的,解数学题,甚至哲学家的思考,常常都是逻辑因果分析。最为典型的就是三段论的形式逻辑。另一类是定量的因果关系,我把它叫做**统计因果关系**。

相比于定性的即逻辑因果关系,定量的统计因果关系有很多不同的特点,所以学者们通常不把它称为因果关系,而叫做"统计关系",比如"相关关系"或者"回归关系"。但我认为,所谓"统计关系",实际上只是修辞性的定义。因为通过定量的研究,学者们的最终意图还是找出事物之间的因果联系。只不过这不是传统的逻辑因果关系,不是通过推演而是通过统计来捕捉的因果关系。物理学研究的因果关系就曾发生过这样的转变——尤以 19 世纪末20 世纪初热力学以及统计物理学的产生为代表。因为到最后,量子力学的研究者发现事物之间的因果关系已经无法进行定性研究了,一个微粒到底是呈现出怎样的物理状态,只能用统计关系来表示了。从这个角度来看,人文社会科学更是如此,我们看到的很多现象之间的联系,只能是事后发现的,而没法给予一个完全严格的、定性的逻辑推导。

我们生活的这个世界不是简单因果关系,不是简单的两种因素之间的影响。这就是我们需要以统计因果关系辅助研究的一个本质性原因,也是我们需要分析问题、而不单是去论证问题的原因。如果任何一个结果都只有唯一的原因,事物之间只存在简单因果关系,那论证和分析也就没什么差别,统计因果关系和逻辑因果关系的区分也就没有必要了。在这种情况下,我们看到了结果 A,只要能发现 B 就够了(如图 4.2.1)。例如我们研究交通肇事案的赔偿与量刑关系,我们看到被告人赔钱了,也看到他减刑了,就直接可以得出结论:赔钱导致了减刑,人们可以花钱买刑,花钱买自由。然后得出结论说,这是"有钱能使鬼推磨"。这就是最近人们常说的一个问题,但很可能是错的。

图 4.2.1　"一因一果"因果关系示意图

事实上,我们看到了 A 和 B,便认为 A 与 B 之间是结果和原因的关系,这只是因为我们人为地将问题简化为单一因果关系了,我们自觉或不自觉地假设了整个世界就是一因一果的。但这个世界常常不是如此,至少在逻辑上就有四种情况:一因一果,多因一果,一因多果,多因多果。这就是世界的复杂之处,也正是理解因果关系的困难所在。所以我们不能假定这个世界是单一因果关系,而必须假定它是复杂因果关系。在复杂因果关系的世界里证明某些情况下存在事物之间的单一因果关系,就要复杂得多。还是 A 和 B 的例子,如果要说B 导致 A,就不能仅仅证明 B 可以推出 A,除此之外需要证明不存在其他的因果关系。例如,如果要想证明 AB 之间的单一因果关系,除了要证明 B 推出 A,那就必须还去证明"非 B"能够推出"非 A"——要证明赔钱是减刑的唯一原因,除了证明"赔钱能减刑",还要证明"不赔钱就不能减刑"。在某种程度上,要在复杂因果关系的真实世界里证明单一因果关系,所要求的不是必要条件,不是充分条件,而是充分必要条件。这里所谓的充分必要条件,常常只能是在统计因果关系而非逻辑因果关系的意义上。

现在大多数的学术研究,哪怕是定性研究,常常都只看到了简单因果关系,因为看到 B 之后出现了 A,就认为是 B 导致了 A。但事实上,这样的研究很多都是错的,那是因为作者只看见 B 了,而没有看到 C、D、E 等其他原因导致 A 的可能性。这样的研究其实只能告诉别人,是作者自己管中窥豹、一叶障目,只见树木不见森林。这既不是分析也不是论证,既没有意义,也无法推广和应用——无论是做研究,还是写辩护意见,我们都不能只告诉大家"我只看到了赔钱导致减刑,别的我不知道"。

那么复杂因果关系是怎样的?为了简化问题,我们仍然只考虑单一结果、即多因一果的情况。这种情况的基本假设是,有很多很多原因,无论是显在的还是潜在的,都可能导致这个结果(如图 4.2.2)。更复杂的情况则是,各个原因之间也有相互的因果关系(如图 4.2.3),或者某个原因自身也是其他更深层次的原因的结果(如图 4.2.4)。这个假设的因果关系图还可以无穷尽地画下去,更说明只得出来一个"B 推出 A"是没有什么实际意义的。因此,在我们不了解这个世界,不了解整体的因果关系时,不要贸然推出一个简单的因果关系。

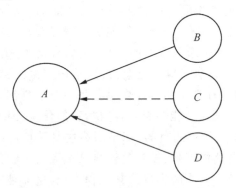

图 4.2.2 "多因一果"因果关系示意图

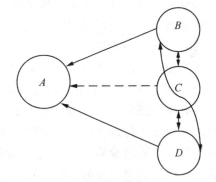

图 4.2.3 交互影响的"多因一果"示意图

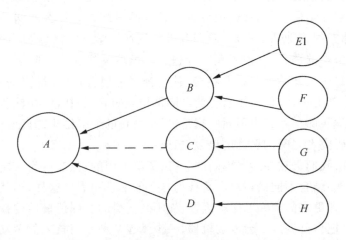

图 4.2.4 多层次的"因果关系"示意图

然而,这样复杂的因果关系,却是我们的研究对象——这就是现代科学,无论是自然科学还是社会科学所要面对的一个普遍问题。我们的法学也不例外——如果它还试图成为一门研究因果关系的"科学",还试图为各种制度设计提供一些"科学依据"的话。

第三节 定量研究

一、区分变量

对于复杂因果关系,经济学进行了进一步的区分,将导致结果的原因分为外生变量(Exogenous Variables)和内生变量(Endogenous Variables)外生变量意味着所有潜在影响因素里,它们的变化会影响其他变量,最终影响结果,但是没有其他变量影响这些变量。它们处于因果关系的最外层,是最终端的原因。而内生变量是在外生变量之外参与了因果关系的变量,它们本身是其他变量的结果,只是一些过渡性的中间变量,为我们寻找外生变量提供线索。

那么,如果要研究一系列复杂的因果关系,首先就要找到这些变量,也就是说找到所有可能导致某种结果的影响因素,然后把其中的外生变量筛选出来。当然,真实世界更为复杂,我们筛选出来的变量也很可能是不准确或不完善的。但是,在做研究的开始阶段,我们总要尽可能把能想到、能找到的所有可能因素,都纳入考虑的范围之内。

这个找寻和设计变量的过程是需要经验、需要理论的。有的人一开始就能知道哪些因素可能和结果有关,这可能是因为他研究这个问题已经有许多年了,能够根据经验在很短的时间内写出相关的变量列表。不同的领域的学者在理论构造上的差异,也能直接体现在他们设计的变量上。以房地产价格上涨问题为例,社会学家很可能会说,这是贫富差距、城乡差距的问题,是社会结构造成的结果,因为这些都是社会学的常规变量。每一个学科都有一些常规的变量列表。但如果想做一个好的研究者,就应该能够突破特定学科的传统,因为复杂因果关系是不拘泥于特定学科的。我们学习不同学科的目的,都是因为这些学科可以弥补我们思维定势的缺陷,让我们想到那些容易被忽略的变量,而不是让自己成为某个学科的信徒——研究的首要目的,应当是去更好地认识这个真实的世界。某种程度上,这像是理科生的想法。的确,文科生到最后几乎都会变成特定学派、特定学科的信徒和辩护者。但我希望大家多少能有点科学研究的思维,或者说理科生的思维。为什么不同的专家学者总是相互辩论,争执不休?因为他们常常是"鸡同鸭讲",用经济学反驳社会学,用法学反驳经济学,社会学的鸡和经济学的鸭,当然说不到一起去了。虽然关注同一个问题,面对同一个现象,但很多社会学家总是一开始就往社会结构、社会分层上想,而经济学家一开始往经济结构、交易成本、政府管制上想,我们法学家想的可能是相应的立法、执法、司法程序等等。我们本来可以通过不同学科的学习集中不同的视角,但是教育的最终结果却经常变成了不同学科、不同学者和不同研究者之间的思维定势、思想壁垒。

所以,我建议,我们仍然要学习不同的学科,了解不同的观点,但是一定要能把它们逐渐地融合在一起,能够结合不同的传统丰富我们自己的变量列表。这样,当我们面对一个特定问题时,才能够想到更多的潜在的影响因素,而不是更少的。即使最后选择成为某个专业的学者,也没有必要把自己变成一台专业机器,一个掌握某种专门技艺的劳动力资源。无论学什么、学到什么程度,都应当记得在做一个研究的时候,第一步的努力就是要尽可能全面地把相关因素考虑进来。

这就需要法律检索,需要社科检索,需要查阅已有的研究,需要文献综述,需要通过检索和阅读帮助我们想到那些原来可能没想到的问题。把这些问题都作为潜在的研究变量纳入考量,这样的文献综述就跟论证型研究做的文献综述完全不一样,因为真正的关注点不在不同研究的结论、不同作者的观点本身,而在于这些观点提示的有关问题和影响因素。对于真正的研究,文献综述是辅助性的,而我始终认为,这才是综述文献传统产生的根源,是进行文献综述的最主要目的。

二、考察因果关系:变量与结果

找到一个全面的变量列表之后,研究的第一个阶段就大功告成了。当然,这个变量列表也许会随着积累的不断加深和整个研究的发展,显现出很多不完善的地方,但这是后话了。在完成变量列表后,接下来的问题就是如何处理这些变量,研究这些变量之间的关系、变量与结果之间的关系——这就是分析研究的第二步,我们要努力去考察这个复杂的因果关系到底是怎样的。

我们会习惯一种处理方式,就是在列出了影响因素列表之后,会自觉或不自觉地基于某些理论,产生一些先入为主的判断,认为哪几个变量是外生变量,哪几个变量是具有决定性的变量。我认为这些判断很好,不要羞于承认自己有主观上的判断甚至有偏见,因为这是所有研究的起点。没有人会把这些变量摆在这儿而自己无动于衷,完全被动地等待某种结果的出现——没有事前判断反倒常常会让研究者不知所措,不知道从何处下手,不知道研究的重心在什么地方。我们有很多比"判断"更为客观的研究工具、数学模型,但一定不要以为这些工具会帮助我们筛选。事实上,所有的变量都是我们自己人为筛选出来的。我们筛选出来的变量可能是错的,例如最开始我们可能判断 B 是导致 A 的最核心的原因,围绕 B 得出了某个基本判断,但最终发现一开始以 B 为核心原因的假设就是错的。但这没关系,研究总要有开始,总要有起点,无论是定性还是定量,其实都是一个不断试错的过程。在研究的过程中,一定要牢记孔老夫子的告诫:"勿意,勿必,勿固,勿我。"[3]其实,"勿意"、"勿必"和"勿固"归根到底是"勿我"的问题——我们为什么会觉得有些事情一定是某个样子,主要是因为"我"认定了其中有某些因果关系,"我"认为某些因果关系应该是整个复杂因果关系里面的最基本的关系。于是,"我"才会执著于它,倡导某种生活方式甚至社会制度。因此,虽然一开始要有自己的判断,但是也不能拘泥于、或者固守这个判断,我们也要在研究的过程中努力修正自己——这才是研究的乐趣所在——通过研究自我发现、自我提高,更清晰地看待这个世界。

如果一个研究者没有求知的心态,没有通过研究来探索世界的渴望,整个研究就将是非常枯燥乏味的。对我来说,研究给我最大的乐趣常常就是因为研究的对象是一个未知的世界,即使需要不辞辛苦地努力追求一个可能并不存在的结果,但只要这个过程能带给自己智识上的提高,我的内心就能获得满足。如果最后只是想通过研究,印证自己心中已有的结论,那么就像尼采说的,就是想要挖出自己曾经埋下去的东西,把它埋进去又挖出来,过两天又埋进去又挖出来,除了能引来一些围观者,又有什么意义呢?

但是,这么说容易,做起来却很难。这个过程,未必一定是定量研究。定量研究只是处理复杂因果关系的一种方法。定量研究多多少少为我们提供了一些辅助性的研究手段,帮助我们去摆脱自己曾经主张的错误观点。例如北大法意的实证研究平台提供的统计方法,提供了卡方检验、回归分析等方法,这些会在本讲第四节详细介绍。通过这些方法,我们可以不断检验自己提出来的命题。在统计学上,这些命题就叫做"工作假设",或者"虚拟假

---

③ 《论语》,中华书局 2006 年版,第 87 页。

设"（null hypothesis）。

　　所有统计研究都需要在一开始提出一些假设，比如"赔钱导致了减刑"。然后，我们把其他因素加进来，看最终是否还能得出这个结果。在统计中，通常需要将置信度（significance）设置为95%，其实这个值不见得是95%，有时90%也能接受，在某些情况下由于数据来之不易或情况过于复杂，80%、85%也可以。这些数值从正面来讲，是工作假设或者虚拟假设正确的可能性，但实际上在统计学上，这是相反的，说的是这样一个工作假设不错的可能性——因为所有这些检验都是在努力证明，这个检验可能是错的。只要提出一个统计因果关系的工作假设，统计学就会用种种方式去证明这个因果关系是错的，如果最终无论怎么证明，都发现原来工作假设错误的概率很小，只有5%或1%的概率是错的，那么这个时候才能说这样一个工作假设是正确的。也就是说，如果在考虑了所有潜在的影响情节之后，最后仍然可以得出来赔钱和减刑之间存在很强的统计因果关系，才可以大体确定这个命题。如果不是，发现命题经不起检验，这在统计学上叫做"统计不显著"。如果预先的工作假设错了，就要换一个工作假设，并重新调整变量列表，尝试着考虑别的因果关系是否是最核心的因果关系。即使最终我们的大多数假设都错了，那么最终的结论也很好——至少它破除了我们的偏见和迷信，而这也未尝不是没有意义的。

　　也就是说，这样的一个定量研究，最后的结论无论正负都对我们有好处，能够帮助我们明白自己过去的认识到底是对还是错。如果不通过这种方式，我们或许很难知道这些问题的答案：在大多数情况下，赔钱是否一定会导致减刑，人们是否可以花钱买命，我们的司法系统是否是如此"腐败"，或者在多大范围之内，赔钱确实可以导致减刑，如何影响量刑——这都是分析性研究的价值。

　　这样一个研究过程，就是运用一些统计软件或者研究平台的核心内容。因为现实的因果关系总是比我们预想的要复杂得多，需要不断地筛选和验证，既要求高等数学又要求统计学，于是很多模型和软件就被开发出来了。统计学上最常用的目前是 Stata。我们国内现在比较熟悉的是 SPSS，因为是 windows 界面，便于操作。经济学的数据量更大，因此通常用 SAS。这些统计软件的设计制作在国外已经变得非常专业化，非常发达，而中国相应的研究还处在学习的阶段，也有一些很好的成就，我们会在本讲第四节详细介绍。

三、定量研究的潜在危险

　　然而，定量研究作为一种研究方式也有自身的局限，这是因为在寻找真正因果关系的过程中，总会遇到潜在的危险：伪相关（spurious correlation），忽略变量偏误（omitted-variable bias），抽样选择性偏误（selection bias）。[④] 在这一小节中，我们将简要讲解这几种潜在的危险，提醒同学们在做定量研究时反复推敲自己所构建的因果关系，最终得到一个较为合理的判断。

　　伪相关在本章第二节所讲的"多因一果"内容时有所涉及。A 和 B 之间有关系，但这种关系是由 C 造成的，那么 A 和 B 在表面上的因果关系就是伪相关。比如有人认为数学成绩取决于语言能力，语言能力越强，数学成绩越好。这个因果推断忽略了一个智力因素，即智力水平高的人语言能力强，数学成绩也好，因此语言能力与数学成绩之间的相关是通过智力

---

　　④　参见，谢宇：《社会学方法与定量研究》，社会科学文献出版社2006年版，第65页。以下内容也来自该书，部分例子根据法学院的特点有所改写。

因素来实现的。那么语言能力与数学成绩之间的因果关系就是伪相关。

第二个影响因果推论的因素是忽略变量偏误。忽略变量偏误的产生要有两个条件：一个是忽略的变量要与因变量有关，另一个是忽略的变量要与主要的自变量相关。这两个条件都要成立，缺少其中一个都不会造成忽略变量偏误。举个例子，北京有两家医院：一家非常好，有先进的设备，一流的医生，管理和服务很专业；另一家是很差的医院，设备陈旧，技术落后，医生水平一般。假如以死亡率来衡量医院好坏，就会出现忽略变量偏误，因为肯定是好的医院死人多。如果忽略了病情这个变量，我们很容易得出死人少的医院是好医院的结论。因为病情严重与否与死亡有直接关系，另外，病情的严重程度也会影响到医院的选择。

而抽样选择偏误指的是下面的情形。假如你所得到的样本对总体没有很好的代表性，就会造成抽样选择性偏误。比如有一个法学奖学金，这个奖学金需要考察学生综合素质的三部分：一个部分是语言，一个部分是法学专业成绩，一个部分是社会活动。结果研究者发现奖学金最后都给了语言能力好的人。那为什么法学奖学金是由语言能力来决定？因为这些申请奖学金的人都是法学专业，他们中的很多人社会活动能力都很强，而彼此的差异就在于语言能力。这个问题的关键性在于样本的选择性，假如这个奖学金是面向全校所有同学的，应该就不会出现这样的结果。相反，这一样本出自法学院的学生，所以才出现选择性偏误的问题。

定量研究中常见的错误还有许多，这些潜在的危险并不如想象中的高深莫测，都是一些简单却足以击败我们逻辑盲点的常识，需要我们通过不断的学术训练来达到我们对于定量研究这一研究工具的恰当运用。

第四节　变量研究：另一条道路

很多中国学者会排斥变量分析，不仅限于法学领域。他们常常会用各种各样的方式嘲笑统计学。的确，统计结果有的时候会出现一些问题，甚至是非常荒唐可笑的问题。但是，所有的研究方式都会有多元化的产品，可是要看一个研究方式真正的价值，应该看其中最好的作品。想想目前的法学研究，滥竽充数、毫无意义的法学作品可能比糟糕的统计学研究还要多，但代表法学研究水平的学者与作品永远都是一个时代的精品。例如刑法学研究，如果要了解刑法学的价值，我们往往会去看陈兴良老师他们的作品，而不是随便找一个极为失败的刑法研究，拿它证明刑法学的水平非常低。如果一个学者、特别是年轻学人，在一开始就排斥某种研究方式，那只能说明他们的心智已经老了，因为他已经丧失了好奇心，在不了解某个事物的时候就开始妄加判断了。

更多的时候，定量研究被排斥，是因为这种研究方式很辛苦、很难也很麻烦。它不像定性研究那么容易，而且对研究者的思维质量和各种技能都有很高的要求，对数据质量也有严格的要求。这些都使得定量研究不易于完成或实现，甚至到最后都没办法得出一个稍微明确一些的结论。检验既有工作假设是否正确的定量研究还算比较简单，但是如果想真正了解事物的复杂因果关系、想通过研究得出关于复杂因果关系的结论，常常很困难。经常会出现的状况是发现所有的变量在统计上都不显著。即使有一些统计学和数学的办法，能够使一些变量能变得显著，但这仍然是技术上的处理，不能反映事物真实的因果联系。

但科学研究就是这么困难的事情，只是人文学科的研究通常不考虑这种困难。我时常感觉，不仅在是中国，即使是从整个世界的范围来看，社会科学的研究水平也偏低。这主要是因为研究者水平低,因为包括我在内的社会科学研究者缺乏反思精神,缺少像理科研究一样的严谨。事实上,社会科学并不是不能做到这一点,而是因为社会科学有太多的现成的便利条件可以利用。例如孟德斯鸠和韦伯的作品,仍然是法律研究甚至对中国的研究中最好的作品,可是他们的成功只是相对于更多的研究者而言,他们的作品本身仍然存在很多问题。他们更像是一面理论旗帜,不是帮我们了解真实世界背后的因果关系,而是帮我们去塑造一些想象,帮我们安于现状,安于我们已有的经验和数据,为我们的困惑提供一个说法。

由于统计学本身的专业性很强,在这本书里介绍的也仅仅是一些基本的背景知识。但是我却希望选择研究和学术作为自己事业的学人,如果对于了解世界有更高的要求,能够自己去努力探索。这条路比其他的路更难走,这是显而易见的。但是,这些探索者最终通向的高峰是什么样子,登上顶峰的时候他们看见的风景是什么样子,在探索的过程中他们有怎样美妙的感受? 也许,至少在上学的时候,大家可以尝试着去走一走,看一看,不要在一开始就把自己的道路堵塞了。毕业以后,对大多数人来说,没通过这扇门的,这辈子也就过不去了。

课堂练习(十二)

1. 阅读白建军:《案例是法治的细胞》,《法治论丛》2002 年 05 期。Shapo, Walter & Fajan, *Writing and Analysis in the Law*, 5th Ed, pp. 3—38

2. 用北大法宝检索交通肇事的 10 个案例。要求附带民事赔偿与不附带民事赔偿的各5 个。对案例进行简要解读。可以从以下方面,看一下因素对于交通肇事罪的定罪量刑、民事赔偿的幅度是否有影响。

(1)案件情节差异:比如,审级差异;是否死亡;是否逃逸;伤残等级。或者,共同犯罪;赔偿能力;连带责任。

(2)社会条件差异:比如,地区差异;经济差异;城乡差异;或者,户籍;雇佣身份。

第三讲　定量研究的数据处理

正如前一讲的描述,定量研究有助于我们在研究中厘清事物的因果关系,得出更科学的结论。但这并非意味着所有的学科、课题都适合用作定量研究,即定量研究对研究课题本身也提出了一定要求。

定量研究本质上是一种实证分析方法。所谓实证分析方法,是指按照一定程序规范,对一切可进行标准化处理的信息进行经验研究、量化分析的研究方法。进行实证分析主要包括两个阶段,第一阶段是用描述统计的方法计算出反映数据集中趋势、离散程度和相关强度的具有外在代表性的指标,即通常所称定量研究的变量提取;第二阶段是在描述统计基础上,用推断统计的方法对数据进行处理,以样本信息推断总体情况,并分析和推测总体的特征和规律,可简称为定量研究的数据处理。

总而言之,定量研究或实证分析方法可以概括为通过对研究对象大量的观察、实验和调查,获取客观材料,从个别到一般,归纳出事物的本质属性和发展规律的一种研究方法。适合进行定量研究的课题一般需满足如下要求:第一,要有研究所依之论据材料的经验性,即作为定量研究的课题样本量大;第二,从课题提炼出的数据可以进行量化的统计分析;第三,研究目的具有可证性,即变量模型是用以说明研究目的的。

第一节　案例的选择

具体到法律写作的定量研究,上述要求可以具体化为:第一,该课题有充足的案例作为统计分析的样本;第二,从大量案例中可归纳出具有共通点的关键变量,即案件的同质性程度高;第三,总结出的变量可以较全面地反映与研究课题相关的因果关系,变量模型与研究目的直接相关。

作为法律写作重要素材的案例有两种基本类型:普通案件的案例与疑难案件的案例。根据前文分析的三项要求,适合用作定量研究与数据处理的正是普通案件的案例。以本书的研究课题之一——交通肇事案件中的量刑与赔偿关系为例,首先,交通肇事案件属于过失犯罪,也是社会生活中的频发案件类型之一,以交通肇事罪的案例作为定量研究的样本,可以保证样本量的充足。其次,由于交通肇事案件频发,法律对于该类犯罪的规定较为详细、全面,判决书对该类案件的处理方式也比较统一,因此可以从中归纳出具有代表性的变量,如“赔偿金额”、“被告人的量刑”等。再次,本书研究目的在于验证交通肇事案件中的“被告人向被害人赔偿”与“被告人量刑/刑罚的减轻”之前的因果关系,但其他变量诸如“醉酒驾驶”、“自首”等也直接关联到被告人的量刑结果。因此,完整的变量模型有助于全面地涵盖影响交通肇事罪被告人量刑的主要因素,并帮助我们厘清围绕研究目的层层因果关系。

因此,以与交通肇事罪相关的量刑与赔偿关系作为研究课题,适合进行定量研究。与之相反,本书之前提到的另一研究课题,以“泸州二奶案”为代表的遗嘱继承案件,由于同类案例较少导致样本量不充分、个案间特殊情节较多难以进行全面的变量归纳等原因，不是定量研究的理想案例选择。本讲也主要以交通肇事案件为例，讲解定量研究的变量提取、数据处理以及结果分析的基本方法。

第二节 常用变量简介

定量研究的目的在于将理论的东西变为可测量的东西，为了达到这一目的，需要经过提取样本变量和对变量数据进行统计分析两个阶段。其中，定量研究的变量提取又由两个步骤组成：确定变量和给变量赋值。

变量的确定是一种"概念化"（conceptualization），即建立并澄清概念的过程。[1]"概念化"为研究和讨论问题设定标准化的起点，只有概念明确、变量确定，才能在同一维度下讨论不同观点，而不至于"公说公有理，婆说婆有理"。好的变量确定需要全面地涵盖与研究课题相关的因果关系。例如，针对交通肇事案件赔偿与量刑的关系所建立的变量体系，不仅应当包含"赔偿金额"与"量刑额度"两个关键变量，还应当将可能影响"量刑额度"的其他因素如"醉酒驾驶"、"超速驾驶"等也纳入其中。同时，对交通肇事案件进行描述，将复杂、具体的案件情节简化为可测度的指标，还应当将一些案件基本信息如当事人姓名、年龄、管辖法院也作为变量提取出来。

上述变量可根据研究目的的不同，划分为因变量和自变量。因变量（或反应变量）是由其他变量来描述的变量。自变量（或预测变量）是与其他变量一起用于描述因变量的变量。本书研究课题之一的交通肇事案件中，"量刑额度"即为因变量，"赔偿金额"、"醉酒驾驶"、"自首"等变量即为描述、影响"量刑额度"的自变量。

确定变量后即涉及变量的赋值。因为一个理论上的概念可能会有不同的测量维度，即赋予不同的单位变量以不同的数值，以表示变量的类别和差异。这即需要抓住事物之间的差异，因为变量的性质不同，测量的尺度便不同，测量出的数值也有不同的含义。例如，对于交通肇事案件中被告人的"量刑额度"这一变量，可以以"年"为测度，如一年有期徒刑、两年有期徒刑、三年有期徒刑等；也可以以刑法规定的量刑档次为测度，如三年以下有期徒刑，三年以上七年以下有期徒刑，七年以上有期徒刑等。

因此，还可根据测量尺度的不同，将变量的测量精度由低到高划分为定类变量、定序变量、定距变量和定比变量。

定类变量又称名义（nominal）变量。它的取值只代表观测对象的不同类别，例如"性别"变量、"职业"变量等都是定类变量。定类变量的取值称为定类数据或名义数据。定类数据的特点是用不多的名称来加以表达，最常用来综合定类数据的统计量是频数、比率或百分比等。

定序变量又称为有序（ordinal）变量、顺序变量。它的取值的大小能够表示观测对象的某种顺序关系（等级、方位或大小等），也是基于"质"因素的变量。例如，"学历"变量的取值可以是："1"表示小学及以下文化程度，"2"代表初中文化程度，"3"表示高中、中专、技校文化程度，"4"、"5"、"6"分别代表大学专科、大学本科、研究生及以上文化程度。变量赋值的由小到大也代表了学历由低到高。最适合用于综合定序数据取值的集中趋势的统计量是中位数。

---

[1] 谢宇：《社会学方法与定量研究》，社会科学文献出版社2006年版，第56页。

定距变量又称为间隔（interval）变量，它的取值之间可以比较大小，可以用加减法计算出差异的大小。例如，"年龄"变量，其取值 60 与 20 相比，表示 60 岁比 20 岁大，并且可以计算出大 40 岁（60 – 20）。定距变量的取值称为定距数据或间隔数据。定距数据是一些真实的数值，具有公共的、不变的测定单位，可以进行加减乘除运算。定距数据的基本特点是两个相同间隔的数值的差异相等。例如，年龄的 60 岁与 50 岁之差等于 40 岁与 30 岁之差。对于定距数据，不仅可以规定"等价关系"以及"大于关系"和"小于关系"，而且也可以规定任意两个相同间隔的比值或差值。如果将每个数值分别乘以一个正的常数再加上一个常数，即进行正线性变换，并不影响定距数据原有的基本信息。因此，常用的统计量如均值、标准差、相关系数等都可直接用于定距数据。当一个定距变量有一个绝对零值时，这个定距变量就成了一个定比（ratio）变量，比如重量。

比较上述四种变量类型，定类变量表示分类；定序变量除了分类功能之外，还能表示各个类型之间的排序；定距变量不仅表示分类、排序位置，也表示不同位置间的数值，即间距大小；定比变量除了有上述三种功能，还能显示绝对零值。因此，这四种测度是由一般向特殊变化的，根据研究对象的差异，可以分出将变量测度不断特殊化、具体化。

第三节　例证：交通肇事案的变量提取

根据前文介绍的常用变量类型，可从作为我们研究课题的交通肇事案件中归纳出三类变量：第一类表示案件基本信息，如判决书文号、被告人信息、附带民事原告人信息等、时间等；第二类属于情节变量，如伤亡人数、赔偿金额、酒后驾驶、逃逸、自首、认罪态度等；第三类为结果变量，包括是否二审、一审量刑额度、二审量刑额度等。

在上述三类变量中，后两类变量与我们的研究目的直接相关。结果变量描述的是"量刑额度"这一概念，属于交通肇事案件赔偿与量刑关系这一核心问题的自变量。情节变量描述了影响结果变量的相关因素，除了"赔偿金额"这一关键变量之外，还包含了很多其他因素，在此属于因变量。而与案件基本信息相关的变量在"赔偿与量刑"这一问题上基本没有统计意义，之所以将其作为一类重要变量单独提出，一是可以帮助梳理大量判决，例如按照判决时间、地区将其有序排列，同时判决书文号等信息也方便我们辨别不同的案件，相当于每份判决的特有名片。二是该类变量下的某些信息虽然不与"赔偿与量刑"问题直接相关，但有助于我们进一步开展研究，如研究不同地域、文化程度的被告人在犯罪情节基本相似的情况下，量刑是否有差异等。

在上述变量的基本分类下，需要进一步确定具体变量。首先，对于案件基本信息类变量，因为具有一般性，因此可以以判决书所载信息为标准进行提取。从判决书中可以得到的案件基本信息有判决书文号、审理法院、审级、是否附带民事诉讼、当事人信息（包括被告人信息和附带民事原告人信息，在二审的情况下，还应包括上诉人，如图 4.3.1）。其中，当事人信息包括姓名、性别、出生日期、出生地、文化程度、职业、住所，被告人信息还应包括前科一项（图 4.3.2）。

				附带民事原告人信息						
判决字号	审理法院	审级	是否附带	姓名	性别	出生日期	出生地	文化程度	职业	住所
N	N	N	N	N	N	N	N	N	N	N
N	N	N	N	N	N	N	N	N	N	N
N	N	N	N	N	N	N	N	N	N	N
N	N	N	N	N	N	N	N	N	N	N
N	N	N	N	N	N	N	N	N	N	N
N	N	N	N	N	N	N	N	N	N	N
N	N	N	N	N	N	N	N	N	N	N
N	N	N	N	N	N	N	N	N	N	N
N	N	N	N	N	N	N	N	N	N	N
N	N	N	N	N	N	N	N	N	N	N
N	N	N	N	N	N	N	N	N	N	N
N	N	N	N	N	N	N	N	N	N	N
N	N	N	N	N	N	N	N	N	N	N
N	N	N	N	N	N	N	N	N	N	N
N	N	N	N	N	N	N	N	N	N	N
N	N	N	N	N	N	N	N	N	N	N

图 4.3.1

被告人信息									
姓名	类型	性别	出生日期	出生地	文化程度	职业	住所	前科	上诉人
N	N	N	N	N	N	N	N	N	N
N	N	N	N	N	N	N	N	N	N
N	N	N	N	N	N	N	N	N	N
N	N	N	N	N	N	N	N	N	N
N	N	N	N	N	N	N	N	N	N
N	N	N	N	N	N	N	N	N	N
N	N	N	N	N	N	N	N	N	N
N	N	N	N	N	N	N	N	N	N
N	N	N	N	N	N	N	N	N	N
N	N	N	N	N	N	N	N	N	N
N	N	N	N	N	N	N	N	N	N
N	N	N	N	N	N	N	N	N	N
N	N	N	N	N	N	N	N	N	N
N	N	N	N	N	N	N	N	N	N
N	N	N	N	N	N	N	N	N	N
N	N	N	N	N	N	N	N	N	N

图 4.3.2

其次,对于情节变量,因为个案涉及的事实情节有限,不能单凭判决书信息作为提取变量的标准。而交通肇事罪的量刑情节一般明确规定于法律法规、司法解释中,某些图书或论文中也有关于情节的学理说明,可以作为提取、归纳情节变量的依据。由此也可看出法律写作与法律检索间有着密不可分的联系,从法律检索得到的图书、法律法规、论文、案例等资源,均是法律写作的重要素材。

因此,以上述资源作为依据,可列出交通肇事之情节量表(图 4.3.3)。

			交通肇事罪之情节量表	该情节的法律依据
基本情节	A1	三年以下有期徒刑或者拘役	A1-1交通肇事造成公私财产直接损失数额在3万元至6万元之间	1987.8.21《最高人民法院、最高人民检察院关于严格依法处理道路交通肇事案件的通知》
		三年以下有期徒刑或者拘役	A1-2死亡一人或者重伤三人以上，负事故全部或者主要责任	2000.11.10《最高人民法院关于审理交通肇事刑事案件具体应用法律若干问题的解释》
		三年以下有期徒刑或者拘役	A1-3死亡三人以上，负事故同等责任	2000.11.10《最高人民法院关于审理交通肇事刑事案件具体应用法律若干问题的解释》
		三年以下有期徒刑或者拘役	A1-4造成公共财产或他人财产直接损失，负事故全部或主要责任，无能力赔偿数额在三十万元以上六十万元以下	2000.11.10《最高人民法院关于审理交通肇事刑事案件具体应用法律若干问题的解释》
		三年以下有期徒刑或者拘役	A1-5酒后、吸食毒品后驾驶机动车辆，交通肇事致一人重伤，负事故全部或主要责任	2000.11.10《最高人民法院关于审理交通肇事刑事案件具体应用法律若干问题的解释》
		三年以下有期徒刑或者拘役	A1-6无驾驶资格驾驶机动车辆，交通肇事致一人重伤，负事故全部或主要责任	2000.11.10《最高人民法院关于审理交通肇事刑事案件具体应用法律若干问题的解释》
		三年以下有期徒刑或者拘役	A1-7明知是安全装置不全或者安全机件失灵的机动车辆而驾驶，交通肇事致一人重伤，负事故全部或主要责任	2000.11.10《最高人民法院关于审理交通肇事刑事案件具体应用法律若干问题的解释》
		三年以下有期徒刑或者拘役	A1-8明知是无牌照或者已报废的机动车辆而驾驶，交通肇事致一人重伤，负事故全部或主要责任	2000.11.10《最高人民法院关于审理交通肇事刑事案件具体应用法律若干问题的解释》
		三年以下有期徒刑或者拘役	A1-9严重超载驾驶，交通肇事致一人重伤，负事故全部或主要责任	2000.11.10《最高人民法院关于审理交通肇事刑事案件具体应用法律若干问题的解释》
		三年以下有期徒刑或者拘役	A1-10交通肇事致一人重伤，负事故全部或主要责任，为逃避法律追究逃离事故现场	2000.11.10《最高人民法院关于审理交通肇事刑事案件具体应用法律若干问题的解释》
	A2	三年以上七年以下有期徒刑	A2-1交通肇事造成公私财产直接损失数额在6万元以上	1987.8.21《最高人民法院、最高人民检察院关于严格依法处理道路交通肇事案件的通知》
		三年以上七年以下有期徒刑	A2-2死亡二人或重伤五人以上，负事故全部或主要责任	2000.11.10《最高人民法院关于审理交通肇事刑事案件具体应用法律若干问题的解释》
		三年以上七年以下有期徒刑	A2-3死亡六人以上，负事故同等责任	2000.11.10《最高人民法院关于审理交通肇事刑事案件具体应用法律若干问题的解释》
		三年以上七年以下有期徒刑	A2-4造成公共财产或他人财产直接损失，负事故全部或主要责任、无能力赔偿数额在六十万元以上	2000.11.10《最高人民法院关于审理交通肇事刑事案件具体应用法律若干问题的解释》
		三年以上七年以下有期徒刑	A2-5交通运输肇事后逃逸	1997《中华人民共和国刑法》第133条
	A3	七年以上有期徒刑	A3-1行为人在交通肇事后为逃避法律追究而逃跑，致使被害人因得不到救助而死亡	1997《中华人民共和国刑法》第133条
其他情节	B1	法定从轻情节	B1-1自首	1997《中华人民共和国刑法》第67条/87解释定位的法定从轻情节
	B2	法定从重情节	B2-1交通肇事后，畏罪潜逃，或有意破坏、伪造现场，毁灭证据，或隐瞒事故真相，嫁祸于人	1987.8.21《最高人民法院、最高人民检察院关于严格依法处理道路交通肇事案件的通知》
		法定从重情节	B2-2酒后驾车而肇事	1987.8.21《最高人民法院、最高人民检察院关于严格依法处理道路交通肇事案件的通知》
		法定从重情节	B2-3非司机驾驶机动车辆	1987.8.21《最高人民法院、最高人民检察院关于严格依法处理道路交通肇事案件的通知》
		法定从重情节	B2-4驾驶无牌照车辆	1987.8.21《最高人民法院、最高人民检察院关于严格依法处理道路交通肇事案件的通知》
		法定从重情节	B2-5明知机动车关键部件失灵仍然驾驶	1987.8.21《最高人民法院、最高人民检察院关于严格依法处理道路交通肇事案件的通知》
	B3	酌定从轻情节	B3-1受害人有一定的过错	学术意见
		酌定从轻情节	B3-2交通肇事时天气状况不好，如多雾	犯罪时空及周围环境等，学术意见
		酌定从轻情节	B3-3认罪态度好	认罪态度，学术意见
		酌定从轻情节	B3-4事后赔偿被害人或其家属物质损失	学术意见
		酌定从轻情节	B3-5得到被害人及家属的谅解	学术意见
		酌定从轻情节	B3-6初犯	学术意见
	B4	酌定从重情节	B4-1造成恶劣的社会影响	赔偿情况，学术意见
		酌定从重情节	B4-2事后基本未进行赔偿，或隐匿财产逃避赔偿	社会影响，学术意见
		酌定从重情节	B4-3经常违反交通法规被交警部门处罚	赔偿情况，学术意见
		酌定从重情节	B4-4有犯罪前科	前科，学术意见
		酌定从重情节	B4-5驾驶非法改装的车辆	学术意见
		酌定从重情节	B4-6认罪态度不好	学术意见
				认罪态度，学术意见

图 4.3.3

根据该情节量表,又可将情节变量进一步归类,分为死伤人数、赔偿金额相关变量(包括诉讼外赔偿和判决赔偿,如图 4.3.4)、和其他情节变量,如醉酒驾驶、肇事逃逸、自首等变量(图 4.3.5、图 4.3.6)。

死亡人数	受伤人数	诉讼外赔偿金额相关变量				判决赔偿金额相关变量			
		协议赔偿	协议赔偿总额	已付赔偿总额		民事原告请求总额	一审判决	二审判决	已付判决
N	N	N	N	N		N	N	N	N
N	N	N	N	N		N	N	N	N
N	N	N	N	N		N	N	N	N
N	N	N	N	N		N	N	N	N
N	N	N	N	N		N	N	N	N
N	N	N	N	N		N	N	N	N
N	N	N	N	N		N	N	N	N
N	N	N	N	N		N	N	N	N
N	N	N	N	N		N	N	N	N
N	N	N	N	N		N	N	N	N
N	N	N	N	N		N	N	N	N
N	N	N	N	N		N	N	N	N

图　4.3.4

										其他情节变量		
酒后	吸毒	逃逸	逃逸致死	无证驾驶	车无牌照	安全装置不全	非法改装	车已报废	超载	自首	隐瞒真相	被害人过错	认罪态度	积极赔偿
0	0	0	0	0	0	0	0	0	0	0	0	0	0	0
0	0	0	0	0	0	0	0	0	0	0	0	0	0	0
0	0	0	0	0	0	0	0	0	0	0	0	0	0	0
0	0	0	0	0	0	0	0	0	0	0	0	0	0	0
0	0	0	0	0	0	0	0	0	0	0	0	0	0	0
0	0	0	0	0	0	0	0	0	0	0	0	0	0	0
0	0	0	0	0	0	0	0	0	0	0	0	0	0	0
0	0	0	0	0	0	0	0	0	0	0	0	0	0	0
0	0	0	0	0	0	0	0	0	0	0	0	0	0	0
0	0	0	0	0	0	0	0	0	0	0	0	0	0	0
0	0	0	0	0	0	0	0	0	0	0	0	0	0	0
0	0	0	0	0	0	0	0	0	0	0	0	0	0	0

图　4.3.5

其他情节变量											
被害人过错	认罪态度	积极赔偿	主动赔偿	得到谅解	初犯	社会影响	违反交规前科	犯罪前科	主动赔偿	二审新情况	其他情况
0	0	0	0	0	0	0	0	0	0	N	N
0	0	0	0	0	0	0	0	0	0	N	N
0	0	0	0	0	0	0	0	0	0	N	N
0	0	0	0	0	0	0	0	0	0	N	N
0	0	0	0	0	0	0	0	0	0	N	N
0	0	0	0	0	0	0	0	0	0	N	N
0	0	0	0	0	0	0	0	0	0	N	N
0	0	0	0	0	0	0	0	0	0	N	N
0	0	0	0	0	0	0	0	0	0	N	N
0	0	0	0	0	0	0	0	0	0	N	N
0	0	0	0	0	0	0	0	0	0	N	N

图　4.3.6

最后,对于结果变量,其分类依据主要是刑法对于交通肇事罪的量刑规定,可分为一审量刑额度、二审量刑额度,并在每项下划分徒刑、缓刑及拘役(图 4.3.7)。在徒刑和缓刑项下均划分年、月主要是因为法院实际判决存在"x 年 y 个月"的情况,如此划分是为了变量录入阶段的便利。

一审量刑结果					二审量刑结果				
徒刑/年	徒刑/月	缓刑/年	缓刑/月	拘役	徒刑/年	徒刑/月	缓刑/年	缓刑/月	拘役
N	N	N	N	N	N	N	N	N	N
N	N	N	N	N	N	N	N	N	N
N	N	N	N	N	N	N	N	N	N
N	N	N	N	N	N	N	N	N	N
N	N	N	N	N	N	N	N	N	N
N	N	N	N	N	N	N	N	N	N
N	N	N	N	N	N	N	N	N	N
N	N	N	N	N	N	N	N	N	N
N	N	N	N	N	N	N	N	N	N
N	N	N	N	N	N	N	N	N	N
N	N	N	N	N	N	N	N	N	N
N	N	N	N	N	N	N	N	N	N
N	N	N	N	N	N	N	N	N	N
N	N	N	N	N	N	N	N	N	N

图　4.3.7

在确定了变量之后,需要对变量赋值进行统一规定以方便统计。对于上述变量的赋值应注意如下问题:

第一,所有未知信息都录入 N,因为 N 在数据分析时不产生意义,相当于不填,同时又可以区分于缺失(missing)数据的情况。例如,附带民事原告人出生年月、文化程度不详,即在该项中录入 N。

第二,判决书文号和审理法院直接录入字段。"判决书文号"这一变量不属于我们之前介绍定类、定序、定距或定比变量,而主要方便我们在数据库中检索、查询具体案例。"审理法院"这一变量可以在统计平台上进行设置,提取出案发地信息,为进一步研究、对比提供信息。例如,录入"江西省永新县人民法院",统计时可将其归入"江西省"这一定类变量测度。

第三,在"审级"这一变量下,一审录入 1,二审录入 2,再审录入 3,以数字代替文字是为了录入数据的方便。

第四,在"是否附带民事诉讼"这一变量下,"是"录入 1,"否"录入 0。只要提起附带民事诉讼即算"是",如果出现提起后撤销等情况在"1"后以文字注明即可。

第五,对于"当事人信息"的变量,一般直接录入字段,如:"性别"一栏直接录入:男、女、公司;"文化程度"一栏直接录入文盲、小学文化、初中文化、高中文化、大学文化以上;"被告类型"一栏主犯(承担主要责任)录入 1、从犯(承担次要责任)录入 2、附带民事原告人录入 3;"前科"一栏有前科的录入 1,无前科录入 2,未提及录入 N。在统计平台中进行设置,可以直接对录入的文字字段进行分析,为了录入数据的便利,也可为文字设置定类数字。

第六,"上诉/抗诉人"变量中,被告人/附带民事诉讼被告人录入 1,附带民事诉讼原告人录入 2,检察院抗诉录入 3。

第七,"死伤人数"变量直接录入人数即可。

第八,"赔偿金额相关变量"中录入金额的单位为元,如果金额不明录入 n。"协议赔偿"一栏诉前和解录入 1,一审诉中和解录入 2,二审诉中和解录入 3,一审诉中调解录入 4,二审诉中调解录入 5。和解与调解的区分在于是否有法院参与。"民事原告请求数额"为附带民事诉讼原告人在其诉讼请求中提出的赔偿数额。

第九,"其他情节变量"中,除了"认罪态度"的中"好"录入 1,不好录入 0;其他变量中只要存在该情节录入 1,不存在录入 0。"二审新情况"指除了赔偿金额变化以外的新情况,直接文字描述即可。"其他情况"指变量表中未列出,但自己认为重要的其他情况,直接用文字描述即可。

由上述规定可得知,本案中的变量赋值类型一般都为定类变量或定序变量。

第四节 数据处理的基本方法

一、常用统计方法介绍

在确定变量并对其进行赋值后,定量研究的下一阶段就是应用统计学平台进行数据处理。常用的统计方法包括单变量频次分析、卡方分析、回归分析、描述(演绎)性统计、交叉分析、方差分析和自定义报表。

其中,单变量频次分析是针对单个变量按照变量取值类型来统计每个取值类型出现的次数。卡方分析指的是通过卡方检验,来分析变量不同取值是否对个数产生影响。回归分析显示了多个自变量对一个因变量综合影响情况。描述分析是针对数值型变量(定距变量)进行简单的归纳分析,来描述数据的状况,称之为描述性统计。交叉分析是分析两个分类变量之间是否独立的一种统计分析方法。方差分析适用于需要检验某一个分类变量是否会因为不同的取值而导致一个数值型的因变量的取值发生不同的变化时,可以通过单因素方差分析来观察分类变量对因变量的影响。自定义报表指统计报表的主词(行变量)、宾词(列变量)及统计项由用户自行选择,程序根据用户选择自动生成报表的一项功能。

总之,不同的统计学方法对数据资料的归类和解释不同,统计学方法的选择取决于研究目的。下文即以交通肇事案件的相关数据为示例,对数据处理的基本方法进行讲解。

Tips：

Figure 8 变量与分析方法关系表

分析方法分类	待分析变量个数		
	单一变量分析	自变量(行变量)	因变量(列变量)
单变量频次分析	1个定类/定序变量		
描述分析方法	1个数值型变量(定距变量)		
卡方分析方法	1个定类/定序变量		
单因素方差分析法		1个定类/定序变量	数值型变量
交叉分析方法		1个定类/定序变量	1个定类/定序变量
回归分析方法		多个自变量	1个因变量

二、人工录入数据、运用社会学软件进行统计分析

虽然确定了变量并对其赋值,但在将样本逐条录入变量表之前,我们无法使用社会学软件进行最终的统计分析。因此,数据处理一般包括两个步骤,一是将数据录入相应的变量表,二是使用社会学软件对录入的数据进行分析。

由于定量研究的形式多为发放问卷进行调查,因此一般需要人工录入数据。对于作为法学定量研究最常见的对象资源——法学案例而言,由于判决书包含的文字信息量大,并且某些表述的法律术语比较专业,对电脑自动录入数据的技术要求高,因此一般还是采取人工(或手动)录入的方式,即通过阅读判决书,将相应的信息填入变量表。

以交通肇事案为例,将判决书文号为(2008)永刑初字第七号的判决书录入前文归纳的

变量表中。如本书第三编第四讲介绍的,中文判决书的格式、结构一般比较统一,包括当事人信息、各方诉称、法院认定的事实及证据、法院判决理由及法律依据、判决结果这几部分。对于二审的判决书而言,还包括一审审理查明的事实、证据及判决结果。根据上述结构,一般可在"当事人信息"部分找到案件基本信息,在法院认定的事实和证据,以及法院判决理由和法律依据两部分查找情节变量的信息,在判决结果中找到结果变量的相应信息。明了判决书的结构,有助于更准确、有效率地定位信息,录入数据。

如图4.3.8所示,在判决书首部即可得知审理法院、判决书文号、审级与是否为附带民事诉讼四项信息。审理法院、判决书文号和是否为附带民事诉讼的信息较为明显,直接粘贴录入即可,审级由"永刑初字"可看出为一审,因此录入1。如果是二审,根据我国的两审终审制,判决书文号为"xx终字"。由此可见,某些信息需要录入者掌握一些基本的法学知识加以判断,这也是进行人工录入的优势之一。对这四项信息录入的结果如图4.3.9。同理,根据判决书所载的当事人信息(图4.3.10),可分别录入原、被告信息。

图 4.3.8

图 4.3.9

图 4.3.10

需要注意的是,一般刑事附带民事诉讼中有多个附带民事诉讼原告人,需要将其信息一一录入(图4.3.11)。在存在多个附带民事诉讼被告人的情况下(图4.3.12),需要区分不同被告人的类型。如图4.3.13所示,在"类型"这一变量下,刑事案件被告人主犯录入"1",从犯录入"2",附带民事诉讼被告人录入"3"。并且,在附带民事被告人为法人的情况下,其"性别"变量也相对特殊,应当录入"公司"。

| 附带民事原告人信息 | | | | | | |
姓名	性别	出生日期	出生地	文化程度	职业	住所
N	N	N	N	N	N	N
N	N	N	N	N	N	N
N	N	N	N	N	N	N
N	N	N	N	N	N	N
N	N	N	N	N	N	N
汤龙妹	男	1945年11月14日	江西省永新县	小学文化	农民	永新县文竹镇文竹村第10组
周发桂	男	1957年3月18日	江西省永新县		农民兼木工	永新县文竹镇文竹村第6组
贺玉堂	男	1945年3月18日	江西省永新县	文盲	农民	永新县文竹镇龙源村第6组
张水莲	女	1978年1月18日	江西省上栗县	初中文化	农民	江西省萍乡市上栗县赤山镇⋯

图 4.3.11

被告人徐子兵(绰号"四川佬"),男,1978年10月13日出生于江西省永新县,身份证号码36243019781013541 3,汉族,初中文化,农民,家住永新县文竹镇白源村白居自然村。因涉嫌犯交通肇事罪于2007年9月21日被深圳市公安局抓获,同年9月24日被永新县公安局刑事拘留,9月30日被逮捕。现羁押于永新县看守所。

附带民事诉讼被告人汤清德,男,1965年12月27日出生于江西省莲花县,汉族,初中文化,农民,家住江西省莲花县三板桥乡桥头村。

附带民事诉讼被告人中国人民财产保险股份公司深圳市分公司。地址深圳市罗湖区罗芳路112号南方大厦。

诉讼代表人常川,该公司总经理。

图 4.3.12

| 被告人信息 | | | | | | | |
姓名	类型	性别	出生日期	出生地	文化程度	职业	住所
N							
N							
N							
N							
徐子兵	1	男	1978年10月13日	江西省永新县	2	农民	永新县文竹镇白源村白居自然村
汤清德	3	男	1965年12月27日	江西省莲花县	2	农民	江西省莲花县三板桥乡桥头村
中国人民财产保险股份公司深圳市分公司	3	公司	N	N			深圳市罗湖区罗芳路112号南方大厦
N				N	N		

图 4.3.13

继续阅读法院查明的事实、判决理由部分,可以提取情节信息。例如,判决书中载明"致二人死亡、八人受伤"(图4.3.14),即可在变量表中相应录入(图4.3.15)。需要注意的是,虽然有多个附带民事诉讼原告人和被告人,其信息占变量表的多栏,但"死伤人数"只要与被告人信息的那一栏对应即可,其他的默认为N,统计时不产生意义。

而与"赔偿金额"相关的变量信息则较为复杂,例如存在多个附带民事诉讼原告(如图4.3.16、图4.3.17),其请求的赔偿总额有时需要人工进行加总,这也是电脑自动录入难以完成的部分。如图4.3.18、图4.3.19所示,在存在多个附带民事诉讼被告人的情况下,也需要厘清其之间的赔偿责任划分。

本院认为，被告人徐子兵违反道路交通安全法，无证驾驶粤 BVA265 小车致二人死亡、八人受伤，且负事故全部责任，肇事后又逃逸，其行为已构成交通肇事罪。公诉机关指控的罪名成立，本院予以确认。由于被告人徐子兵的肇事行为使被害人遭受经济损失，应赔偿被害人的经济损失。故附带民事诉讼原告要求赔偿医疗费、交通费、护理费、误工费、住院伙食费、伤残补助费的诉讼请求符合法律规定，应予支持。但其赔偿数额应按法定标准计算。汤顺德虽系粤 BVA265 小车登记车主，但其已于案发前将该车实际转让给附带民事被告人汤清德，不具有车辆实际控制权，其对该车辆转让后致他人损害，不承担民事赔偿责任，可以不参加诉讼，但因

图 4.3.14

上诉人	死亡人数	受伤人数	协议赔偿	诉讼外赔偿金额相关变量		
S	T	U	V	W		X
				协议赔偿总额		已付赔偿总额
N	N	N	N	N		N
N	N	N	N	N		N
N	N	N	N	N		N
N	N	N	N	N		N
N	N	N	N	N		N
N	2	8		0	0	0
N	N	N		0	0	0
N	N	N		0	0	0
N	N	N		N	N	

图 4.3.15

附带民事诉讼原告人汤龙妹诉称，被告人徐子兵无证驾驶汤清德的粤 BVA265 小车，因操作不当，错把油门当刹车使车失控，冲进街边的店面，致使原告人受伤，要求被告人赔偿原告人的医疗费、误工费3000元、护理费1000元、住院伙食补助费800元、营养费1000元及伤残补助费。原告人向法庭提供了医疗费发票、伤残鉴定书、户口薄、评残发票。

附带民事诉讼原告人周发桂诉称，要求被告人赔偿医疗费、误工费10800元、营养费2000元、护理费2000元、伙食补助费500元、卸钢板费4000元及伤残补助费。原告人向法庭提供了医疗费发票、伤残鉴定书、户口薄、评残发票、

图 4.3.16

附带民事诉讼原告人周发桂诉称，要求被告人赔偿医疗费、误工费 10800 元、营养费 2000 元、护理费 2000 元、伙食补助费 500 元、卸钢板费 4000 元及伤残补助费。原告人向法庭提供了医疗费发票、伤残鉴定书、户口簿、评残发票、疾病诊断证明书。

附带民事诉讼原告人贺玉堂诉称，要求被告人赔偿医疗费、误工费 1000 元、护理费 1000 元、伙食补助费 800 元、营养费 1000 元及伤残补助费，并向法庭提供医疗费、伤残鉴定书、户口簿、发票。

附带民事诉讼原告人张水莲诉称，要求被告人赔偿医疗费、误工费 8400 元、护理费 1140 元、伙食补助费 1525 元、交通费 600 元、后期治疗费 5000 元、营养费 1500 元。向法庭提供了医药费、户口簿、车票、证明。

被告人徐子兵对起诉书指控的犯罪事实不持异议，民事

图 4.3.17

合计 18682.26 元，已付 11983.81 元，尚欠 6698.45 元。

以上二、三、四、五项共计赔偿 96574.87 元，已付 47482.92 元，尚欠 49091.95 元，附带民事诉讼被告人中国人民财产保险股份公司深圳市分公司赔偿残疾赔偿金 25453.50 元、医疗费 8000 元，合计 33453.50 元，尚欠 15638.45 元，由被告人徐子兵承担赔偿责任，附带民事诉讼被告人汤清德承担连带赔偿责任。限被告人于判决生效之日付清。

如不服本判决，可在接到判决书的第二日起十日内，通

图 4.3.18

判决赔偿金额相关变量				
民事原告请求总额	一审判决金额		二审判决	已付判决金额
N	N		N	N	N
N	N		N	N	N
N	N		N	N	N
N	N		N	N	N
N	N		N	N	N
0	48065	96574.87	N	47482.92
0 N	对剩余15638.45元负连带责任		N	N
0 N	N		N	33453.5 N
	N		N	N

图 4.3.19

如图 4.3.20、图 4.3.21 所示,"其他情节变量"的录入较为简单,当存在某项情节时直接录入"1"即可(图 4.3.22、图 4.3.23)。

> 本院认为,被告人徐子兵违反道路交通安全法,<u>无证驾驶粤 BVA265 小车致二人死亡、八人受伤,且负事故全部责任,肇事后又逃逸</u>,其行为已构成交通肇事罪。公诉机关指控的罪名成立,本院予以确认。由于被告人徐子兵的肇事行为使被害人遭受经济损失,应赔偿被害人的经济损失。故附带民事诉讼原告要求赔偿医疗费、交通费、护理费、误工费、住院伙食费、伤残补助费的诉讼请求符合法律规定,应予支持。但其赔偿数额应按法定标准计算。汤顺德虽系粤 BVA265 小车登记车主,但其已于案发前将该车实际转让给附带民事被告人汤清德,不具有车辆实际控制权,其对该车辆转让后

图   4.3.20

> 元×23 天)、营养费 184 元、交通费 311 天、继续治疗费 5000元,合计 18682.26 元。<u>被告人徐子兵的家属能够积极赔偿被害人的部分经济损失,可以酌情从轻处罚</u>。据此,依照《中华人民共和国刑法》第一百三十三条、第三十六条第一款,《中华人民共和国民法通则》第一百一十九条、第一百三十

图   4.3.21

酒后	吸毒	逃逸	逃逸致死	无证驾驶	车无牌照	安全装置	非法改装	车已报废	超载
N	N	N	N	N	N	N	N	N	N
N	N	N	N	N	N	N	N	N	N
N	N	N	N	N	N	N	N	N	N
	1	0	1	0	1	0	0	0	0	0

图   4.3.22

超载	自首	其他情节变量隐瞒真相	被害人过错	认罪态度	积极赔偿	主动赔偿	得到谅解	初犯	社会影响	违反交规	犯罪前科	二审新情况
N	N	N	N	N	N	N	N	N	N	N	N	N
N	N	N	N	N	N	N	N	N	N	N	N	N
N	N	N	N	N	N	N	N	N	N	N	N	N
N	N	N	N	N	N	N	N	N	N	N	N	N
0	0	0	0	0	0	1	0	0	0	0	0	0
N	N	N	N	N	N	N	N	N	N	N	N	N
N	N	N	N	N	N	N	N	N	N	N	N	N

图   4.3.23

案件的结果变量信息可在判决书的"判决结果"部分找到(图4.3.24),因为该判决为一审判决且没有找到相应的二审判决书,不知道当事人是否提起上诉,因此在二审量刑结果外默认为N(图4.3.25)。

之规定,判决如下:

一、被告人徐子兵犯交通肇事罪,判处有期徒刑四年。

(刑期从判决执行之日起计算。判决执行以前先行羁押

的,

羁押一日折抵刑期一日,即从 2007 年 9 月 21 日起至

2011 年 9 月 20 日止。)

二、附带民事诉讼原告人汤龙妹医药费 13739.54 元、误工费 1792.50 元、护理费 557.67 元、住院伙食补助费 448 元、营养费 448 元、残疾赔偿金 12189 元、评残费 400 元,

图　4.3.24

一审量刑结果					二审量刑结果				
徒刑/年	徒刑/月	缓刑/年	缓刑/月	拘役	徒刑/年	徒刑/月	缓刑/年	缓刑/月	拘役
N	N	N	N	N	N	N	N	N	N
N	N	N	N	N	N	N	N	N	N
N	N	N	N	N	N	N	N	N	N
4	0	0	0	0	N	N	N	N	N
N	N	N	N	N	N	N	N	N	N
N	N	N	N	N	N	N	N	N	N

图　4.3.25

重复上述录入方式,可得到类似的汇总数据总表如图4.3.26。

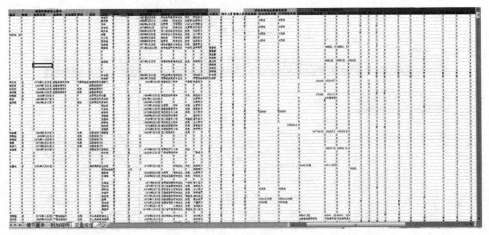

图　4.3.26

在得到可分析的数据后,使用实证研究平台进行统计分析。

三、北大法意实证研究平台的数据处理功能

因为人工录入数据比较耗时,且运用社会学软件需要掌握相当的统计专业知识,对于没有受过专业统计培训的同学来说有一定难度。因此,针对法学研究者的特殊需求,作为法律专业数据库的北大法意推出了实证研究平台,该平台自带录入、处理数据功能,并且操作较为简便。

进入实证研究平台首页,点击"实证研究使用指南"可查看基本使用方法(图4.3.27)。点击页面上方的"我的课题",进入课题列表页。如图4.3.28所示,页面显示了平台该用户现有的课题资源。在"状态"一栏看到"个人"、"待审核"两种状态。系统一般将课题默认为"个人"即不公开。如果希望公开课题资源,可点击课题最右端的"公开"按钮,等待管理员审核通过后即可显示为"公开",公开的课题会同时出现在课题资源公开课题资源列表中。取消公开不需要管理员审核。列表右侧如"维护"、"详细"等操作功能将在后文详细介绍。点击页面右上方的"新建"按钮,进入新建课题页。如图4.3.29所示,创建与交通肇事案件量刑与赔偿关系的研究课题。

图　4.3.27

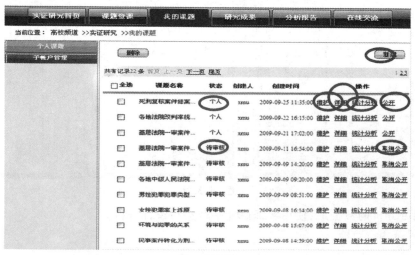

图　4.3.28

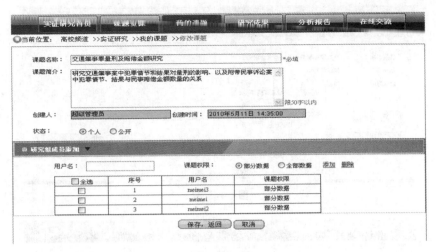

图 4.3.29

建表完成后,开始变量设置。回到"我的课题",在课题列表的该新建项右侧点击"详细"(图4.3.30),进入该课题详细页。如图4.3.31,在页面中输入变量表的名称和内容简介,点击"保存",课题页被刷新(如图4.3.32)。点击操作栏中的"变量明细",可在交通肇事的情节量表中设置变量;点击"新增",可以继续增加变量表(图4.3.33)。

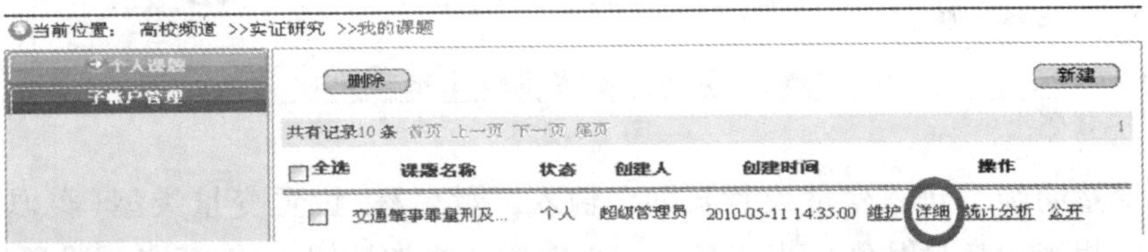

图 4.3.30

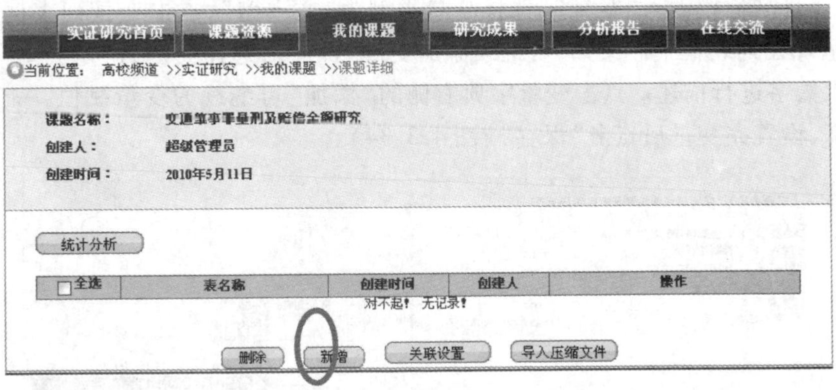

图 4.3.31

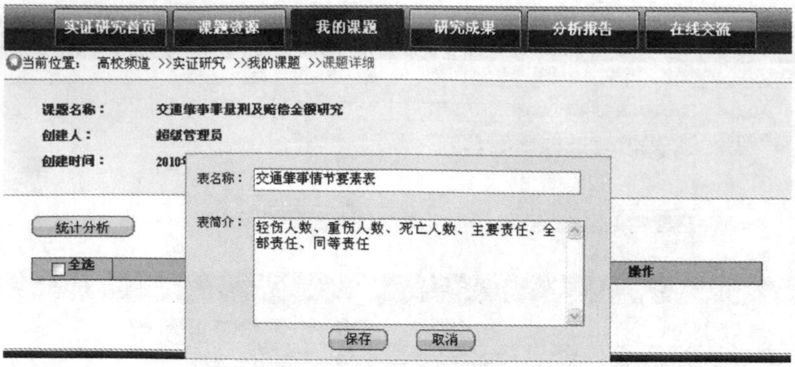

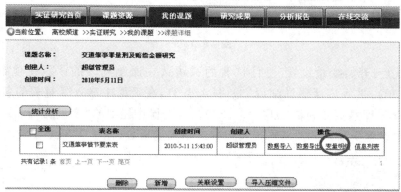

图 4.3.32

图 4.3.33

点击"变量明细"，进入变量设置页面。输入变量名称，设置变量类型（类似确定变量）和变量字典（相当于变量赋值），点击变量列表左侧的添加按钮，一个变量就设置好了。全部变量设置好后，点击保存按钮，完成变量设置。

例如，变量名称栏输入"案号"，选择变量类型为"文本型"，点击变量列表框左侧的"添加"，数据呈现在列表框中。又如，可继续添加变量"自首"，选择类型为"定类型"，在变量字典中值输入数字进行描述。点击变量字典右侧的"添加"可继续为变量赋值，一个值代表一个特定意义，设置完变量后点击"保存"（图 4.3.34）。

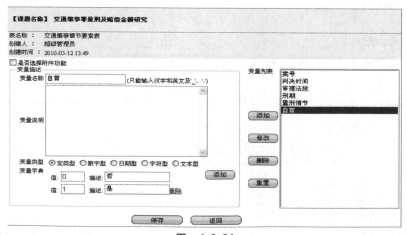

图 4.3.34

变量设置完毕后回到之前的变量表列表。向该列表中导入数据,即可根据设置的变量对数据进行分析。如图 4.3.35 所示,点击操作栏中的"数据导入",弹出数据导入框。如图 4.3.36 所示,导入数据有两种方式,一种为"上传数据",一种为"系统数据"。

首先看"上传数据",因为上传数据中,导入的 excel 表中的字段必须与之前变量设置页添加的变量、及变量的类型一致,格式不一致会弹出提示框"你选择的文件格式错误",即无法导入数据。保持一致最简单的方法是点击"数据导出",通过课题详细页中的导出模板功能,导出含有变量的 excel 至本地(图 4.3.37),然后在本地根据变量及变量类型添加数据导入进来(图 4.3.38)。由此可见,该种方式还是需要手动录入数据,比较麻烦。

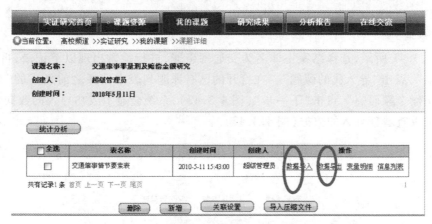

图　4.3.35

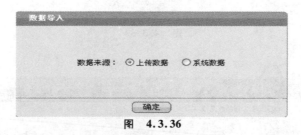

图　4.3.36

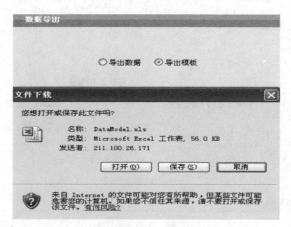

图　4.3.37

	A	B	C	D	E	F	G
1	案号	判决时间	审理法院	刑期	自首	刑罚种类	
2							
3							
4							
5							
6							
7							
8							

图 4.3.38

另一种导出数据的方式为"系统数据"(图4.3.39)。点击"系统数据",进入实证研究平台的"课题资源"(图4.3.40),该界面与检索案例资源类似,在本书第三编第四讲有详细介绍,读者可参考。

如图4.3.41所示,选择结案主罪名为交通肇事罪,进行检索出现以下记录,再选中"导入检索结果",点击"导入我的课题"。在打开的已有课题列表中选择之前新建的"交通肇事罪量刑及赔偿金额研究",点击"下一步"(图4.3.42),系统会显示成功导入的数据。用户可在课题详细页查看新导入的数据(图4.3.43)。

图 4.3.39

实证研究首页　课题资源　我的课题　研究成果　分析报告　在线交流

当前位置: 高校频道 >>实证研究 >>课题资源 >>系统课题资源

系统课题资源

案例课题资源
　裁判文书资源
　　刑事裁判文书资源
　　民事裁判文书资源
　　行政裁判文书资源
　媒体案例资源
法规课题资源
　宪法国家法类
　行政法类
　刑法类
　民商法类
　经济法类
　社会法类
　国际法类
　军事法类
　诉讼仲裁法类
统计数据资源

公共课题资源

逻辑　检索项　检索词

(+) (-)

并且

并且

检索　重置

□全选 □导入检索结果　统计分析　导入我的课题

图 4.3.40

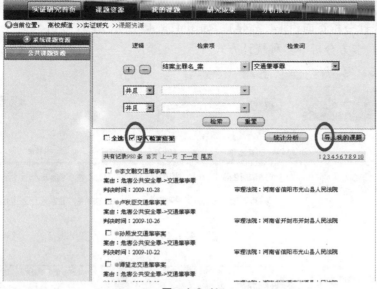

图　4.3.41

图　4.3.42

图　4.3.43

　　在设置完变量并导入数据后,即可进入下一环节即统计分析。从课题列表页,点击"统计分析"进入统计分析页面(图4.3.44)。如图4.3.45所示,统计分析页面提供单变量频次分析、描述分析、卡方分析等多种统计方式。

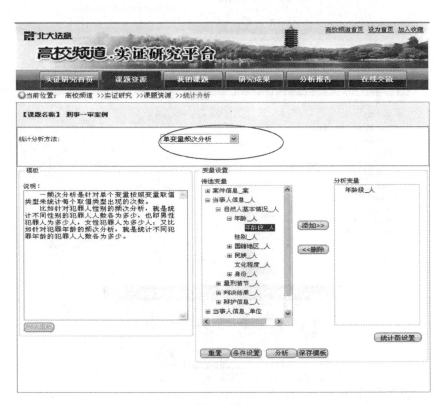

图　4.3.44

图　4.3.45

　　例如,选择"单变量频次分析",针对单个变量按照变量取值类型来统计每个取值类型出现的次数。如果需要分析交通肇事者的年龄分布情况,则可以针对交通肇事类案件犯罪人的年龄或者年龄段的频次分析。以年龄段作为统计字段,统计交通肇事类案件中不同犯罪年龄段的犯罪人人数各为多少,也即十四岁以上不满十六岁、十六岁以上不满十八岁、十八岁以上不满二十五岁、二十五岁以上不满六十岁、六十岁以上各为多少人。

　　在待选变量区中选中"年龄段(人)"将其添加到分析变量中,分析变量设置完毕后,点击分析按钮,即可查看交通肇事类案件中各年龄段案件数量的统计结果。如图4.3.46所示,该分析结果包括三部分,分别为:

第一,变量说明:示例中的分析变量为犯罪人年龄段,则变量说明中为年龄段的字段及其对应序号。

第二,分析结果:此部分是统计分析中的核心内容,记载了本次分析的全部成果,包括样本数据的抽取频次(指多少个样本数据符合当前年龄段),所占权重(指符合当前年龄段的数据量占样本数据总量的百分比)等,频次列前的数字与变量说明中年龄段取值的序号相对应,在示例分析结果中可以看到交通肇事类案件犯罪人年龄段的分布情况及其具体比例。

第三,统计图:默认状态下为饼图,显示每一年龄段的数据值相对于总值的大小。其中,百分比是指各频数占总样本数的百分比。有效百分比是指各频数占总有效样本数的百分比。这里的有效样本数应等于总样本减去缺失样本数。有效百分比能更加准确地反映变量的取值分布情况。积累百分比指有效百分比逐级累加起来的结果。

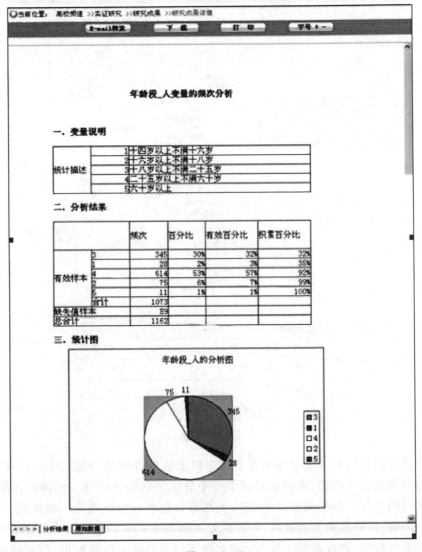

图 4.3.46

又如,选择"描述分析"方式,针对数值型变量(定距变量)进行简单的归纳分析。描述性统计主要是通过求和、平均值、方差、标准差、众数、中位数、标准误差、观测数、最大值、最小值、第 K 大值、第 K 小值、峰度、偏度、区域(全距)、置信度等指标对数据的集中性、分散性、对称性、尖端性进行描述,归纳数据的统计特性。

例如,针对法院在罚金方面的量刑进行分析,则可对案件中的罚金字段进行描述性分析,统计所有案件中法院判处罚金的平均值、最大值、最小值等数据。具体操作为在待选变量区中选中"罚金数额(人)"将其添加到分析变量中(图 4.3.47),注意,在分析前需要点击页面右下方的"描述统计设置",设置"平均置信度"(图 4.3.48),即调查结果的可信程度。95% 是通常情况下置信度的设定值。

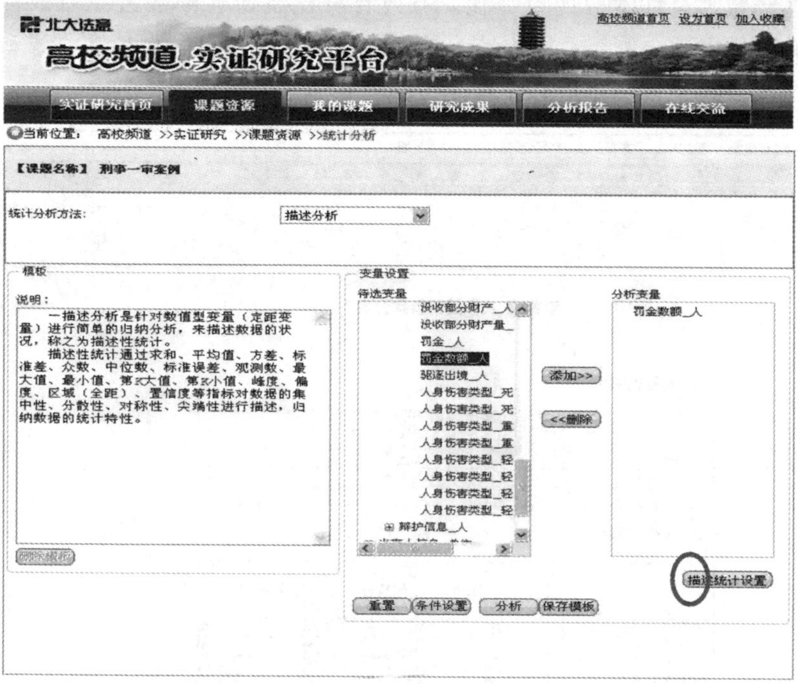

图 4.3.47

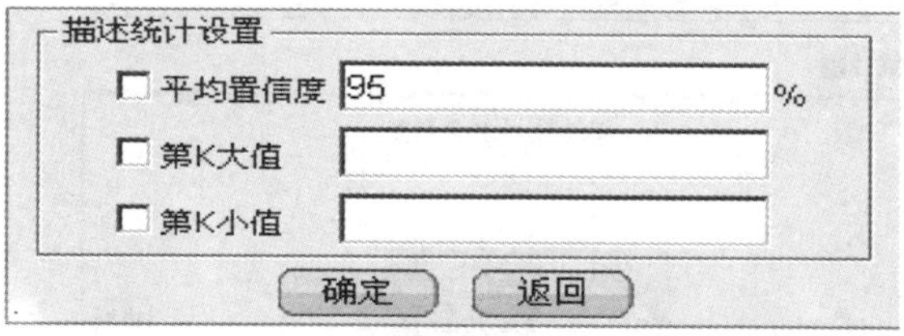

图 4.3.48

点击分析按钮即可查看交通肇事类案件中罚金数额各项统计值(图 4.3.49)。分析结果中的平均值为算术平均值,我们在日常学习中最常用到的平均值。标准误差是对一组测量数据可靠性的估计。标准误差越小,测量的可靠性越大。中位数是一组数据,依大小排列时的中间一个数,当样本数为偶数时,中位数为 N/2 与 1 + N/2 的均值。众数是一组数据中出现次数最多的数值,能代表绝大多数情况的数字。方差是一组数据内,每个数与平均数的差数的平方和的算术平均数。标准差等于方差的算术平方根。方差和标准差描述一组数据的差异情况和离散程度的统计量。方差或标准差越小,表明数据的离散程度越小,数据分布越集中整齐;反之,方差或标准差越大,表明数据离散程度越大,数据分布越参差不齐。峰度衡量的是样本分布曲线的尖峰程度。一般情况下,如果样本的偏度接近于0,而峰度接近于3,就可以判断总体的分布接近于正态分布。峰度是描述某变量所有取值分布形态陡缓程度的统计量。如果峰度数值等于0,说明分布为正态;如果峰度数值大于0,说明分布呈陡峭状态;如果峰度值小于0,则说明分布形态趋于平缓。偏度描述某变量取值分布对称性的统计量。偏度数值大于零,说明分布呈现右偏态;如果偏度数值小于零,说明分布呈左偏态。

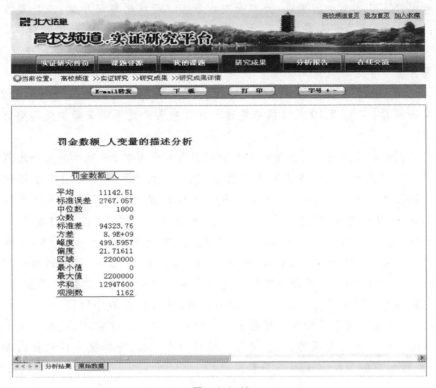

图 4.3.49

另外,最大值是样本中出现的罚金金额最大的数值。最小值为样本中出现的罚金金额最小的数值。求和表示样本中出现的罚金总和。观测数是纳入统计的有效样本数量。

此外,还可进行卡方分析、方差分析、交叉分析、回归分析,或通过"自定义报表"功能自行选择统计方式,生成报表。由于这几项统计方式背后蕴含比较丰富的统计学专业知识,在本书的有限篇幅内难以详述。有兴趣的读者可参阅郭志刚教授的《社会统计分析方法》。[2]

第五节 数据结果的理论分析

除了进行方差分析和回归分析之外,对于没有统计学背景的学生和学者,也可以进行简单但却同样实用的计数统计。

我所指导的一篇硕士毕业论文,就采用的实证分析的方法,对收集到的数据进行集中简单的定量分析。[3] 下文将以其为例,为同学们讲解如何通过简单的计数统计论证文章观点。

---

[2] 郭志刚:《社会统计分析方法》,中国人民大学出版社1999年版。
[3] 杜慧超:《当司法遇到善良风俗——以婚约财产返还纠纷为例》,北京大学硕士研究生学位论文,2012年。

这篇文章选取婚约财产返还纠纷这一涉及民间婚俗的复杂案件类型,在梳理国家制定法与民间婚俗之间的张力的基础上,通过对搜集的案例的实证分析,揭示出基层法官在裁判时是恰当的在国家法与民俗之间进行平衡,用民俗习惯连接乡土中国与法治中国。

具体说来,《婚姻法司法解释(二)》第10条的规定,法院在裁判彩礼返还案件时,主要考虑以下几方面的因素:一是男女双方是否办理结婚登记手续;二是双方是否共同生活;三是彩礼的给付是否导致给付人生活困难。可见《婚约法司法解释(二)》是以双方是否办理结婚登记手续为判断的主要标准的,在已经办理结婚登记的情况下,只有存在后两种情况下才返还婚约彩礼。但是由于婚约关系受各地的传统文化、风俗习惯的影响,具有伦理性、习俗性的特点,一旦发生婚变,发生彩礼返还纠纷就比较复杂。《婚姻法司法解释(二)》第10条仅仅考量这三方面的因素是不能妥善地处理婚约财产返还纠纷的。

因此,她以"北大法宝"搜集的255个案例做量化分析,希望从具有一定规模的案例中考察法官在裁判时具体考虑到哪些因素,是如何具体而微地处理国家法律与民间习俗之间的张力。首先,应当对这些案例做一个统计描述:"这255个案例的审结时间分布在2004年9月至2010年9月之间,均在《婚姻法司法解释(二)》颁布实施以后,其中二审案件66件,占案件总数的25.9%,审理法院的地点分布河南、广东、湖南、重庆、河北、山东、上海、辽宁、黑龙江、甘肃、青海、福建、江西13个省市,其中河南省有231个案例,占总数的90.6%。"[④]案例分布的上述情况也就决定了研究的适用范围。

文章考察法院对于婚约彩礼的性质与范围,进行具体的分析,我略去一些具体地讨论,直接看看这篇文章是如何处理数据的。表格中通过阅读判决后,简单统计各类原告主张中关于婚约彩礼范围的认定,将原告主张归为三类,并根据案件数量的多少进行统计,并进行相应的解释。请参见下表:

表4.3.1 婚约彩礼范围认定表

原告主张	案件数量	法官判决
返还订婚时彩礼款现金	107件	一致予以认定
返还婚约期间给付的小额现金、各种花费	148件	较为统一,根据风俗经媒人之手给付或是结婚仪式当天给付的现金认定为彩礼;婚约期间给付的小见面礼、日常礼尚往来不具有彩礼性质
返还婚约期间给付的物品(或物品的折款)	77件	不返还的占84.4%;返还的占15.6%

文章还对诉讼主体问题进行统计分析。《婚姻法司法解释(二)》第10条并没有明确原告与被告是否包括男女双方的父母,其仅规定"当事人"、"给付人"可以要求返还彩礼,那么这里所说的给付人是否包括当事人的父母呢?诉讼中被告提出原告不是实际给付人或自己不是实际接受人的抗辩,人民法院对此抗辩应否采信?这些问题在国家法层面没有给出明确的回答。而法官是如何处理这些问题的,作者总结为以下表格:

---

④ 同上。

表 4.3.2 诉讼主体认定表

法官判决	案件数量以所占比例	判决理由
女方父母负连带责任	94 件,67.6%	原被告没有独立生活,彩礼用于家庭共同生活;彩礼的给付、接受主体涉及双方家庭
女方父母不负连带责任	45 件,32.4%	婚约彩礼财产关系发生在男女双方之间,父母不是婚约关系的当事人

文章对婚约彩礼的返还比例及考量因素也作了统计分析,将搜集到的 255 个案例按照情节类型分为四类,即未办理结婚登记也未共同生活的、未办理结婚登记但共同生活的、办理结婚登记但未共同生活的、办理结婚登记并且共同生活的。四种类型的案件数量分别为 129 件、114 件、1 件、11 件。所占的比例为 50.6%、44.7%、0.4%、4.3%。参见下表:

表 4.3.3 婚约彩礼返还纠纷类型表

情节	案件数量及所占比例
未办理结婚登记也未共同生活	129 件,50.6%
未办理结婚登记但共同生活	114 件,44.7%
办理结婚登记但未共同生活	1 件,0.4%
办理结婚登记并且共同生活	11 件,4.3%

在完成上表的归类和总结以后,可以将研究再深入到每一类型的案件中,考察每一类案件中结婚彩礼的返还情况。以下的表格都是更为深入的统计和梳理:

表 4.3.4 未办理结婚登记也未共同生活案件判决返还比例表

返还比例	案件数量及所占比例
全部	95 件,73.6%
50%—100%	30 件,23.3%
50% 以下	4 件,3.1%

表 4.3.5 未办理结婚登记但共同生活案件返还比例表

返还比例	案件数量及所占比例
全部	15 件,13.2%
50%—100%	72 件,63.2%
50% 以下	27 件,23.7%

表 4.3.6 办理结婚登记并且共同生活案件返还比例表

返还比例	案件数量及所占比例
全部	无
50%—100%	3 件,27.3%
50% 以下	8 件,72.7%

通过这些简单的统计分析,文章综合上述四种行为类型的案件中法官裁判彩礼返还的比例及其具体的考量因素,有力的支撑了自己的研究结论:"我们可以看出,在国家法律仅考虑到未办理结婚登记、办理结婚登记但未共同生活、婚前给付导致给付方生活困难三个情节的情况下,法官审理案件时并没有拘泥于法律的规定,而是酌情考虑婚约

彩礼的习俗和现实生活的实际状况，尤其是在处理现实生活中经常发生的未办理结婚登记但已共同生活的尴尬局面时，更是综合地考虑当事人是否已经按照民俗举办了婚礼，同居生活的时间的长短，是否生育子女，是哪一方的过错导致婚约的解除等等，这些因素都是婚约彩礼民俗处理争议的原则——男方悔婚，彩礼消灭；女方悔婚，彩礼返还——背后的逻辑。从最终判决彩礼返还的比例，我们可以看出，虽然《婚姻法司法解释（二）》规定当事人请求返还按照习俗给付的彩礼的，人民法院应当予以支持。但是法官的最终判决均是酌情运用自由裁量权，巧妙地利用了法律语言的模糊之处，将婚俗恰当地考虑到司法的过程中，缓解了立法与民俗的张力。"⑤这一结论不是一开始预设的，而是分析的产物，水到渠成。

仍然是由于教材的篇幅所限，不能够展现这篇硕士论文的分析力度，很多地方只能一笔带过的引述。但是重要的在于提供给同学们一种思路，一种理念：其实简单的统计也能够做到深入和合理的分析。关键在于前期要有细致的准备，搜索足够的案例信息。在中期解读案例时，要有足够的眼光，适当地提取重要的因素。在处理数据的时候，要有恰当的分类。总的说来，要用好数据，用数据说话，支撑文章的论证。那么即使是简单的计数统计，也能够发挥很好的解释功能。

课堂练习（十三）

使用练习（十二）检索的案例，按照本讲教授的内容，做一个初步的定量分析。

---

⑤　同上。

第四讲 法学引证的定量研究

第一节 学术史的定量研究

定量研究的方法在上文中我们已经用相当的篇幅来介绍,特别是重点讲解了定量研究方法在案例研究中的运用。本章将继续定量研究这一主题的讲解,并将视角落在学术史的研究。

学术史的研究可以有两种途径。一种是"口述史"、"自传体"的经历自述和人生自省,是指结合个人经历与记忆,提纲挈领,纵论天下大事和大势所趋,或察微知著,以小见大,洞悉学术更替与学人传承背后的规律与要义。这种研究方法无疑具有一定的主观性质,与一个学人个人的阅历、眼光、感悟、关注点、"这一代人的怕和爱",密不可分。我们不妨称之为"自述式学术史"。自述式学术史的优点在于它是撰史者的亲身经历,借用希拉里的书名,是"亲历历史"(Living History)。比如钱穆先生的"师友杂忆",大师写大师,折射了一代中国知识分子的风骨与风采,那是非亲历而不能为的字字透着深情厚谊的人生记忆。但缺点也非常明显。一是作者范围上的局限:通常这类文章只有大学者写了才有压住读者心神的分量,否则除非是娱记一样的学术"爆料",大都是白费笔墨。二是作者经验上的局限。毕竟,一个人再博闻强记,一个人的经历再刻骨铭心,比起中国改革开放三十年来的千回百转、万紫千红,都只能是沧海一粟,全豹一斑。简而言之,自述式学术史具有强烈的主观色彩和个人品位,因此只有饱经学术风雨写得出,只有独具学术慧眼才能写得好。

另一种是"重构式学术史"。比如黄宗羲的《明儒学案》和库恩对哥白尼和伽利略的研究。黄宗羲与他写的"明儒",比如方孝孺和曹端,大都虽有师承但并未亲见,只有心会神交,而库恩就更不可能有任何哥白尼伽利略时代的经历。但他们依然可以根据作品记载复原那个时代最为重要的历史因素,作出杰出的学术史研究。这种研究方法的优缺点都与上一方法正相反。缺点是容易变得相对枯燥乏味,没有那么鲜活、动人和风云激荡。研究者和研究对象之间并非血肉相连,非要格外地移情与投入,有司马迁一般的学养才情,才能从冰冷和沉默的资料中体会前人的人格特点与历史背景。优点则是不再受制于研究者本人的阅历与眼光。只要有足够的作品记录,只要肯下苦功夫检索爬梳,即便依然不是人人都可以写出黄宗羲和库恩那样的典范之作,但人人都可以有所发现。而且,由于不必以研究者经历中的重要年份和事件为线索,研究者完全可以以"编年体"而不是"自传体"的方式,以超越于人生偶在的自然时间为经,超越于个人兴趣的社会主题为纬,建构基本的学术史实。可以说,恰是由于研究者与研究对象之间没有任何个人联系,这种研究也相对更"客观",也更"中立"。

用学术化的语言概括上述两种研究学术史的进路,我们可以将"自述式的学术史"称为定性研究,而"重构式学术史"称为定量研究。不难看出,定量研究相对于定性研究而言更难开展,其原因和我们在上一讲所讲到的案例的定量研究是一样的,都在于基础数据的获得。与亲历辉煌的学术年代的学者相反,重构式的研究必须面对灿若星河的学人,要将他们的作品——过目,作出评价,恐怕是太难了。

而引证研究为"重构式学术史"打开一扇窗口,通过对引证数据的研究可以窥测甚至推进学术史的研究。学术界的 SCI、SSCI、ISI 以及 Westlaw、LexisNexis 等数据库的建立,也促使了通过引证进行学术史研究的兴起。中国 CSSCI 数据库就是一个现代社会形式化信息处理的产物。妥当地运用这些数据库,就能够获得学术史定量研究的一手材料。大量的数据库以往的引证研究主要集中于作品和作者的学术影响排序。只是这些研究主要集中于为作品、作者、大学和刊物排座次、争位置,只是做了必要的初级工作,揭示的只是整个学术冰山的微小一角。更有意义的研究工作,也就是对学术史的整体综述,还没有出现。

我在本章中,将给同学们讲解,如何将定量研究的方法,扩展和应用到对学术史基本结构和总体变迁的理论梳理。

当然,一个好的学术史研究,完全可以甚至应当是定量与定性研究的适当混合。一个例证,我们可以称之为"李泽厚现象"。许多人文学科的学者曾问我,为什么像李先生这样影响了几代学人的出色学者,在引证上却没有充分的反映。另一个例证正相反,我们可以称之为"博登海默现象":影响中国当代的法学第一著作,居然是博登海默的《法理学》,恐怕译者都会不以为然。两个现象都很有趣,这恰恰说明来自于数据结果和个人经验之间的明显差异。通过定量研究的普查和筛选,可以用客观而有说服力的证据,提炼和凸显作为学术影响"核心"的经典作品和经典作家。进而围绕这一核心展开的定性研究和进一步的"史论",也就更能有的放矢。另一方面,具有深湛眼光和广阔视野的学者也可以从定性的角度出发,识别出具有"学术酵母"的作家作品,再对之加以集中的定量研究,考察这一作品在整个学术界的位置及其流变。

总而言之,文献引证的规范和数据库的完善,为以新的标准来衡量学术质量和学术影响准备了技术条件。随着国外学者的同类研究日益增多,越来越多的中国学者也开始应用 CSSCI 数据库来研究学术现象。这也为后文的学术史研究和引证研究提供了不可或缺的数据基础。

我这里举的例子,是关于改革开放后近三十年中国学术史的一个定量研究。思路很简单:CSSCI 的"被引作品"数据库带有"被引作品年代"这一检索选项,提供了一个"窗口",使我们可以通过 1998 至 2007 十年间中国主流学术期刊的作品引证,"十年管窥三十年",了解和评价 1978 至 2007 三十年间各年发表的作品在当代的学术影响,由此看到中国人文社会科学、法学乃至法学具体专业和法学期刊三十年断代史的一些重要侧面。

第二节 数据库和定量研究的局限

在引证的定量研究时,也需要注意数据库和定量研究的局限。以下是我自己研究过程当中的一些经验教训,给大家提个醒。

首先,建立引证检索自身的主要功能在于为学术市场设立标准,这决定了引证数据库必然是有选择性的。比如 CSSCI,其选刊原则必然是选取"应能反映当前我国社会科学界各个学科中最新研究成果,且学术水平较高、影响较大、编辑出版较为规范的学术刊物"。[①] 这决

---

① 参见该网站的"CSSCI(2000)来源期刊选定——原则、方法、程序与结果"一文,〈http://cssci.nju.edu.cn/cssci_qkff.htm,最近访问时间:2003 年 11 月 25 日。

定了其必然要与各个学科总体的引文情况有所不同，而只能涵盖一部分刊物。也就是说，以CSSCI为数据基础的研究都必定是对一个引文总体（population）的有偏的抽样。因此这类研究需要始终强调"以CSSCI为数据基础"，反映出其导向性和结论适用的范围。

其次，引证本身并不能反映一个作品被其他作品引用时的具体作用，比如"自我引证"、"互相引证"、"反向引证"、"装饰性引证"等问题。CSSCI数据库提供了排除自引的索引。但其他问题，在以CSSCI数据库为基础的引证研究中无法确切地辨认并加以排除，需要研究者自己加以识别。

再次，引证数据库本身的确存在一些录入错误，必须加以校正。这种情况在SCI和SSCI等国外数据库中就很常见，这里还是以CSSCI为例。一方面，CSSCI"被引文献"篇数的查询结果，经常有可能高于实际数字。比如，对《法治及其本土资源》一书1998年的引证检索结果加以核对，不难发现，由于输入数据库的文献题名不同，校正后的被引文献篇数要比校正前多了11篇。由此而来的另一个后果是，校正前单篇著作的引证频次也被低估了，比如将校正出的额外11篇并入后，得到的《法治及其本土资源》在1998年的引证频次应该是44次，比原来的检索结果（29次）多出了15次。值得注意的是，此前国内利用CSSCI进行研究的学者，很少对这一问题给予明确说明，因而很可能影响其结论的有效性。另一方面，文献的"引证频次"（CSSCI称之为"被引次数"）常有可能低于实际数字。首先是重名的情况，比如"赵旭东"名下把分别任教于法学和社会学的两位学者的引证数字混在了一起。更为严重的是引者写错被引文献作者姓名的情况，比如把梁慧星写成了"梁彗星"，把郭道晖写成了"郭道辉"，把王名扬写成了"王明扬"，把"储槐植"写成了"储怀植"，把"候国云"写成了"侯国云"，等等。其中最严重的是，"高铭暄"教授的名字被错写成了"高名暄"、"高明暄"、"高铭宣"、"高铭喧"四种之多。这种情况，除非研究者特别留心，否则很容易忽略。

因此，由于研究所涉及的数据量巨大，研究者最终依据的引证数字可能和从CSSCI直接检索的数据会有不同。可能的原因，一是作者检索和校对过程的疏漏，二是由于CSSCI录入时的拼写错误，必须在作出校对后才能使用。这些都是在做研究的时候应当小心注意的。

第三节　法学史定量研究的前景

尽管数据库和定量研究仍然存在着许多局限，这些问题需要探讨和解决。但是更重要的是，这里有广阔的研究前景。

我曾初步做过一些基于引证统计的学术史定量研究。只是提供了学术史定量研究的一种初步的尝试。还有很多基于引证研究可以发掘的学术史题目。以法学为例，法学整体的特点和发展之外，学科发展、院系发展都可以加以研究。比如把北大法学院作为一个研究对象，放在法学和人文社会科学的整体环境中，肯定能够提出有意思的学术问题。各个学科都可以作出有意思的研究，宪法行政法学、刑法学、诉讼法学、国际法学、理论法学等等。此外，其他学科，比如经济学、政治学、社会学、文学、历史学、考古学、哲学、新闻与传播学、国际关系与外交学、艺术学、信息管理学、马克思主义哲学、教育学、体育学等等，都值得进一步研究。在此基础上，还可以把人文学科和社会科学分开研究，看一看各自在引证所反映的学科特点上，到底有什么差别。通过引证研究，不仅可以考察法学期刊，还可以考察重要的出版社的学术影响。如此等等。

定量研究方法，除了统计检验，或者简单的排序和计数（counting），其实统计学中有更多更好的方法可以运用,比如把每个学人、学院或学科的学术研究历程作为一个"时间序列",或者构造相应的"面板",甚至以学院为单位加以"分层",都能发现有意思的问题。此外,还可以添加更多的变量,比如"发文/引文比",也必定能够丰富我们的结论。

霍姆斯的名言,"法律的理性研究,如今注重的也许是白纸黑字,但未来属于精通统计学的人和经济学的人"[②],对于法学界的人来说再熟悉不过了,我没有做过引证分析,但是估计至少可以排进最频繁被引的法学名言的前五位。然而,仔细推敲,我们不难发现,虽然引用本句话的时候,人们都看到"统计学"一词,但是实际上,引者的着眼点都在"经济学"上。波斯纳说"霍姆斯在1897年的预言经历很久之后终于实现了"的时候,支持这一语境的是经济学对法学的全面"殖民"。如今已经是经济学帝国主义了,那么统计学呢?

统计学的方法本身并非不能为法律提供有效的帮助,障碍在于获得数据的花费往往很高。有 Microsoft Excel 和诸如 Stata、SAS、SPSS 等强大统计软件的帮助,数据处理本身很容易操作。但是作为统计基础的数据太难得到了。要为统计建立一个好的数据库,背后的辛苦是远远超出一般的学术研究的。而每一个特定的统计目标对于数据库的要求都几乎是独特的,因此每一次统计研究大都要按照自己的需求建立新的数据库,很少可以重复使用。就目前而言,如果没有南京大学中国社会科学研究评价中心制作的 CSSCI 数据库,要想实现以上的分析几乎是天方夜谭。但是即使有这一数据库的帮助,为了完成本研究也还需要提炼 CSSCI 的原始数据,加以重新整理和编排。

指导一项研究的是理论,而作出一个决定的依据则往往是事实。统计的作用在于,可以让那些模糊的或者无法直接为人所见的事实,直观地呈现在人们面前。而且,并非统计学本身没有理论,其对因果关系和推断检验的理论探讨极为深刻。相比于古代的同质性("你见到了一个美洲土著,你就见到了所有的美洲土著")[③],现代社会的急剧分化使得任何依据局部和个体经验的事实判断,很容易流于片面和走向极端。在这个意义上,很多事实只有通过抽样统计才可能得到。我在这里介绍法学引证的统计分析,只是一个"探索性研究",是所有统计研究中最初步的。这是一块十足的引玉之砖,但也有其不可或缺的学术意义,就给未来更多更好的定量研究铺了路。

第四节 举例:中国人文社会科学三十年

这是我做过的一个引证研究,试图通过 1997 年到 2007 年这十年间的引证数据来研究中国人文社会科学三十年(1978—2007)。希望能够通过这个研究向同学们展现如何选择数据、如何处理数据、如何运用数据来说明问题。

如何以十年的引证来说明三十年的学术研究成果,这是一个方法论问题。首先,需要作出数据的选择。CSSCI 数据库提供了"史实"的一种记录。不过,十年引证的丰富数据,三十年发表的漫长跨度,五百多种期刊,两百余万篇作品,不可能也没必要一一考察。CSSCI 引证的 1978 到 2007 三十年间的作品,总计两百余万篇,被引三百余万次,平均每篇作品被引约 1.5 次。这意味着,大量作品只是被引证过一到两次。但是莫说在十年之间、五百余种人文社会科学刊物上仅仅被引证过一两次,就是十次八次,也还算不上"影响",只能说是被

---

② Oliver Holmes, "The Path of the Law," 10 *Harvard Law Review*, 457, 469 (1897).

③ 涂尔干:《社会分工论》,渠东译,生活·读书·新知三联书店 2000 年版,第 94 页。

偶然"提及"。因此,在确定数据分析范围时,势必要遵循一定的取舍标准。真正称得上对中国学术产生实质影响因而构成中国学界基本知识结构的作品,一个最低限度的要求应当是,平均每年应当至少被引用两次。即使是改革开放之初的作品,由于作品绝版而导致引用受到客观影响,也至少应当是平均每年被引不少于一次。否则,实在难以确定究竟这种引用是碰巧拿来凑数,还是真的对引者及其作品产生了不可或缺的"影响"。在此基础上,有些作品的被引次数很高,也应当加以特别重视,以考察众多影响之中的"主导影响"。平均每年被引10次以上的作品,虽然篇数仅占各年引文总数的0.8%,但是引证次数则占各年引证总数的12%,引证次数均值约为23次,远远超过了1.5次的平均水平,已经明显能够看到与其他被引作品的影响差异。

其次,是从定量角度进行分类。我的分类是:一是平均每年被引用两次以上的作品,称为影响学界的"主要作品";一是平均每年被引10次以上的,称为主导学界的"重要作品";进而,为了提供足够鲜明的例证,以避免数字本身的枯燥乏味,三十年来影响排序前50名的作品,还可以作为"核心作品"加以探讨。

分类的时候,需要提醒和强调,这里所谓的"核心"、"重要"和"主要"作品,都是在引证意义上核心、重要和主要的作品,而不意味着一般性的学术评价。基于引证数据和定量分析的学术史研究,反映的只是学术史的一个侧面,并且具有其固有的局限。一方面,数据本身能够涵盖的范围决定了研究所能触及的学术史的深度和广度。数据本身不能显示学术水平,而只能通过学术影响间接反映;同时,引证研究所能反映的学术影响,也只是众多影响方式中的一种。比如前述的"李泽厚现象"。李泽厚先生的作品在20世纪80年代的影响无人能及,但是未能在引证影响上得到同样的反映(我做研究时,被引最多的作品是《美的历程》和《中国古代思想史论》,但都没有超过300次)。同样的情况也可能发生在其他作者和作品上。尽管,这本身就是一种"反映",是一种值得研究的学术现象和文化现象,但无疑是引证本身难以发现的,而需要借助其他经验和洞见。另一方面,引证研究方法和引证数据提取本身是否足够科学,也影响到这一研究所能说明的问题。CSSCI收录的刊物是否合理,数据的采集和整理是否存在错误,都制约着这一研究所得结论的适用范围。我们前面讲过,数据库和引证研究有其局限,正如其他研究方法一样。这是研究者自己要有所意识并且有所交代的。基于CSSCI引证数据的定量研究,能够在一定程度上反映改革开放至今的"中国人文社会科学三十年"学术作品在当代主流学界的学术影响,能够丰富我们对三十年学术发展的理解,提供给我们通过其他途径难以获得的角度与结论,但也不应被过分夸大。

再次,可以从定性的角度进一步对作品分类。我在研究中从"学术与政治"、"中国与西方"、"古典与现代"、"人文与社会"和"原创与继受"五个方面探讨中国人文社会科学的基本作品分布和中国当代学人的整体知识结构。进而,通过考察这一作品分布和知识结构在三十年间的"逐年"演进和"合年"变化,可以提供一个理解当下学术环境的可资参考的历史背景。研究还可以以CSSCI收录的三十年来发表的全部作品中"卅年合计影响排序"前100名的部分作品为例,说明上述结构划分的依据与理由,并借此对影响排序前50名的"核心作品"加以梳理和介绍。当然,还可以从更为广阔的引证数据出发,进一步研究对中国人文社会科学三十年的学术结构和变迁过程产生重要影响的重要作品和主要作品。

研究发现,在"学术与政治"、"中国与西方"、"古典与现代"、"人文与社会"和"原创与继受"中,对当代中国学界影响最大的学术作品是"汉译世界学术名著",基本是西方现代学术名著,并且主要是西方现代社会科学著作(与人文学科的比是351/88)。其次是中国当代社会科学领域的原创作品,再次是重印的中国古代典籍和再版的改革开放前发表的作品,最后是中国当代人文学科领域的原创作品。而与主导学界的重要作品不同的是,改革开放三十年来对当代中国学界影响最大的学术作品是中国当代社会科学领域的原创作品,其次是"汉译世界学术名著",再次是中国当代人文学科领域的原创作品,最后是重印的中国古代典籍和再版的改革开放前发表的作品。

由于教材篇幅有限,我没有将数据结果都罗列出来,仅仅陈述数据处理后的结果。从这些结果中我们看到的是一个"走向开放的中国心智"。虽然我们暂时还不知道,这究竟反映的是改革开放真正给了中国知识分子以"开放"自信的心态全面学习西方,还是我们的确已在文化上脱亚入欧、洗心革面,在"改革"中悄然间皈依了西方学统。但这确是改革开放三十年来中国学术的一个客观状况。

经过这一节课程的讲授,大家对于学术史的定量研究有了初步的认识。接下来,我将如何操作做一个具体的说明。

第五节　学术史定量研究的一种数据处理方法

引证研究离不开数据的采集、整理、编码和统计。尽管引证数据库都提供了原初的数据结构和检索分类,但是仍需一定的加工处理,才能形成可供分析的学术素材。为了实现预期的研究目标,数据处理常常艰巨繁难,即使借助计算机软件的强大处理功能,仍然在绝大多数地方需要结合人工的手动操作。

一般来说,对于原初的引证数据,我们的数据处理工作需要五个步骤:(1)依据研究目的,从引证数据库中提取分析所需的数据到 Excel 工作簿中,并进行初步的归类和核对。(2)进行篇名和作者的信息校对,对同名异文作出区分,对同文异名加以合并,解决数据库中原始数据的错误和缺失问题。(3)对分布在不同年份的数据加以汇总,进行初步的数据加工,在原始数据的基础上构建自己的分析数据库。(4)按照具体分析的需要,对数据进行编码,形成初步的分析框架。(5)基于数据特征和数据编码,作出研究所需的图表和文字描述。

上述过程中存在着一些技术处理上的难点。对这些数据处理难点的解决,同样具有方法论的意义。以往,我们所习惯的方法论探讨都是定性的和抽象的理论论述,比如"理想类型"、"思想实验"之类。这种定性的、抽象的方法论探讨虽有意义,但是对于学术史的定量研究而言,具体详尽、严密合理的操作步骤无疑更有助益。尤其是为了便利这一过程,常常需要使用一些数据处理工具。尽管是一些雕虫小技,但是就方法论的积累与探讨而言,未必不足一观。

本文希望论述的就是这样一些数据处理的具体方法。数据处理的主要软件是 Microsoft Office Excel 2010 和 Stata 10。为了揭示这些数据处理方法的学术意义,需要以具体研究和特定数据库作为例证。我们以研究 1978 至 2007 三十年间的中国学术断代史为例加以说明。本文选取的引证数据库是"中文社会科学引文索引"(简称 CSSCI)。④ CSSCI 包含自 1998 年以来的若干子库,并且提供"来源文献"和"被引文献"两种彼此独立的数据检索系统。比如

---

④　http://www.cssci.com.cn,或,http://219.219.114.10。数据库的详细介绍,参见,"'中文社会科学引文索引'(CSSCI)简介",中国社会科学研究评价中心网站,http://www.cssci.com.cn/introduce.htm,2008 年 6 月 15 日。

我们进行数据采集时,"被引文献"数据库包含从 1998 年到 2007 年的十个被引文献子库。每个子库中都含有该数据库年代之前的被引文献数据。尤为重要的是,"CSSCI 的'被引文献'数据库带有'被引文献年代'这一检索选项,因而提供了一个'窗口'"⑤,使得我们可以按照发表年代逐年检索被引文献,从引证反映的学术影响中,管窥中国学术的历史变迁。我们的数据采集工作正是以此为基础。

尽管相应数据处理针对的是 CSSCI 数据库,但是其方法论意义,同样适用于包括 SCI、SSCI、Westlaw、Lexis、北大法宝、中国知网等同类数据库的引证研究。就此而言,本项工作具有一定的普遍意义,能够为学术史的定量研究提供一些初步的经验教训,供日后进行类似研究的同仁借鉴参考。篇幅有限,我们只是集中讨论数据处理过程中的重点和难点问题。

一、数据的采集

最初的数据处理工作,自然是检索引证数据库,将其复制到 Excel 工作簿中,形成研究所需的原始数据。在数据采集前,我们需要建立 Excel"工作簿",进而在工作簿中建立"工作表"(Sheet),每个工作表对应一个被引文献数据库的子库年份。

(一)数据采集

完成上述准备工作后,就要正式进入数据检索阶段。我们仍以 1978 年发表文献的引证数据检索为例。

登陆 CSSCI 在线数据库,点击"包库用户入口",再进入"被引文献"数据检索页面。首先,点击年份,进入一个数据库子库,如 1998 年被引文献数据库。⑥ 将被引文献年代设定为"1978",点击"检索"按钮,1978 年发表的作品在 1998 年的引证数据,就呈现在我们眼前。我们可以提取全部或者部分的检索结果,将数据复制到工作簿中相应的"1998"工作表中。在所有子库中重复上述工作,便能提取出 1978 年发表作品在各年中的他引数据。⑦ 依此类推,便可以得到研究 1978 至 2007 三十年间的中国学术断代史所需的全部数据。

这项研究提取的是被引频次 2 次以上的检索结果。不过,被引 1 次的那些文献的总体信息(而非具体指标),同样为研究所需要,也要保留下来。可以在各年各类原始数据工作簿中,新建名为"文献概况"的工作表。在"文献概况"工作表中,我们需要保留以下基本数据:"某年数据库被引频次 2 次以上文献的被引篇数总计"、"某年数据库被引频次 1 次以内文献的被引篇数总计","某年数据库中某年文献的被引篇数总计"(比如"1998 年数据库中 1978 年文献的被引篇数总计")和"某年数据库中某年文献的被引频次总计"(比如"1998 年数据库中 1997 年文献的被引频次总计")。

(二)数据备份

必须强调的是,在开始任何对采集得来的"原始数据"进行处理之前,一定要保存和备份好原始数据。要防止微小的操作失误对数据造成不可挽回的破坏,避免西绪弗斯般功亏一

---

⑤ 参见凌斌:"中国人文社会科学三十年(1978—2007):一个引证研究",《清华大学学报》2009 年第 1 期。

⑥ CSSCI 数据库对数据进行了分类,包括期刊、图书、报纸、法规等,这些类别可以单独选择,也可以汇总显示。此外,该数据库还提供"排除自引"检索,对于每屏显示的数据条目数量也提供 10、20、50 的选择。建议在页面的各个选项中作如下设置:(1)设定为"排除自引";(2)设定为"每屏显示 50 条";(3)被引文献类型,可以根据研究目的,按照数据库提供的选项(默认、期刊、图书、报纸、法规)进行设定。

⑦ 粘贴到工作表时,为了后续处理方便,建议点选"匹配目标格式"。工作表中,只在第一行单元格中保留 CSSCI 数据库显示的变量名栏,即"序号、被引作者、被引文献篇名、被引期刊、被引文献出处、被引次数",再次粘贴时有变量名栏的,一律删除。

簧的重复劳作。而且在每个阶段的具体操作中，都要格外注意进行数据备份。这是进行定量研究必须养成的好习惯。以后的每个步骤，都要按照上述方法，"封存"备份，而以复制的"次级"工作数据为操作对象。这样，每完成一次数据处理，就要生成新的次级数据，这样"一级"、"二级"、"三级"持续下去，直到完成最后一次处理。这一点，我们在后面就不再重复了，但是研究者务必要始终牢记。

（三）数据核对

以上两步大都是常识。这阶段工作的难点，是核对数据是否缺失，即数据库中的目标数据是否存在没有被提取出来的可能。最直接的方法，是重复"数据采集"阶段的工作，查看 Excel 工作簿中的数据与 CSSCI 数据库中的对应数据是否相同。可以想见，这将是一次十足的"苦役"。

我们根据数据库的一般特点，利用 Excel 软件提供的基本功能，设计了一个简易办法。其主要原理在于，数据库的各行数据都有"序号"，如果存在数据缺失，就会出现序号的不连续。那么，如何操作才能核对出数据的"断裂"之处呢？首先，我们在各工作表的"序号"列（假定是 A 列）后面，插入一个新列（B 列）。一般而言，工作表的第一行为标题行，数据行从第 2 行开始。因此，我们在 B3 单元格中写入函数" = A2 - A1 - 1"。通过"填充序列"功能，将上述函数应用到 B 列的全部单元格。这时，查看 B 列：如果"序号"连续，则函数值为"0"；凡是函数值不为"0"，就是出现了数据的不连续。可以通过"筛选"功能来核对"B 列"数字：在"数字筛选"中选择"不等于"项，填写数字 0，即可筛选出缺失数据。该单元格数字就是缺失的数据行数。这就需要回到数据库重新查找，直到 B 列所有数字是"0"为止，将该列删除即可。这个方法简单易行，却解决了大问题。可以想见，一旦存在数据缺失，后续的全部工作都会受到影响。

二、数据的校对

这一步骤进行的主要工作，是修正原数据库中的数据偏差。任何数据库、特别是引证数据库，都不可避免会有文献信息上的不统一。这种不统一，往往是源自原始文献来源的注释体例不统一，也可能是由于录入过程的失误。除了录入错误，文献校对上的难点，在于"合并重复的相同文献"和"区分同名的不同文献"。相同文献发生重复的情况，主要是"同文异名"，即本来是同一文献，却因某种错误造成了文献篇名的差异，因此被当作了不同文献。对于这类文献，要做的都是将引证数字加总，并将之全部合并为一条文献。不同文献的区分，针对的是"同名异文"，即虽然同名，但的确是不同文献（比如作者、期刊或者出版社的确不同，不是由于录入错误而不同），应当作为不同文献处理。

这类数据校对，如果是纯粹手动检验，必定极为繁重。我们将结合统计软件，对文献信息加以排查。软件排查之后，再返回 Excel 工作表中进行人工处理。篇名校对之后，再进行作者校对，纠正或补全作者和译者信息。这是整个流程中最为纷繁复杂的部分，不仅涉及多种数据处理软件，而且手动的工作也异常繁琐。这里当然需要细致和耐心，或许更需要勇气和信念。

（一）篇名校对

篇名校对主要是两个工作：一是合并"同文异名"的相同文献，二是区分"同文异名"的不同文献。

我们首先要了解篇名混乱的主要原因，做一些初步的手动处理。比如，标点的不统一是很重要的一个原因。很多文献的重复都是由于"——"和"："、" - "和"—"的不统一。我们在处理中就可以作出统一规定,比如一律用":"表示。这样,可以在一开始就做替换,在"内容查找"中输入"——",在"替换为"中输入中文冒号":",点击"全部替换"。以此类推替换"-"和"—"。诸如统一标点的工作很琐碎,却是科学研究所不能马虎的地方。

篇名的异同,需要比较全部工作表中的所有文献。也就是说,所有工作表中的数据都要汇入一个数据表中。因此,在开始软件处理之前,还要增加一些数据上的"标识"。这是因为,如果不进行"标识"处理,各个工作表的数据在后续处理中就会相互混淆,很难再重新识别出来。而后续的研究很可能还需要区分不同引证年份的被引文献。这就为后续的各年数据汇总,以及汇总之后各年数据的再次分离,做好了铺垫。

具体而言,首先,在各工作表中的"序号"列之前,插入新的一列:"工作表年份"(A 列);原来的"序号"列从 A 列变为了 B 列。其次,将工作表名称写入该列,即进行操作的本工作表名称是哪一年份,就在该列第一个单元格写入这一年份。比如在工作表"1998"的"工作表年份"列的单元格中写入"1998",用"复制单元格"功能将之复制到整列。接下来,就可以在工作簿中建立一个新工作表,命名为"篇名校对"。将这一工作簿中所有工作表内的数据,全选复制到"篇名校对"工作表中。因为前面加入了"工作表年份"列,各年的数据虽然集中到一个工作表中,但仍可以知道其原属工作表年份。

接下来就要进入到实质性的校对过程。这一过程将分为自动和手动两步。自动步骤,是利用 Stata 数据处理软件进行;手动步骤,则是在自动步骤的基础上进行人工排查。

1. 自动步骤

首先,复制"篇名校对"工作表中的全部数据。然后打开 Stata 命令窗口(Command),输入命令语句如下[8]:

```
clear
set memory 200m
edit
sort var0
by var0: egen cite = total( var00)
gen df = cite - var00
```

简要说明一下这些命令的作用。"clear"命令是保证 Stata 的数据表格在进行处理前是空白的。"set memory 200"命令,是保证 Stata 的内存足够数据处理的容量。"edit"是开始编辑命令,"sort var0"是对 var0 列进行排序,该列即为原工作表中的"篇名"列,而"by var0: egen cite = total(var00)"命令是用以产生一个新列即 cite 列,该列的数值等于 var0 列数值相同的那些列所对应的 var00 列数值之总和,var00 即原工作表中的"被引次数"。而"gen df = cite – var00"命令,则是产生一个新列即 df 列,该列的数值等于 cite 列数值减去 var00 列数值之差。最后是"edit"命令,表明编辑完毕。输入上述命令后,回车。

这时,会弹出空白数据窗口(Editor)。此处我们需要完成的操作是粘贴数据和修改变量名,共有三个操作,首先是点击鼠标右键,选择 Paste 粘贴数据。其次是更名"var2"列为"var0",最后是更名 var5 为"var00"。其用意,是将 Stata 数据窗口中对应 Excel 工作表中"被

---

⑧ 由于 Stata 软件的数据处理需要我们自己输入命令,而命令的格式要求是固定的,所以下文对 Stata 软件的数据处理命令不作文字叙述,而是将命令完全复制于此,再作简要说明。

引文献篇名"那一列的数据变量名称(var2),改为"var0";对应"被引篇数"那一列数据的变量名称(var5),改为"var00"。然后关闭数据窗口,则命令继续自动运行。第二次弹出数据窗口时,所有命令已经执行完毕。在"跑"完 Stata 后,我们进行手动处理。首先需要复制 Stata 数据窗口中的所有数据,粘贴回原工作簿的"篇名校对"工作表中。工作表中原有的数据删除。然后关闭 Stata 数据窗口和整个程序。最后,为免干扰,可以删除"cite"列,并将"df"列移动到工作表的第一列(A 列)。

我们看到,"df"列中的数字分为两类:一类是"0",意味着不属于同名异文的情况;一类不是"0",则可以断定为同名异文。这一过程还是可以通过"筛选"功能加以实现。接下来,我们只需要集中校对"df"列中那些非"0"行的文献篇名。这一点看似平常,实际上节省了大量的排查工作,可以大大提高工作效率。

2. 手动步骤

接下来,是手动进行篇名校对,可以分为两个步骤。首先,处理工作表中发表年份相同的文献,进行"同文合并"和"异文区分"。

在合并相同文献时,根据我们进行数据处理的经验,常见的问题和注意事项如下:(1)不要只是合并重复文献,忘了数字加总,这会使被引次数数据缺失,造成重大误差。(2)如果一个文献的"篇名"、"作者"、"被引期刊"或"被引文献"出处有任何两处相同,则要仔细查看,是否同一文献。很多看似作者不同的文献,其实大都是把"译者"写为了"作者"的缘故。这种情况,应当进一步通过网络或其他信息库检索加以核对。[⑨] (3)同样,出版信息不全的,比如缺少文献篇名、作者、出版社、出版年代等,应当用上述方法补全。(4)如果是一文多发(同一作品发表在不同期刊或出版社,以及发表于不同年代),建议按照同一文献处理,但将所有不同信息保留,比如列出所有发表期刊或出版社,以及相应的出版年代。这样,就不会缺失不同版本的文献信息。(5)分卷、分册、分集、分上下篇的作品(包括书籍和论文),也建议按照上述方式处理。(6)修订版,建议在篇名中去掉"修订版"字样,但在"被引文献出处"的发文年代后用括号注明。这些做法,有助于后续的研究工作。

以上是对同名文献中"同文合并"的处理方法。同名文献中"异文区分"的方法则有所不同。就这一过程的处理经验看,在同名异文作品的文献名称后,添加"发文年份"和"字母",是比较妥当的办法。因为同名异文的情况可能发生在相同年份,也可能在不同发表年份的作品之间,加入"发文年份"可以有所区分。比如,把同名为"民法总论"的三部作品题名后面,分别添加发表年份和字母 a、b、c。这样三部作品的题名分别变为:"民法总论1978a";"民法总论 1978b";"民法总论 1995c"。

在完成上述所有合并和区分工作后,我们还要取消"筛选",进行收尾工作。删除 df 列,再将各变量名从由 Stata 复制来的"var",改回到原来的文字名称。然后点击"被引篇数"列,选择"降序排列",重新进行排序。将"序号"列(A 列)的第一个数据改为从 1 开始,选择"填充序列",进行序号重排。这个步骤,在涉及"筛选"的操作中都应当注意,以下不再赘述。

此外,在进行后面的文献合并或者区分之前,我们可以先对同名文献的作者和译者进行统一核对。即选择"被引文献篇名",通过"降序排列",逐一核对同名文献的作者和译者。同样,出于科研研究的严谨要求,为了避免很多手动过程不易识别的微小错误,对相同的"被

---

⑨ 一般的搜索引擎也可能有录入错误。因此推荐的检验方法是使用国家图书馆和北大图书馆的检索系统。国家图书馆的检索地址:http://opac.nlc.gov.cn/F;北大图书馆的检索地址:http://www.lib.pku.edu.cn/portal/index.jsp。

引文献篇名"和"被引作者",也要尽可能确认信息正确。这样做,有助于用最完整和正确的信息替代欠缺和错误的信息,方便核实是否同名异文,并节省后面"作者校对"阶段的工作。

（二）作者校对

在 Excel 工作簿中,新建名为"作者校对"的工作表命。然后将"篇名校对"工作表中的全部数据复制到"作者校对"工作表中。建议在"作者校对"工作表的"被引作者"列后,加入新列,命名为"译者"。将原本写在"被引作者"列中的信息剪切粘贴到"译者"列。作者信息不全,如缺少译者信息、作者信息、缺少"名"或"姓"、多位译者而只写了一名译者的,尽量将所有译者补全。对翻译作品的作者名称,应当在写法上作统一规定,比如原本写作"诺思,道格拉斯,陈郁译",则在被引作者栏写"诺思,道格拉斯"（一律以"姓,名"格式,即"诺思,道格拉斯";不要用"名·姓"格式,即"道格拉斯·诺思"）,在译者栏写"陈郁译"。由于引证频次较高的作品将会是我们研究的重点,还可以对高频文献进行复查。比如通过"筛选"功能,将被引次数为 10 次以上的作品提取出来,根据"被引文献篇名"列进行降序排列,逐一复查。其他方法与作者校对类似,不再赘言。

完成上述工作后,将"作者校对"的全部数据复制到"各年汇总"工作表中。我们的数据校对工作是在汇总各工作表数据后进行的,在完成校对后,自然需要将相关数据分回原本的年份工作表。我们曾经在工作表中将"工作表年份"记录下来,并且在上述的处理中,从未删除该列。这是为此所做的准备。我们只需要打开"各年汇总"工作表,按照"工作表年份"列（A 列）重新"降序排列",各年的数据就自动区分出来。根据"工作表年份",就可以将各年数据分别复制回相应的年份工作表。

三、数据的合并

经过上述两轮的排查后,数据校对的过程大体完成。这时,我们就可以对所有文献加以汇总,通过 Stata 和 Excel 的相关函数功能,排列出各年的发表文献在被引次数上的高下顺序。接下来的工作,是在"各年汇总"工作表的基础上,进行文献的合并和区分,得出所有作品的引证排序。

要对作品进行引证排序,首先需要列出所有作品。这就需要进行再一次的相同作品的合并和不同作品的区分。了解前面的流程后,这一部分的理解并不困难。同样是新建一个"合并排序"工作表,将"各年汇总"工作表中的数据全部复制过来。接下来就是进行同名文献合并,还是自动加手动两个步骤,方法如前,不再赘述。

剔除所有重复文献之后,我们就可以进一步计算每篇作品的引证总量了。如果都是手动操作,未免过于艰巨和低效。所幸,Excel 提供的函数可以帮助我们完成这项工作,这就是 vlookup 函数。函数" = VLOOKUP"的一般格式,是" = VLOOKUP(lookup_value, table_array, col_index_num, range_lookup)"。它的作用在于找到"寻找项"在相应工作表中所对应的数值。比如说要算出《行政法》这本书各年总计的引证频次,vlookup 可以在 1998 至 2007 各工作表中提取出来《行政法》各年引证次数,可能有的年份被引用 8 次,也可能有的年份被引用 0 次（显示为#N／A）。最后得到的是加总各年总共被引用的次数。比如,我们建立一个函数" = VLOOKUP($D2, ′1998′! $D $1: $G $9999,4, FALSE)"。第一个参数（ $D2）指要查找的那本书或那篇文章的名字,虽然函数记录的不是具体书名,而是 $D2 这个位置;第二个参数（′1998′! $D $1: $G $9999）中′1998′! 指的是前面 1998 那个工作表名。′1998′! 后面的" $D $2: $G $9999",指的是从单元格 D2 到单元格 G9999 整个长方形数据。第三个参数(4),是指从 D 列开始计数的第 4 列,即 G 列("被引篇数"列)。第四个参数是逻辑值 False,意为"精确匹配"。整个函数的意思就是,在每一年的工作表中的 D2 到 G9999 这样一片区域中,找到 D2 这个单元格对应的同一行中"被引篇数"那一列的数值,并且提取到"合并排序"这个工作表里。

经历了上述难关后,我们已经大致修补好原初数据库的瑕疵,建立起了经过自己处理的一个新的数据库。这时,已经可以进行一个最初步的数据分析:计算每篇作品被引次数的总和与均值。很容易加总各年的被引次数。在"合并加总"工作表的已有各列之后(即名为"2007"的列后)新建一列,名为"各年总计"。在"各年总计"列下的第一个空白单元格,定义函数" = SUM(N1:Nm)",其中 N1 到 Nm 设定为从"1998"到"2007"。再通过"复制单元格"适用函数到整列,就算出了所有文献各年被引次数的总和。计算各年均值同样如次。在"各年总计"列后,再新建名为"各年均值"的一列。在"各年均值"列下的第一个空白单元格,定义函数" = AVERAGE(N1: Nm)",N1 到 Nm 设定为从"1998"到"2007"。同样,通过"复制单元格"适用函数到整列,可以算出所有文献各年引证均值。这样,我们在经过了艰苦繁杂的数据处理之后,得到了各篇作品的引证总数和各年均值。可以说,从这一部分开始,我们才真正进入了引证分析的研究阶段。

四、数据的编码

要进行更为深入的研究,还需要对现有文献进行数据编码,即根据数据的外部特征对其加以分类和标识,形成统计分析的基础结构。不同研究者基于不同的研究目的,完全可以由其他的角度切入,用其他的方法对数据加以分类。我们这里提供的只是一个例证,仍以 1978 年的数据为例。

还是新建一个名为"合并编码"工作表,将"合并加总"工作表的数据复制到这一工作表中。在该工作表"被引文献出处"列后,加入两个新列——分别命名为"发表时空"和"作品性质"。在对"作品性质"列编码时,我们需要规定各类文献的外延和代码。一种处理可以是分为如下几类:(1)政治文献:代码为"1",比如党和国家领导人的著作、年谱、回忆录,法规、年鉴、工具书,都因为有官方发布的原因,纳入"政治文献";但领导人传记算学术作品,应当按人文学科编码。(2)人文学科:代码为"2",比如文史哲,包括宗教、艺术、伦理方面的作品。(3)社会科学:代码为"3",比如政经法等方面的作品。

我们还可以在此基础上对学术作品做进一步的编码。首先筛选"作品性质"列中数字不等于"1"的数据。然后从"发表时空"的角度,规定其外延和代码。比如,(1)当代原创:代码为"1",包括 1978 年以后中国当代作品;(2)(近)现代原创:代码为"2",包括重印的 1840—1978 年间中国(近)现代作品;(3)古籍重刊:代码为"3",包括重印的 1840 年以前中国古籍;(4)外文原作:代码为"5";(5)现代译作:代码为"5",包括文艺复兴以后的西方著作的翻译,大约 1500 年以后;(6)古典译作:代码为"6",包括文艺复兴以前的西方著作的翻译。

在整个人文社会科学研究的基础上,还可以进一步划分具体专业和学科,以对其进行更深入研究。比如本书尤其关心的是法学领域的引证研究。新建"学科划分"工作表,在其中新建两列:学科和专业。首先,选择"作品性质"列,通过数字筛选"等于"(3)提取全部社会科学作品。从中区分"法学"和"其他"两类编码(比如"法学"编码为"1",其他为"0"),分别赋值。进而,在此基础上,选择"学科"列,通过数字筛选"等于"(1)提取法学专业作品。据此进一步细分不同学科,比如按照"其他"(0)、"理论法学"(1)、"民商经济"(2)、"刑事法学"（3）、"诉讼法学"（4）、"国际法学"（5）、"宪法行政"（6）七个分类编码，分别赋值。这里只是举出一些例证，具体分类标准见仁见智，存乎一心。操作上并无特殊，不再赘述。

五、数据的描述

前四个阶段的工作成果，开始通过数据描述呈现出来。描述的方式可以是文字，也可以是图表。这里重点介绍一些数据描述的基本处理方法。

我们可以基于三十年间各年的发表作品，进行"单年描述"，从文献引证的角度揭示某些学术断代史的基本特征。也可以将各年数据合在一起，进行综合描述。在"合年描述"阶段，我们可以根据研究的需要，建构逐年、十年、二十年和三十年为单位的新数据库，进行作品和作者的排序和统计，从而为专题研究奠定数据基础。这一过程实际上已经水到渠成。前述的"分年描述"已经提供了原始素材，只需要将各年数据的图标和文字描述进行"逐年"汇总。首先，可以仍然延续单年描述时的"文献综述"、"引证排序"和"分类结构"这个基本顺序，将三十年的分年描述，每十年合为一段，共计三段：第一个十年间（1978—1987）发表的作品、第二个十年间（1988—1997）发表的作品、和第三个十年间（1998—2007）发表的作品。进而，用同样的方法每二十年合为一段，即前二十年间（1978—1997）发表的作品和后二十年间（1988—2007）发表的作品。最后，再融三十年为一炉，就得到了三十年间（1978—2007）发表作品的总体描述。

现在，数据处理工作已接近尾声，引证研究的序曲正在响起。当然，这里所谓的数据处理只是最为初步的数据采集、校对、分合、编码和描述。更为高级的统计分析，需要建立工作假设，提出理论模型，进行统计检验。这些都属于"引证研究"的高级阶段，超出了本文的论述范围。这里仍以从文献综述、引证排序和分类结构三个方面，同一些数据描述的简单示范。

1．文献综述

首先，是对基本的文献特征加以描述。打开名为"文献概况"的工作表，可以看到数据采集阶段保留的数据信息。其次，我们还可以对数据结构进行进一步的"分层"处理。比如，我们可以通过筛选功能，进一步提取"被引10次以上文献的篇数总计"和"被引10次以上文献的频次总计"的有关信息。最后，我们还可以通过定义函数获得关于文献结构的更多信息。比如，在"引文篇数"列定义函数"＝SUM（B5：B6）"，在"各年总计"列定义函数"＝SUM（N1：Nm）"，在"各年均值"列定义函数"＝AVERAGE（N1：Nm）"，等等，这里不再赘述。

通过上述操作，就可以得到各年发表的被引文献的基本结构，对改革开放三十年来发表文献的学术影响特点，做出一个大致的描述。比如，"合年描述"的文献综述，可以提供引证研究总体上的比较基准。我们可以看到，"CSSCI引证的1978到2007年三十年间的作品，总计两百余万篇，被引三百余万次，平均每篇作品被引约1.5次"，其中"平均每年被引10次以上的作品，虽然篇数仅占各年引文总数的0.8%，但是引证次数则占各年引证总数的12%，引证次数均值约为23次，远远超过了1.5次的平均水平"。这样，我们就可以在此基础上，区分引证影响不同的作品，分别加以研究。比如因此聚焦于平均每年被引用两次以上的作品，并将这些作品"分为两类：一类是平均每年被引用两次以上的作品，称为影响学界的'主要作品'；一类是平均每年被引10次以上的，称为主导学界的'重要作品'"。

再比如，以1978年发表作品的单年描述为例，可以将相应文献结构制成如下形式的类似表格。[10]

---

[10]　表格中的数字未经校对，因此只是用于举例，并非实际结论。以下同，不再说明。

表 4.4.1 1978 年作品的当代引证概况

1978 年被引文献	1998	1999	2000	2001	2002	2003	2004	2005	2006	2007	各年总计	各年均值
引文篇数	339	1109	976	904	1089	1220	1557	1630	1845	1151	11820	1182
引文频次	394	1525	1349	1456	1505	1579	2133	2356	2705	1165	16167	1616.7
频次均值	1.1622	1.3751	1.3822	1.6106	1.3820	1.2943	1.3699	1.4454	1.4461	1.0122	1.3678	
1次以内引文篇数	309	979	855	776	969	1060	1357	1433	1629	1091	10458	1045.8
2次以上引文篇数	30	130	121	128	120	160	200	197	216	60	1362	136.2
2次以上引文比例	0.0885	0.1172	0.1240	0.1416	0.1102	0.1311	0.1285	0.1209	0.1171	0.0521	0.1152	
2次以上引文频次	92	546	465	638	486	487	715	855	989	174	5447	544.7
2次以上引文频次均值	3.07	4.20	3.84	4.98	4.05	3.04	3.58	4.34	4.58	2.90	4.00	
2次以上引证比例	0.2335	0.3580	0.3447	0.4382	0.3229	0.3084	0.3352	0.3629	0.3656	0.1494	0.3369	
10次以上引文总篇数	1	11	10	16	9	4	13	20	20	0	104	10.4
10次以上引文比例	0.0029	0.0099	0.0102	0.0177	0.0083	0.0033	0.0083	0.0123	0.0108	0.0000	0.0088	
10次以上引证总篇数	20	207	155	328	146	54	197	338	374	0	1819	181.9
10次以上引证均值	20.00	18.82	15.50	20.50	16.22	13.50	15.15	16.90	18.70	0.00	17.49	
10次以上引证比例	0.0508	0.1357	0.1149	0.2253	0.0970	0.0342	0.0924	0.1435	0.1383	0.0000	0.1125	

进而,可以将以上表格的数字语言转换为文字语言。由上表可知,三十年多前的 1978 年发表的作品,在其二十年后的 1998 至 2007 十年间,仍有一万多(11820)篇文献被引用,平均每年一千多(1182)篇。这些文献总计被引一万六千多(16167)次,平均每年近 1617 次,平均每篇每年被引 1.37 次。其中,至少有一年被引两次以上的文献总计一千三百多(1362)篇,平均每年 136 篇,占全部被引文献总数的十分之一以上(11.52)%。这些文献总计被引五千多(5447)次,平均每年被引近 545 次,平均每篇每年被引 4 次。这些文献的引证总数占了全部被引文献的三分之一(33.69)%。相应地,1978 年发表而仍被引用的作品中,有三分之二的文献在 1998 至 2007 的十年间,平均每年的被引次数不到一次。更不用说,那些一次都没被引用过的作品了。其中,至少有一年被引 10 次以上的引文篇数总计一百多(104)篇,平均每年十(10.4)篇,有的年份甚至一篇都没有。这些文献不到被引文献总数的百分之一(0.88%)。但是,这些平均每年十篇左右的文献,却总计被引 1819 次,平均每年近 182 次,平均每篇每年被引 17.5 次,有的年份超过了 20 次。可以说,这些三十多年前的文献,在学术影响上仍然非常"活跃",甚至比当下发表的绝大多数作品还要活跃。这些不到全部被引文献百分之一的"超级文献",引证总数却超过了全部被引文献的十分之一(11.25%)。

2. 引证排序

那么,我们一定很想知道,这些"超级文献"都是哪些作品。打开这一年的"合并加总"工作表,通过筛选引证频次,并降序排列,很容易找到这些文献。这样,我们就可以通过引证数字的高低,描述出各年发表的作品在当代主流学术中的一个影响排序。这里,我们选取 1979 年的相应作品。

表 4.4.2　1979 年发表作品在当代主流学术中的影响排序

序号	1979 年被引文献	各年合计	各年均值
1	马克思,卡尔,中共中央马克思恩格斯列宁斯大林著作编译局译,《马克思恩格斯全集》,北京:人民出版社,1979	1291	129.1
2	马克思,卡尔,《中共中央马克思恩格斯列宁斯大林著作编译局译,1844 年经济学哲学手稿》,北京:人民出版社,1979	863	86.3
3	爱因斯坦,阿尔伯特,许良英,范岱年译,《爱因斯坦文集》,北京:商务印书馆,1979	299	29.9
4	钱钟书,《管锥编》,北京:中华书局,1979	285	28.5
5	斯大林,约瑟夫,维萨里昂诺维奇,中共中央马克思恩格斯列宁斯大林著作编译局译,《斯大林选集》,北京:人民出版社,1979	276	27.6
6	黑格尔,格奥尔格,威廉,弗里德里希,朱光潜译,《美学》,北京:商务印书馆,1979	273	27.3
7	黑格尔,格奥尔格,威廉,弗里德里希,贺麟译,《精神现象学》,北京:商务印书馆,1979	193	19.3
8	萨缪尔森,保罗,高鸿业译,《经济学》,北京:商务印书馆,1979	179	17.9
9	联合国教科文组织国际教育发展委员会,上海师范大学外国教育研究室译,《学会生存:教育世界的今天和明天》,上海:上海译文出版社,1979	157	15.7
10	故宫博物院明清档案部,《清末筹备立宪档案史料》,北京:中华书局,1979	144	14.4
11	朱光潜,《西方美学史》,北京:中国图书学会,1979	134	13.4
12	斯密,亚当,郭大力,王亚南译,《国民财富的性质和原因的研究》,北京:商务印书馆,1979	132	13.2

（续表）

序号	1979 年被引文献	各年合计	各年均值
13	赵元任,吕叔湘译,《汉语口语语法》,北京:商务印书馆,1979	131	13.1
14	吕叔湘,《汉语语法分析问题》,北京:商务印书馆,1979	128	12.8
15	熊彼特,J.A.,绛枫译,《资本主义、社会主义和民主主义》,商务印书馆,1979	126	12.6
16	斯诺,埃德加,董乐山译,《西行漫记》,北京:三联书店,1979	123	12.3
17	《辞海》编写委员会,《辞海》,上海辞书出版社,1979	111	11.1
18	伍蠡甫,《西方文论选》,上海译文出版社,1979	103	10.3
19	仇兆鳌,《杜诗详注》,北京:中华书局,1979	101	10.1
20	胡应麟,《诗薮》,上海:上海古籍出版社,1979	101	10.1

抚今追昔,那个三十年前学术重新恢复青春的年代,发表了许许多多重要作品。以上的二十篇著作,是经过了三十年学术浪潮冲刷洗礼后留下的那个时代的标志。这些存留下来并且生命力依然旺盛的"超级作品",不仅象征着那个时代的学术视野和学术追求,也同时显示了我们这个时代的学术取向和学术趣味。也可能两者之间有着某种因果关联:那个时代的学术视野和学术追求,决定了我们这个时代的学术取向和学术趣味。

3. 分类结构

如果我们顺着这个思路,将目光从"超级作品"转向"普通作品",就可以对每一年发表的大多数文献作出进一步的结构梳理。这就是我们之前进行数据编码的意义所在。

根据编码的分类和赋值,可以直接通过"筛选"功能,将需要的信息提炼出来,填入相应表格。这部分操作并不复杂,简述若干要点。选择"作品性质"列,通过数字筛选"等于"(1)得到政治文献数量,"不等于"(1)得到学术文献数量。这样就可以建议"学术与政治"这一被引文献的学术分类结构。以下,在保持"作品性质"列"不等于"(1)的同时,可以对学术文献做出进一步的结构划分。比如以"古代与现代"为分类标准。在"作品性质"列数字筛选"不等于"(1)的前提下,选择"发表时空"列进行数字筛选。首先,通过数字筛选"等于"(3,6)得到"古代总计"的作品数量,通过数字筛选"不等于"(3,6),得到"现代总计"的作品数量。其次,通过数字筛选"等于"(3)得到"中国古代"的作品数量,通过数字筛选"等于"(6),得到"外国古代"的作品数量。最后,通过数字筛选"等于"(1,2),得到"中国现代"的作品数量,通过数字筛选"等于"(4,5),得到"外国现代"的作品数量。其他分类原理相同,不再赘述。

现在,我们可以简单看看这些分类编码究竟能够有哪些发现。比如,考察引证影响排序前50名作品的发表时空,可以看到"中国学术心智的社会科学半区基本被美国大学所支配,而人文学科半区则为德国大学所主导。"进一步研究平均每年被引十次以上的重要作品,如下表所示,美德两国所主导的西方学术强有力地支配着中国当代的学术研究:"国外作品的引证数量始终高于本国作品。……并且,在中外作品比上,人文学科(82/88)和社会科学(257/351),国外作品的学术影响都高于本国作品。"

表4.4.3　重要作品中的中国作品与国外作品

	十年			三十年
	1978—1987	1988—1997	1998—2007	1978—2007
中国	55	78	234	339
国外	79	164	238	439
合计	134	242	472	778

再比如,关于"古代与现代"的作品分类,也可以让我们惊奇的发现,在平均每年被引两次以上的主要作品中,"无论是中国古代作品还是西方古代作品,实际对学界的整体影响在数量和比例上都呈急剧下降的趋势。特别是国外古代作品,无论是数量还是比例,都少得惊人。这也进一步反映了整个中国学界对西方古典传统的直接学术了解大体还非常欠缺,更遑论西方以外的其他国外历史传统了。我们对中国以外的世界古代历史的了解,还主要是通过西方现代学术,而不是直接诉诸其"原点"和"原典"。学界广泛引用的国外作品全部为资本主义发展和启蒙运动以后的作品,并且绝对数量始终占全部古今中西被引作品的三分之一以上。"我们可以在下表中清晰地看到这一现象。

表4.4.4　主要作品中的古典作品与现代作品

	十年			三十年
	1978—1987	1988—1997	1998—2007	1978—2007
古代总计	250	151	63	456
现代总计	1278	2851	4499	8560
中国古代	240	129	55	417
中国现代	629	1592	3004	5200
国外古代	10	22	8	39
国外现代	649	1259	1495	3360
合计	1528	3002	4562	9016

当然,上述表格所传递的信息还有很多,这里不再赘述。同样,依据前述的学科和专业编码,也当然看到重要的学术问题。这里以法学作品为例稍加展示。

表4.4.5　中国法学主导作品的基本结构

专业	中国	美国	德国	英国	日本	意大利	法国	总计
理论法学	9	17	2	4	0	0	1	33
民商经济法学	14	1	4	0	0	2	0	21
刑事法学	9	0	0	0	0	2	1	12
诉讼法学	2	0	0	0	2	0	0	4
宪法行政法学	8	1	1	0	1	0	0	11
国际法学	1	0	0	0	0	0	0	1
总计	43	19	7	4	3	4	2	82

上表集中反应了中国法学理论资源的异质性程度:"构成中国法学思想图式中最重要的思想板块的,是英美法系学者的理论法学作品,中国大陆学者的公法作品,和欧陆法系与中国台湾地区学者的私法作品。这也表明了中国法学整体的理论资源的异质性极强。中国法学主导作品的基本特点,仍然是总体呈外向型研究特点,具体表现为理论法学美国化和部门法学(特别是私法)德国化。"

以此类推，在现有的数据编码的基础上，可以进行一系列的排列组合，得出目标文献的不同学术结构。除了前述例证，还有很多研究可以尝试。比如对学术期刊的研究，可以根据已有数据进行分类，如区分期刊、报纸、出版社、研究主题，从而得出相应的结论。还可以做进一步的专题研究。除了以发文年份和引文年份（被引篇数，被引频次）为经纬，还可以以学人为视角，以学科为视角，如中国法学三十年、中国经济学三十年等，类似地，可以从专业角度入手，对法学专业领域的内容进行进一步剖析，也可以以期刊为研究路径，对相关期刊的数据进行分析，得出一定结论。

课堂练习（十四）

使用 CSSCI 数据库，对你感兴趣的某一年的法学引证及其反映的法学研究状况，做一个初步的定量研究。

第五讲　思想实验与法学应用

第一节　思想实验概述

同学们进入法学院的时间或长或短,总能够引用霍姆斯的经典名言"法律的生命在于经验而非逻辑"。[①] 但我们不免要问:植根于经验的法律如何超越经验的局限,摆脱成见的束缚,有效回应当下以及未来不断涌现的新的现实问题? 难道法律真的只能是在黄昏后起飞的"密涅瓦的猫头鹰"么? 黄昏后起飞的猫头鹰是否看到的只是黑夜? 如果它还必须知道百灵鸟的生活,应当如何去探寻?

我们当然可以从源远流长的法哲学探讨中找寻答案,但是法律人对上述追问的实践回答其实并不复杂:"思想实验"(thought experiment)。放眼世界各国的法学研究和教学,乃至法律实践过程,思想实验这一思考方法都有朴素而广泛的应用。

霍姆斯本人在提出上述名言的《普通法》中,就不仅是在爬梳历史案例,而且运用了大量的思想实验,遍及全书。比如霍姆斯为了揭示刑法中故意与可预见性的关系,构造了临街屋顶作业工人随意向街上丢弃重物的思想实验;为了剖析侵入土地的普通法规则,构造了多个因误以为是自家产业而进入邻人土地的思想实验;为了反驳萨维尼的占有理论,构造了金子的所有权人被关入监狱而盗贼意图入室偷金的思想实验;为了说明区分不同类型允诺的必要性,构造了一系列甲乙双方解除雇佣合同的思想实验;为了解释土地继承的保证问题,构造了连环土地交易过程中一人死亡而并无继承人的思想实验,如此等等。[②] 现代法学研究中更是不乏这样的例证,比如通过假设最高法院的人员变动是另外一种结果,推论美国历史和法律实践的可能变化,或者通过虚构一个太空新大陆的制宪会议,由此展开对宪政问题的重新探讨。[③]

在法律教义(legal doctrine)的发展过程中,思想实验也扮演着重要的角色。毕竟现代法律已经不只是在试错中获得事后的完善,不只是对既定结果加以总结,而是通过"法律科学"的学术研究努力作出事前的设计,从而对可能后果加以预测和规定。对于法律人而言,不会满足于"杀人者死"这样的简单规则,也用不着等待实践中出现更多的杀人案件从而积累足够的"经验",而是完全可以通过思想实验设想不同的情形,事先丰富这一规则。比如,设想杀人者还包括野兽或者经由专门训练的动物,从而对行为主体作出界定;设想被杀的对象还包括胎儿、植物人或者尸体,从而进一步界定客体,乃至有关"人"这一概念的含义;设想杀人

①　Oliver Holmes, Jr., *The Common Law*, with an Introduction by Thomas Schweich, Barnes & Noble Publishing, Inc. 2004, p. 1.

②　Id., pp. 41, 72—73, 175, 234—235, 272.

③　See, e. g., Richard Friedman, "Switching Time and Other Thought Experiments: The Hughes Court and Constitutional Transformation", 142 *U. Pa. L. Rev.* 1891 (1994); Bruce Ackerman, *Social Justice in the Liberal State*, Yale University Press, 1980.

是由于无知、疏忽或是故意,从而深入探讨行为本身特点与承担责任乃至所受惩罚的关系,如此等等。从思想实验的角度来看,真实发生的案例也不过是"生活实验"(experiment in living)而已。现代法律是在往昔的生活实验和当下的思想实验中获得了发展,而且仍将继续这样发展。正像拉伦茨说的,"想了解法的当下情况,就必须同时考量它的历史演进和它对未来的开放性。"④

在法律教学中,不论是美国法学院的苏格拉底教学法,还是德国法学院的法律教义学,都充满了思想实验的设计和应用。我在耶鲁法学院学习时印象最为深刻的课程是欧文·菲思(Owen Fiss)教授的《程序法》,几乎整个学期就是在进行思想实验,把一个个历史上的著名案例抽丝剥茧,全面地展现在各种可能的情况和进路中。我在德国法学院接受训练的同事告诉我,在他们的课堂教学中,老师们也是通过围绕基本教义虚拟案例,反复在不同情境下演练教义分析的基本方法。中国当代的法学教育与德国模式更为接近,尤其是部门法教学中,老师总是喜欢运用"某甲"如何"某乙"这种虚拟案例的构造来讲解法学理论。毕竟真实案例并不能涵盖法律教义的各个方面,因此通过虚拟特定的案例作为"实验场景"对于任何法系的法学研究和法学教育都是必要的。

在法学研究和教育中运用思想实验,当然不仅是为了把抽象问题具体化,而是在训练法律思维(thinking like a lawyer)。不论是在中国还是在美国旁听法庭辩论,都会很自然地发现律师们常常会通过虚拟与本案类似的情形来重新构造一个个"实验场景",以之例证或者对比本案的关键问题,从而揭示争议问题的要点与实质。"如果……","假使……","让我们来想象这样一个场景……",是我们经常能够在真实的法庭辩论中和在法律电影中听到的律师语言。看过《好人无几》(A few good men)的人一定都对主人公的那个思想实验印象深刻:如果被害人真的要在第二天永远离开驻地,他是否会在临行的前夜仍未打点自己的行囊?很显然,很多并未发生或者尚未查明的事件都和电影里的这个细节一样影响我们对于特定事实的理解,而这类问题都只能通过思想实验而无法通过经验事实来加以探讨。这是我们法律人不可或缺的思想工具。

尽管思想实验在科研教学和法律实践中大量应用,将思想实验作为一种研究方法予以系统应用和反思的法学研究却仍不多见。从美国法学可见一斑:借助 LexisNexis 法学数据库和 SSRN 数据库中查到的以思想实验为基本研究方法的论文迄今只有六篇,而且全都集中在 20 世纪 90 年代以后,只是思想实验在整个人文社会科学领域兴起过程中的一个旁支。中国法学研究的情况也是如此,有朴素的应用,但是很少研究方法上的自觉,更少对这一方法本身的反思。迄今为止尚无一篇学术论文自觉探讨或者应用思想实验这一理论方法。

然而,既然思想实验的应用如此广泛而持久,我们就不能不反躬自问,究竟这一思想方法有何特点,为什么可以超越经验的局限,又能够提供哪些有益的理论指引,又存在何种局限。这些问题都需要进行学术的提炼和总结,我在这一讲中,将我同学们分享我对于"思想实验"这一主题的思考,同时也向同学们讲授如何在法学论文的写作中运用思想实验去论证自己的观点。

---

④　拉伦茨:《法学方法论》,陈爱娥译,商务印书馆 2003 年版,第 73 页。

第二节 思想实验简史

我们先对思想实验的科学史做一个简介吧,让同学们有一个感性的认识。同学们可以多注意我所举的例子,看看这些思想实验之间有什么异同。

思想实验这一学术方法的现代奠基,可以归功于伽利略。四个世纪之前,伽利略同样面对着经验的强大局限和意见的权威统治。确切地说,那是牢牢统治西方世界的亚里士多德物理学的经典命题:在同一介质中,重的物体比轻的物体下落速度更快,并且其速度与质量成比例。这一思想两千年来一直支配着人们的社会实践,直到伽利略天才横溢地提出了爱因斯坦称为现代物理学开端的这个头脑中的实验构想,才最终逻辑地并且雄辩地证实了亚里士多德主义的"落体佯谬"。伽利略首先假定上述亚里士多德经典命题成立,进而通过对话录的主人公之口,设计了一个极为简单的实验场景:给定大小两块石头,分别从高处自由下落,大石头速度是 8,小石头速度是 4。他由此追问:如果将两个石块连在一起,那么合体下落时的运动速度是比大石头更快还是更慢呢?⑤ 这就是后来人们津津乐道的比萨斜塔实验的理论由来。

后来的科学家们不断应用思想实验这一方法探索未知世界,打破权威论断。可以说,近代以来,几乎每一次自然科学革命都伴随着光彩夺目的思想实验。以物理学为例,牛顿的"苹果"之于万有引力定律,麦克斯韦的"精灵"之于统计热力学,爱因斯坦的"电梯"之于等效原理,海森堡的"伽马显微镜"之于不确定性定理,"薛定谔的猫"(Schrodinger's Cat)之于量子叠加态,等等,莫不如此。人文社会科学的思想实验同样由来已久。霍布斯的"自然状态",科斯的"牛麦之争",罗尔斯的"切分蛋糕",塔克的"囚徒悖论",阿克洛夫的"旧货市场",都是经典的人文社会科学版本的思想实验。尤其是许多博弈论中的经典博弈,相信许多同学们都耳熟能详,除了上述的囚徒悖论,还有两性之争(battles of the sexes)、智猪博弈(boxed pigs)、逞强博弈(chicken game)等等,都是思想实验的出色典范。还有许多思想实验,比如杰克逊的"黑白室",塞尔的"中文屋",普特南的"双子地球",即使没有带来一场哲学革命,也激起了广泛的讨论,因而推进了思考。特别是 20 世纪 90 年代以来,"对思想实验的哲学兴趣突然爆发,并且至今方兴未艾"。⑥

实际上,思想实验绝不仅仅属于现代科学,而是由来已久。古今中外的大思想家都在运用这一思想方法探索真理,辩论问题和说服公众。在西方历史的源头上,柏拉图的"洞喻",乃至"理想国"本身就是最为经典的思想实验。甚至,如果我们放宽视界,许许多多希腊戏剧都是朴素的思想实验:悲剧如索福克勒斯的《俄狄浦斯王》和《安提格涅》,喜剧如阿里斯托芬的《鸟》和《云》。反观中国古代,庄子的"不材之木",商鞅的"百人逐兔",韩非的"自相矛盾",以及"南辕北辙"一类的成语典故,也都是精彩非常的思想实验。

这些有意思的思想实验的例子,大家不妨自己找来读读。其实,思想实验源自于人类最为朴素的思想方法。恋爱中的情人往往会提出不凡的思想实验,比如"我和你妈妈同时掉进河里你先救谁","如果我老了,你还爱不爱我","要是你父母不喜欢我怎么办",诸如此类,

⑤ 伽利略:《关于两门新科学的对话》,武际可译,北京大学出版社 2006 年版,第 56—60 页。
⑥ Julian Reiss, Causal Inference in the Abstract or Seven Myths about Thought Experiments, Causality: Metaphysics and Methods Technical Reports CTR 03/02, CPNSS, LSE (2001); James Brown, "Thought Experiments", Edward Zalta (ed.), *The Stanford Encyclopedia of Philosophy* (Summer 2006).

其扼要与敏锐都丝毫不逊于伽利略。思想实验的实验场景并非全然虚拟,许多情形在现实生活中每天都在上演。只不过,这些"生活实验"往往太过细小和零散,还需要严谨的理论研究加以提炼。

第三节 思想实验的要素和分类

当然并不是所有想象或者"生活实验"都能够作为学术化的工具。只有具备了如下三个基本要素,才能构成一个完整的思想实验。同时,正是由于这三个基本要素,思想实验才具有了与仅仅是基于经验或者运用逻辑不同的认知功能。换言之,如果同学们要构建自己的思想实验,那么至少应当包含以下的步骤,才能够构建一个逻辑自洽,富有阐释意义的思想实验。

首先,思想实验总是关联着某个由特定结论或者主张构成的**"工作假说"**(working hypothesis),并以之作为有待检验的实验结论或理论命题。其次,顾名思义,思想实验是在思想中、在心智实验室中,建立一个特定的想象的**实验场景**(scenario)。虚拟这一实验场景的关键作用,在于将抽象的工作假说具体化为特定情节,并且设定这一特定情节得以发生的前提条件。顺带强调一下,如同物理实验室中实验场景的构造和控制对于实验至关重要一样,在心智实验室中构建想象的实验场景,是思想实验关键中的关键。作为"实验",思想实验也是控制好的、人为的和有赖于背景理论的。最后,实验者通过依据特定实验场景的假设条件进行逻辑推理,检验待检命题的可错性或者论证实验结论的正确性。

思想实验总是用来检验或者例证一个道理。因此,无论思想实验的作者是否明确提出了实验结论,总是有一个实验指向的工作假说。在工作假说缺省时,就需要并且往往易于从实验场景本身加以归纳。工作假说常常是一个假言命题,因为思想实验往往是用来探究事物之间的因果关系。此时,只要思想实验可以证明"必要条件假言命题"的"前件"(前提假设)或者"充分条件假言命题"的"后件"(命题结论)为假,也就证明了整个工作假说的错误。这是思想实验可以有助于认知因果关系的逻辑学原理。

实验场景的构造,本质上就是理论框架的构造。一个理论总是由工作假说及其前提假设构成。"工作假说"的核心命题对应着实验场景的基本内容,而工作假说得以成立的前提条件,则蕴含在实验场景的前提假设之中。科斯据以得出"科斯定理"(如果交易成本为零,产权的初始安排不影响资源的有效配置)的思想实验,就把"交易成本为零"作为了"牛麦争地"这一实验场景的前提条件。[7] 因此在思想实验的构造中,揭示实验场景的前提假设,是至关重要的一步。虽然什么都可以假设,谁都能提出假设,但真正的问题在于,假设的提出是否有助于加深对工作假说的理解。一如科斯的思想实验所表明的,只有形成了足以揭示问题实质的理论框架,才能真正提出具有理论意义的假设条件,从而构造足够完善合理的实验场景。也是因为这个原因,与实验场景中的命题假设可以不言自明不同,其前提假设往往需要特别加以揭示。当伽利略构造两个石块同时下落的思想实验时,他就预先指出了介质相同这个前提条件。[8] 但是,这并不意味着,理论框架的构造必定先于思想实验场景的设计。两者往往是同步的,在思想实验场景提出的同时,也就开始了理论框架的构造;同时,随着理

---

⑦ See, Ronald Coase, "The Problem of Social Cost", 3 *Journal of Law and Economics* 16 (1960).

⑧ 参见,伽利略:同注5。

论框架的完善,也有助于丰富实验场景的内容。与抽象思辨的理论构造不同的是,思想实验可以从鲜活的经验世界中更为直接地汲取灵感,更符合人们日常习惯的从具体到抽象、从个别到一般的思维过程。我们很难分清,到底是苹果落地的思想实验启迪了牛顿的万有引力定律,还是牛顿对万有引力定律的思考使他提出了苹果落地这个思想实验。

　　构造实验场景的建筑材料,包括"常识"和"假设"两类。思想实验当然可以而且必定要借助经验和常识。而且,构造和理解思想实验势必遵循的**"默认规则 I":除非实验设计者明确提出或者确有必要加入实验假设,实验内容都应当依据常识来理解**。因为思想实验的构造不必把实验场景中的每个因素都一一定义。伽利略不必特别说明下落的石头是什么,牛顿也不必交代飞向天空的苹果究竟何物。反而,很多精彩的思想实验都是从日常经验取材:石头,苹果,菜牛,麦田,猪,猫,蛋糕,以及囚徒。为了说明那些最为抽象艰深的道理,恰恰应该选择唾手可得的常见事物。这符合人类的认知特点:习惯走"心理捷径"和作出"易得推想"。⑨

　　但是,不是理论思考的每个步骤都有常识基础,这就需要添加**"实验假设"**(assumption)。实验假设不同于工作假说,后者是实验场景之外有待检验的理论命题,而前者则是实验场景得以构造的前提假设,构成了思想实验得以成立的前提条件。思想实验的设计者未必全都明确揭示了这些实验假设,很多时候,实验设计者都会在不知不觉中带入一些并非不言自明的假设条件。因此解读实验场景,还需要**"默认规则 II":实验场景中凡是违背常识和经验的内容,一律推定为作者额外预设的实验假设**。事实上,审慎的作者都会明确揭示自己思想实验的前提条件。比如霍布斯在提出关于"自然状态"的思想实验前,就用了《利维坦》四分之一的篇幅、长达十二章的内容详细讨论了其前提条件。⑩ 反之,如果一个作者没能自知,偷偷引入了额外的实验假设,而读者亦未察觉,这个思想实验就很容易产生误导,尤其是当思想实验本身拥有巨大修辞力量的时候。后文将要详细分析的罗尔斯的"切分蛋糕",就存在这样的问题。

　　显然,实验假设和常识一样提供了思考的便利。思想实验的突出优点就是简化讨论:人们懒得也等不得每件事都要核对之后再做判断。在经验事实不能或者不易得到的情况下,完全可以通过假设某些条件的存在,继续我们的理论探索。这样,理性就可以不被经验所局限,密涅瓦的猫头鹰就可以不必等到黄昏才起飞。更为重要的是,很多时候正是通过在实验中、进而在理论上揭示这些前提假设,我们才反过来"发现"了工作假说得以成立必须满足哪些前提条件。比如伽利略两石同落的思想实验中关于介质相同的实验条件,再比如科斯牛麦争地的思想实验中关于交易成本为零的实验条件。这是后文将要论述的思想实验的认知意义。无论是在理论上忽略了特定条件的存在,还是在实践中全然无视或者盲目臆断特定假设的制约,都可能导致判断的错误。而许多伟大的思想实验就是对这些理论盲点和实践误区的揭示。

　　明确了待验命题和给定了实验条件之后,相应的推理就是一个逻辑过程。思想实验同时结合了归纳和演绎两种逻辑推理方法。实验场景的构造有赖于归纳经验,而通过实验场景蕴含的前提假设来检验工作假说,又是一个逻辑演绎过程。逻辑推理作为思想实验的要素,使之区别于仅仅是象征的"譬喻"或者仅仅是说理的"寓言",比如《庄子》的"庖丁解牛"

---

⑨　See, Elliot Aronson, Timothy Wilson, and Robin Akert, *Social Psychology*, Longman, 1999, chap. 3.

⑩　See, Thomas Hobbes, *Leviathan*, ed. by Richard Tuck, Cambridge University Press, 1996.

和《圣经》的"硬地撒种"。当然,如果我们添加必要的实验条件,提取有意义的工作假说,据以演绎推理,任何譬喻和寓言都可以改造为一个精彩的思想实验。只是这些譬喻和寓言只是思想实验的素材,还不是思想实验本身。

思想实验并不都是精品,其好坏也体现在上述三个方面。思想实验可能出现的头一个错误,就是逻辑推理错误。尤其是后文提到的"反事实思想实验",就很容易因为惯走"思想捷径",诱发认知错误。但这已经不是思想实验本身的问题,而是所有理性思考和学术研究都会遇到的问题。更为关键的是,实验场景的构造能否充分合理地包含工作假说的命题内容,能否清晰周全地揭示工作假说的前提条件,以及是否形象夺目而令人难忘。构造好的思想实验,避免错误的思想实验,也是我们反思和研究思想实验的主要原因。

随着思想实验成为一种重要的学术工具,其类型也日益繁多。这里扼要概述的是与后文讨论密切相关的几种。需要说明的是,这些分类只是为了讨论的便利,而不是严格的逻辑划分,所以很多思想实验没有包含在以下分类中。

依据与当下处境的关系,可以将思想实验分为以下三类:

一是**"前事实"**(prefactual)思想实验,旨在思辨未来特定情景的发生将会导致的可能后果。许多历史抉择,比如郦通说信分天下、鲁肃反驳降曹论、宋太祖杯酒释兵权等等,在权衡利弊的当时都是一个朴素的"前事实思想实验"。甚至,我们每个人进行一个重要决策时所进行的得失分析(cost-benefit analysis),如果是以假设特定场景的方式,都可能是"前事实思想实验"的雏形。

二是**"反事实"**(counterfactual)思想实验,思考改变历史中的某个环节是否能够产生不同的结果。这是如今网络上许多"历史架空小说"的基本写作模式,也是许多历史研究的惯用方法。甚至在古诗中都有这类思想实验:"周公恐惧流言日,王莽谦恭未篡时。向使当初身便死,一生真伪复谁知。"以及,那引发了无数幽思的名句:"人生若只如初见。"而最为经典的哲学上的反事实思想实验,莫过于帕斯卡尔的那个断言:"如果克利奥巴特拉的鼻子生得短一些,那么整个大地的面貌都会改观。"[①]

三是**"理想型"**(ideal)思想实验:假设一种理想状态,比如真空、无摩擦力、交易成本为零、完全信息之类,以简化要素、揭示实质。这是牛顿特别强调的研究方法。思想实验往往带有理想化的假设,但是思想实验的构造者可能并不自知或者并未言明,因而可能造成误导,比如我们后文将要讨论的罗尔斯"切分蛋糕"的思想实验。

另外,依据与工作假说的关系,可以将思想实验区分为**"建构型"**(constructive)思想实验、**"破除型"**(destructive)思想实验和**"例证型"**(illustrative)思想实验。建构型思想实验意味着工作假说是这个思想实验的结论,思想实验是为了证明特定观点的正确。相反,如果是破除型思想实验,待检假说是用以构造思想实验前提假设的待检命题。一般来说,破除要比建构容易,因为证伪要比证实需要的信息为少。例证型思想实验更为普遍,比如"薛定谔的猫"和罗尔斯的"切分蛋糕"都是要例证特定的工作假说。严格来说,例证型思想实验包含了得出工作假说的基本要素,可以被视为特殊的建构型或者破除型思想实验。

讲了这么多抽象的道理。让我举几个有趣的例子吧。

---

① 帕斯卡尔:《思想录》,何兆武译,商务印书馆 1997 年版,第 79 页。

第四节　思想实验的法学应用(一):罗尔斯的蛋糕

当代法学研究中最有影响的思想实验之一是罗尔斯的"切分蛋糕"。⑫ 这一思想实验在法理、宪法、行政法、诉讼法、刑法、经济法乃至民法等许多法学领域有着广泛的影响。因此,我们选择这一思想实验作为例证,进一步展示和深化上述关于上文思想实验的理论总结。

1. 实验设计

如前所述,清楚勾勒有关工作假说的命题内容和深入解析实验场景的前提假设,是我们构造和解读思想实验的关键所在。罗尔斯的这个思想实验是一个**"例证型"实验**,指向的是政治学和法学的一个核心问题:利益分配中程序与正义的关系。罗尔斯试图通过这个思想实验例证"完美的程序正义",表明对于"一个正确结果的独立准则",确实存在"可以保证达到这一结果的程序"。**实验场景**也非常简单:"几个人想要切分一块蛋糕。"这些人的蛋糕切分依照的是罗尔斯给他们设计的一个**简单程序**:"让一个人来切分蛋糕,但得的是最后一份,而其他人都可以在他之前先拿。"罗尔斯认为,这一程序能够提供足够的制度激励,确保最终的分配结果是人人均等的"平均分配",因为这一制度设计迫使"切蛋糕者"但凡想要得到尽可能大的一份,就只有在切蛋糕时竭尽全力平分蛋糕。⑬

很明显,这是一个有关稀缺资源权利分配的实验场景。这一实验场景中包含的工作假说和前提假设,构成了"切分蛋糕"思想实验得以进行的四个条件。关于完美程序正义的工作假说构成了头两个条件:**条件(1)**是存在决定怎么"分"的"正义标准":"有一个决定什么结果是正义的独立标准",即在这些人之间"平均分配"。**条件(2)**是决定谁来"切"的"正义程序":他们用以实现这一标准的程序制度是"切者后拿",即"让一个人来切分蛋糕,但得的是最后一份"。同时,实验场景的实验假设也构成了两个不可或缺的实验条件:**条件(3)**提供了如何"切"的"技术前提":在技术上"被选择切蛋糕的人能够均等地切分这个蛋糕"。**条件(4)**则规定了切蛋糕者的"人性假设":"被选择切蛋糕的人……具有想得到他能得到的最大一份的愿望。"⑭

罗尔斯只是用心陈述了前两个条件,而后两个则一笔带过。但是,如果我们仔细推敲就会看到,这四个条件都不可或缺。看似轻松的条件(3)非常重要,其不仅有助于使实验摆脱"技术问题"而重点集中于程序设计与实质正义的关联,而且对于理解工作假说也至关重要。这个看似"技术性"的假设,一旦我们在后文中将"切分成本"考虑在内,就会发现其实质意涵:这个条件一旦改变,就会彻底颠覆整个试验场景的结论。对于条件(4)中隐含的实验场景的人性假设,也还需要更多说明。罗尔斯虽然并未在这一部分的分析中明示其前提假设,但是关于切分蛋糕的游戏参与人,显然是存在一个"理性人"(rational agent)假设。⑮ 否则的话,如果只有"被选择切蛋糕的人……具有想得到他能得到的最大一份的愿望",其他人对蛋糕的大小无所谓或者无意识,那么他们先拿之后也就未必只会剩下最小的一块蛋糕,因而就对切蛋糕者构不成足够的激励,罗尔斯设计的程式就不再有效。

---

⑫　John Rawls, *A Theory of Justice* (revised edition), Harvard University Press, 1999, p. 74.

⑬　Id.

⑭　Id.

⑮　Id., pp. 123—127. See also, John Rawls, *Political Liberalism*, Columbia University Press, 1993, pp. 22—35.

2. 修辞品格

我们当然可以将"切分蛋糕"当作罗尔斯随便举出的一个例子。但是从"思想实验"的角度来看,这个"例子"并不简单,而是一个极其出色的实验设计。其在认知和推理层面并非经得起严格的学术推敲,但在说服和修辞层面却的确是大师手笔。"切分蛋糕"这个思想实验,看似是罗尔斯说的"最简单的公平划分的情形"⑯,实则大有学问。

首先,蛋糕可口香甜,很容易使人在直觉上联想到某种"利益"。如果我们反过来做一个对比性的思想实验,假设分摊的是惩罚、毒药、屎溺一类的"恶品"(bads),以及前文所说的"界权成本"这样的"不利",就很容易理解这一修辞效果。同时,蛋糕又足够美好温馨。如果分的是金条或者钞票,就会显得太过赤裸,太过"肮脏";如果是面包,又会多多少少暗示着饥荒一类的严峻状态,意味着对生存必需品的争夺,不符合罗尔斯要求的"中度匮乏"。⑰ 蛋糕这个意象既象征了美好可以得到的利益,又非常优雅地掩饰了切蛋糕这个温情脉脉的情景背后的"霍布斯状态"。而且蛋糕通常是圆形或者方形,具有明晰的边界,更有助于帮助我们想象待分利益的"整体性"。

其次,"切分蛋糕"也是关于利益分配的绝好例证。首先,"切"蛋糕是如此司空见惯,以至于很难找到其他意象能像"切分蛋糕"这样,一下子就可以使人联想到"利益分配"。同时,蛋糕还是可以被"等分"的。如果是一支钢笔或者一个分子,就很难切分。甚至我们压根就不会想到"切分"这类东西。而且,与此相关,蛋糕是那种人们总是希望但却始终难以平分的东西。切过蛋糕的人都会有想把蛋糕切得平均的念头,但是蛋糕的难以均分,又是人人深有所感。设想,如果分的是"一筐梨",梨子有大有小,既不好分,而且人们也通常不追求"平均分配"。这个意象更适合表现"孔融让梨"那样的利他主义例证。再者,如果分的是一块巧克力,虽然可以均分,但现实中常常不会切分,所以不可能获得同样的修辞效果。切蛋糕这一意象本身很好地同时凸显了分配正义的重要和困难。

再次,尽管罗尔斯并未言明,但能在一起切分蛋糕的人往往都是熟人。这样,通过把一个熟人之间绝不会计较的分配例子,虚拟为陌生人之间的分配模式,罗尔斯既完成了一个重要的联想迁移,又制造了一个极大的效果反差。一方面,这个借来的融洽宽容的"熟人场景",足以成功地掩盖陌生人之间的斤斤计较和你争我夺。于是熟人的经验反而钝化了我们反思这一实验场景的敏锐。熟人之间不会需要什么程序来切蛋糕,因为会为分蛋糕而争执的人不可能成为朋友。所以在大家熟知了罗尔斯的这个建议之后,我也没有见过这一方法在任何一次法学院学生的生日 Party 上得到应用。但也正是因为如此,另一方面,提出"切者后拿"这一程序设计本身,就足以令第一次听说可以用这种办法切分蛋糕的人印象深刻,让人们禁不住由衷产生"想不到还可以这样"的惊喜和振奋,并且在惊喜和振奋之余,忽略被选定切蛋糕的人是否要付出代价以及是否乐于承担代价的关键问题。

复次,切蛋糕的日常经验是"举手之劳"。罗尔斯因此巧妙地以"切蛋糕"这样一个看似轻松的实验场景,掩盖了利益分配时其实常会面临的困难和纷争,特别法律经济学中强调的"界权成本问题"。

最后,通过将实验场景设定为让"一个人"、而不是让"你"来切分蛋糕,罗尔斯把所有读者置于了"拿蛋糕者"、而不是"切蛋糕者"的位置。事实上,罗尔斯通过凭空选择一个"切蛋

---

⑯　Rawls, *supra* note 12, p. 74.
⑰　Id., p. 110.

糕者",转移了读者的视线。这一转移,好比是阿基里斯的母亲能够特他"凭空"置于冥河之中,将罗尔斯之踵的致命缺陷消于无形。这其中的心理学机制在于,这一"安排"使读者本人摆脱了必须亲自为切蛋糕而烦恼的焦虑,不知不觉间站到了拿蛋糕者的位置,一个"剥削者"的地位,旁观一个"他者"为自己服务。设想,如果实验场景中是"让你"先切后拿,人们至少要比旁观"他者",更容易意识到这样一个悖论:其实真要设身处地来想,自己并不愿意接受这一职责,而是指望着"他人分"而"自己拿"。由此我们理解,罗尔斯巧妙的场景设计,使得读者很难从切蛋糕者的视角来考虑那些真正要害的问题,比如这一程序是否可行,是否能够从实验中推导出必然的结论。在悄无声息之间,罗尔斯遮蔽了这个思想实验最为脆弱的地方:"切蛋糕者"的与众不同,"切蛋糕者"无私服务他人的"公仆"身份,或者,"切蛋糕者"的被剥削地位以及利益驱动问题。而这个问题正是现代社会中最为核心的问题:作出利益分配的公共代理人的激励机制问题。

这都是这个看似简单的思想实验的精妙之处。事实上这个思想实验的最大力量就在于简易,在于其例证的结论很容易被人接受,而例证的场景及其逻辑推理本身,又很容易被人放过。这是这个思想实验能够征服几代中外精英知识分子的原因所在,是人们难以发觉其逻辑悖论并且轻易便被说服的原因所在。罗尔斯是思想实验的设计大师,更是修辞大师。修辞有时候不需要华丽的词语:大巧者若拙。

我们也由此看到,把握思想实验的修辞意义,是理解思想实验及其相关理论的另一个重要方面。思想实验的修辞意义和其认知意义同等重要,并且常常有助于认知:因为倘若单从认知角度来理解思想实验,往往不仅会错失那些与逻辑推理同样重要的修辞说理,而且反倒会因为警惕不足,易于受到巧言令色的左右。

3. 实验改进

给这个思想实验增添"零切分成本假设",再将"切蛋糕者"作为预设条件,当然是一个解决办法,但也因此实际上取消了这个思想实验真正的理论价值。相比之下更有意思的处理办法是,在不加入上述理想化的实验假设的情况下,通过变更现有实验中的特定条件来补救这个思想实验,医治"罗尔斯之踵"。

我在《法理学》课程中和学生们一起通过提出或者更改前提假设构造了很多新的思想实验。这些思想实验无疑都失败了。但是这一过程对于理解这一思想实验进而理解利益分配中的程序和正义问题却大有裨益,从中可以得到一块大大的理论"蛋糕"。我选取一些最有代表性的"实验设计"与大家分享。

首先,增加关于切蛋糕者主观因素的前提假设是学生经常会想到的办法。比如假设这群人中有一个人由于过于饥饿而会自愿承担切分蛋糕的职责。但这丝毫无助于"罗尔斯之踵"的治疗。这仍然意味着有了使某个随机产生的饥饿的切蛋糕者主动站出来的动力,但是丝毫没有改变其必定利益受损因而导致试验结果违背预先设定的"平均分配"这一正义标准的悖论。再比如假定有一个人大公无私,愿意无偿为大家切分蛋糕。这不仅与上一个假设一样无济于事,而且违背了人人"想要最大一份"的前提假定,甚至彻底取消了"程序正义"的意义:如果一群人中间有一个圣人,就不需要任何外在的程序限制。要知道,罗尔斯所以提出程序正义的意义,就在于探讨给定人们的自私是实现实质分配正义的约束条件,能否通过程序的适当设计迂回地解决这一问题。更为重要的是,如前所述,由于实验场景是"让一个人"而不是"让这个人",由于这个被选择的切蛋糕者是从所有分蛋糕的人们中随机选择,那么要把道德情操之类品格因素加入进来,就必须假定所有人都大公无私。那就更没有程序的必要。

　　另一类常见的改进实验场景的做法是着眼于改变切蛋糕者的激励机制：给切蛋糕者增添额外的收益，比如重新将程序制度设计为"切者先拿"，或者"切者不后拿"，或者"先切出一块蛋糕预留给切蛋糕者"，等等。这一实验设计的逻辑在于，只有资源分配者能够得到最多的好处，他才会愿意承担分配资源的苦差。这就是国家起源的历史逻辑。第一种情况"切者先拿"是奴隶制，其他人获得的只能是切蛋糕者吃剩下的部分。而第二种情况，但凡切者并非最后一个拿，就意味着总是有特定阶层要被整个社会剥削：那个最后拿的人得到的是其他人剩下的部分，如果还有的话。第三种情况"预留一块给切蛋糕者"则类似于宪政国家征税或者黑帮征收保护费，或者现代企业制度中的"剩余索取权"。

　　但这是最要不得的办法。因为这一实验条件的改变不仅仍然导致了实质上的分配不均，而且势必一石激起千层浪，来一个天翻地覆。这类激励条件的改变意味着取得"切蛋糕者"的身份就是获得了拿到最大块蛋糕的权利和权力。由此而来的结果，势必是所有人都变得渴望获得"切蛋糕者"这一身份，人人都要奋力争夺"切蛋糕权"。因为按照罗尔斯设定的前提条件，人们分享"人人平等"这一观念，因此都会认为获得"切蛋糕权"是自己的"自然权利"。由此而来的只能是争夺乃至战争。也就是说，罗尔斯的切分蛋糕势必变成商鞅的"百人逐兔"：如果名分本身变成了一块待分的"蛋糕"，人们之间就必定会产生"名分之争"。结果，从罗尔斯的"切分蛋糕"出发，最终的归宿是霍布斯的"自然状态"。由此我们进入了另一个思想实验：人和人是狼和狼。这一思想实验不可能得出罗尔斯向往的"不论是什么结果都是正义"这一理想目标。甚至恰恰是其反面：从罗尔斯的标准来看，由于是基于强制而非选择，不论什么结果都不正义。而且究竟其余部分的大小是否平均，分配不均如何救济，也不是程序本身所能保障。何况为什么这些激励制度理所应当，本身就是个问题。

　　再比如，假设存一个权威机构，承担了选出"一个人"来切分蛋糕的职责。但这仍然无济于事。因为我们完全可以追问：难道机构的这一选择不同样是一个如何"切蛋糕"的问题？指定谁来"切蛋糕"难道不就是意味着已经决定了由谁来承担切蛋糕的不利后果，决定了谁要比其他人事实上得到更小的"蛋糕"？再强调一遍，难道选择"切蛋糕者"本身，不就是一个"切蛋糕"问题？！那么这是否需要一个新的程序加以选择？

　　引入权威机构因此会演化为引入一个新的前置程序。但是，这个强迫某人承担分配职责的前置程序，无论是通过民主（比如这群人进行投票）还是专制（比如最强大者迫使最弱小者就范）或者其他什么方式，同样将面临一系列"正义问题"的拷问：这一程序本身是否正义？就算正义，这个新的程序又要由谁启动？这个启动者又需要什么程序来选择？而选择这个启动者的程序又是否正义？最终必将陷入一个"程序循环"，永无止境。启动程序的"切蛋糕者"是麦克白洗不净的血手，是九头蛇越砍越多的妖头。归根结底，"选择切蛋糕者"的过程就是"切蛋糕"的过程。

　　这些实验设计都失败了，因为即使治好了"罗尔斯之踵"，还会有新的致命的"罗尔斯之臂"，"罗尔斯之臀"，"罗尔斯之头"，永无休止。这正如，只要母亲不可能把阿基里斯"凭空"放入冥河，他就必定会有一个致命之处。但是，这些失败的实验设计对于我们理解思想实验本身的特点与意义却大有裨益。不仅在认知层面是如此，在修辞层面同样如此。

第五节　思想实验的法学应用（二）：商鞅战秋菊

　　这是我做过的一个研究，通过"思想实验"的方法来研究中国的法治转型问题。所谓法治转型,是指"法治"从"普法型"向"专法型"的转变。法律职业主义的呼声日益高涨,在"刘涌案"、"黄静案"、"钉子户案"等社会热点案件中法律人的立场态度更是折射了法律人对专业知识的由衷信奉。正是因为如此,审慎地面对日益高涨的职业主义法治呼声就格外重要。问题在于,反思必须跳出事外,而我们是"当事人";自省需要拉开距离,我们选择"思想实验"作为研究的路径。

如前文所述,思想实验至少应当包括以下几个步骤:首先,思想实验总是关联着某个理论或者主张,并以之作为待验命题。其次,顾名思义,思想实验是在思想中、在心智实验室中,建立一个想象的或者反事实的实验场景。最后,实验通过追问如果将待验命题及其推论放入这一场景之中会产生什么后果,来检验命题的真理性。

1. 研究的起点是建构实验场景

简明起见,本文所设计的实验场景是简化的一对一两人模型的实验场景。但是我们完全可以将两个实验参与人视为一个"社会"中共生同时竞争的两组群体,因而这一简化的实验场景并不影响我们对待验命题的实质理解。这个实验场景是法学版的关公战秦琼——"商鞅战秋菊"。商鞅和秋菊分别代表的是法律人和普通人两类群体。之所以仅仅划分了两个类型,是因为这正是专法之治的内在要求,是实验的待验命题中已然预设了的前提条件。所谓专法之治,就是努力并坚持区分法律事务上的专家和外行,从而建立法律人基于专业优势对普通人的统治地位。

我把商鞅作为法律人的化身。这是因为商鞅身上有着当代中国法律人所追求的几乎所有法治美德:崇尚法治,以法治理想改造社会、重塑人伦,坚持"有法可依,有法必依,执法必严,违法必究",严肃吏治,坚持依法办事、不讲人情、不避权贵、法律面前人人平等,实行具有专业知识的法律人专职司法,保持司法权独立。因此,我在思想实验中将商鞅作为法律人的代表,设想其在当下的法治现实中推行现代版本的专法之治。

我将"秋菊"作为普通人化身。秋菊这个艺术形象,是变法和普法进程中必然出现的典型人物。[18] 秋菊的形象代表的是所有那些尽管不具有法律专业知识但是仍然坚持以自己的常识向法律寻求说法的人们,尤其是那些并未受过专业训练就参与法律诉讼的当事人。这一形象中很少掺杂道德因素,她不是大善也不是大恶。只不过,从上述商鞅主义的法治观来看,她是法律人专法之治的羁绊。一方面,变法语境中的秋菊其实根本无法懂得法为何物,无法理解到底什么是法律人津津乐道的"法治"。但是同时,在普法的哺育下,这并不妨碍她在接触到法律之后,理直气壮地用自己的常识来理解法律,用自己的"说法"来置换法律,并且最终用自己的"困惑"置疑乃至争夺法律。

无论是在思想实验中还是在生活实验中,这两幅画面的对比都显示了法律人与普通人之间的明显张力。张力来自于两个倾向:一方面,他们彼此互不关心,互不理解,互不信任;另一方面,他们却都对法律有着自己的理解和执着,都认为自己拥有解释法律的资格和权利——诚如商鞅所言,都认为自己而且只有自己应当拥有法律的"名分"。而且,正如商鞅自己早就看清楚了的:法律对他而言是"治之本",对秋菊而言是"民之命",谁都不会轻易放弃对法律的名分要求。

我们的思想实验场景就是把商鞅和秋菊这两幅分开的画面合在一起。就像伽利略思考

---

⑱ 对于"秋菊"这一形象的法治意涵,参见,苏力:"秋菊的困惑和山杠爷的悲剧",《法治及其本土资源》,中国政法大学出版社 1996 年版;冯象:"秋菊的困惑与织女星文明",《木腿正义》,中山大学出版社 1999 年版。

两个铁球是否同时落地，我们可以进一步讨论，当商鞅和秋菊在同一个世界里遭遇的时候，会发生什么？对法治转型这一思想主张意味着什么？

2. 三个层次的实验分析

第一个实验分析我们从知识壁垒的角度考察商鞅与秋菊之间的互动。我们发现，本来应当由商鞅垄断的法律知识，在二十几年的普法教育当中冲垮殆尽，换来的是秋菊的自信和对商鞅这类法律专家的不信任。她可以轻易地和商鞅平起平坐，争论热点的案件事实，可以和商鞅争夺法律的解释权，甚至不信任由商鞅作出来的司法裁断，甚至可以通过三个月的复习通过司法考试进入商鞅的行列。由此可见，秋菊和商鞅"共同共有"法律知识这一起点上的差异，注定了在古代秦国和现代西方可以行之有效的专法之治，在当代中国却会步履艰难。

第二个实验分析从权力壁垒的角度切入。既然有了紧张关系，那么，让秋菊臣服的常见办法是通过国家强制树立司法的权力壁垒。比如，设立藐视法庭罪、强化法官在法庭中的至高无上，以及建立强制律师代理制度，等等。问题是，给定普通官员民众对于法官律师的心怀疑虑和两者在法律知识上的对等地位，强化法官权力和强制律师代理并不有助于实现专法之治这一法治转型目标。首先，出于生活的经验或者生存的本能，秋菊并不会因为对方自称专家和仰仗国家强制，就放心将自己的案子交给其"全权代理"。其次，在中国，法律不是普通人聘请律师对法院将会如何判决作出的预测，而是法官掂量的老百姓"说法"的分量。

法律职业的知识壁垒和司法过程的权力壁垒合在一起，仍然不足以确保法律人的专法之治。那个虽然实际上没有能力预期法律但却自以为掌握了法律知识的秋菊，在面对专法为治的商鞅时，其实并不"困惑"，往往不会反省自己的错误和后悔自己的无知、自怨自艾"'法盲'的身份和位置"，而是反过来质疑商鞅对法律的解读，甚至质疑商鞅司法的资格乃至专法之治本身的合法性。归根结底，权威不是单靠权力所能建立。单靠权力建立的统治只能随着权力的指向摇摆。因而诸如藐视法庭罪、强制律师代理这类制度设计最大可能带来的结果，不是普通官员民众对法律人的遵从和信服，而是以更大的力量反弹回来，进一步削弱法律人的专法之治。

第三个实验分析是上两个实验的延伸，进一步揭示商鞅战秋菊的宏大场面。坚定的商鞅主义者总会认为，只要获得足够的权力支持，法律人的职业自治和专法统治是会成功的。这里的潜台词是：既然法治的普法策略与专法之治的目标相冲突，那就干脆将专法进行到底，取缔各种以普法理念为指导的法治实践，从而釜底抽薪式的解除秋菊的威胁。比如，通过提高法学和立法的抽象性和复杂度，从而提高秋菊自学法律的难度和机会成本，迫使她面对法律时只能依赖于律师和法官。再比如，按照这一思路，专法之治首先要治的也许就是媒体：法院要逐步对有关司法过程的新闻报道进行管制，夺回大量流失到媒体手中的法律解释权。问题在于，秋菊并不是商鞅的信徒。虽然没上过法学院和司考辅导班，没有博士头衔、没喝过洋墨水，可是普法型法治中成长起来的秋菊也早已不再是吴下阿蒙，再雄辩的理由也难以让她们同意自我放逐。她们既然已经分享了（尽管也没能独占）法律解释权，已经拥有了既得利益，就断然不会轻易放弃。这是行为心理学关于"禀赋效应"和"损失规避"的一系列理论和实验所一再表明的人之天性。稍作换位思考，如果我们是秋菊，我们也很难理解，为什么把权力拱手送给自己的竞争对手，把利益交由对方全权代管，让自由生命财产悬于他人之手，才是我们的最优选择、也是整个社会的帕累托改进？什么又能够补偿全然放弃司法的主动权而沦为纯粹被统治者的损失？因此不难想见，即使商鞅能够动用司法行政部门、电视广播报纸杂志和互联网所有宣传手段劝说和恐吓秋菊，只要秋菊和商鞅的上述分歧还在，这场争夺法律解释权的暗战就还要继续。商鞅自己说的好,法律是"民之命",谁会放弃"要命的地方"?

通过"商鞅战秋菊"这个思想实验,我们能够在一个较为理想的状态下去揭示当下法治转型的悖论:中国当代变法和普法的法治语境,使得直接转向以区分法律人和普通人为知识基础、以国家强制力为制度保障的法律人专法之治,非但难以成功,而且可能与法治的原本目标背道而驰。

商鞅战秋菊这一思想实验场景再现了博弈论的一个经典模型:两性之争。[19] 也许是碰巧,商鞅和秋菊正是一男一女。按照两性之争这一博弈模型,正如本文思想实验所设定的,商鞅和秋菊有着不同的偏好:商鞅偏好专职法律人垄断司法权的专法型法治,而秋菊则认为任何一个普通官员或者平民百姓仍都可以通过普法宣传教育了解法律的内容,进而掌握法律的权力。本文的思想实验和两性之争这一博弈模型都表明了,在没有共识和同意的情况下,只要不能与对方的选择相互匹配和协调,即使是博弈双方都作出了自己利益最大化的选择,也终究不是非但不能互利、而且两败俱伤的结局。甚至,两性之争这一博弈模型以及有关实验还揭示了,除非双方相互交流、一方率先行动或者采取其他解决办法,双方无法协调一致因而损人不利己的概率总要比他们作出双赢选择的概率更大。

通过这个思想实验的分析,将现实法治实践中复杂而具体的个人和事件通通还原为"商鞅"或"秋菊",我们就在这两个学术意象和实验场所中模拟了法律职业人和普通民众之间一场惊心动魄的战争。这是一场没有硝烟的战争,却深系着千万人的生活。我们希望通过这个思想实验,更多理解这些问题的复杂性,能够同时理解两个角色各自的主张与信念,进而理解他们之间的深刻分歧、对于法律"名分"的争执以及由此给中国的法治进程带来的困境与机遇。

第六节　思想实验的法学应用(三):夏娃的苹果

还有一个有意思的小实验,我称之为"夏娃的苹果"。我用这个实验来模拟法律经济学中的界权成本问题,在这个小小的实验场景中,我们可以一起领略庇古老师和科斯老师的风采。

法律经济学会论证由法院来解决纠纷相对于政府管制而言更具有优势,但是往往忽略了司法资源的优化配置问题。为法律经济学提供了强有力的理论基础的经济学理论,无论是庇古主义还是科斯主义,都将法律运行自身的机会成本忽略不计。

实验场景的模拟。来考虑一组姑且称之为"夏娃的苹果"的"思想实验"。依照庇古和科斯的基本框架,最简化的市场的资源配置,好比两人之间倒换一件物品:每人代表交易(或者争议)的一方主体,物品(善品或者恶品)代表作为交易对象的权利,双方组成了一个最为简化的交易或合作组合。而外在于这个化简后的交易组合的"他者",代表庇古笔下的政府或者科斯所谓的法律。这样就可以模拟出化简之后的市场交易和外在干预之间的基本关系。

现在,我们假设在一个幼儿园里有两个孩子,男孩名叫亚当,女孩名叫夏娃,正在相互传递一个苹果。在换手之际,夏娃失手将苹果掉在了地上。碰巧在他们身边的是分别象征政府的庇古先生和指代法律的科斯先生。我们要问的是,经济学家们将会如何选择自己的行为,才是最优的资源配置。

---

⑲　拉斯缪森:《博弈与信息》,王晖等译,北京大学出版社 2003 年版,第 21—22 页。

进一步说，如果亚当和夏娃当中有"好孩子"和"坏孩子"，坏孩子的乐趣就在于故意失掉苹果，以此捉弄好孩子，或者以此偷懒，让科斯老师帮他们运送苹果，而科斯老师无法判断失掉苹果的孩子究竟是好是坏，那该怎么办才好？这是一种典型的非对称信息下的逆向选择问题。

上述思想实验的原型是加里·贝克尔著名的"坏孩子定理"（Rotten Kid Theorem）：除非存在有效的制度激励，如果一个孩子只要踢他的姐妹就能得到糖吃，他就一定会踢。[⑳] 卢梭在《爱弥儿》中也讲过这个问题：甚至在襁褓中的婴儿也会通过啼哭来役使父母，获得更多的关心爱护。[㉑] 说白了，就是"会哭的孩子有奶吃"。孩子尚且如此，成人就更不用说，只要他发现司法有利可图，就一定会利用司法谋取私利。这种选择对个人而言是理性的，但是对社会而言是不是有效率呢？更为一般性的问题在于，不论好孩子还是坏孩子，都在竞争稀缺的司法资源。司法资源的配置方式，会对进一步的资源竞争产生适当或不当的激励。

回到我们的思想实验，庇古会将苹果失落视为一个"事故"，而他的解决办法是惩罚失落苹果的夏娃，比如罚她自己拾起苹果，或者如果必要，还可以打手板。因为他认为失落苹果的原因在于夏娃的"漫不经心"（undue care），而夏娃之所以漫不经心，是因为她并不承担失落苹果的"社会成本"，导致她自己的"私人成本"与幼儿园的"社会成本"彼此分离。所以需要通过外在的惩罚让夏娃自己承担失落苹果的代价，从而让她"长记性"，以后不再犯错。

科斯反对庇古。他认为关键不在于哪个孩子犯错——因为问题具有"相互性"，而在于一个人要时时"谨慎小心"（due care），实在耗神太大（costly）。正所谓"一个巴掌拍不响"，"事从两来，莫怪一人"。如果孩子们本可以不费心力地（costlessly）把苹果倒来倒去，他们就不会出错，而且总是会按照最大化双方效用的方式选择如何传递这个苹果。因此科斯眼中好的方法绝不是打手板，而是把苹果重新放回到他们手中。而且为了关爱这些孩子，科斯还认为，如果他们的确是累了，就应当直接把苹果放到他们如果不累本会选择的那个人手里；甚至即便在他们自己能干的时候，也应当代执其劳，以免孩子们浪费太多的体力（"当市场交易成本高昂以至于难以改变法律建立的权利安排时，法院直接影响着经济活动。……甚至在可以通过市场交易改变法律界权的时候，依然明显可欲的是：[通过法律界权]减少这类交易的需求，从而减少交易进行过程中的资源使用"）。

熟悉法律经济学的读者知道，上述实验情景是一个经典的"合同"或者"侵权"场景。熟悉庇古和科斯作品的读者也很容易知道，上述回答就是他们各自理论的基本表述。我们也容易从中看到，不论是庇古还是科斯，都认为市场或者说私人之间的交易和争议需要外在干预。他们的差别只在于方式不同。科斯批评庇古，认为通过追加私人成本（比如赔偿或者征税）而实现私人成本与社会成本的一致，忽略了为了实现这一目标，也必须付出代价（"所有替代方案都有成本"）。科斯和宣称以科斯为教主的法律经济学家，因此主张通过法院来澄清私人之间的权利关系，使他们能够从争议中摆脱出来，重新开始互惠的合作与交易，要比由政府取代私人进行市场干预更为妥当。

但是，如果我们仔细推敲这个例子，不难看到科斯和法律经济学家其实也忽略了一个重要问题：无论是庇古还是科斯，无论是责打还是帮助亚当夏娃，他们都和孩子们一样要费心留神，耗费气力。与庇古主义的政府干预应当考虑管理成本一样，科斯主义的法律救济也不

---

⑳   See, Gary Becker, "A Theory of Social Interactions", 82 *Journal of Political Economy* 1063 (1974).

㉑   参见，卢梭：《爱弥儿》，李平沤译，商务印书馆 2001 年版，第 84 页。

能忽略界权成本。如果将这一因素纳入进来，我们就必须重新考虑，对于拣了失手掉落的苹果，究竟何种处理方式更有效率。

我们不妨设想一个更为现实的实验场景：科斯自愿在一个幼儿园里担任幼儿教师，面对的是一百组和亚当夏娃一样的孩子，也就是这个社会中同时存在一百个交易组合。每组孩子被要求一起"合作"，共同用一个盘子把树上的苹果从院子运到厨房。他们中间总会有人一时不慎把苹果掉在地上，而且有些苹果滚得很远。有时是因为亚当，有时是因为夏娃，有时可能两者都有责任，有时其实是因为突然吹了一阵大风。我们要问的是，如果科斯一次只能拾回一个苹果，他会怎么选择？如果同时有多个苹果掉在地上，他应当先替哪组孩子拾回苹果？如果孩子确实累了，他是不是应该替孩子把苹果直接运到厨房？如果有的孩子是故意失掉苹果，来捉弄自己的伙伴，捉弄老师，甚至通过捉弄老师来捉弄自己的伙伴，科斯该怎么办？科斯自己会不会因为太过疲劳也丢掉了苹果？科斯会不会因为辨别不出谁是坏孩子，甚或把好孩子当成了坏孩子，反而使坏孩子更为嚣张？如果科斯不得不面对这些情况，他是否还会认为"甚至当孩子们可以自己拾回苹果的时候，依然明显可欲的是，替孩子们拾回苹果，从而节省他们的体力"？

回到我们的思想实验，要回答这一问题，重要的问题不在于孩子为什么把苹果掉在了地上，不在于是故意还是过失，是好孩子还是坏孩子。重要的问题在于，科斯老师并非无所不能，无所不知，因此必须能够有效地运用自己仅有的体力和智力。用经济学的话来说，就是司法运作具有不可忽略的界权成本。给定科斯老师的界权成本，考虑孩子为什么失掉苹果就不再具有根本性的意义。孩子为什么失掉苹果是过去的事情，是沉没成本，而重要是考虑机会成本，也就是考虑科斯老师面对已经落地的苹果，应该如何选择自己的行动。

很显然，之所以不能从孩子们手捧苹果时的情形，直接得出在苹果失手落地后科斯老师应当如何的结论，是因为两个语境之中需要考虑的机会成本并不相同。苹果尚在掌握时唯一重要的只是亚当夏娃本身的"留心成本"（care cost）。但是苹果失落后就不仅如此。充分考虑亚当夏娃的境况固然对于预期一旦科斯老师作出选择后的社会结果必不可少，但这绝非科斯决定究竟应当越俎代庖还是令其自助的全部理由。因为科斯的选择不仅将会影响亚当夏娃的效用，而且本身也有代价：他本人拾回苹果也有机会成本，甚至他先拾起哪个苹果也是个问题。因此，既然科斯坚持从"社会总体"而非个人利害的角度来考虑是否替夏娃拾回苹果的问题，他就不能太过"无私"和"忘我"。因为这样的"无私"和"忘我"反而使他遗漏了自己，遗漏了自己付出的很多至为重要的界权成本：有弯腰伸手的"管理成本"，还有造成为了拾起一些苹果而耽误拾起另一些苹果的机会成本，而且科斯也会出错，会错怪好孩子和放纵坏孩子，甚至他的自利倾向在毫无察觉的情况下也会暗中作怪，等等。这些代价都和交易成本一样现实。除非假定这些成本为零，否则就不应当忽略。对于坏孩子问题和寻租型诉讼，从界权成本的角度来看，就是识别坏孩子和保护好孩子的界权成本太高。

上述思想实验意味着，虽然市场的交易成本可能非常高昂，而法律的界权成本同样可能高不可攀。显然，如果法律的界权成本高于市场的交易成本，就没有理由认为通过法律界权节省交易成本是理所当然。不能因为不喜欢庇古和政府干预就引入法律。既然科斯承认"直接的政府管制未必能比将问题留给市场或者企业解决给出更好的结果"，那么法律界权就也会有同样的问题。科斯批评庇古以理想的政府对比现实的市场[22]，而他本人却同样是在

㉒　参见，波斯纳：《超越法律》，苏力译，中国政法大学出版社 2001 年版，第 469 页。

用理想的法律与现实的市场相比。这就如同，考虑到科斯老师的自身代价，是不是应该以及应该如何帮助孩子们拾起夏娃失落的苹果就是个问题。这时要考虑的，不仅是夏娃是不是累了（是不是无意的"事故"），或者亚当是不是坏孩子（是不是"诬诉"）。问题的关键在于比较和权衡科斯老师面临的利弊得失（他去拾起苹果和让孩子们自己重新拾回苹果哪一个代价更低，他先帮甲组孩子和先帮丁组孩子拾起苹果哪一个代价更低，他拾起苹果后重新放回到孩子手中和替孩子们直接送到厨房哪一个代价更低，等等）。

上述思想实验虽然是虚拟的。但类似的问题其实在法律实践中每天都在发生。比如一个合约由于交易成本过高而并不完备，势必会增加违约纠纷的发生概率。要是按照庇古的看法，这些不完全合约就是一系列"交易事故"；或者按照朱老师的看法，其中免不了是一些有经验的当事人早就处心积虑留下的破绽。那么，法律应当如何处理这些事故？如果交易成本高居不降，是否应当为了节省交易成本而一律用法律取代合约？是否应当鉴于缔约时的交易成本过高而豁免缔约过失？如果当事人因为可以借助法律寻租而"故意"怠于缔约呢？如果法律解决争议的成本大大高于私人相互交易的成本呢，法律还是否应当介入？进而，究竟什么情况是法律最佳的介入时机和介入方式？交易成本的高低如何判断？这些都是我们理解司法资源的优化配置所必须思考的问题。上述思想实验意味着，不论对这些问题如何回答，也不论法律界权之后的交易成本和激励效果如何，在法律界权之时提出的这些问题，都不可能在忽略法律界权自身成本的情况下得到恰当的回答。

第七节　思想实验的法学应用（四）：河流污染案

以下也是一个经过改写的法律经济学的思想实验。这个思想实验有助于我们去理解和重构"卡—梅框架"的规则分类。

经典的河流污染的思想实验非常简单：上游工厂向河流排污，下游居民诉至法院。其外生变量即影响实质分析的基本要素，只包含排污工厂与受害居民两类私人主体。河流这一自然资源和法院这一公共机构，都是思想实验规定的先决条件，不产生任何机会成本。[23] 现在，我们对这一思想实验略加修改，将自然资源和法律权威作为外生变量加入实验场景。也就是说，此时受到实验结果影响的外生变量和独立因素不仅包含了工厂和居民，也包括河流和法院——它们都要付出成本。

通过改写"河流污染案"这一法律经济学的经典思想实验，我们可以更为具体形象地比较法律菜单中的不同规则。其他条件不变，司法救济的选择清单至少可以包括以下五组。[24] 具体内容如下：

规则（1）：确认其中一方具有排污或者免受污染的法益，同时禁止将之转让给另一方。这包含两种可能：① 宣告禁止工厂的排污行为，而且工厂不能通过与居民的交易来获得排污权。或者② 宣告禁止居民阻碍工厂排污，而且居民不能通过与工厂的交易来实现不受污染的生活目标。也就是说，对于法律明令禁止从事某种行为的一方，结局只能是要么忍受，要么搬走。

㉓　实际上，规则（1）即"卡—梅框架"中的"禁易规则"往往涉及双方以外的社会影响。这里为了模型的简明，姑且假定效率考量仅限于当事人双方。

㉔　只要继续添加分类标准，法律上的清单当然还可以更长，甚至无穷无尽。这里只是选取了足以说明问题的最为简单的菜单选择。

规则(2):确认其中一方具有排污或者免受污染的法益,同时允许双方以自愿协商的方式转让这一法益。这也包含两种可能:① 驳回居民的诉讼请求,明确工厂的排污权;但居民可以通过与之议价,收购工厂的排污权。或者② 确认居民有免受污染的权利,赋予其制止工厂停止排污的司法禁令(injunction);但居民可以在工厂支付足够补偿后放弃使用禁令。也就是说,对于法律授权保护的一方,实际上总是拥有两种选择,要么行使,要么转让。

规则(3):确认其中一方具有排污或者免受污染的权利,同时由法院确定另一方足以买断这一法益的评估价格,而非留待双方议价。这也包含两种可能:① 明确工厂具有排污权,同时规定工厂必须以法定价格补偿居民因工厂污染造成的合理损失。或者② 确认居民有免受污染的权利,但是必须以法定价格补偿工厂因节能减排支付的额外成本。也就是说,有权获得法益的一方也拥有两种选择,要么放弃,要么赔偿。

上述三组规则,就是"卡—梅框架"的基本规则。大家还记得我们在文献综述部分讲过的"卡梅框架"吧:规则从救济方式的校对可以分为:"财产规则"、"责任规则"和"禁易规则"。在"卡—梅框架"的分类中,规则(1)属于"禁易规则",规则(2)属于"财产规则",规则(3)属于"责任规则"。这些规则考虑的仅仅是规则界定对于双方当事人的经济影响。更为复杂的情形,是考虑到河流和法院各自的机会成本之后,引出的以下两组规则。

规则(4):由国家取代私人对法益的价格作出调整,调整的方法往往是税收或者补贴这类财政政策。符合国家法定要求的私人可以对自己拥有的法益进行自由交易。仍然可能有两种情况:① 根据排污量对工厂征收额外的污染税,或者对于工厂减少的排污量给予额外的减排补贴。或者② 根据工厂遵守的排污量对居民征收额外的清洁税,或者对于工厂增加的排污量给予居民额外的污染补贴。也就是说,有权获得法益的一方也拥有两种选择,要么放弃,要么交税。

规则(5):不予受理。这种情况更为复杂,可以是单方不予受理,比如对工厂或者居民一方的法益主张不予救济,但是相对方的法益主张却会得到支持;也可能是双方不予受理,即此类问题并非"法律问题"。这意味着,争议之中的任何一方都无权获得法益。对于当事人来说,他们没有法律上可供选择的救济途径。

后两个规则,就是我们通过思想实验发现的新规则。与前述三组规则不同,规则(4)和规则(5)都是在考虑到当事人以外的其他利害关系之后,对特定法益的特定救济方式作出的公共选择。规则(4)可以称之为"管制规则",规则(5)则可以称之为"无为规则"。

所有这五组规则都是科斯所谓的"法律立场"。这五组规则,各有特点也各有利弊。对于同一法益,究竟应当通过其中的哪种规则给予保护,不同理论可能支持不同的规则选择。同样是治理河流污染,庇古会毫不犹豫地选择是"管制规则",科斯会认为如果交易成本较低,法院应当选择"财产规则",而卡拉布雷西和梅拉米德显然倾向于在交易成本较高时适用"责任规则"。如果埃里克森教授也加入了这一讨论,他或许会在界权成本高昂而交易成本较低时,主张"无为规则"。㉕ 这些差异既有各位作者本人的意识形态差异,也是源自不同评价标准给予不同影响因素的权重不同。

㉕ 参见,埃里克森:《无需法律的秩序》,苏力译,中国政法大学出版社2003年版。

通过改写这个经典的法律经济学的例子,造一个新的思想实验,我们可以从"卡—梅框架"出发,进一步推出所谓"管制规则"和"无为规则"。正如图4.5.1所展示的,勾勒出"卡—梅框架"这座大教堂的宏大景观。这是思想实验的一个功能,通过建构、逻辑区分,能够洞察出在逻辑上应当存在,但是现实中还没有被归纳提炼的规则来。

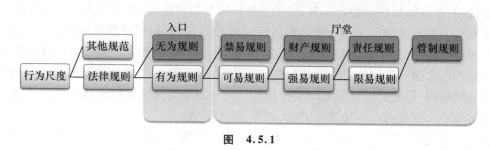

图　4.5.1

第八节　小　结

如今,随着越来越多社会科学和外部视角进入法学研究,几乎没有哪个法学部门没有受到法学之外的智识滋养,思想实验这样一种基本的思考方式和研究方法也因此深入法学研究的方方面面。虽然只是方兴未艾,但是思想实验在法学研究和法律实践中应用的潜力还应远远比目前的情形更多更大。

法律是一个霍姆斯强调的实践领域,但也是一个培根所讲的结合理性和经验的学科。思想与实验的联手,理性与经验的结合,正是思想实验的一个显著特点,也是其在科学探寻中不可或缺的原因。好的思想实验,体现的正是培根笔下的"蜜蜂的方式",是科学研究的理想境界:"既不是仅仅或主要依赖心智的力量,也不是把自然历史和实践经验所供给的质料原封不动地存储在记忆当中,而是用理解将之变化和提炼。因而,要是能把实验的和理性的这两种机能紧密和更为纯粹地结合起来……我们就有理由满怀希望。"[26]思想实验正为法学研究和法律实践带来了这样的希望。

首先,在应用和面对其他学科的经典思想实验时,我们同学应当能够对之充分理解并且有所反思和批判。这是最为基本的学术要求,因为很多时候解读思想实验往往是解读全部理论的钥匙。读不懂霍布斯关于"自然状态"的思想实验,就不可能理解《利维坦》。理解一个思想实验,尤为重要的是对实验场景的理论重建。其中最重要的,是廓清实验条件(前提假设)和实验结论(待验命题),这是我们理解和反思这些思想实验的必经之路。这一点做不到,就不可能准确把握一个思想实验的基本要点,更不可能理清这一思想实验的逻辑推理,而且很容易不经意间僭越理论的适用范围。这也是为什么很多学者只能记住一个经典思想实验的情节片段和最终结论,却无法充分理解其中最为重要的认知意义和修辞效果。罗尔斯的"切分蛋糕"实验便是一例。更何况,很多思想实验只能在"心智实验室"中通过"重复实验"的方式加以验证。试图在经验世界加以验证,比如阅读了《利维坦》之后就到太平洋小岛上寻找前社会的自然状态,那完全就是因为没能读懂其作为思想实验的认知意义。

其次,我们同学应当能够运用思想实验,以理解和反思其他学科的理论命题。很多理论

㉖　Francis Bacon, *Novum Organum*, Book I, aphorism 95.

的抽象如果能够还原为特定的实验场景，不仅有助于理解理论的内容，而且利于理论的传播和运用。更重要的是，将一般理论还原为其所由来的具体情景，就是在还原作者原本的推理过程，就是在回溯作者走过的思想道路。这是我们得以真正把握一个理论精髓的重要方法。从几个基本的条件推演出一整套复杂的理论体系，是思想家的贡献。把一套复杂的理论体系还原为若干基本假设，是学生的本分。思想实验无疑有助于此。而且事实上，通常人们理解一个抽象概念或者理论命题，往往就是通过"聚像"式的联想。我们理解什么是"美"的途径总是关于"美景"、"美酒"或者"美人"的记忆。如前所述，思想实验就是以更为精密的"实验"方式，将我们的经验记忆和理论推理结合在一起。这也是在法学教学和法学研究中，教师和学者们总是习惯于虚拟"某甲杀死某乙"一类的案例来说明一般教义的原因所在。现在，我们应当能够更为自觉地运用思想实验的方法，区分特殊类型和选择特定功能，更好地阐释教学内容和学术思想。

　　最后，法学研究可以也应当贡献更多更好的思想实验。法学天然地要比其他学科接触更多的"生活实验"。活生生的法学案例给法学研究和法学教育提供了取之不尽的素材。但是，毕竟全然符合教学内容或者研究主题的案例是极难碰到的。"生活实验"总是与理论关注有所距离。为了阐释、例证或者反驳某个理论命题，总是需要改造现有案件的事实，以适应作者的研究目标和教者的教学目的。这就意味着，提炼生活实验而构造思想实验同样是法学研究不可避免的工作。我们在前文看到的霍姆斯在《普通法》中设计的一系列思想实验就是例证。更为重要的是，要充分理解一个来自"生活实验"的案例，我们必须假设那些与此有关但并未出现的场景，甚至假设"前事实"、"反事实"或者"理想型"的实验场景。这样才可能深入挖掘这一案例背后的理论意涵，才能揭示那些支配着但却并未显现的重要因素。甚至在很多法律推理中，比如侵权法中关于事实因果关系的探讨，就必定需要进行反事实的思想实验。这些，都要求法学研究者具有自觉构造思想实验的研究能力。

　　当然，一如我们反复强调的，思想实验既不神秘，亦非万能。每个人都在自觉不自觉地运用思想实验处理自己的日常生活和工作。思想实验的运用者也绝非都是前文所举的那样的大师。那是人类历史长河中筛选出来的极其精粹的智力成果。而大浪淘沙中淹没的思想实验数不胜数，其中拙劣者更是不计其数。问题只在于，如果能够对这样一种思考方式和研究方法有所自觉和有所反思，能够在"心智实验室"进行严肃细致的理论构造，终究要比纯粹出于自发的直觉和联想更可能避免不必要的错误，终究有益于积累和推进我们的理性思考。至少，如果你觉得"思想实验"很有意思，那就试试吧。

课堂练习（十五）

　　试着设计一个思想实验，并且展开初步的实验分析。

第五编

集部:交叉学科分析的数据基础

第一讲　交叉学科信息对法学研究的意义：
以法学翻译为例

　　我们正处在交叉学科的时代，无论是自然科学、人文科学还是社会科学都在交叉学科的研究上取得突破性的进展。交叉学科的研究思路丰富了我们对于同一个事物的理解让问题所有可能的切面都得到呈现。在这部分的文字中，我将以我曾做过的一些交叉学科法学作品的翻译为例，讲讲交叉学科时代的法学翻译问题，通过对其讲解，向同学们传达这样一个信息：要善于运用各学科的数据库，开阔自己的理论视野，丰富自己的研究手段，强化自身的论证力度。

　　法学翻译也是法学研究的一种，通过对经典著作的翻译，学者积累丰厚人文和社会科学底蕴，为自身的研究打下坚实的基础。交叉学科研究的深入发展本身，对于法学研究，特别是法学翻译提出了比以往更高的要求。法学翻译的困境不但来自法律自身，还来自法律以外的知识传统。我们素知法学不是一个自足的学科，其理论资源靠的是"博采众长"。无论是早些时候的政治学、哲学、社会学，还是现今的经济学、历史学、心理学、生物学、文学、统计学等学科都渗透进法学。要么说法学一无所有，要么说法学无所不有，总之而今的法学领域是名副其实的"包罗万象"。尤其是如今的英美法学，"法律交叉学科研究"——或者用波斯纳的说法，"法学理论"——大行其道，对法律学者的知识要求是越来越高了。法律学者是名副其实的"学者"，一个需要不断学习的人。由此给法学翻译带来的，是要求译者的知识面同样要大大突破传统法学的疆域。

　　比如，如果面对的是波斯纳这位"据说还睡觉"的博学多才的法学领域的亚里士多德、达·芬奇和达尔文，就会倍感压力。波斯纳涉猎了前面所列举的所有领域，但又远远不限于此，他信手拈来的知识使得他的著作都是一部百科全书。正是因为波斯纳法官"超越法律"的追求①，使得对其作品的翻译首先成为了一种知识挑战，一种令人生畏的知识挑战！翻译波斯纳的著作既享受求知与探索的乐趣，也备受无时无刻不提心吊胆的煎熬：译者注定了要因为知识上的欠缺而译错。

　　这种挑战促使译者必须进入其他学科的领域。其中最有效的办法莫过于通过交叉学科数据库检索的方式来了解某一个词语在特定学科的意义，比如"budget constraint"如果直译是要闹笑话的，但是如果能够通过经济、商业数据库的检索，其意义就会变得比较清晰。又比如统计学上的"发生比（odds）"则需要到统计学的文献中去寻找答案，由此对于其他专业数据库的熟练运用成为译者的一项必修功课。

　　对于术语的翻译，我们不妨制定一些法则。规则一，尽量尊重和参考术语在源出理论中的习惯翻译。规则二，在改变术语的翻译惯例时，一定要有充足的理由。规则三，对于同一

　　①　参见波斯纳："引论：实用主义、经济学和自由主义"，《超越法律》，苏力译，中国政法大学出版社2002年版。

术语,在全书的任何地方都作完全相同的翻译,对于含义不同但语词相近的术语,尽量用不同的语词对译,以示区别。规则一、规则二不难理解。规则三的理由在于,保持术语翻译的彼此差别和前后一致,也就保持了理论的差异性和连续性。很多学术作品,当然不限于交叉学科法学作品,翻译上最大的问题,就是术语前后不一。遵守这样的规则,也许会让翻译本身显得死板,并且会加大译者自己的成本。但是,译者翻译上多花些工夫,就可以减少读者的交易成本。许多作者对于理论的驾驭游刃有余,常常三言两语就说明了问题。而这三两之中,往往是信手拈来的专业术语,比如"消费者剩余"、"选择偏差"、"显著度"。不准确的翻译这些术语就难以理解其背后的理论,不理解这些理论就不可能理解波斯纳推理的高妙所在。当然,三个规则有时其实是彼此冲突的,因为同样一个概念,的确会遇到不同学者有不同用法,甚至同一学者有不同用法的情况。前者的例子,比如同样是"bias"一词,心理学上的惯例是译为"偏见",但是统计学上却必须译为"偏差"。后者的例子,我们下文中即可看到。

下文我将以自己翻译波斯纳的《法律前沿理论》的经历为例,讲解如何从交叉学科的检索和学习入手,准确地理解和翻译术语。

一、法律经济学的"成本"

经济学是对法学研究影响最深的学科。尤其是在以波斯纳法官为代表的当代美国主流法学研究中,如果你是一个水手,经济学就是将各个法学孤岛连在一起的海洋。但是,熟悉中往往意味着忽略。有一个经济学中最为重要的概念翻译,就令我大伤脑筋,那就是"cost"。

难题是张五常先生提出来的。他在《经济解释》第一卷的题为《成本、租值与盈利》的文章中劈头就说:"西方经济学所用的 cost 这个字,中译十分困难。这不单是我个人之见。十多年前我和几位懂中文的行内朋友考虑了一段日子,大家认为'成本'之译不大恰当。这些年来,我有时用'成本',有时用'代价',有时用'费用'、'耗费'等,都是 cost 的中译。"[②]一番分析之后,在文章的末尾,张五常给出了如下意见:"回头说译名的困难吧。Cost 译作'代价'本来最恰当,但要是我说'生产代价',在中国的文化传统上就可能过于隆重,令人想入非非。中语'成本'有历史的含意,我说过了,也是文化传统使然。大陆把 transaction cost 译作'交易成本'。我认为不大妥当,因为'交易成本'可以使人觉得是包括生产成本。英语transaction cost 是不会使人联想到生产那方面去的。所以我认为'交易费用'比较恰当。这也是文化背景不同的区别了。同样,我认为 social cost 应该译作'社会耗费',而不译作'社会成本'。我抽烟,影响了他人,对社会有不良影响,是耗费。没有生产而说是成本,中国的文化似乎不容易接受。"[③]

张五常是公认的经济学名家,对经济学、英文和中文都有精深的把握,而且,他还是科斯所称的唯一一个懂得他的理论并且在诺贝尔颁奖致词中反复提到的、"transaction cost"理论的嫡系传人,我们没有理由不慎重考虑他的意见以及建议。何况,这是一个学者对于学术翻译的认真思考和总结,他写了几千字文章来讨论这个问题,还忘不了说:"要是这里能写得读者明白我为什么那样举棋不定,那我的解释就差不多了。"前辈如此,后辈何为。

起初,我在翻译中遵循了张五常的教导,把"cost"在不同语境下分作不同概念。但是,

---

② 张五常许多作品的题目本身,就显示了这一难题,比如:"民主与交易费用"、"经济组织与交易成本"。

③ 《经济解释》网络版,http://lz.book118.com/quanwen-119156-115656.aspx,最近访问时间:2012 年 8 月 5 日。

随着翻译的进展，也随着对波斯纳其他作品、尤其是有关经济学部分的作品的阅读和思考，我们越来越感到，在波斯纳的语境中，这个词的含义是一贯的，而且他经常同时是生产成本和交易费用两个意义上使用"cost"这一概念。如果刻意区分，常常会出现一段话里、甚至一句话同时出现"成本"、"费用"的不同译法。而且由于翻译固有的局限，译者不可能确信自己每次区分时都正确地理解了这一概念的经济学含义和波斯纳的意图。更重要的是，如果细加推敲，张五常的区分本就并不彻底。因为当年科斯在提出 transaction cost 这一概念时，恰恰就是取自生产成本概念，取自经济学传统上的"机会成本"（opportunity cost）概念。因此生产成本和交易费用之间原本就有这样剪不断理还乱的理论关联，不是简单的词语翻译所能立判的。这样，将同一个语词分作不同的译法，反而会让读者，尤其是熟悉经济学各派理论的读者如入云里雾中。显然，规则一和规则三出现了冲突。

实际上，"机会成本"意义上的 cost 和"交易费用"意义上的 cost，也许恰恰反映了科斯和张五常之间的不同理解，甚至反映了不同经济理论以及中国学者译介经济理论时的不同倾向。更不用说，"产权和交易费用理论"作为对新古典经济学的一种反动，其对"cost"一词的用法本就不同于标准的经济学用法，而且这一不同用法正是其立论的基础。这其间的微妙，也不是译者能够通过区分一个术语的翻译所能达到的。

因此，思量再三，我还是选择将 cost 全部译为"成本"，不再加以区分。这样做，是降低了熟悉经济学各派理论的读者的交易费用，而并没有提高不大了解经济学的读者的交易费用。对于后者来说，要想真正读懂法律经济学的研究作品，还是下工夫要学一点经济学。

这样一番思考下来，一切又都回复了原样，从最终的结果来看，一切都像从没发生过一样；但是否有这样一个经历，其实是大不同的。张五常的提醒至今仍回荡在我耳边。以上的这样一番解释，是对他的一个交代，也是对读者的一个提醒。让我再援引一段张五常先生的话，以使读者更深地体会到交叉学科时代法学翻译之难："经济学所用的成本（cost）、租值（rent）、盈利（profit）等词的意思，与街上人的共识很不相同。这不是因为经济学者故扮高深，或要标奇立异，而是理论逻辑上的需要。差之毫厘，失之千里。……令人遗憾的是，经济学课本对这些概念往往在行内与行外之间落墨。这不一定因为作者自己不明白，而是出版商要求课本有市场，要顾及一般的理解力。……然而，正确的概念不仅过瘾精彩，而且比模糊不清的浅得多。"④

二、法律心理学的"推想"

比起经济学来，其他学科的概念就更令法律人陌生了。尤其是心理学。

我最初接触这些心理学概念时，真是一头雾水，不知所云。好在我带学生军训的时候，同心理学系的陆昌勤老师住上下楼，他帮我校看了有关的术语，并且推荐了北大心理学系的《最新英汉心理学词典（增订版）》，使我对心理学术语的翻译有了参考。其实，这就是最早的交叉学科检索，尽管只是停留在纸质媒介。那时，还有哲学系的程炼老师、历史学系的王新生老师、中文系的王枫老师，大家一起谈学问，我受了很多教益，都融在翻译中了。交叉学科研究，以及交叉学科作品的翻译，要是总能有这样的交叉学科讨论就好了。但这大抵只能是可遇不可求的奢望。更多的问题，都只能自己钻研。而这个钻研的过程，也是最好的学习过程。我真正系统了解心理学的基本理论和基础概念，就是得益于系统阅读这个学科的经

---

④　同上。

典教科书《社会心理学》。那还是十年前的版本。⑤ 现在应该是有更新的版本了吧。当然,现在更有效的途径是在经典的心理学刊物进行检索。事实上,往往最难译的词就是关键词,因为这些关键词的含义总是复杂而丰富的,需要有相应学科的背景才能把握。

在心理学数据库中以该关键词检索相关领域中重要的文献,是一种最便捷的途径。比如 availability heuristic。在中国知网(图 5.1.1)、Sciencedirect(图 5.1.2)上以此为关键词都能够检索出数十篇文献,从原理、实验到应用,其研究成果都十分丰富。大致地浏览这些文献,我们就能够得到对于这些词汇最基本的了解。当然,如果涉及翻译的话,还需要多下一些工夫,反复地体会其中的用词准确度。

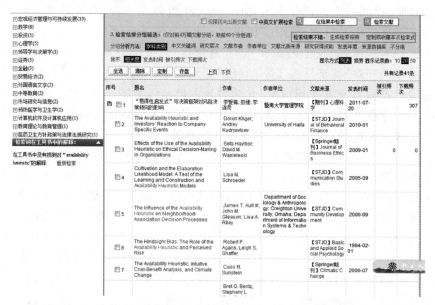

图 5.1.1　中国知网中以"availability heuristic"为关键词的检索结果

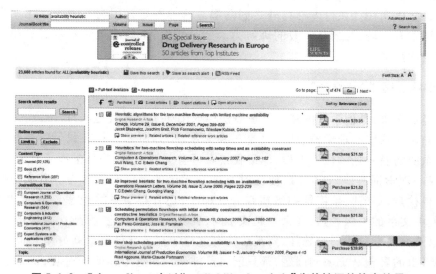

图 5.1.2　Sciencedirect 中以"availability heuristic"为关键词的检索结果

---

⑤　Elliot Aronson, Timothy Wilson, and Robin Akert, *Social Psychology*, Longman, 1999.

考校 availability heuristic 基本的意思，用波斯纳的解释来说，是指一种"对于清晰的、易于回忆的事实和印象给予不当强调的趋势"。⑥ 苏力老师在序言中的解释更为形象："这种现象就是'会哭的孩子有奶吃'——哭得多会引起决策者的更多注意，决策时也会自觉不自觉的更多考虑会哭的孩子的利益。"⑦这一术语是波斯纳本书中经常出现的概念，但在这套波斯纳文丛中还是首次出现。我请教了心理学系的陆昌勤老师，他说也并没有统一的译法。《最新英汉心理学词典（增订版）》中的译法是"易联想启发式"，其实大体是字面的直译。我又参考了台湾学者的译法，查到的译法也各不相同："可得性捷思法"、"立即可用的捷思法"、"便利法则"，等等。相比于其他心理学的术语，这个术语的翻译尚未形成学术惯例。

以上这些译法的问题，不仅在于用词或是生硬直译，或是过度意译，甚至不如英文本身让人容易把握这个术语及其背后理论的基本内容；并且，这些译法也都脱离了组成这一短语的两个更为基础的术语的基本含义。尤其是"heuristic"一词，实际上具有更为广泛的含义，牵涉一系列派生概念，并且在本书中也都有独立的运用。有鉴于此，经过了几番斟酌，苏力老师建议重新翻译，译为"有效启示"。这样一方面比较直观，可以很好的传达这一理论的核心意涵，另一方面，也很简洁，容易记忆和传播。而"直观"和"简洁"，也正好符合"availability heuristic"的特点。

不过，通过上述检索，在系统了解了社会心理学的有关理论和概念之后再看，"有效启示"仍然不够理想。社会心理学的研究表明，人脑能够"自动"选择最少能耗的思想图式，也就是在认知时总会倾向于走"心理捷径"（mental shortcut）。人人都是天生的"认知吝啬鬼"（cognitive miser），一有机会就使用心理捷径，以保存认知能力。最为典型的心理捷径是两个大类，一是"判断推想"（judgmental heuristics），也就是为了迅捷而有效的作出判断所采取的心理捷径。除 availability heuristic 之外，还有"典型推想"（representative heuristics）、"定锚推想"（anchoring and adjustment heuristics）、"判例推想"（case-based decision heuristics）以及"反事实思考"（counterfactual thinking），等等。一是"认知偏见"，比如"后觉偏见"（hindsight bias）、"乐观偏见"（optimistic bias）和"现状偏见"（status quo bias），等等。这样，heuristic 一词的此前译法，就无论是"启发式"、"捷思法"、"法则"还是"启示"，实际上都明显脱离了社会心理学的理论体系。

考虑到 availability heuristic 这一心理捷径作为判断推想的一类典型，译为"易得推想"更为准确，也更能传递这一概念的字面含义：人们总是倾向于依据最容易得到的信息得出推测和联想，从而作出判断。当然，我的翻译也未必就是定论。这一例证只是想再度表明，当我们翻译法律交叉学科研究作品所引入的其他学科概念时，一定不能脱离这些概念的原本理论体系。这时候，通过检索了解有关学科的基本理论和背景知识，就变得非常重要。

三、法律统计学的"发生比"

尽管中美法学界一直在传诵着霍姆斯关于"统计学和经济学的研究者"必将主宰"理性的法律研究"⑧，但是统计学其实一直都是法学界最为陌生的领域。

我在翻译本书时对于统计学还只是略通皮毛，难以理解波斯纳所调动的许多统计学理

---

⑥ 波斯纳：《法律理论的前沿》，武欣、凌斌译，中国政法大学出版社 2003 年版，第 127 页。

⑦ 同上书，第 12 页。

⑧ Oliver Holmes, "The Path of the Law", 10 *Harvard Law Review* 457, 469 (1897).

论。读书小组的朋友、社会学系的研究生张敏给了我很大的帮助。除了推荐书目和直接讲解统计学的基本理论和主要术语,她还推荐我旁听了密歇根大学谢宇教授有关"统计学方法"的为期两周的讲座。密歇根大学是美国也是世界上应用统计学方法进行经验研究的顶级大学,谢宇教授以华人背景时任密大社会学系系主任,学术造诣得到了中美学界的一致尊崇。谢宇教授的课程虽短,却真正是浓缩的精华。他在统计学方法的优劣方面简洁而精辟的讲解给了我极大的启发。正是波斯纳和谢宇教授的无声的和有声的引导,使我决心边翻译边钻研统计学。于是开始旁听北大社会学系郭志刚老师的课程。郭老师不但进一步激发了我学习统计学的兴趣,而且在翻译过程中给了我很大的帮助。许多拿不准的翻译都是在郭老师的帮助下确定了最终的译法。

还是试举一例。波斯纳在《法律理论的前沿》一书中大量运用贝叶斯定理进行分析,其中"prior odds"和"posterior odds"这两个术语更是频频出现。结合具体的语境,意思不难明白,但是"odds"的译名难定。我先后查找了许多统计学词典和书籍,都无所获。也尝试了"概率"、"机率"、"几率"几种译法,但是请教了张敏,都被否定了。后来,我硬着头皮翻译为"可能性",自己也很不满意。

我当时本来已经问了郭老师这个问题,他告诉我,应当译成"发生比"。但是,我还是觉得这一译法太过学术化,很难令读者明了。我又通过邮件和郭老师商量能不能译成几率或者机率这类常见的词语,毕竟"发生比"太生涩了。郭老师回信向我解释说,还是应当译成"发生比":"在统计上,odds 不能译为机率或几率,因为机率是概率的老的说法,是个百分比的概率;也不能译为胜算,因为胜算是几成的概念。可是它其实是发生频数与不发生频数之比,或者是发生概率与不发生的概率之比。"这样一路下来,不但译名有了,而且学到了不少知识。这是规则三的典型例证。

放回到原文中,就更看到问题所在。"odds"是一个比较常见的单词。但正因为如此,其在统计学方面的专业用法也就容易被忽略过去。这段话的上下文都谈的不是统计学问题,只是在这里用到一点儿统计学知识,因此不留意之下很容易按照惯用的意思理解,而且还能硬译过去。但是,这并不是一般意义上的单词错误,而是遇到了专业知识上的盲点。

原文	In the bus case, for example, it would be reckless to give <u>odds</u> of 51 to 49 that the plaintiff was hit by a bus owned by Company A if there were no other evidence beyond the bare statistic.
错译	比如在巴士案中,如果纯粹的统计数字之外,再没有其他任何证据,那得出原告被 A 公司巴士撞伤的<u>可能性</u>为 51:49,就有些草率了。

正像郭老师所讲,中文的"可能性"一词指的是一个概率问题,只可能是一个百分数,而不可能大于 1,更不会是一个 51:49 的比例。同样的道理,把"odds"一词译为"概率"和"几率"、"机率"也都是不恰当的。这段话中的"odds"只能译为统计学上的专业词汇"发生比",又称"相对风险"(relative risk),其含义为"事件发生的概率与不发生的概率之比"[⑨],也就是我们经常在各种赌博听到的"赔率"。因而,如果非要用"可能性"来翻译,那句话的实际意思是:原告是被 A 公司巴士撞伤的可能性是 51% ,不可能性是 49% 。

这三个例证,只是许多翻译故事中的三个。翻译波斯纳的《法律前沿理论》,让我重新理

---

⑨ 参见,郭志刚主编:《社会统计分析方法》,中国人民大学出版社 1999 年版,第六章,尤其是第 185—191 页。以及,李沛良:《社会研究的统计应用》,社会科学文献出版社 2001 年版,第十二章,尤其是第 308—316 页,但李先生将之译为"比率",这就容易与 ratio 一词混淆。

解了什么是学者和什么是学术。翻译这本书，让我具正体会到了北大这样一所开放的综合性大学的好：无论你想学什么，都有志同道合的同学朋友可以探讨，也都有造诣高深的学者师长可以请教。正是在这一过程中，借助波斯纳渊博的学识素养，植根北大深厚的学术土壤，我也由衷体会到了交叉学科的学术魅力。也是在这一过程中，我更深体会到交叉学科研究对法律学术特别是法律学术翻译的深刻影响。法学研究和法学翻译面对的从此不再是一个学科的挑战，而是所有学科的挑战。每一门学科中的知识哪怕是浅尝辄止也至少要学上几个月。这一点我自己深有体会。虽然在翻译之前，我已经有了一些理论准备，在北大的六七年学习中，除了法学本身，在文学、历史、经济学、哲学、社会理论这些领域（尤其是后三个）也都下过相当一番的苦工，但是面对波斯纳的大手笔，许多还要从头学起。毫不夸张地说，翻译的一半时间是在学习：查书、上课、请教专家。

　　而在"集部"向同学们提供的经济学、社会统计资源和历史学的数据库，是各自领域最好的"专家"。通过向他们请教，我们不仅能够获得最基础的数据，还能够贯通地了解每个学科独特的认知视角。为了配合讲解，书中还举了一些检索的例子和习题，供同学们自己演练。

第二讲　经济和商业数据库

除了本编第一讲中提到的交叉学科对法学研究和写作有重要影响外,一些特定的法律领域更是与经济学的背景知识和研究方法息息相关。例如,从事金融法、证券法领域的研究,很多都涉及对上市公司资产负债状况、相关金融机构的评级,不但需要检索与其相关的法律规定,也应当对这些公司的现实总体状况、运行机制有一个全局的把握。

相较于法律的保守性、滞后性而言,经济、金融世界的变化可用瞬息万变来形容。电子资源、尤其是电子数据库具有资料来源广、信息更新速度快等特点,可以说是信息网络时代检索经济领域背景文献和事实数据的最好工具。

常用的英文经济统计类数据库包括:ProQuest Information and Learning 公司的 ProQuest 数据库平台,尤其是其项下的几个子数据库如 ABI/INFORM Complete(商业信息数据库)、ProQuest Asian Business(亚洲商业数据库)、ProQuest European Business(欧洲商业数据库)、ProQuest Dissertations & Theses(博硕士论文数据库);Bureau Van Dijk 电子出版公司(简称 BVD)旗下的几个数据库:BANKSCOPE(全球银行与金融机构分析库)、EIU CountryData(各国宏观经济指标宝典)、ISIS(全球保险公司分析库)、OSIRIS(全球上市公司分析库)、QIN(中国 30 万家企业财务分析库)以及 ZEPHYR(全球并购交易分析库);经济合作与发展组织(OECD)的网络资源,其中包括 22 个在线统计数据库、经济统计类的报告及图书;LexisNexis 的学术搜索引擎(LexisNexis Academic);美国经济学会文献库(EconLit);国外著名报纸(电子版)如纽约时报、华尔街日报、泰晤士报的经济新闻版面等。

常用的中文经济统计类电子资源包括:国务院发展研究中心信息网(以下简称"国研网");中经网统计数据库及中经专网;中国资讯行旗下的香港上市公司文献库、中国经济新闻库、中国上市公司文献库、中国商业报告库、中国统计数据库、中国中央及地方政府机构库;新华社的多媒体数据库(高等教育版);道琼斯财经的资讯教育版;中国金融学术研究网(该网属于 OA 免费网络资源);中文著名报纸(电子版)如《人民日报》、《经济日报》、《参考消息》的经济新闻版面等。

本讲即主要介绍在上述电子资源中查找经济领域背景文献和事实数据的检索方式。

第一节　ProQuest 数据库平台

一、ABI/INFORM® 商业信息数据库

ABI/INFORM®(以下简称 ABI)是世界著名的商业、经济管理期刊全文图像数据库。其收录的资源包括顶级国际性商业管理期刊 4000 余种,其中全文刊 2966 余种,覆盖了有关全世界 20 万多个公司的商业信息、重要的商业经济与管理性学术期刊的内容,深入报道了影响全球商业环境和影响本国市场与经济的各类具体事件。ABI 数据库的回溯年限长达三十

多年,部分期刊从创刊号开始收录,最早回溯时间可达 1905 年。

　　首先在 ProQuest 数据库中选择 ABI 子数据库。在 ProQuest 首页左上侧点击"选择数据库"(databases select,如图 5.2.1),在打开的页面中选择 ABI 的四个子数据库,包括 ABI 全文数据库(ABI archive complete)、地方信息(ABI dateline)、全球信息(ABI global)、贸易与工业信息(ABI trade & industry)。如图 5.2.2,每个子数据库下方都有对该数据库收录资源的介绍,点击"查看题名"(view titles),可以查看 ABI 数据库中的全部期刊篇名。点击右上方的"继续"(continue)按键,进入检索界面。

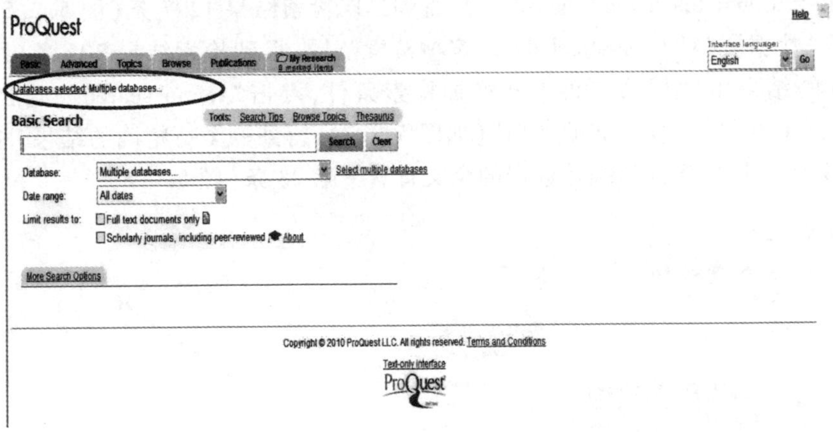

图　5.2.1

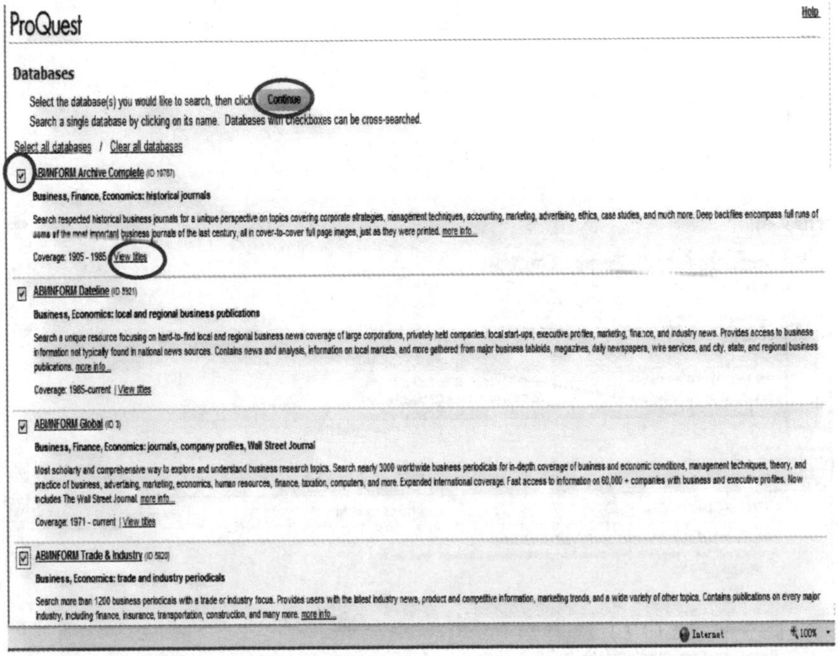

图　5.2.2

　　ProQuest 平台提供的检索方式一般分为简单检索和高级检索。

　　首先点击左上方的"Basic",进入简单检索模式。在页面右上方可以选择检索入口的语言模式,包括中、英等多种语言。如图 5.2.3 所示,在简单检索模式下,除了直接输入关键词检索外,还可通过文件性质限制结果,如选择"只检索为全文的文件"(full text documents only)或"学术期刊及同业调查"(scholarly journals and peer reviewed)。以检索与广告开销相关的信息为例,在检索框中输入"advertising expenditure",开始检索,得到检索结果 14130 条 (图 5.2.4)。

由于初次检索的结果数量太多,ProQuest 平台提供了两种方式限制结果:一是通过"建议的主题"(suggested topics),检索与广告开销相关的具体主题;二是通过二次检索增加或修改检索条件(refine search)。例如,采用方法一,点击建议主题中的"电视广告开销"(advertising expenditure and television advertising),得到二次检索结果 1297 条(图 5.2.5)。再次通过建议主题"数据资料"(statistical data)缩小检索范围,得到检索结果 205 条(图 5.2.6)。在图 5.2.6 的结果中使用第二种方式增加检索条件,点击"refine search",增加限制条件 "2005 年 1 月 1 日"后、"仅全文的文档"(如图 5.2.7),得到一个更精确的结果,即 2005 年 1 月 1 日后,关于电视广告开销统计数据的全文背景文献 28 条(图 5.2.8)。

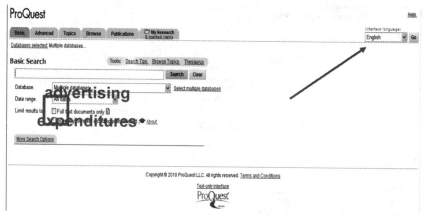

图　5.2.3

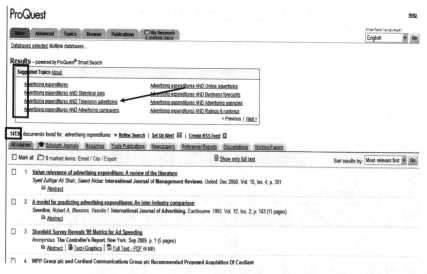

图　5.2.4

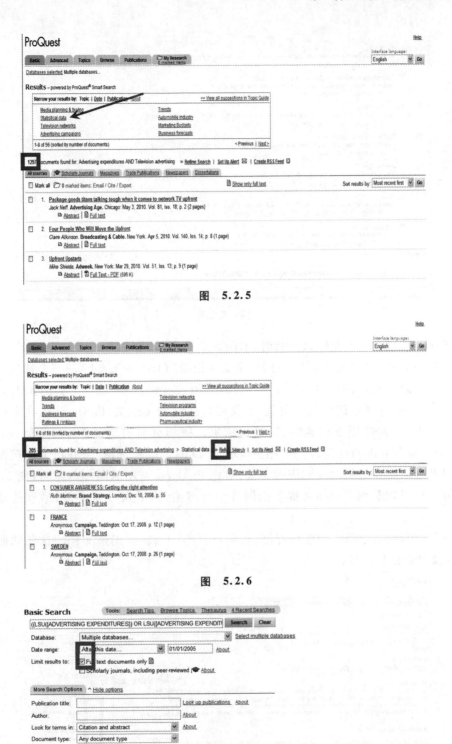

图 5.2.5

图 5.2.6

图 5.2.7

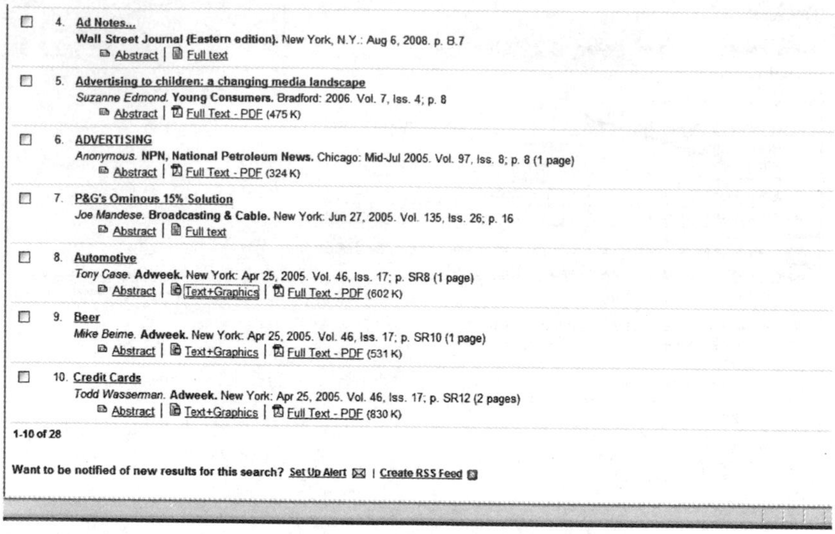

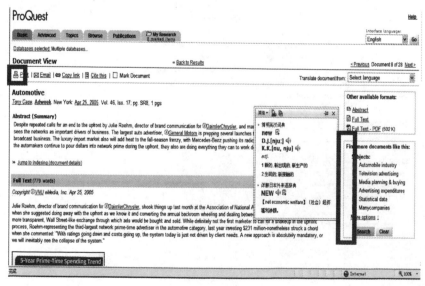

图　5.2.8

在 ProQuest 平台中浏览结果文献时，如图 5.2.8 所示，在每条浏览结果的下方，一般都有"摘要"（abstract）、"全文"（full text）和"全文 + 图像"（text ＋ graphics）三个选项。每个选项代表不同的浏览模式，类似 Lexis 浏览界面的"Cite、KWIC、Full"功能。如图 5.2.9，对一篇名为"Automotive"的文章进行全文浏览，不仅可以阅读该文全文，ProQuest 还在文档首部提供了文章提要，方面使用者快速浏览、筛选结果。使用页面右侧的"查找类似文件"（find more documents like this）功能，勾上"相关领域"（subject）的复选框，可在扩大的范围内开始检索。如果对该文章进行全文和图像浏览，对比 ProQuest 引用的图片与原图（图 5.2.10 中的左右两图），可以看到 ProQuest 提供的图片十分清晰，除了尺寸缩小外，呈现的是原图的原样。

每份文档的左上方都有一排功能键，供用户打印、下载、引用该文档。这些功能同样可用于多个文档（图 5.2.11）。

图　5.2.9

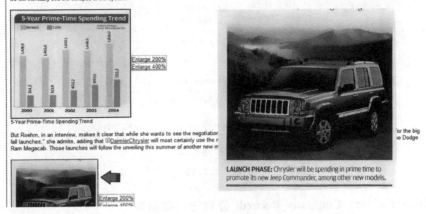

图 5.2.10

图 5.2.11

　　除了简单检索外,点击 ProQuest 首页上方的"高级"(advanced)键,进入高级检索模式。除了简单检索和高级检索之外,ABI 的全球信息数据库(ABI/INFORM Global)还提供了通过出版物进行检索的模式。即通过该模式可以检索到超过 5200 条来自于 Ivey、Thunderbird、Idea Group、Darden 等著名经济、商业出版社的商业案例的文摘索引信息。

　　以检索 Thunderbird 出版社的商业案例为例,选择 ABI/INFORM Global 数据库,这次将检索页面语言设定为中文。在页面上方点击"出版物"(图 5.2.12),并在检索框中输入"Thunderbird"。得到检索结果 3 条。点击第一条检索结果即可浏览该出版社的选编的商业案例。

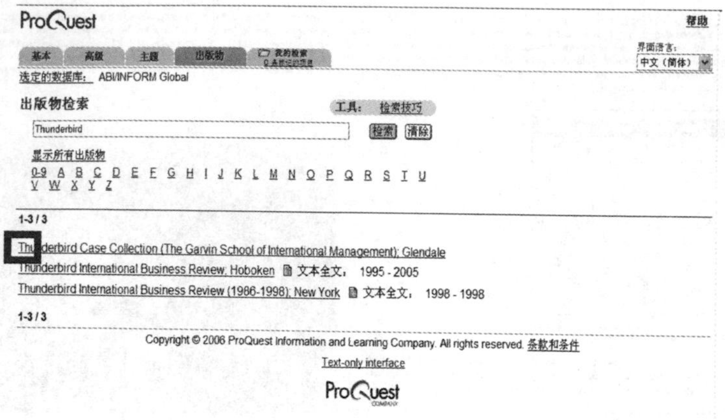

图　5.2.12

二、Hoover's（tm）Company Records 公司记录数据库

除了 ABI 以外，ProQuest 平台还提供其他一些以经济、商业相关的资源为主的数据库，如 Hoover's（tm）Company Records、EIU Viewswire、Going Global Career Guides 等。由于这些数据库均为 ProQuest 平台下的子数据库，其提供的检索方式与上文介绍的 ABI 子库的使用方法基本类似，因此下文仅对这些数据库的特色功能进行简要介绍。

Hoover's（tm）Company Records（以下简称"Hoover's"）涵盖了 40,000 多个公司，600 多个行业，以及 225,000 多名企业高管的相关信息，包括以下方面：公司概况、公司历史、公司董事会成员、竞争者、产品和运营、审计、排名、相关产业信息、历史财政状况等。

使用 Hoover's 进行检索，首先在 ProQuest 平台下的数据库选定 Hoover's（tm）Company Records（图 5.2.13），点击继续进入检索界面。还是以检索 ZARA 公司的记录为例，在检索框中输入公司名称"ZARA"（图 5.2.14），检索得到 8 条信息。如图 5.2.15，以第一条信息"ZARA Espana, S.A"为例，从其名称可知，该公司设在西班牙，是 ZARA 的一家子公司。点击文件名可浏览该公司的详细记录。图 5.2.16 左端的一系列标签提供了该记录的摘要，一般来说，Hoover's 的公司记录中最重要的部分包括收入状况（income statement）、资产负债表（balance sheet）、公司责任与股东资产（liabilities and shareholders' equity）以及现金流状况（cash flow statement）。

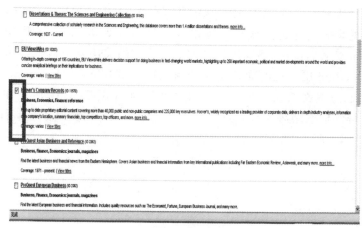

图　5.2.13

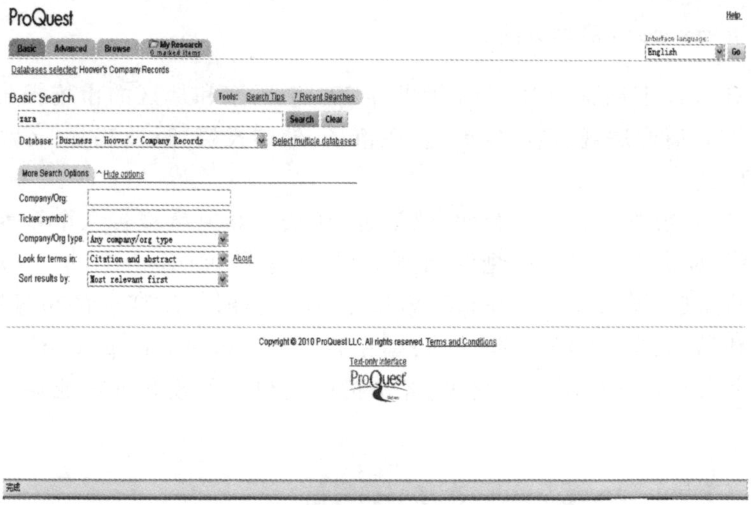
ProQuest
Help
Basic
Advanced
Browse
My Research
0 marked items
Interface language:
English
Go
Databases selected: Hoover's Company Records
Basic Search
Tools: Search Tips 7 Recent Searches
zara
Search
Clear
Database: Business - Hoover's Company Records
Select multiple databases
More Search Options
^ Hide options
Company/Org:
Ticker symbol:
Company/Org type: Any company/org type
Look for terms in: Citation and abstract
About
Sort results by: Most relevant first
Copyright © 2010 ProQuest LLC. All rights reserved. Terms and Conditions
Text-only interface
ProQuest
完成

图 5.2.14

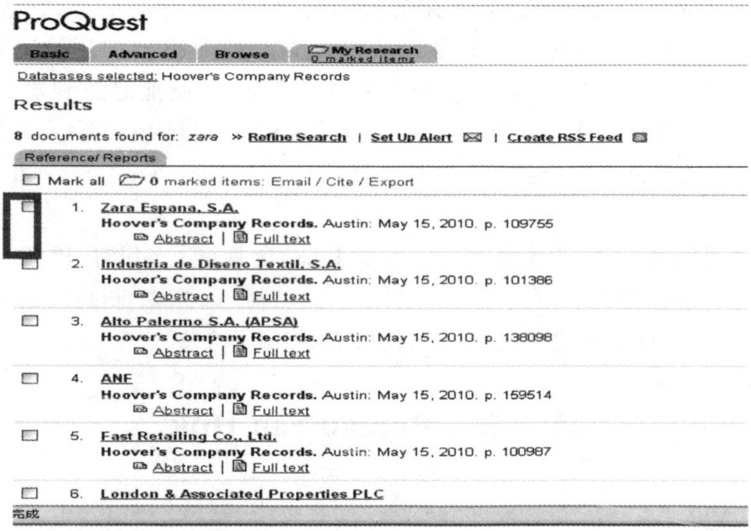
ProQuest
Basic
Advanced
Browse
My Research
0 marked items
Databases selected: Hoover's Company Records
Results
8 documents found for: zara » Refine Search | Set Up Alert | Create RSS Feed
Reference/ Reports
Mark all 0 marked items: Email / Cite / Export
1. Zara Espana, S.A.
Hoover's Company Records. Austin: May 15, 2010. p. 109755
Abstract | Full text
2. Industria de Diseno Textil, S.A.
Hoover's Company Records. Austin: May 15, 2010. p. 101386
Abstract | Full text
3. Alto Palermo S.A. (APSA)
Hoover's Company Records. Austin: May 15, 2010. p. 138098
Abstract | Full text
4. ANF
Hoover's Company Records. Austin: May 15, 2010. p. 159514
Abstract | Full text
5. Fast Retailing Co., Ltd.
Hoover's Company Records. Austin: May 15, 2010. p. 100987
Abstract | Full text
6. London & Associated Properties PLC
完成

图 5.2.15

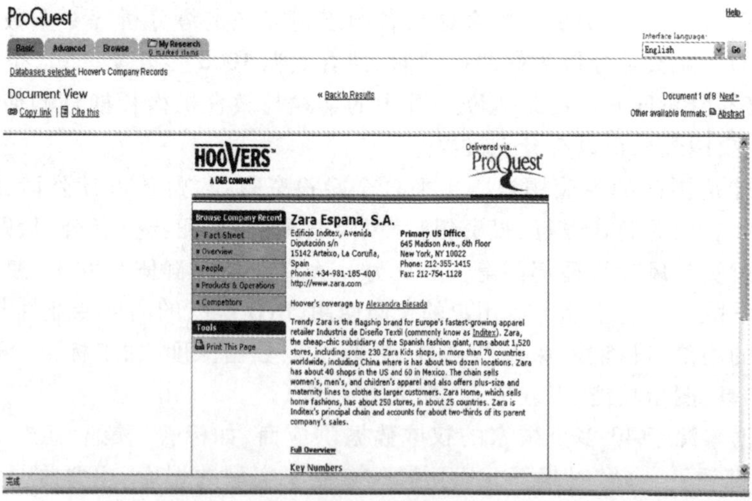
ProQuest
Help
Basic
Advanced
Browse
My Research
0 marked items
Interface language:
English
Go
Databases selected: Hoover's Company Records
Document View
« Back to Results
Document 1 of 8 Next »
Copy link | Cite this
Other available formats: Abstract
HOOVERS
A D&B COMPANY
Delivered via...
ProQuest
Browse Company Record
Fact Sheet
Overview
People
Products & Operations
Competitors
Tools
Print This Page
Zara Espana, S.A.
Edificio Inditex, Avenida
Diputación s/n
15142 Arteixo, La Coruña,
Spain
Phone: +34-981-185-400
http://www.zara.com
Primary US Office
645 Madison Ave., 6th Floor
New York, NY 10022
Phone: 212-355-1415
Fax: 212-754-1128
Hoover's coverage by Alexandra Biesada
Trendy Zara is the flagship brand for Europe's fastest-growing apparel retailer Industria de Diseño Textil (commonly know as Inditex). Zara, the cheap-chic subsidiary of the Spanish fashion giant, runs about 1,520 stores, including some 230 Zara Kids shops, in more than 70 countries worldwide, including China where is has about two dozen locations. Zara has about 40 shops in the US and 60 in Mexico. The chain sells women's, men's, and children's apparel and also offers plus-size and maternity lines to clothe its larger customers. Zara Home, which sells home fashions, has about 250 stores, in about 25 countries. Zara is Inditex's principal chain and accounts for about two-thirds of its parent company's sales.
Full Overview
Key Numbers
完成

图 5.2.16

三、EIU Viewswire 经济学人报告

EIU Viewswire（以下简称"EIU"）提供世界 204 个国家和地区的市场报告，涵盖全球商业的重要方面，包括商业法规、经济发展、金融市场、外国投资、行业趋势、劳动环境、政治变革和贸易政策等。

在 EIU 中，可以按商业、经济、金融、政治、法律法规和风险报告六个系列浏览，也可按国家或日期浏览，提供下列三种类型的商业情报：国家警报（Country Alerts），提供全世界重要市场发展的简报；国家评论（Country Views），提供适时更新变化的市场国家评估和预测、单一货币、利息、股本预测和风险综述；国家背景（Country Background），提供当地市场和法规环境的事实和数据如国家概况表、经济指标、贸易、税收和外汇流通法规，以及每周利率。

四、Going Global Career Guides 全球职业导航

ProQuest 平台提供的另一个比较实用的资源是全球职业导航信息，它包含在 ABI/IN-FORM Global 数据库中，主要服务于有意向在国外谋求就业机会的用户。该部分内容主要涵盖了以下方面：文化差异介绍、大使馆名单及联系方式、就业趋势和机会、各行业平均收入水平介绍、各方面消费水平介绍（住房、医疗、税收）、面试技巧等。另外也包括工作申请指导、求职信息查询资源介绍、相关职业技能培训机构介绍、工作许可和签证等方面的内容。

该部分内容目前覆盖 23 个国家，包括：澳大利亚、奥地利、比利时、巴西、加拿大、中国、德国、丹麦、芬兰、法国、德国、香港、意大利、日本、韩国、荷兰、挪威、新加坡、南非、西班牙、瑞典、瑞士、英国、美国。收录信息的时间范围是从 2004 年至今。

第二节　Bureau van Dijk

Bureau van Dijk Editions Electroniques SA（简称 BvD，网站：www. bvdep. com），是欧洲著名的全球金融与企业资信分析数据库电子提供商。BvD 为各国政府金融监管部门、银行与金融机构、证券投资公司等提供国际金融与各国宏观经济走势分析等专业数据。同时 BvD 也是欧洲最大的企业资信分析数据的提供商，拥有欧洲 1000 多万家公司、企业的资信分析库、全球并购交易分析库并广泛地为欧美等国的金融与教育机构长期订购使用。BvD 公司在世界 29 个主要国际城市设有分支机构。

BvD 在全球范围内的专业用户一半来自金融投资行业、财务审计公司、咨询与研究机构、政府部门，如各国的商业银行、投资银行、风险管理公司、证券投资公司、财务公司、咨询公司和企业的投资与风险管理部门等。BvD 另一大专业用户群体为欧美、亚太等各国的财经类大学与商学院。经过上述专业用户的长期使用，BvD 产品的高度专业性与适用性，尤其是其各类数据的质量（准确性、来源权威性、更新率）、数据深度、加工标准、可操作性（检索精确度、分析工具、图型功能、下载速度）都得到了印证。

BvD 的数据来源于 40 多个国家的权威数据供应商，如标普、穆迪、惠誉、Capital Intelligence、道琼斯、路透社、金融时报等。BvD 属于专业事实型数据库，主要收录各国非上市银行、保险公司、已经退市和非上市公司的数据，以及包括宏观经济指标、上市公司预期、行业

报告在内的预测数据。BvD 提供的数据支持多种行业分类代码,如 NAICS、NACE、US SIC、China SIC 等,同时具有多项统计分析功能、同业对比功能、图形分析功能。BvD 也提供强大的检索引擎,不仅数据涵盖面广,包括了中国大陆及港澳台地区在内的全球数据,还可自行设置检索条件多至千个。下文即对 BvD 公司旗下的几个重要的金融、资信分析数据库进行介绍。

一、OSIRIS 全球上市公司分析库

Osiris 全球上市公司分析库(以下简称 Osiris)提供全球各国主要证券交易所内 55,000 多家上市公司的详细财务经营报表与分析比率、股权结构、企业评级数据、历年股价系列、企业行业分析报告等投资分析数据及各公司未来收益预期(含中国深/沪及海外上市公司数据)。Osiris 是目前欧美各国针对上市公司证券投资分析、企业战略经营分析、跨国企业转让定价、公司财务分析等研究领域中广泛使用的知名实证分析数据库。

使用 Osiris 数据库进行检索,首先需要注意首页的三个区域。如图 5.2.17 所示,左上角的区域是检索、分析操作区,包括"检索"(含简单检索和高级检索,即 quick search 和 expert search)、"列表"(list)、"公司报告"(company report)、"同行业报告"(peer report)等功能键。左侧的列表给出了高级检索的各项检索条件,如"公司名称"(company name)、"财务状况"(financials)、"并购交易"(M&A deals)等。右上角的区域为打印、导出功能操作区,同时提供发送(send to)、技术支持(support)等功能。

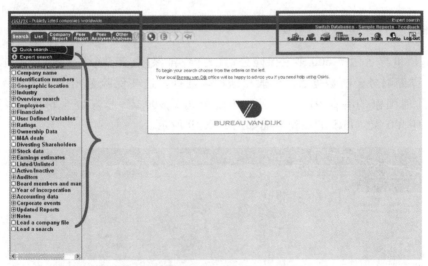

图　5.2.17

二、BankScope 全球银行和金融机构分析库

BankScope 是欧洲金融信息服务商 BvD 与银行业权威评级机构 FitchRatings(惠誉)合作开发的银行业信息库。它详细提供了全球 28,900 多家主要银行长达 16 年详细财务数据、股东及附属机构、各银行世界与本国排名、穆迪/标普/惠誉等权威评级机构作出的银行个体评级(根据其长/短期、外汇、独立性、支持力、商业债券等方面)及国家主权评级等综合分析信息。BankScope 是全球银行业内最具权威并广泛使用的银行业分析库,也是国际金融研究领域的学术论文中参考、引用频率最高的银行专业分析库。

　　对于上市银行与各类上市金融机构，则另提供其详细的银行股价数据、阶段走势分析、收益率、市盈率、股息及贝塔系数等重要分析指标。

　　BankScope 具有强大的统计分析功能，不仅为用户配置了多项高级统计分析、快速图形转换及数据下载功能，同时也提供了各项银行财务分析比率与评级指标的详细公式与定义。

　　如图 5.2.18 所示，BankScope 的操作界面与 Osiris 基本一致，在此不赘述。

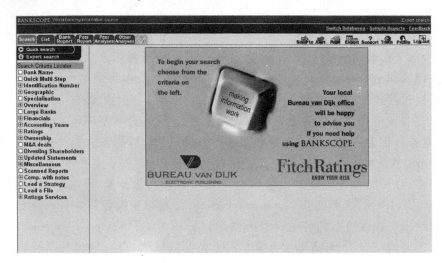

图　5.2.18

三、ISIS 全球保险公司分析库

　　ISIS 提供世界各国 7,600 多家保险公司（寿险、再保险、劳合、综合险）的多年全球排名（总资产）、详细财务分析数据、评级、股权结构等数据。这些保险公司中美国或加拿大的占 1,986 家，其他国家的有 3,970 家。其中寿险公司 2,900 家，非寿险 5,600 家，综合型 750 家，劳合公司 300 家。ISIS 的操作界面如图 5.2.19 所示。

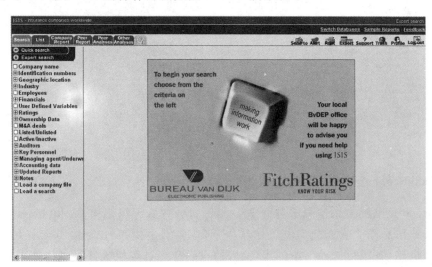

图　5.2.19

四、ZEPHYR 全球并购交易分析库

ZEPHYR 是国际并购研究领域知名的分析库,每天向用户在线发布全球并购(M&A)、首发(IPO)、计划首发(Planned IPO)、机构投资者收购(IBO)、管理层收购(MBO)、股票回购(Share Buyback)、杠杆收购(LBO)、反向收购(Reverse Takeover)、风险投资(VC)、合资(JV)等交易的最新信息。ZEPHYR 当前收录了全球各行业 50 多万笔包括历史交易记录在内的并购交易记录,每年新增 10 万笔最新交易记录,并涵盖亚太地区及中国的交易数据。ZEPHYR 的操作界面如图 5.2.20 所示。

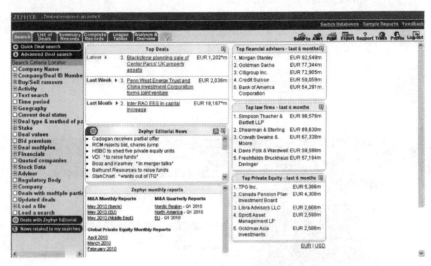

图　5.2.20

五、EIU CountryData 各国宏观经济指标分析库

EIU CountryData(以下简称 CountryData)是全面获取全球各国宏观经济指标的历史、当前及未来预测数值的实证宏观分析库。该数据库在全球宏观经济研究领域享有很高的权威性,库中数据涵盖 150 个国家及 40 个地区。宏观指标分为 7 大类,总计 317 项变量系列(Series),含年度、季度、月度数值,数值时间跨度自 1980 年到 2030 年(提供 5—25 年预测值)。同时,CountryData 基于对各国近期政治发展、经济走势及外部环境等因素的综合判断,每月随库发布全球 181 个国家与地区的月度经济展望报告(Outlook Report),是真正意义上的全球宏观经济分析库。

在 CountryData 数据库中进行检索,最重要的两个功能键是页面上方的"data selection"和"presets"(图 5.2.21)。点击"presets"并选择欲查找的国家,可以快速查看该国经济的主要预测值、经济概览和最新数据指标。点击"data selection",可以选择想要查询的具体数据。

以查找中国 2005 年至 2015 年间,国内产业与对外贸易的发展现状及预测发展趋势,点击"data selection",进入数据选择界面。页面左侧的区域为备选区,蓝色的(这里未显示颜色)三个区域分别表示选择"国家(countries)"、"指标系列(series)"、"年份(years)",页面右侧的区域为选中区。如图 5.2.22 所示,选中区的数据表示要查询"中国 2005 至 2015 年间的国内产业和对外贸易发展状况"。页面左侧的两个红色区域"view tables"和"view charts"分别表示数据结果将以表格或图表的形式呈现。

图 5.2.23 和图 5.2.24 分别为上述检索式的表格和图像结果。

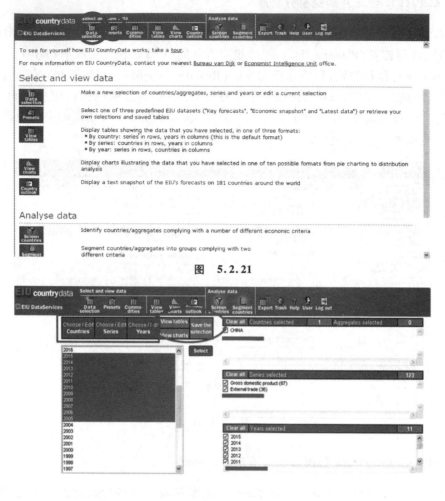

图 5.2.21

图 5.2.22

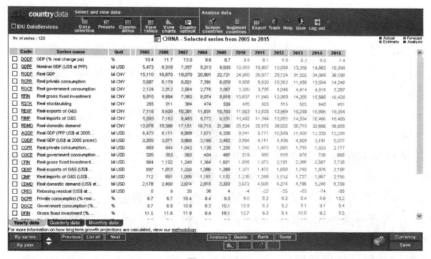

图 5.2.23

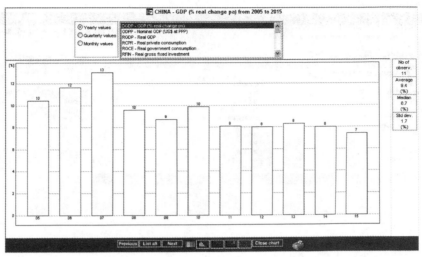

图　5.2.24

六、Qin 中国 30 万家企业财务分析库

Qin 收录了超过 30 万家中国内地上市与非上市公司、企业的财务分析数据,其中多数公司以制造业为主,提供 3 年或以上的财务数据,包括资产负债表、损益表和多向财务分析比率。Qin 提供中英文双语数据检索与显示屏台,用户可开展精确、复杂的复合检索,包括利用各企业名称、业务描述、行业分类码、各财务指标历年数值及增长与下降比率、城市、雇员人数、企业性质等检索条件。除了数据检索外,QIN 还提供数据的行业统计分析、企业同业对比分析、行业利润率与集中度分析、数据合并、线性回归分析等,并可快速将各项财务指标转换为分析图形或曲线。用户可通过该功能有效获取我国各行业内主要企业信息与地理分布、市场份额及行业平均利润率、高成长性企业与行业表现等重要分析数据。

如图 5.2.25,进入 Qin 数据库首页,点击页面右上方的"设置(setting)",可将检索界面的语言设置为中文(图 5.2.26)。其中左侧的表格列出了与企业信息相关的检索条件,如企业名称、财务数据、公司员工等。右侧的列表显示了 Qin 数据库的统计分析功能。

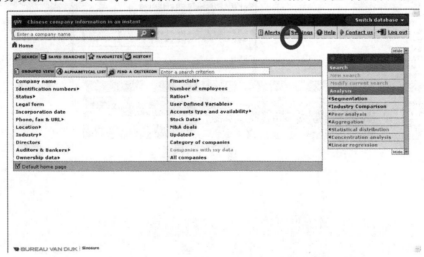

图　5.2.25

图 5.2.26

以检索中国石油化工行业的总资产回报率为例,首先在左侧的检索条件中输入欲查找的公司名称,如中国石油乌鲁木齐石油化工总厂、中国石油克拉玛依石化公司等。再在检索条件中找到"财务指标"一栏,在其子目录中选择"总资产回报率"(图5.2.27)。选择检索条件完毕后,列表下方会显示已选择条件的摘要(图5.2.28),在布尔逻辑运算符中选择"和"的关系,开始检索。

如图 5.2.29 所示,在 Qin 数据库中检索中国石油化工行业的总资产回报率的结果共77条。点击右侧的统计分析功能键,运行预定义分析,得到如图 5.2.30 的分析结果。

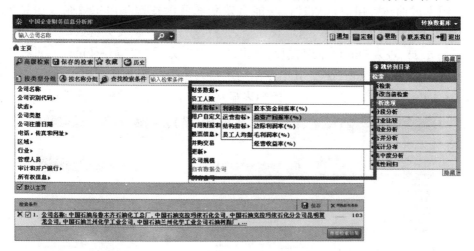

图   5.2.27

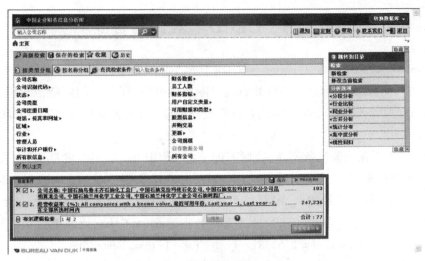

图　5.2.28

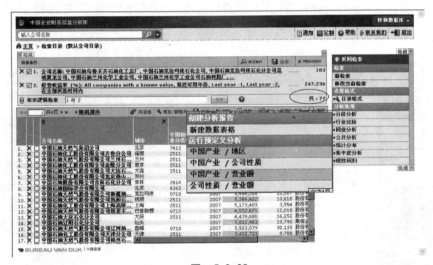

图　5.2.29

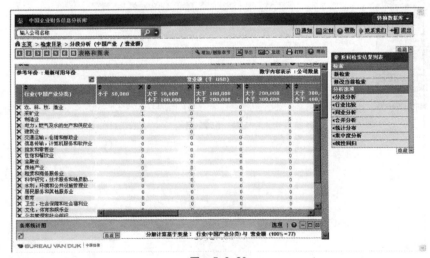

图　5.2.30

第三节　OECD 在线网络资源

Organization for Economic Co-operation and Development,简称 OECD,即经济合作发展组织,是由 30 多个市场经济国家组成的政府间国际经济组织,还包括国际能源组织、国际原子能组织、欧洲交通部长会议、发展中心、教育研究和创新、和西非发展中国家组织等 6 个半自治的代理机构。

OECD 有 22 个在线统计数据库,数据不仅来自 OECD 的 30 多个成员国,也有来自其他非成员国家的数据资料,此外还有国际能源组织的 10 个数据库。OECD 期刊集包括 OECD 从 1998 年至今出版的 27 种期刊,按照期刊种类可分为期刊、参考类期刊、统计类期刊三大类。OECD 已出版书籍、报告 3200 余种。上述数据可在 OECD 在线图书馆中进行查找:http://titania. sourceoecd. org/vl = 1762881/cl = 14/nw = 1/rpsv/home. htm。

OECD 的网络资源中,最常用的是其电子期刊及在线数据库。在 OECD 在线图书馆首页上方点击"期刊"(periodicals,如图 5.2.31),进入 OECD 的电子期刊检索界面。如图 5.2.32 所示,OECD 提供的检索方式为高级检索。

图　5.2.31

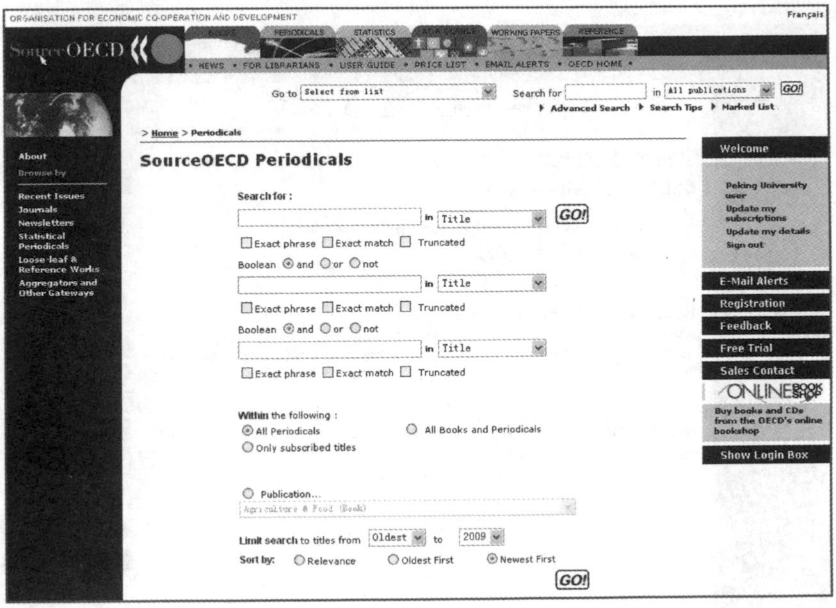

图 5.2.32

除了直接在高级检索模式下进行检索外,还可在首页左侧的电子期刊列表中选择与经济相关的内容(图 5.2.33)。例如,点击"OECD 经济展望"(OECD Economic Outlook),即可浏览该期刊的最新一期。如图 5.2.34 所示,文件名左侧的笑脸图标表示用户有权下载和阅读全文,点击页面左侧的菜单,可浏览期刊的往期内容。

图 5.2.33

图　5.2.34

　　如果要在 OECD 的在线数据库中进行检索,点击首页上方的"数据"(statistics)按钮,即可采用简单或高级检索模式查找特定领域的数据库(图 5.2.35),或在页面左侧的列表中点击"OECD databases",对所有数据库按学科主题进行浏览(图 5.2.36)。如图 5.2.37,选择农业食品子库(agriculture and food),可看到每个子库中都列明该库中包含的数据内容,点击每条数据说明下的"列表"(Tables)键即可获取。

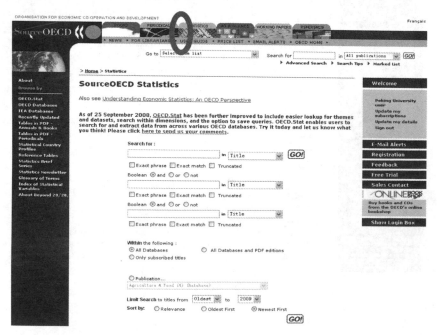

图　5.2.35

图 5.2.36

图 5.2.37

第四节 EBSCO 数据公司

本书第一编第四讲曾对 EBSCO 数据公司(http://search. ebscohost. com/)进行过简要介绍。该公司是一个具有 60 多年历史的大型文献服务专业公司,其开发的 100 多个电子文献数据库涉及自然科学、社会科学、人文和艺术等多种学术领域。

在 EBSCO 开发的众多子数据库中,与本讲着重介绍的经济、商业和金融资源相关的数据库主要有两个,一个是 Business Source Premier(以下简称"BSP"),收录了 3000 余种期刊的索引和文摘,其中全文刊约 2300 余种,包括 1100 多种同行评审刊名的全文。该数据库还对 350 多种学术杂志的全文进行了回溯,最早可追溯至 1922 年。另一个是 Regional Business News,该数据库提供了地区商业出版物的详尽全文收录,将美国所有城市和乡村地区的 75

种商业期刊、报纸和新闻专线合并在一起。

EBSCO 与 ProQuest 平台提供的检索方式基本一致,在此不再赘述。

第五节　EconLit 美国经济学会文献库

EconLit 是由美国经济学会建立并维护的、世界上非常重要的经济文献参考信息来源。其提供了自 1969 年以来的大量经济学相关文献(如图书、学位论文、期刊论文、工作论文等)的书目题录信息。同时收录了 1993 年以来刊登在《经济学文献》(*Journal of Economic Literature*)上的书评全文,并提供 40000 篇经济学工作论文的全文链接。

EconLit 中的资源涵盖公共经济学、计量经济学、经济预测、环境经济学、政府规划、劳工经济学、货币理论、货币市场、区域性经济及都市经济等相关领域。相较于本节已介绍的数据库资源,EconLit 在检索经济文献方面具有更好的专业优势。

第六节　国务院发展研究中心信息网

国务院发展研究中心信息网(http://www.drcnet.com.cn/,以下简称"国研网")由国务院发展研究中心主办,旨在向各级领导者、研究人员和投资决策者提供经济决策支持的权威的信息平台。国研网主要分为 11 个子库,包括国研报告、宏观经济、区域经济、金融中国、行业经济、企业胜经、世纪评论、国研数据、高校参考、基础教育、对外贸易等,全面整合了中国宏观经济、金融研究和行业经济领域的专家资源及其研究成果,是国内最权威的经济统计数据库之一。

在国研网首页的全文数据库、研究报告数据库等推荐数据库中,统计数据库由于其对结果文献的分类功能,有助于使用者在查找瞬息万变的经济资源时更迅速地定位欲查找的资源类型。以查找与房地产相关的信息,选择国研网的统计数据库进行检索(图 5.2.38)。

图　5.2.38

如图 5.2.39 所示,检索结果被分为了指标解释、最新数据、每日财经等几类,便于用户根据不同需求快速选择。点开"每日财经"中的"2009 年 1—12 月全国房地产土地开发和房屋建筑及销售情况",可对浏览该文献全文及图示(图5.2.40)。

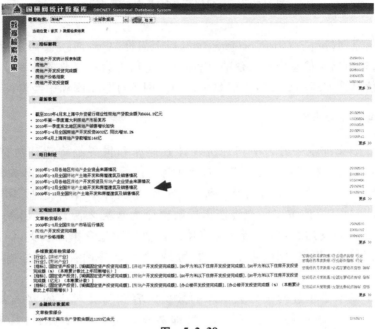

图 5.2.39

图 5.2.40

第七节　中国经济信息网

中国经济信息网(http://www.cei.gov.cn/,以下简称"中经网")公司是国家发展改革委员的下属单位,是由国家信息中心组建的、以提供经济信息为主要业务的专业性信息服务网络。中国经济信息网创建的重要数据资源包括中经网统计数据库和中经专网。

一、中经网统计数据库

中经网统计数据库主要分为中国经济统计数据库和世界经济统计数据库,其中中国经济统计数据库包括"宏观月度库"、"综合年度库"、"行业月度库"、"海关月度库"和"城市年度库"5 个子库,共有 5 万余个指标。世界经济统计数据库包括 OECD 月度库和OECD 年度库,以 OECD 的主要宏观经济指标数据库为数据来源,基本涵盖了对世界经济走势有决定性影响的发达、转型及新兴经济体。该数据库包含国际收支、国民账户、就业、生产、制造业、建筑业、价格、国内需求、金融、贸易、商业趋势调查、先行指标等近三十个大类指标专题。

下表 5.2.1 显示了中经网统计数据库的数据内容和与其对应的数据来源,其中的数据来源均为国家在某领域的直接管辖部门,即数据内容为一手资源,具有权威性和可靠性。

表　5.2.1

数据内容	数据来源
宏观数据	国家统计局
行业数据	国家统计局、各行业协会
地区数据	各地统计局及地方信息中心
进出口数据	海关总署
财政数据	国家财政部
金融数据	中国人民银行、国家外汇管理局
证券数据	上海、深圳证券交易所、中国证监会
物价指数	国家统计局、国家发展改革委员会
世界数据	世界经济合作发展组织(OECD)

在中经网统计数据库中进行检索,点击页面上方的链接进入中经网统计数据库母库,点击首页左侧的列表可进入和查看每个子库的简要介绍(图 5.2.41)。进入母库后,左侧上部的"分库检索"项下列出了全部备选子库,各子库根据统计频度、指标性质、地理范围划分。左侧下部的"名词解释"考虑到某些经济术语的专业性,为用户提供了对应子库中的名词解释(图 5.2.42)。

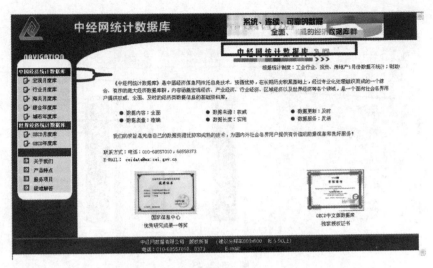

图 5.2.41

图 5.2.42

以检索宁波、温州两市外商直接投资新签协议合同数为例,选择"城市年度"子库进行检索。如图 5.2.43 所示,在页面左侧的列表中可选择待检索的地区和指标,且指标目录可层层展开;页面中部为检索指标、地区备选区;右侧为指标、地区选中区。该功能类似于其他数据库的检索条件设置。

首先在地区中选择"沿海开放城市",找到并选中宁波、温州市(图 5.2.44)。其次在指标中选择"外商直接投资新签协议合同数_市辖区"(图 5.2.45)。点击页面右上方的"显示数据"即可得到图 5.2.46 中的统计结果。点击结果上方的按键可进行打印、导出等功能性操作。

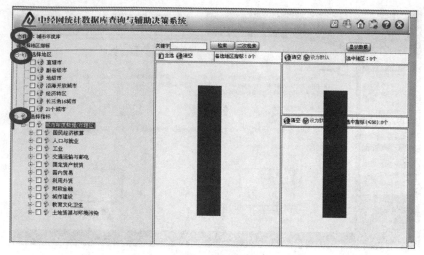

图　5.2.43

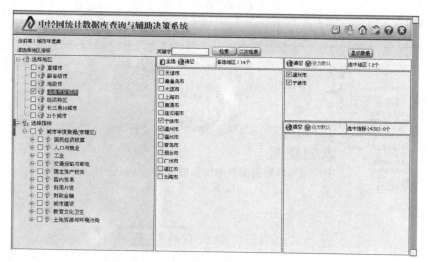

图　5.2.44

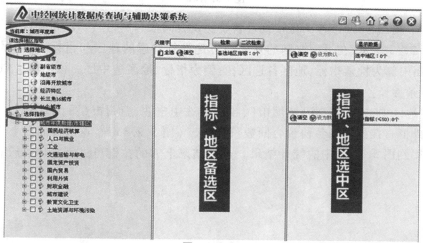

图　5.2.45

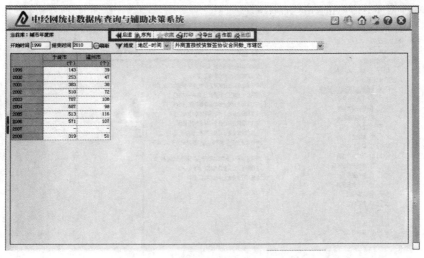

图　5.2.46

在上述检索界面中，除了浏览页面左侧的列表选择待检地区、指标外，还可直接在检索框中输入关键词查找相关地区和指标。① 以检索北京、上海市的餐饮、住宿业经营状况为例，在宏观月度库中键入关键字“餐饮”，得到相关备选指标 17 个(图 5.2.47)。在图 5.2.47 的结果中进行二次检索，输入关键词为“住宿”，筛选过后的备选指标为 12 个(图 5.2.48)。选中这 12 个备选指标，并选择地区为“北京市”、“上海市”(图 5.2.49)，得到如图 5.2.50 所示的统计结果。

图　5.2.47

① 在中经网统计数据库中进行关键字检索，可以一次输入多个关键词并用逻辑符进行连接。“&”表示与关系，“+”表示或关系，“!”表示非关系。

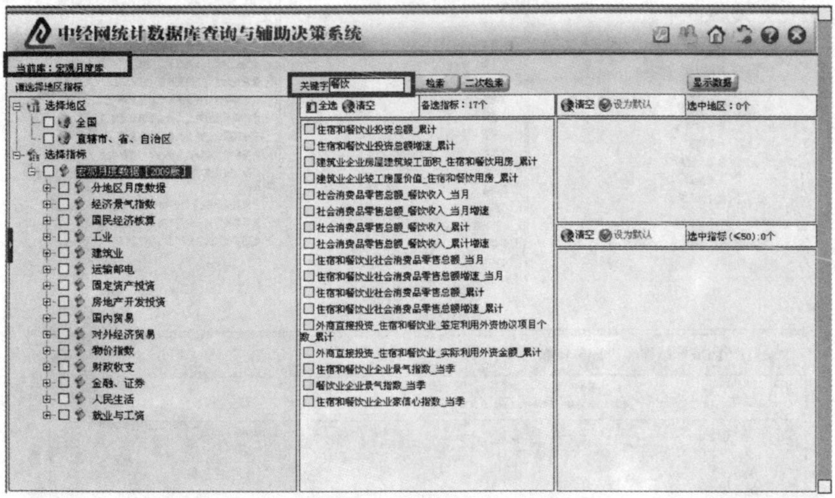

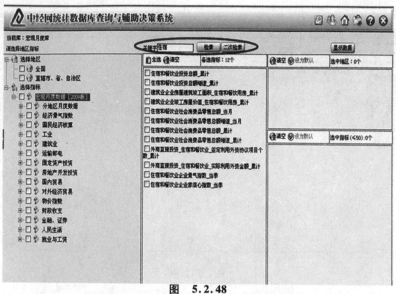

图 5.2.48

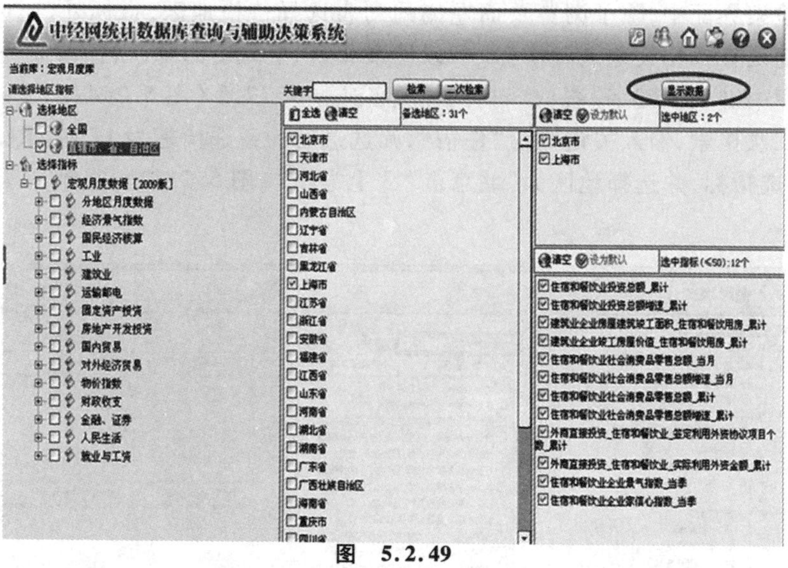

图 5.2.49

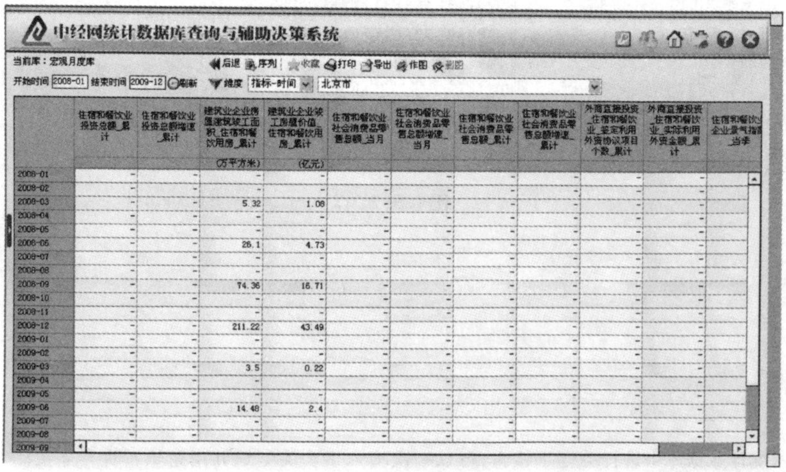

图 5.2.50

二、中经专网

中经专网(http://ibe. cei. gov. cn/)中的统计数据涵盖宏观经济、产业经济、经济专题、区域经济、行业经济、以及世界经济等各个领域。其中较重要的模块有以下几个:"分析评论"包括每天重要的新闻条目,经多个层次的专家讨论评定近期的发展趋势及建议等;"地区形势"跟踪报道国内各地经济发展态势、特点及未来走势,宣传地方政策法规,提供区域经济研究分析报告,发布各地招商项目以及投资环境等信息;此外还有"金融动向"、"行业态势"、"财经视频"等。

第八节 中国资讯行

中国资讯行(China InfoBank)是香港专门收集、处理及传播中国商业信息的高科技企业,其提供的信息资源主要包括实时财经新闻、权威机构经贸报告、法律法规、商业数据及证券消息等。

中国资讯行下设多个子数据库,其中与经济、统计关系最密切的几个子数据库分别是:

中国统计数据库:大部分数据收录自1995年以来国家及各省市地方统计机构的统计年鉴及海关统计、经济统计快报等月度及季度统计。全部数据的收录时间为1986年至今。

中国商业报告库:收录了经济学家及学者关于中国宏观经济、中国金融、中国市场及中国各个行业的评论文章及研究文献,以及政府的各项年度报告全文。全部数据的收录时间为1993年至今。

中国经济新闻库:收录了中国范围内及相关的海外商业财经信息,以媒体报道为主。全部数据的收录时间为1992年至今。

中国上市公司文献库:收录了在沪、深交易所各上市公司各类招股书、上市公告、中期报告、年终报告、重要决议等文献资料。全部数据的收录时间为1993年至今。

Tips:

经济统计数据库检索小结:

1. 首先确定检索目标:背景文献还是事实数据?

➢如果是背景文献,则主要使用文摘/全文数据库,如 ProQuest、EBSCO、Lexis 或 Westlaw 等数据库平台,在其中进行关键词或浏览检索。

➢如果是事实数据,则主要在 BvD 和相关统计数据库中进行检索。

2. 如果检索目标为事实性数据,那么确定要找的材料属于哪个领域、行业类别?

➢应当选择与要找材料性质相对应的统计数据库进行检索,如材料着眼点在宏观、微观、国家、公司,都有与之相对的不同统计数据库。

3. 在数据库中找到相应的统计分析指标。

4. 综合各指标,获取所关注的数据,并对数据进行统计学分析。

课堂练习(十六)

1. 各国的离婚率(或犯罪率)与经济发展水平之间存在相关性吗?

2. 中国各地的离婚率与经济发展水平之间存在相关性吗?

请任选一题,运用 OECD-Statistics,BvD-CountryData,中国资讯行,各地民政局的统计数据,中经专网中的任意数据库进行检索。为所选的主题提供相应的数据并作出初步的分析(只是做大体的描述,不需应用软件做相关性的检验)。

第三讲　社会和统计数据库

当我们讲到统计的时候,最重要的是两个方面:国民经济和社会统计。但是在实际应用中很难将这两者分开。上一讲中,我们给大家介绍了经济商业方面的资源,大家可能觉得有点多,名目纷繁,但我自己的体会是,真正需要检索某个东西的时候,这些资源都能够用得上。在这一讲中,我们还将更多地结合例子,给同学们讲解如何具体应用这些统计类数据库资源。

一般我们讲到社会统计的时候,其范围相对于经济商业类型的数据库更为广泛,包括教育、文化艺术、广播电视电影、新闻出版、卫生、体育、环境保护、民政、公安和政法等统计内容。多方面的数据能够很好地支持我们同学的写作。我在翻阅国外人文社科类的文章时有个体会,尽管有时候他们的观点和理论并不如国内的同行深刻,但是他们的行文一般都会有数据、图表和文献的支持,从而增强文章观点的说服力。如果同学们在写文章的时候,能够援引数据或者相关研究来支持自己的论证,那无疑是锦上添花。而具体到统计信息的检索,一般是两个方面:一是统计数据。这是比较最简单的,比如说了解一个时期的经济、文化的具体特征等等;二是调研分析报告。这种检索更为综合,主要是去了解一个行业或者时间的发展历程。

在这一讲中,我们将给同学们讲两类统计信息的查询工具。一类是电子资源,这是首选的途径,因为它更为便捷,数据量也更大。这一类包括商业数据库,通常是需要同学们所在的学校购买的。也包括大量的网上免费资源,如世界主要国家和经济组织等的官方网站、学术团体、研究机构网站、民间权威调查机构发布的数据、统计数据资源导航等,下文将一一讲解。另一类纸质资源,包括年鉴、行业研究报告、百科全书、手册、指南等事实型检索工具。

第一节　世界主要国家和经济组织等官方网站发布数据

世界主要国家和经济组织的官方网站上发布的数据一般具有权威性和体系性等特点。我将最常用的数据库列据如下:联合国统计数据库、欧洲统计局资料、美国商务部统计局、教育部等政府部门统计资料、中华人民共和国统计局—统计数据、中国人民银行、最高人民法院等机构统计数据……我的列举肯定不全,只是给大家提供一个思路。哪些是常用的数据库,需要根据实践中的需要慢慢去检索、去积累。给大家讲个小的注意事项,检索多了以后,你会发现就同一数据指标在不同网站上检索出来的结果并不一样,这个时候同学们不需要困惑。造成这个结果的原因是多种的,可能是统计的口径不一样,也有可能是统计的范畴有差别。这时候一定要记住,要有选择的使用这些网站,比如查找"外贸出口总额"这样的数据,商务部网站是首选;"汇率"、"同业拆解利率"这样的数据应该到央行网站找;"某某年水利建设投资总额"这样的数据去水利部网站。某省各项数据如果在统计局网站或中经网数据库找不到的,去省政府网站一般能得到解决,而且一般地方政府网站的首页会有当地统计局、各厅的专门网站链接。

一、联合国统计数据库 UNDATA

UNDATA 是一个新上线的网站,它让任何人都可以进入查询联合国的数据库。网站里面的数据库是由联合国统计处负责编制,数据来源于 30 多个国家专业统计数据信息源,包括联合国统计司、人口司、联合国经济与社会问题研究部、粮农组织、教科文组织、世界知识产权组织、世界银行和旅游组织等。大部分数据开始于 1970 或 1980 年。2005 年起开始提供免费检索。其网址是 http://data. un. org/。对应的纸本是《联合国统计年鉴》(Statistical yearbook),1948 年至今。北大图书馆有相应馆藏。

UNDATA 主要分为两个范畴。一个是数据库(图 5.3.1),数据库的信息有些滞后,这是因为联合国收集各国数据以后需要进行综合处理,往往是今年更新的数据是前一年到两年的数据。

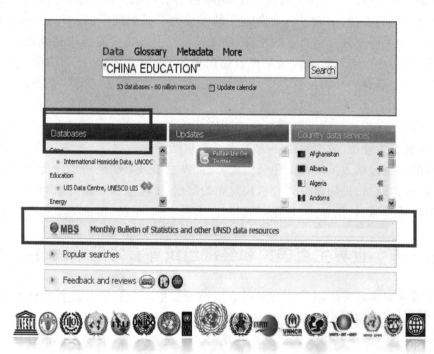

图 5.3.1

另一个范畴是统计月报在线(Monthly Bulletin of Statistics Online)。它是一个大数据库,涉及各行各业。通俗点理解,这个月报可以是季刊或者是年刊(图 5.3.2),是一段时间以来根据行业分类获得的数据。这个月报的更新速度要更快一些,他涉及世界 200 多个国家和地区的经济和社会统计数据。成为许多中国统计数据库数据的重要资料来源之一。同学们可以在这个网站上查找到即时的数据资源。

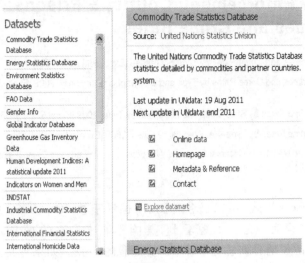

图 5.3.2

二、美国统计局官方网站

美国统计局的官方网站是世界上收集齐全,权威性最高的统计网站之一。网址是 http://www. census. gov/compendia/statab/cats/income_expenditures_poverty_wealth/gross_domestic_product_gdp. html。官网上的数据相当多,涉及各行各业。美国统计局的应用可以相当广,大到国民经济,小到居家生活,关键在于我们如何运用。比方说,有同学要去美国深造,锁定一个城市,想了解一下当地的治安情况,那么很自然地就会联想到查询美国各州的犯罪率。这一指标,我们既可以查找工具书,也可以在美国统计局的官方网站上查询。操作也很简单,只需要浏览几个重要的页面,或者以 crime rate 进行检索即可。图 5.3.3、5.3.4 是检索后的页面。

图 5.3.3

Law Enforcement, Courts, & Prisons: Crimes and Crime Rates

306 - Crimes and Crime Rates by Type of Offense [Excel 38k] | [PDF 56k]

307 - Crimes and Crime Rates by Type and Geographic Community: 2009 [Excel 29k] | [PDF 60k]

308 - Crime Rates by State, 2008 and 2009, and by Type, 2009 [Excel 57k] | [PDF 59k]

309 - Crime Rates by Type--Selected Large Cities: 2009 [Excel 44k] | [PDF 65k]

310 - Murder Victims--Circumstances and Weapons Used or Cause of Death [Excel 36k] | [PDF 59k]

图　5.3.4

　　推荐大家下载 excel 格式，可以做各种图表，也易于被 Stata、SPSS 提取，方便后续的研究。看看这些数据也很有意思。大家看到，美国犯罪率最高的是 District of Columbia（图5.3.5）。我们还可以清楚地看到总犯罪率，各项犯罪的人数。如果你进行其他检索，可以发现这个区的黑人比较多，是个黑人聚居区。研究美国种族与犯罪的关系，虽然政治上不大正确，但是能发现很有意思的关联。

Table 308. Crime Rates by State, 2008 and 2009, and by Type, 2009
[For year ending December 31. Rates per 100,000 population. Offenses reported to law enforcement. Based on Census Bureau estimated resident population as of July 1]

State	2008 total	Violent crime 2009 Total	Murder	Forcible rape	Robbery	Aggra-vated assault	Property crime 2008 total	2009 Total	Burglary	Larceny/ theft	Motor vehicle theft
United States	467.2	439.7	5.1	28.5	137.6	268.6	3,248.0	3,071.5	724.9	2,080.6	266.0
Alabama	465.7	459.9	7.1	32.8	142.5	277.5	4,192.6	3,877.6	1,058.9	2,574.0	244.8
Alaska	654.4	632.6	3.2	73.4	94.0	462.0	2,920.4	2,934.5	514.2	2,178.9	241.5
Arizona	478.6	423.2	5.5	32.7	123.9	261.1	3,805.5	3,302.0	817.3	2,087.6	397.1
Arkansas	516.4	530.3	6.3	48.7	93.5	381.8	3,911.0	3,885.1	1,224.1	2,445.5	215.6
California	503.8	473.4	5.4	23.6	173.7	270.8	2,940.3	2,728.2	622.1	1,662.5	443.6
Colorado	344.1	340.9	3.2	45.4	67.9	224.5	2,818.5	2,683.6	532.5	1,900.5	250.6
Connecticut	306.7	300.5	3.0	14.7	113.6	165.2	2,490.8	2,345.8	431.1	1,702.7	212.0
Delaware	708.6	645.1	4.6	44.6	189.7	406.2	3,594.7	3,351.7	784.0	2,352.3	215.4
District of Columbia [1]	1,437.7	1,348.9	24.2	25.0	734.4	565.3	5,104.6	4,751.9	616.4	3,213.0	922.5
Florida	688.9	612.6	5.5	29.7	166.8	410.6	4,141.3	3,841.1	981.2	2,588.7	271.2
Georgia	496.1	432.6	6.0	23.7	157.0	245.9	4,068.7	3,748.0	1,025.2	2,368.9	354.0
Hawaii	272.5	274.1	1.8	29.7	79.5	163.1	3,566.5	3,668.7	713.7	2,580.0	375.0
Idaho	239.3	238.5	1.5	37.2	16.5	183.4	2,089.0	2,017.1	429.3	1,493.0	94.8
Illinois [2, 3]	(NA)	(NA)	8.4	(NA)	260.7	349.1	3,497.9	3,185.7	720.6	2,188.1	276.9
Indiana	375.5	366.4	5.3	27.2	129.4	204.4	3,571.2	3,905.6	815.9	2,256.3	233.4
Iowa	298.2	294.5	1.3	30.9	42.2	220.2	2,522.2	2,436.4	570.1	1,730.4	136.0
Kansas	415.1	412.0	4.7	42.7	66.7	297.9	3,384.8	3,249.4	690.0	2,341.3	218.2
Kentucky	306.6	265.5	4.3	35.3	86.8	139.0	2,705.1	2,558.5	697.8	1,718.2	142.4
Louisiana	658.4	628.4	12.3	30.5	143.3	444.3	3,790.2	3,820.9	1,096.4	2,517.3	267.1

图　5.3.5

　　美国统计局的统计数据有印刷版。由美国商务部统计局出版的《美国统计概要》（Statistical Abstract of the United States）时间跨度涵括 1878 年至今。内容涉及美经济、社会各领域，十分庞杂。分类编排各类图表，并给出资料来源。

举例一:美国 20 世纪 50 年代人均 GDP

美国 1955 年左右刚好完成了工业化。而国际上通行的判断一个完成国家工业化的指标是:人均 GDP 超过 3000 美元。如何查 50 年代美国的人均 GDP 呢?

这是一个真实的案例,北大有一位老师,根据国际上通行判断一个国家工业化的指标,就是人均 GDP 超过 3000 美元,想了解 50 年代美国的人均 GDP。当然可以去查图书馆的纸本,工具书,但是很费劲。如果到美国统计局的官方网站上查询,这个问题就简单得多,按照年份和关键词 GDP,很容易就把美国某一年代的 GDP 数据查到(图 5.3.6)。需要注意的是,这位老师需要查找的是人均 GDP 数值,所以还需在统计局网站上将 50 年代的人口数量检索出来,做简单的算数处理,就可以将人均 GDP 的数值算出来。

人均 GDP 对于我们研究法律实践的经济社会背景很重要,大家一定亲手来试一试。

[In billions of dollars (1,038 represents $1,038,000,000,00 section. Minus sign (-) indicates decline in inventories or	ion dollars		Billion dollars		Billion dollar	
Item	1953	1954	1955	1956	1957	1958
CURRENT DOLLARS						
Gross domestic product, total	379	380	415	437	461	467
Personal consumption expenditures	233	240	259	272	287	296
Durable goods	35	34	41	40	42	40
Nondurable goods	100	102	107	112	118	122
Services	98	104	111	120	127	135
Gross private domestic investment	56	54	69	72	71	65
Fixed investment	55	56	64	68	70	65
Nonresidential	35	35	39	45	48	43
Structures	14	14	15	18	19	18
Equipment and software	22	21	24	26	29	25
Residential	19	21	25	24	22	22
Change in private inventories	2	-2	5	4	1	0
Net exports of goods and services	-1	0	1	2	4	1
Exports	15	16	18	21	24	21
Goods	12	13	14	18	20	16
Services	3	3	3	4	5	4
Imports	16	15	17	19	20	20
Goods	11	10	12	13	13	13
Services	5	5	6	6	7	7
Government consumption expenditures and gross investment	91	86	86	91	100	106
Federal	64	57	55	57	61	64
National defense	56	49	47	49	54	55
Nondefense	9	8	8	8	8	8
State and local	26	29	32	35	38	42

图 5.3.6

三、美国商务部官方网站和总统经济报告

如果要查询美国最当前的数据,那么无疑美国商务部网站和《总统经济报告》是最好的查询去处。美国商务部官方网站的网址 http://www.bea.gov/。这个网址查询十分方便,比方说要查美国的物价指数(图 5.3.7、5.3.8),最新的数据就能到 2012 年 2 月份。

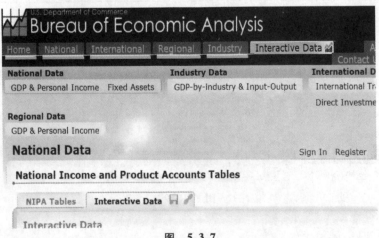

图 5.3.7

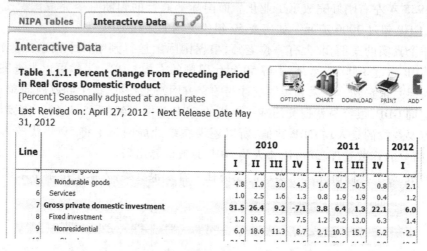

图 5.3.8

另外,《总统经济报告》(Economic Report of President)也非常重要,其网址是 http://fra-ser. stlouisfed. org/publication/? pid =45。提供了有关美国当前经济形势的描述和主要宏观经济变量数据(图5.3.9)。数据可追溯到1947年(图5.3.10),可以免费下载。同学们翻阅这些总统经济报告,可以轻易地了解每年经济领域的重要数据,了解经济发展的走势,每年都通过哪些法案,以及这些法案通过的背景。这对于我们研究美国经济法的同学来说,是最好的一手资料。而且这个总统报告是一个宏观性报告,都是最近两个月的信息。

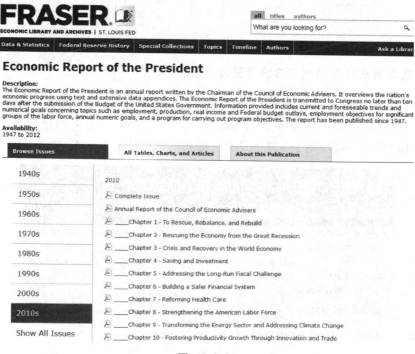

图 5.3.9

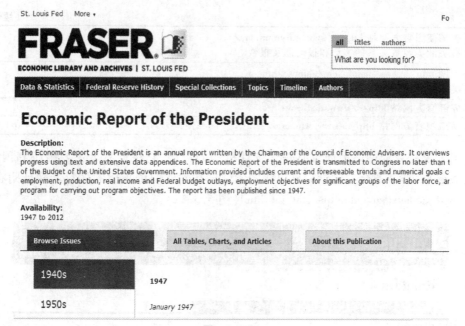

图 5.3.10

篇幅有限，我们不多介绍欧洲、英国或者其他国家的官方数据库了。这里只是讲一个思路：每个权威官方网站都会有数据统计一栏或者权威发布。同学们只要掌握这种工具，就能够应对以后的学习和工作。这里作了一个表格，将一些有用的数据库列出来，供大家参考使用。

表 5.3.1 权威官方数据库列举

美国统计局（统计调查局或普查局）官方网站 http://www.census.gov/ The Census Bureau Web Site provides on-line access to our data, publications, and products.
美国劳工部官方网站 http://www.bls.gov/ Official website of Bureau, with news, current data, articles, links and otherinformation about employment, wages, working and the economy.
美国商务部官方网站 http://www.stat-usa.gov/ Service of the US Department of Commerce provides market research and business data.
OECD 官方网站 http://hermia.sourceoecd.org/vl=11336507/cl=72/nw=1/rpsv/factbook/
美国国际贸易委员会官方网站 http://www.usitc.gov/
美国总统经济报告 http://a257.g.akamaitech.net/7/257/2422/17feb20051700/www.gpoaccess.gov/eop/download.html 历年的 PDF 文本下载，以及历年的有关数据下载，绝对权威，非常有用。
美国贸易谈判代表办公室官方网站 http://www.ustr.gov/Document_Library/Reports_Publications/2005/2005_NTE_Report/Section_Index.html 每年都有关于贸易壁垒的评估报告，可以下载。
欧盟对外贸易数据 http://www.eu.int/comm/trade/issues/bilateral/data.htm 欧盟官方网站 http://europa.eu.int/comm/trade/issues/bilateral/countries/usa/index_en.htm 本网页是关于欧盟与美国关系的，有数据可用

（续表）

欧盟驻美国使团官方网站 http://www. eurunion. org/ 有许多有关欧美经贸关系的文章和报道以及报告。
美国资讯网 http://www. usinfo. org/chinese. htm 是研究美国经济、文化、历史很好的一个网站,有很多美国经济方面的信息和资料。
美国商务部官方网站 http://www. doc. gov/
世界贸易组织官方网站 http://www. wto. org/

　　美国国家统计局网站上面也有一个统计机构的链接,它将世界上主要组织和国家的链接都收集起来,非常齐全。同学们可以按图索骥地找到你们感兴趣的材料。网址附在这里:http://www. census. gov/aboutus/stat_int. html(图 5.3.11)。

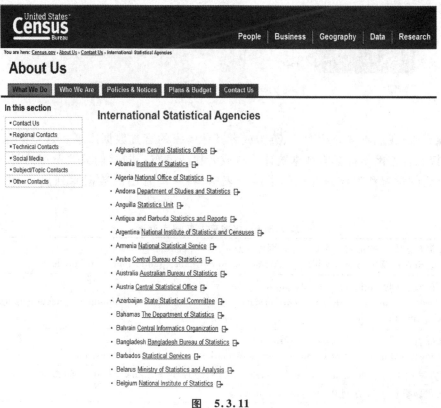

图　5.3.11

四、中华人民共和国统计局

　　国家统计局的职责是对国民经济、社会发展、科技进步和资源环境等情况进行统计分析、统计预测和统计监测。国家统计局的官方网站主要由国家统计数据库、数据表阅览和部门数据链接组成。网址是 http://www. stats. gov. cn/(图 5.3.12)。

　　在国家统计数据库提供三种查询范围:年度、季度和月度资料查询。提供整表、指标、专题查询、关键词查询 4 种方式。

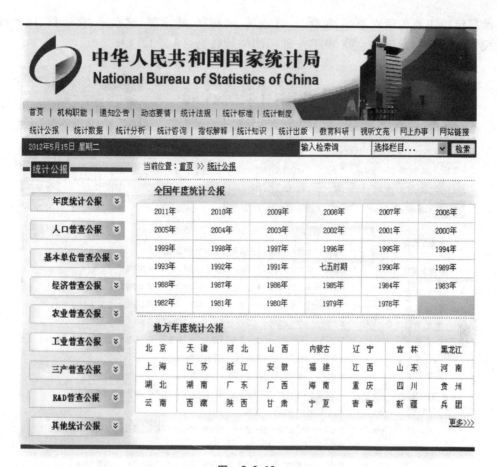

图 5.3.12

数据阅览库则主要包括月度数据、季度数据、年度数据、普查数据、专题数据、国际数据等（图5.3.13）。

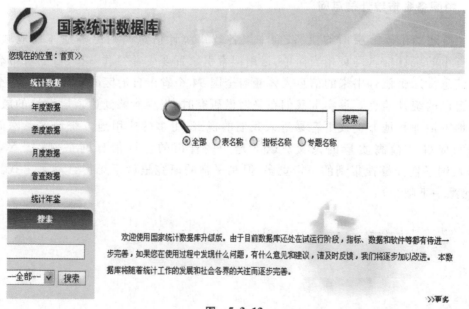

图 5.3.13

部门链接主要包括农业部、粮食局、林业局、水利部、建设部、财政部、交通部、民政部、中国人民银行、银监会、证券会等30多个部门的统计数据(图5.3.14)。

图 5.3.14

五、中国各省市统计信息网

上文所述的是国家层面的资料,而中国各省市统计信息网则更多地体现地域特色。寻找各省市的统计信息网页相当简单,运用搜索引擎百度或者谷歌,输入目的省市名称加上统计信息。这个值查出来的信息大体涵盖全国34个省市自治区的统计信息,甚至海淀区都有自己的统计信息。事实上我们在平时做研究时,很少能够到达顶层设计的层面,所以一些地方治理和地方实践更容易进入我们的视野,更多的应用地方统计信息网能够帮助我们完成好一篇高质量的论文。以下是一些省市的统计信息网举例(图5.3.15、5.3.16),同学们能够搜集到的一定更多,但是平常的研究里就不见得会动手去找。趁热打铁,熟悉一下吧!

图 5.3.15

图 5.3.16

第二节　学术团体、研究机构网站汇集的数据

上文提及的政府机构,本身就负责数据收集。除了官方机构,第二类就是学术团体、研究机构,他们专门做调查分析、数据统计。比如说美国经济协会(The American Economic Association)、美国出版协会(The Association Of American Publishers)还有一些中国的研究机构,比如中国社科院金融研究所、中国皮书网、中国教育和科研计算机网。这些都可以通过搜索引擎查找相关的网站。

一、中国社会科学院金融研究所

中国社会科学院金融研究所数据库由金融统计数据库、经济统计数据库、区域统计数据库、城市统计数据库、国际统计统计库和文献题录数据库等6个数据库组成。网址是http://ifb.cass.cn/jrtj/(图5.3.17)。同学们做金融法、证券法和银行法方面的研究时,应当时时跟踪这些信息以及网站上的统计数据。这些数据直观可靠,能够为同学们的学习和研究提供有力支持。

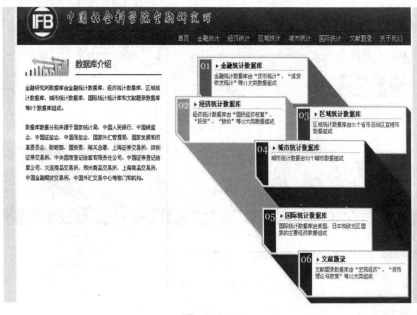

图　5.3.17

二、中国皮书网

"皮书"最早是以白皮书的形式出现在18、19世纪的英国,按颜色分有蓝皮书、绿皮书、黄皮书、白皮书等。其中白皮书一般特指政府文告《中国政府白皮书》、《中国国防白皮书》等等;蓝皮书通常代表的是学者的观点或研究团队的学术观点;绿皮书是针对所观察研究的对象,带有可持续的意思,与农业、旅游、环境等有关;黄皮书主要同世界经济、国际问题研究有关。目前,国际系列大部分以黄皮书来标示。

"皮书"的共同特点,在于内容涉及经济、社会、文化、金融、法制、医疗、房地产、旅游、人

才、教育等方面,具有极强的现实针对性和原创性。由社会科学文献出版社推出的大型系列图书,由一系列权威研究报告组成,每一年度有关中国与世界的经济、社会等各领域的现状与发展态势进行分析和预测。

中国皮书网(图5.3.18)下设六个子数据库:中国经济数据库、中国社会数据库、世界经济与国际政治数据库、中国区域数据库、中国行业数据库、中国文化传媒数据库,包含了十几年间的各地经济社会发展报告,覆盖经济、社会、文化、教育等多个领域、行业和区域。因此,各种类型的信息基本都可以在皮书网上搜寻到。这个皮书和数据库,对于我们总体了解一个行业来说是很重要的。它有中国经济、社会,中国区域行业,还有中国文化传媒的发展情况。北大图书馆主页上,在中文数据库列表中,有一个皮书数据库,可以帮助了解。

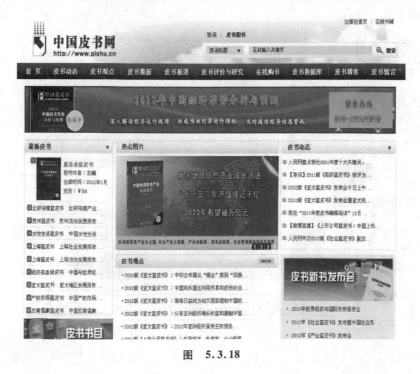

图 5.3.18

第三节 民间权威调查机构发布的数据

许多国外著名的调研机构都是民营的,近几年来我们中国也开始做起来。国外的大型调查机构所发布的报告,通常会影响到一个行业的发展,甚至颠覆几十年来观点。这样的研究报告就非常有用。

国外的著名调查机构有 Nielsen Group(尼尔森——知名市场调查企业)、Pew Internet & American Life Project (PewResearchCenter)、The Gallup Organization—Gallup Poll、Forrester Research、Jupiter Media Metrix(著名媒体调查机构)、PRI (PRI:Public Radio International)、API-RA(Asia Pacific Internet Research Alliance,亚太地区联合调查)。

一、Nielsen Group(尼尔森——知名市场调查企业)

Nielsen Group(尼尔森——知名市场调查企业)。AC 尼尔森,荷兰 VNU 集团属下公司,是领导全球的市场研究公司,在全球超过 100 个国家提供市场动态、消费者行为、传统和新兴媒体监测及分析。客户依靠 AC 尼尔森的市场研究、专有产品、分析工具及专业服务,以了解竞争环境,发掘新的机遇和提升他们市场及销售行动的成效和利润。AC 尼尔森是全球领先的市场研究、资讯和分析服务的提供者,服务对象包括消费产品和服务行业,以及政府和社会机构。在全球 100 多个国家里有超过 9000 的客户依靠 AC 尼尔森认真负责的专业人士来测量竞争激烈的市场的动态,来理解消费者的态度和行为,以及形成能促进销售和增加利润的高级分析性洞识。AC 尼尔森总部位于美国纽约,并在伊利诺伊州的商堡(Schaumburg)、比利时的瓦韦尔(Wavre)、中国香港、澳大利亚的悉尼、阿根廷的布宜诺斯艾利斯以及塞浦路斯的尼科西亚建立了区域业务中心。他的网址是 http://cn. acnielsen. com/site/index. shtml(图 5.3.19)。

图　5.3.19

二、Pew Internet & American Life Project（Pew Research Center）

Pew Research Centre 是一个美国无党派人士组建的组织。它提供一些客观的美国乃至世界范围内的公众信息。民意调查、社会科学调查都有。也会回馈一些相关新闻,并解读调查中包含的重要数据信息。调查的内容主要包括以下方面:对国家政策、国情的公众民意态度调查;在线新闻报道,一般是关于政府的每日动态;百姓生活调查,包括儿童与网络、家庭、学校、医疗保险等等;关于宗教,种族的深度调查和报道,包括一些地区的宗教活动;经济调查,包括关于国民收入、经济增长、人口增长以及社会公众对此的态度的调查;世界范围的调查,即当地人民对所在地生活的态度。网址是 http://www. pewinternet. org/Home/Static%20Pages/Trend%20Data. aspx(图 5.3.20)。

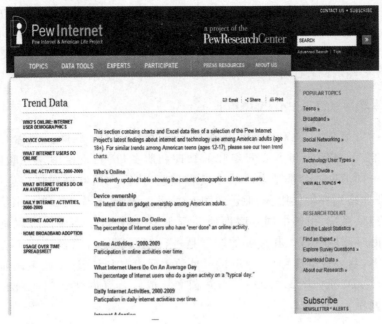

图 5.3.20

三、APIRA(Asia Pacific Internet Research Alliance,亚太地区联合调查)

APIRA 的全称是 Asia Pacific Internet Research Alliance,是去年九月由中国互联网络信息中心(CNNIC)牵头成立的自发的、非营利的、区域性学术性组织。旨在加强亚太地区互联网信息的交流与比较,深入研究互联网信息统计技术,促进亚太地区各国各地区的互联网信息调查研究项目合作,促进亚太地区互联网研究的共同发展。网址是 http://www. apira. org/index. php? styleid = 1(图 5.3.21)。

图 5.3.21

国内的调查机构近几年才发展起来,其中一些是民营机构,一些是半官方性质的,比如中国互联网信息中心。一些调查很有意思,比如团购用户调查、智能手机用户调查。下面给同学们介绍几个很好的调查研究网站:中国互联网络信息中心(CINIC)、艾瑞咨询(iResearch)、中国社会经济调查研究中心、搜数网。

四、中国互联网络信息中心(CINIC)

中国互联网络信息中心(China Internet Network Information Center,简称 CNNIC)是经国家主管部门批准,于 1997 年 6 月 3 日组建的管理和服务机构,行使国家互联网络信息中心的职责。作为中国信息社会基础设施的建设者和运行者,中国互联网络信息中心(CNNIC)以"为我国互联网络用户提供服务,促进我国互联网络健康、有序发展"为宗旨,负责管理维护中国互联网地址系统,引领中国互联网地址行业发展,权威发布中国互联网统计信息,代表中国参与国际互联网社群。其主要的职能是进行互联网地址资源注册管理、互联网调查与相关信息服务、目录数据库服务、互联网寻址技术研发、国际交流与政策调研。网址是:http://www.cnnic.net.cn/(图 5.3.22)。做知识产权或者互联网法律问题研究的同学,可以多多关注这个网站上的信息。

图　5.3.22

五、艾瑞咨询(iResearch)

艾瑞市场咨询(iResearch)是一家专注于网络媒体、电子商务、网络游戏、无线增值等新经济领域,深入研究和了解消费者行为,并为网络行业及传统行业客户提供市场调查研究和战略咨询服务的专业市场调研机构。艾瑞咨询网站上通常都会发一些很好的报告,这些报告有些是关于行业的,有些是关于事件的。当然这些报告大部分都是收费的。但对于我们的研究来说,免费的这部分就足够用了,那些最核心的数据都可以查。这里有一个比较有意思的调查:iResearch 2010 年做了一个淘宝网的研究分析报告(图 5.3.23),深入地比较用户群体、存在的法律风险问题、商业模式,很受业界欢迎。这是一个趋势,国家发展到一定阶段,越来越多的民间调研机构就会涌现出来,是我们获取信息的重要来源。这里有一些中国社会经济调查研究中心各个行业的报告,通信行业、电子行业等等。大家研究有需要,大可以到这些网站上寻找资料。网址是:http://www.iresearch.cn/(图5.3.24)。

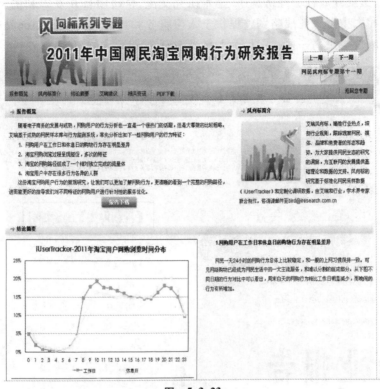

图　5.3.23

图　5.3.24

六、中国社会经济调查研究中心

中国社会经济调查研究中心（简称社调中心）是 1995 年经国家统计局批准成立的独立科研事业单位，主要开展社会经济调研、学术研究交流、科研项目开发等利国利民的活动，为地方经济发展和大中型企业战略调整提供全方位服务和智力支持。这个网站带有半官方的性质，因此，权威性也更高一些。网址为 http：//www.cseirc.org/（图 5.3.25）。

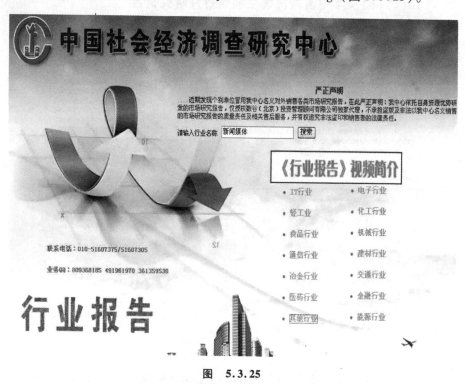

图　5.3.25

七、搜数网

搜数网是由北京精讯云顿数据软件有限公司推出的一个面向统计和调查数据的数据库。主要收集与统计和市场调查有关的数据，现已超过 2 亿 9 千多条，涵盖 4000 余本年鉴，覆盖全国 31 个省级和 280 余个地级行政区，以及香港、台湾两地，内容涉及 54 个行业大类。数据来源于国家及各省市地方统计局的统计年鉴及海关统计、经济统计快报、中国人民银行统计季报等月、季度统计资料以及国际统计资料、经济普查资料、行业统计资料、调查统计资料和港澳台统计资料，从而保证了数据的严谨及权威性。而且用户可下载 Excel 格式的统计表格，使用方便。数据起始年代最早可以至 1949 年。网址是：http：//www.soshoo.com.cn（图 5.3.26）。

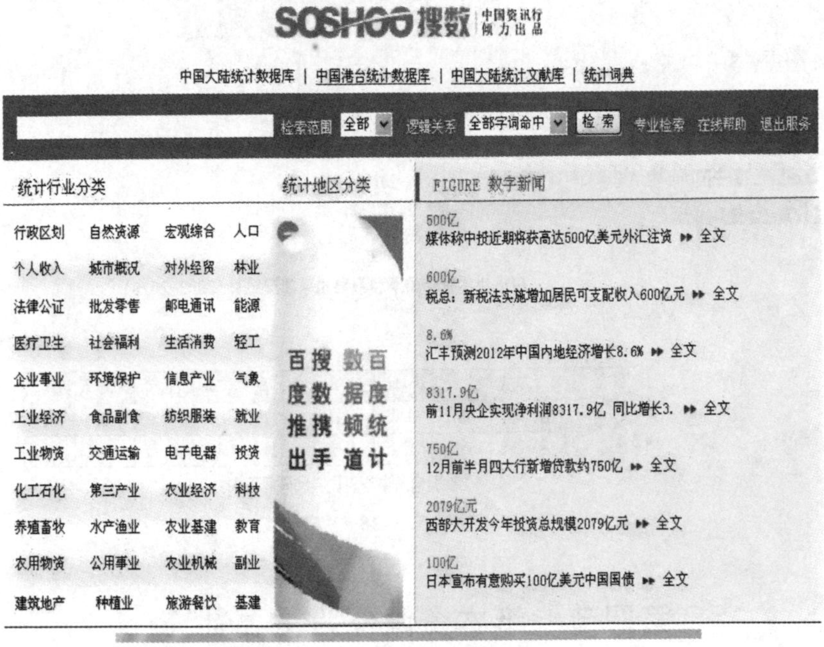

SOSOO搜数　中国资讯行 倾力出品

中国大陆统计数据库 | 中国港台统计数据库 | 中国大陆统计文献库 | 统计词典

检索范围 全部 ▾　逻辑关系 全部字词命中 ▾ 检 索　专业检索　在线帮助　退出服务

统计行业分类				统计地区分类	FIGURE 数字新闻
行政区划	自然资源	宏观综合	人口		500亿 媒体称中投近期将获高达500亿美元外汇注资 ▶▶ 全文
个人收入	城市概况	对外经贸	林业		600亿 税总：新税法实施增加居民可支配收入600亿元 ▶▶ 全文
法律公证	批发零售	邮电通讯	能源		8.6% 汇丰预测2012年中国内地经济增长8.6% ▶▶ 全文
医疗卫生	社会福利	生活消费	轻工		8317.9亿 前11月央企实现净利润8317.9亿 同比增长3. ▶▶ 全文
企业事业	环境保护	信息产业	气象		750亿 12月前半月四大行新增贷款约750亿 ▶▶ 全文
工业经济	食品副食	纺织服装	就业		2079亿元 西部大开发今年投资总规模2079亿元 ▶▶ 全文
工业物资	交通运输	电子电器	投资		100亿 日本宣布有意购买100亿美元中国国债 ▶▶ 全文
化工石化	第三产业	农业经济	科技		
养殖畜牧	水产渔业	农业基建	教育		
农用物资	公用事业	农业机械	副业		
建筑地产	种植业	旅游餐饮	基建		

图　5.3.26

举例二：中国台湾地区刑事案件

比方说我们想了解中国台湾地区刑事案件的情况，我直接检索台湾，或者直接可以进入台湾地区的数据库检索，就可以得到一个表，可以看 pdf 文件，也可以下载 excel 文件。从中可以查到从 2004 到 2011 年的数据。我们从图 5.3.27 中可以看到，2010 年的暴力犯罪下降得非常明显。

台湾地区2012年2月刑事案件统计

年(月)别	发生件数(件)				破获件数(件)				疑犯人数(人)			
		一般窃盗	汽车窃盗	暴力犯罪		一般窃盗	汽车窃盗	暴力犯罪		一般窃盗	汽车窃盗	暴力犯罪
93年	522305	113144	50719	12706	313848	35286	37064	7924	176975	23740	3322	7441
94年	555109	148501	48992	14301	346677	45929	35861	8477	207425	27783	3654	7508
95年	512788	144903	33739	12226	342329	48387	25163	7902	229193	30769	2489	7978
96年	491815	118714	31966	9534	367001	49661	22326	7154	265860	34165	2258	7529
97年	453439	101630	28508	8117	350497	45756	19723	6493	271186	34441	2597	6843
98年	386075	77862	19697	6764	311648	38122	13243	5726	261973	28816	2001	6139
99年	371934	75991	17106	5312	296500	37951	11269	4684	269340	30598	2287	5365
100年	349205	67647	11420	4141	277770	36129	8089	3938	262210	30620	2009	4927
2月	28969	7176	894	296	25659	5101	832	281	23401	3948	307	363
3月	30572	5420	1162	379	23317	2217	707	335	22294	2032	135	420
4月	28203	5682	1006	369	21546	2773	803	359	20428	2488	192	429

图　5.3.27

举例三：关于近年来中国的结婚率和离婚率统计

用搜数还可以很简单地查询到中国现在的结婚和离婚率（图 5.3.28）。

SOSHOO搜数

数据库浏览

【行业分类】人口　　　　　　　　　　【地区分类】中国
【数据采集日期】20101231　　　　　　【数据采集出处】精讯数据
【统计项目】中国历年粗结婚率和粗离婚率情况统计(2002-2010)
【数据包含量】18

中国历年粗结婚率和粗离婚率情况统计(2002-2010)

单位：‰

指标	2002年	2003年	2004年	2005年	2006年	2007年	2008年	2009年	2010年
粗结婚率	6.1	6.3	6.65	6.3	7.19	7.5	8.27	9.1	9.3
粗离婚率	0.9	1.05	1.28	1.37	1.46	1.59	1.71	1.85	2

摘编自《中华人民共和国年鉴2011》

图　5.3.28

第四节　纸本资源作为重要补充

上文介绍了那么多电子资源数据库，目的在于给同学们提供一些思路，同时也是鼓励同学们在论文的写作中多用一些综合数据库。这些图表、数据在很大程度上能够为你们的理论增添色彩。这里再给大家介绍一下纸本资源，让大家有一个完整的资料体系。重点是介绍各种年鉴。

年鉴是事实便览性的工具书年刊。它汇集上年度中各方面或某方面有关事物的发展情况、研究成果及其有关的统计资料，一般包括：大事记、专论或综述、事实概览、统计资料、索引等基本内容。分为以下几类：

综合性年鉴。反映政治、经济、文化等方面的重要材料、基本情况及统计数字等，涉及的范围比较广泛。如《中国百科年鉴》、《世界知识年鉴》等。

专门性年鉴。反映某一专门范围的基本材料、基本情况及统计数字等。如《中国经济年鉴》、《中国教育统计年鉴》、《中国出版年鉴》等。

统计性年鉴。用统计数字来说明整个国民经济或某一部门或某一方面的年度情况。如《中国统计年鉴》、《中国人口和就业统计年鉴》等。

年鉴数据库。现在使用更多的是年鉴数据库，更方便实用。中国年鉴网络出版总库：中央、地方、行业和企业等各类年鉴的全文文献，共正式出版的 2346 种 17949 本年鉴。按照行政区划分类可分为 34 个省级行政区域（含香港特别行政区、澳门特别行政区、台湾省）。收录的信息是从 1912 年至今。电子的年鉴现在有便利的途径可以获取：在中国期刊网上面，大家用得最多的是期刊全文数据库，其实除了期刊全文数据库，博士、硕士学位数据库，还有一个中国年鉴网络出版数据库。大概有两千多个年鉴，纸本年鉴数字化了，同学们查阅也更方便一些。

举例四：查找中国和各个邻国的疆界

也许同学们并不太熟悉这个主题。首先，可以查找中文资料，查找《中国的疆界》和相关的文章。在这里同学们需要资料来源的权威性。其次，是利用搜索引擎，以"**Land bounda-**

ries" + china 为关键词进行检索,可以找到许多条目。锁定到以下网站:http://geography. geography-dictionary. org/World-Factbook/ChinaGeography,可以进行在线阅读和查询。再有, 就是查工具书。比如北大图书馆的工具书室中,有 World-Factbook 最新的 20 版,数据来源于 Central Intelligence Agency,应该比较公认的。

第五节　小　结

在结束这一讲之前,我们要为同学们做一个简单的小结,并且留一个简单的练习。一如前述,检索内容不能只是听和看,一定要亲手练。这里要总结的有三点:

首先,统计数据的来源主要有两个途径,一个是商业性的,一个是网络的免费资源。有的同学认为免费资源不足取。其实并不是这样的。目前在物理学和生物医学领域,开放获取期刊已经逐渐取代传统的学术期刊。科学家们可以自由地将论文发表在一个仓储数据库中,和各位同仁交流。这是世界目前的趋势,它避免了传统期刊文章周期发表过长的问题,而且可以有效地引起学术界的交流。在中国这种尝试也会逐渐跟上来。所以,多运用免费的网络资源是另外一种有效的途径,而且很多时候能够获得更前沿的信息。

其次,是资料的可靠性和权威性。官方网站和第三方转载应当结合使用。如果是非常严格的学位论文,在引用数据的时候,一定要有合理的出处。网站的好处是大家都可以共享,但是有的时候会转错了。比如有的时候会发现会少了一个"零",多了一个"零"。做论文的时候一定要注意。

最后,就是不同来源的数据如果不一致,要有所辨别。一般来说,优先选择主管或上属机构的数据,还是会更可靠一些。

课堂练习(十七)

请运用多个综合数据库,查询人民法院审理刑事一审案件收案情况。

> **Tips:**
> 　　以下是通过中国统计局网站、最高人民法院网站以及中国期刊网年鉴总库中检索的结果,供同学们参考。请同学自己动手尝试,看看是不是能够查找到相应的答案。
>
> #### 年度人民法院审理刑事一审案件收案等指标统计
>
>
>
> 地区:全　国　单位:件
>
> | | 2010年 |
> |---|---|
> | 人民法院审理刑事一审案件收案 | 779595 |
> | 人民法院审理刑事一审案件结案 | 779641 |
>
> 图 5.3.29　中国统计局网站相关数据

2010年全国法院审理刑事一审案件情况统计表

单位:件

	收案	结案
危害公共安全罪	88950	89028
破坏社会主义市场经济秩序罪	30386	30150
侵犯公民人身权利、民主权利罪	184233	184729
侵犯财产罪	293561	294233
妨害社会管理秩序罪	153201	152873
危害国防利益罪	207	207
贪污贿赂罪	23889	23441
渎职罪	4489	4310
其他	679	670
合计	779595	779641

图 5.3.30　最高人民法院网站相关数据(1)

人民法院审理一审案件情况
First Trial Cases by Courts

单位:件　　　　　　　　　　　　　　　　　　　　　　　　　　　　（case)

年份 Year	收案 Cases Accepted	刑事 Criminal	民事 Civil	经济纠纷 Economic Disputes	行政 Administrative	海事海商 Maritime Law and Affairt
1978	447755	146968	300787			
1979	513789	123846	389943			
1980	763535	197856	565679			
1981	906051	232125	673926			
1982	1024160	245219	778941			
1983	1343164	542648	756436	43553	527	
1984	1355460	431357	838307	84813	983	
1985	1319741	246655	846391	225541	916	238
1986	1611282	299720	989409	321220	632	301
1987	1875229	289614	1213219	366110	5940	346
1988	2290624	313306	1455130	513046	8573	569
1989	2913515	392564	1815385	694907	9934	725
1990	2916774	459656	1851897	591462	13006	753
1991	2901685	427840	1880635	566592	25667	951

图 5.3.31　最高人民法院网站相关数据(2)

📖 ☐ 69	23-25 人民法院审理一审案件情况	23 公共管理及其他	中国统计年鉴
📖 ☐ 70	23-26 人民法院审理刑事一审案件收结案情况(2010年)	23 公共管理及其他	中国统计年鉴
📖 ☐ 71	23-27 人民法院审理刑事案件罪犯情况	23 公共管理及其他	中国统计年鉴

图 5.3.32　中国期刊网年鉴总库相关数据

第四讲 人文和历史数据库

法学与人文学科特别是历史学方法相结合的研究思路由来已久,法律史或法律思想史就是这方面的典型代表。优秀的法律史作品常常是论从史出,通过对浩瀚史料的考证、辨析、比较和解读,还原历史上的法律制度,并通过一定的视角和方法重新诠释和检讨这些法律制度和思想。本书的主体是法学论文的写作与检索,自然没有篇幅展开对于法律史学的知识与方法的讨论,仍然是立足于材料,为同学们提供一些在"子"部写作中有所帮助的检索资源和方法。

本讲主要介绍法学相关历史文献资料的检索。因中西文化及其法学传统差异较大,相关历史文献的查找方法也有不同。本讲即主要从中文和西文历史文献两方面入手进行讲解,中文历史文献包括中文古籍及民国文献,西文历史文献主要介绍英美历史电子图书数据库。

第一节 中 文 古 籍

一、中国基本古籍库

中国基本古籍库共收录上自先秦下至民国的历代典籍 1 万余种,每种均提供一个通行版本的全文信息和一至两个重要版本的原文图像,总计全文约 20 亿字,图像约 2000 万页。中国基本古籍库的收录范围涵盖全部中国历史与文化,内容总量约等于三部四库全书。该数据库不仅是现今世界上最大的中文电子出版物,并且是中国有史以来最大的历代典籍总汇。

中国基本古籍库的基本检索方式为分类检索。古代的古籍均有分类体系,如《四库全书》的四库分为"经、史、子、集"。我们这本书的结构就是套用的这个分类了。中国基本古籍库则是根据中国古籍自身的特点和当代科研教学的需要,参照我国传统的古籍分类方法和国际通行的图书分类方法,独创了一种全新的中国古籍分类法,包括 4 个子库、20个大类、100 个细目。通过库、类、目的树型结构进行定向检索,可检索到某一领域的某些或某种书,并预览其概要。如图 5.4.1 所示,中国基本古籍库的四个子库分别为哲科库、史地库、艺文库和综合库。在第一个子库哲科库中,包括思想、宗教、政治等子类,其中的法制类就是与我们检索法学历史文献的直接相关的部分。法制类又分三个条目,分别是律令规章目、案狱判例目和检验鉴定目,大致可以对应我们现代法律中的成文法、判例和刑事鉴定、侦查。

首先看成文法的检索,点击律令规章目,页面右侧出现了改目下的史料列表,包括了书名、卷数、成书时代和编纂者四项基本信息(图 5.4.1)。结果列表按成书时间由前向后排列,最早可以追溯到《唐律疏议》。点击结果列表中的书名可查看其内容。点击"唐律疏议",首先可看到如图5.4.2所示的律令封面,然后点击可浏览数据全文。如图5.4.3所示,中国基本古籍数据库中收录的《唐律疏议》共30卷、285页,点击页面左下方的功能键可在不同页数间跳转。点击页面左上方的功能键可进行繁简字转换、版式设定等功能性操作,如图5.4.4,点击"版本对照",可将原书与中国基本古籍库收录版本进行比较。

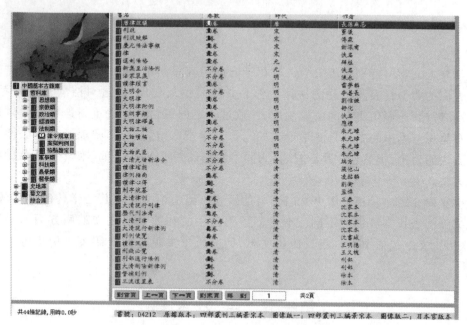

图 5.4.1

图 5.4.2

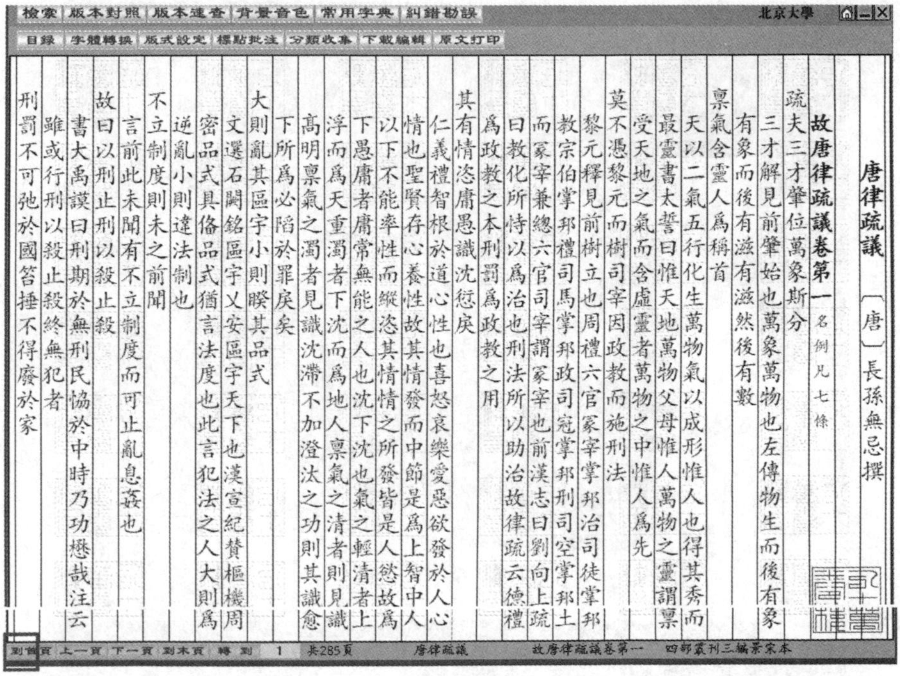

图　5.4.3

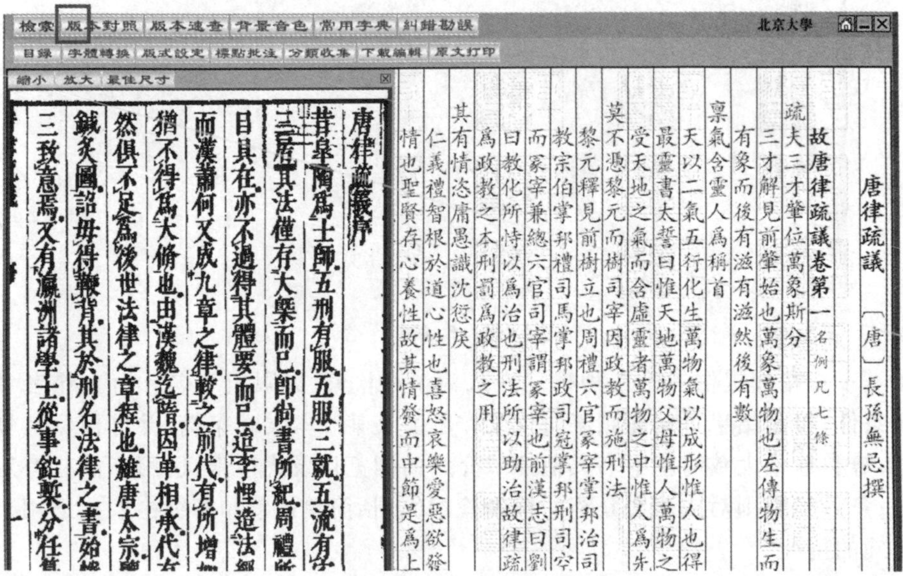

图　5.4.4

　　再来看案狱判例目的检索,主要包括历史上著名判例的判决和一些相关的统计数据,中国基本古籍数据库将该类资源也总结了两页(图5.4.5)。第三类是检验鉴定目,主要是技术方面的律法,尤其是古代的刑事检验、侦查技术,如死因勘察、无罪认定等(图5.4.6)。相较成文法和判例两类,这类资源较少,最早可以追溯到宋代。

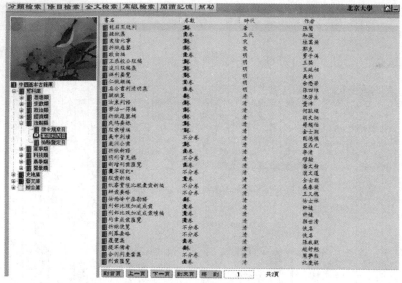

图 5.4.5

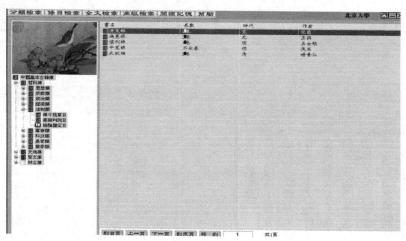

图 5.4.6

　　中国基本古籍库提供的第二种检索方式为条目检索,即限定书名、时代、作者、版本、篇目等检索条件,检索结果可精确到某时代某作者某书某版本某卷某篇,并可预览其概要。由此可看出,分类检索大致对应本书其他章节介绍的浏览目录式检索,适用于没有特定检索目标的情况;条目检索则对应前文介绍的精确检索(包括简单检索和高级检索),适用于检索目标比较明确的情况。

　　例如,点击中国基本古籍数据库首页上方的"条目检索",在左侧检索框的"书名"项中输入"大清",注意选中检索框下方的"繁简字关联检索",查看结果(图 5.4.7)。应注意,检索结果中不同条目左侧有不同色彩的标识,这与图 5.4.1 中四个子库的基本分类相一致,绿色标识表示检索结果属于哲科类,红色标识属于史地类,蓝色标识属于艺文类,黄色标识属于综合类。由此可见,中国基本古籍库中,不是所有与法学相关的历史文献都被归入哲科子库中的"法制类",还有一些被归入了史地子库。如图 5.4.8 所示,以红色标识出的史地子库中,点击"历史类"项下的"绍令典要目",可查看该子库中与法学相关的历史文献。如图 5.4.9 和图 5.4.10 所示,在条目检索结果中点击书名,如"大清会典",也可查看文献的封面及全文。

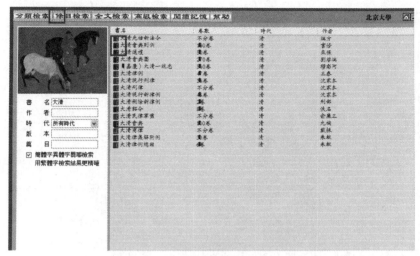

图　5.4.7

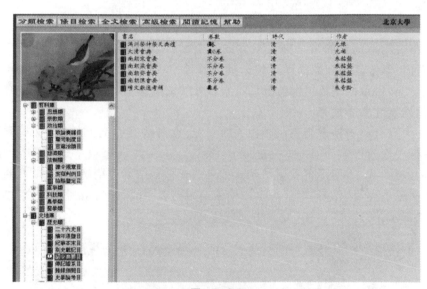

图　5.4.8

图　5.4.9

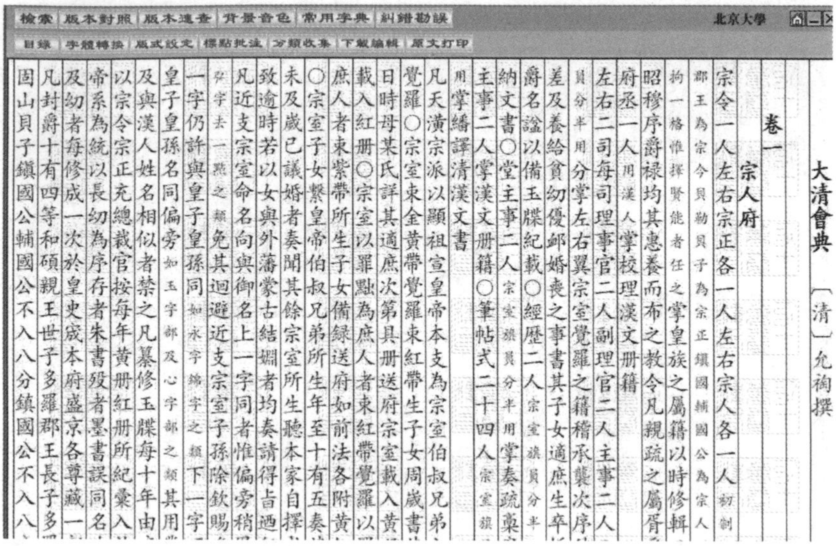

图　5.4.10

中国基本古籍库提供的第三种检索方式为全文检索，即输入任意字、词或字串进行检索。通过该种检索方式可在数据库中检索到一万种书中所有的相关信息，并可预览含有关键词的句文。同时，数据库还提供关键词检索以外的关联选项，综合各种关联选项进行精确检索，可直接检索到所需信息。

例如，在大清会典中检索与盗窃罪相关的规定，点击数据库上方的"全文检索"，在页面左侧的检索框中输入检索字词（即关键词）"窃盗"，并在关联选项中选择书名为"大清会典"，可得到如图 5.4.11 所示的检索结果。如果想让检索结果更精确，可进一步在关联选项中设定检索文献的类目、作者、时代。点击检索结果列表中的书名，可对文献全文进行浏览。如图 5.4.12 所示，关键词"窃盗"在文中以蓝色高亮标出。

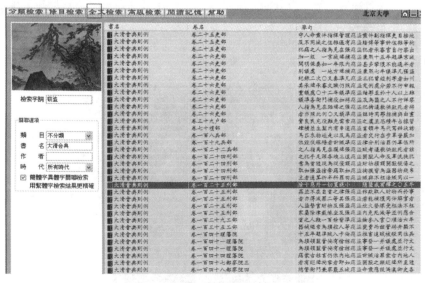

图　5.4.11

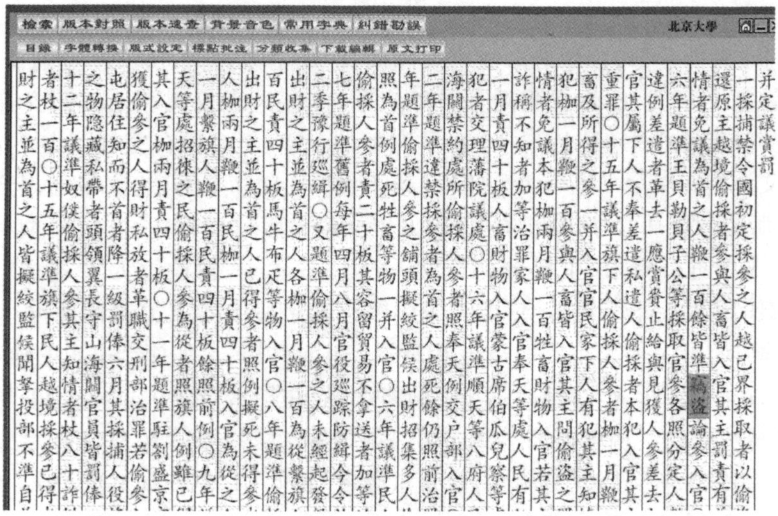

图　5.4.12

中国基本古籍库除了提供多种检索方法，其针对历史文献的特点，还提供了两个阅读辅助工具，即浏览文档页面上方的"版本速查"和"常用字典"功能（图5.4.12）。版本速查是针对中国基本古籍库新编的版本词典，可查询其所收典籍的现存版本及藏所。常用字典是针对中国基本古籍库新编的语音字典，可查询所收典籍中常用字的发音和释义。例如，在《汉书》"刑法志"中看到"眚"这个字，如果不熟悉这个字在历史文献中的含义，可以通过"常用字典"查询。如图5.4.13，"眚"有"过失"之意，"非眚"即表"故意"，该字属于古代汉语法律的重要用语。

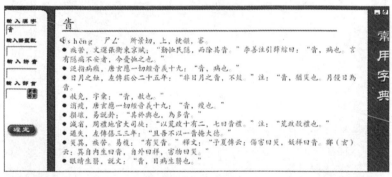

图　5.4.13

除了上述两个阅读辅助功能，中国基本文献古籍库还提供如版式设定、字体转换、阅读记忆等其他辅助功能。点击"版式设定"，用户可自行设定竖排或横排，也可设定有列线或无列线。点击"字体转换"，可实现文字的繁简、粗细及色彩的自由转换，并可随意放缩。"阅读记忆"功能可自动记录二十条前次浏览的典籍及页码，以便重新检阅。"背景音色"功能可选择古曲和古画及不同底纹作为背景，营造愉悦的操作环境。"标点批注"帮助用户在浏览原文时加圈加点加中文或英、日文批注，以随时记录检索摘要。"分类书签"可帮助用户自动收藏并分类管理以前查阅的信息，方便归纳研究。

二、四库全书

《四库全书》是清代乾隆年间官修的规模庞大的百科丛书。它汇集了从先秦到清代前期的历代主要典籍，共收书3460余种。它是中华民族的珍贵文化遗产，也是全人类共同拥有的精神财富。

《四库全书》原抄七部,分藏北京故宫文渊阁、沈阳清故宫文溯阁、承德避暑山庄文津阁、扬州文汇阁、镇江文宗阁、杭州文澜阁。后经战乱,今存世者仅文渊、文溯、文津三部及文澜本残书。文渊阁《四库全书》是七部书中最早完整的一部,至今保存完好。本小节介绍的四库全书全称为"文渊阁四库全书电子版",其以《景印文渊阁四库全书》为底本,由上海人民出版社和迪志文化出版有限公司合作出版,有"原文及全文检索版"(简称"全文版")两种版本。

在四库全书中进行检索,主要分为全文、分类、书名、著者检索四种方式(图5.4.14)。四种检索方式使用起来都较为简便,即在选中的检索字段中键入关键词即可。例如,在全文检索中输入关键词"开皇律",得到检索结果24条(图5.4.15)。四库全书中的检索结果也按成书时间从前至后降序排列,《开皇律》是隋朝的律法,而在检索结果中,与"开皇律"相关的检索结果最早只追溯到唐代(《旧唐书》)。点击第一条检索结果以查看文档内容,经浏览得知该文件主要记述的是唐代法律对《开皇律》的修改和增删,由此可以判断该文件不是《开皇律》。

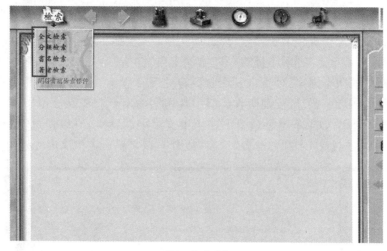

图 5.4.14

全文检索,包含以下条件	
检索字串:	开(開)皇(喤,凰)律
四库分类:	[未限定]
书名条件:	[未限定]
著者条件:	[未限定]
检索结果:	共21卷,24个匹配

	检索结果	卷名	书名
1	1个匹配	卷五十	旧唐书
2	1个匹配	卷五十七	旧唐书
3	1个匹配	卷八十	旧唐书
4	1个匹配	卷一百五	新唐书
5	1个匹配	卷一百四十四	钦定续通志
6	1个匹配	卷二百十三	钦定续通志
7	1个匹配	卷五十六	陕西通志

图 5.4.15

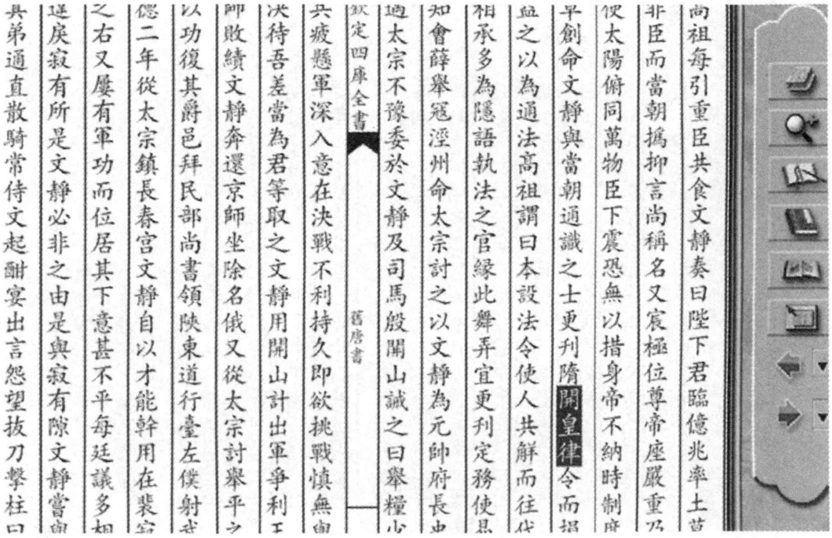

图 5.4.16

使用"分类检索"方式,例如选择"史部",在该分类项下点击"政书类",即记载与当时政治事务相关的文件,在页面左侧显示该子类下的检索结果共 57 条(图 5.4.17)。例如,点击第一条检索结果"通典",可以看到在正文前有"提要"部分(图 5.4.18)。类似于今日学术论文前的"摘要","提要"是四部全书的编纂者对每本书内容及特点的归纳,阅读"提要"有助于使用者快速了解该历史文献的内容,提高筛选、浏览结果文件的效率。

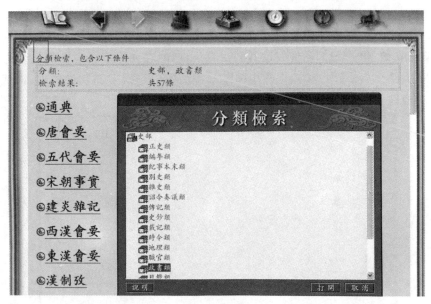

图 5.4.17

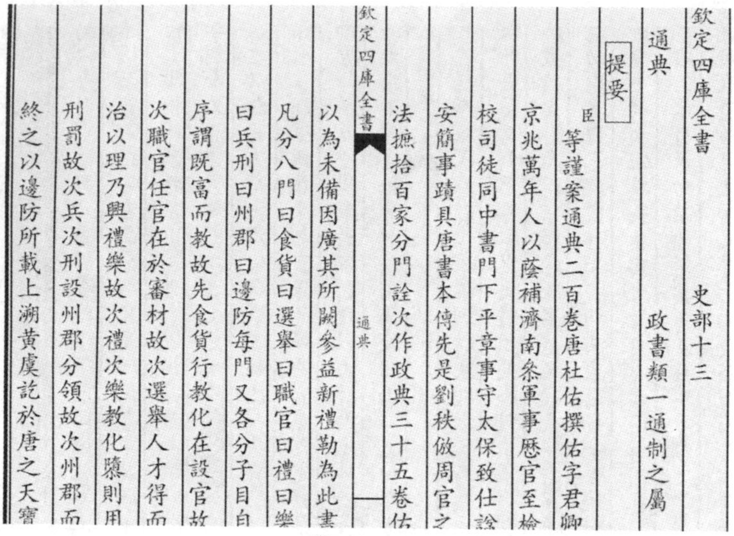

钦定四库全书

通典

提要　史部十三　政书类一通制之属

臣等谨案通典二百卷唐杜佑撰佑字君卿京兆万年人以荫补济南参军事历官至检校司徒同中书门下平章事恊太保致仕谥安简事蹟具唐书本傳先是劉秩做周官之法撫拾百家分門詮次作政典三十五卷佑以為未備因廣其所闕參益新禮勒為此書凡分八門曰食貨曰選舉曰職官曰禮曰樂曰兵刑曰州郡曰邊防每門又各分子目自序謂既富而教故先食貨行教化在設官故次職官任官在於審材故次選舉人才得而治以理乃興禮樂故次禮次樂教化墮則用刑罰故次兵次刑設州郡分領故次州郡而終之以邊防所載上溯黄虞記於唐之天寶

图　5.4.18

书名检索和著者检索与上述两种检索方式基本一致。例如,在"书名"检索方式下输入关键词为"狱",得到两条检索结果分别为五代的案例选编《疑狱集》和宋代的《折狱龟鉴》(图5.4.19)。点击文件名可浏览文件全文。

虽然四部全书收录史料十分丰富,但是由于其为乾隆年间编修,收录的资料范围最晚至清朝前期。与中国基本古籍库相较,在四库全书中检索不到清朝中后期至民国时期的法学文献。如图5.4.20,中国基本古籍库中收录的法律比较研究文献集《唐明律合编》成书于清代后期,也可归为民国文献,因此在四库全书中查找不到相应结果(图5.4.21)。

同时,中国基本古籍库毕竟是我国有史以来最大的历代典籍汇总,其中往往包含一些四库全书中没有收纳、但于我们研究有助益的史料。例如,在四库全书中查找著者为"宋慈"的文献,没有相关结果(图5.4.22),但在中国基本古籍库中可检索到其代表作,即成书于南宋时期,集司法经验、法医学和刑事证据检验学于一体的《洗冤录》(图5.4.23)。

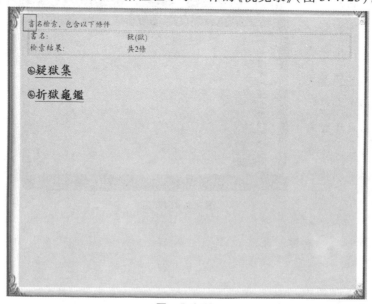

图　5.4.19

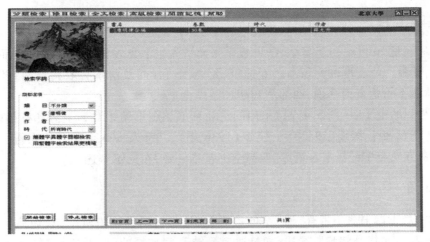

图 5.4.20

图 5.4.21

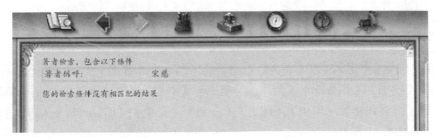

图 5.4.22

图 5.4.23

三、四部丛刊

四部丛刊是 20 世纪初著名学者、出版家张元济先生汇集多种中国古籍经典而纂成的一部大丛书，其最大特点是讲究版本，"专选宋、元、明旧刊（间及清本必取其精刻）及精校名抄稿本"。从版本价值方面来说，四部丛刊超过四库全书。

四部丛刊的电子版（图 5.4.24）采用的是北京大学图书馆馆藏的上海涵芬楼的影印本，包括初编（1922 年）、续编（1932 年）、三编（1936 年），共涉及 500 余部古代典籍。由于四部丛刊的检索方式与中国基本古籍库、四部全书基本一致，在此不赘述。

四、十通

《十通》是十部书名中带有"通"字的古典文献，包括唐代杜佑所撰的《通典》，宋代郑樵所撰的《通志》，元代马端临所撰的《文献通考》，清高宗敕撰的《续通典》、《续通志》和《续文献通考》，成书于清代的《清朝通典》、《清朝通志》、《清朝文献通考》，近代刘锦藻所撰的《清朝续文献通考》。上述文献共分为"三通典"、"三通志"、"四通考"，后人将其并称为"十通"。

《十通》在内容上包含了上起远古时期下至清朝末年历代的政治、经济、军事、文化等制度方面的资料，共计 2700 多卷，约 2800 万字，内容广博，规模宏大。其中的《通典》、《通志》和《文献通考》成就最高，在中国史学中占有极其重要的地位，是史学研究人士必备的工具书。本小节介绍的十通是在古典文献《十通》的基础上，制作的一套有关中国历代典章制度的大型电子工具书。

五、二十五史全文电子版

二十五史包括《史记》、《汉书》、《后汉书》、《三国志》、《晋书》、《宋书》、《南齐书》、《梁书》、《陈书》、《魏书》、《北齐书》、《周书》、《隋书》、《南史》、《北史》、《旧唐书》、《新唐书》、《旧五代史》、《新五代史》、《宋史》、《辽史》、《金史》、《元史》、《明》、《清史稿》，是查找历史文献的重要工具书。

第二节　民 国 文 献

民国元年（1911 年）至民国三十八年（1949 年）是我国社会发生深刻变革的历史时期，是中国历史上从古代社会向现代社会转变的一个特殊历史时期，其间所产生的各类文献反映了民国时期的政治、军事、外交、经济、教育、思想文化、宗教等各方面的内容。不少文献表达了不同的观点乃至互相对立的立场，客观地反映了这一历史时期的真实面目，具有很高的研究利用价值。

本节介绍的民国文献的检索工具主要包括国家图书馆民国文献库、CADAL 民国文献库以及全国报刊索引。

一、国家图书馆民国文献库

国家图书馆推出的民国频道资源库包括民国图书 15028 种、民国法律 8117 种、民国期刊 4350 种影像资源的全文浏览，是研究中国近代史、中华民国史、中国革命史和中国法制史的重要文献资源。该库还将不断追加更新文献内容。

进入国家图书馆的民国文献库，首先点击国家图书馆首页检索框下方的"特色资源"（图5.4.24），在打开的页面中点击"民国专栏"即可（图5.4.25）。可以看到，民国文献库中的资源包括民国图书、民国期刊和民国法律。

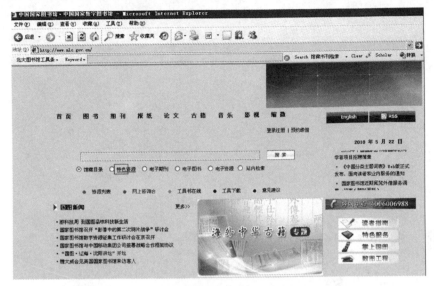

图 5.4.24

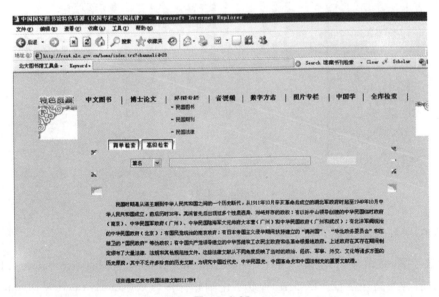

图 5.4.25

以检索民国历史上最重要的一部法律，即作为中华民国政府临时宪法的《中华民国临时约法》为例，在"民国法律"中选择简单检索模式，以"篇名"为检索字段输入"中华民国临时约法"，直接得到检索结果（图5.4.26）。点击文件名可查看文献全文（图5.4.27）。

国家图书馆民国文献库还提供高级检索模式，用户可选择体验。

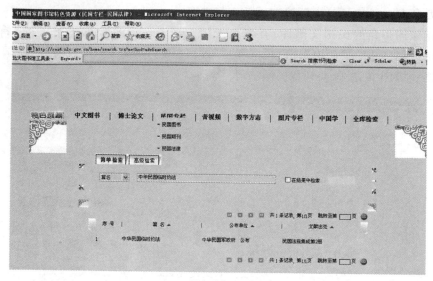

图　5.4.26

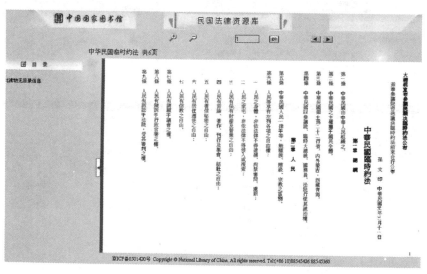

图　5.4.27

二、CADAL 民国文献

大学数字图书馆国际合作计划(China Academic Digital Associative Library,以下简称"CADAL")前身为高等学校中英文图书数字化国际合作计划(China-America Digital Academic Library,CADAL)。

CADAL 项目建设的总体目标是构建拥有多学科、多类型、多语种海量数字资源的,由国内外图书馆、学术组织、学科专业人员广泛参与建设与服务,具有高技术水平的学术数字图书馆,成为国家创新体系信息基础设施之一。

目前项目已建102.3 万册中英文数字资源,主要包括:155910 册中文古籍、236594 册民国书刊、298869 册中文现代图书、178159 篇中文学位论文、2786 册其他中文资源以及151107 册英文图书。项目二期计划建设 150 万册数字资源。因此,CADAL 丰富的民国文献资源也为我们查阅相关法学文献提供了重要支持。

三、全国报刊索引

全国报刊索引由上海图书馆出版,其收录对象主要为重要期刊和报纸。相较于其他数据资源,全国报刊索引的特点是时间跨度大,涵盖了 1833 年至 2008 年的重要期刊、报纸资源。对于检索民国文献而言,1949 年前后的文献可以为我们进一步理解民国时期的历史提供重要的背景材料,也是全国报刊索引相较于其他民国文献检索资源的优势所在。

如图 5.4.28 所示,全国报刊索引中收录了从 1833 年至 2008 年的文献记录共 15,329,771 条。在其中检索民国文献,以检索与“北京大学”相关的文献为例,将检索时间段设为“1833”年至“1949”年,设置检索条件为“题名”中包含“北京大学”,得到检索结果 5018 条(图 5.4.29)。如果要进一步限制检索范围,可在检索框下面点击“在结果中检索/添加/去除”,增加检索条件。

值得一提的是,全国报刊索引还支持我们在本书第三编第一讲中介绍过的中图法分类号检索,例如,需要检索与“中国国家法、宪法”相关的文献资源,可以在检索框中以“分类”为字段,直接输入中图法分类号“d921”(大家还记得么?),得到检索结果 5952 条(图 5.4.30)。使用中图法分类号进行检索有助于我们在众多民国文献中精确定位与欲查找的法学门类相符合的文献资源。

在对中图法分类号的具体类别编号不熟悉的情况下,除了查阅本书附录中的中图分类号一览表,还可以在 CADAL 的检索系统中浏览、选择分类号,如图 5.4.31 所示。

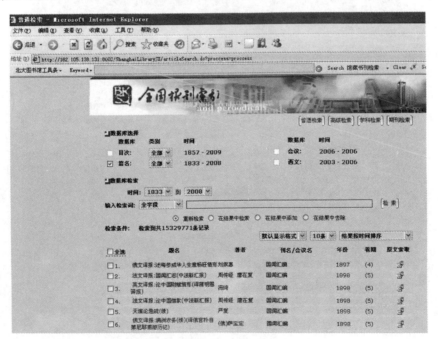

图　5.4.28

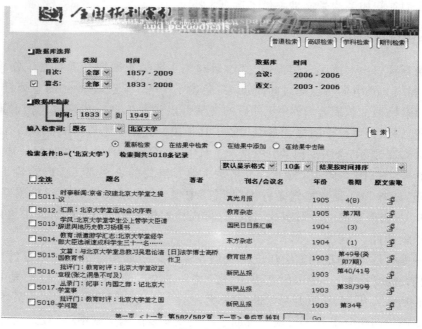

图　5.4.29

图　5.4.30

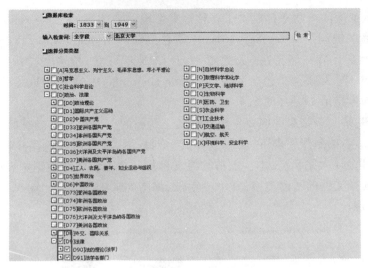

图 5.4.31

第三节 英美历史电子图书数据库

主要的英美历史电子图书数据库包括早期英文图书在线(Early English Books Online,以下简称"EEBO"),18 世纪作品在线(Eighteenth Century Collection Online,以下简称"EC-CO"),以及美国早期印刷品(Early American Imprints,以下简称"EAI")。EEBO、ECCO 与 EAI 并称为三大英美历史电子图书,本节即对这三个数据库进行简要介绍。

一、EEBO

EEBO 数据库旨在再现 1473 年至 1700 年间英国及其殖民地所有纸本出版物以及这一时期世界上其他地区的纸本英文出版物的项目,共收录著作 12.5 万多本共 2250 万页电子图像,是目前世界上记录从 1473 年到 1700 年的早期英语世界出版物最完整、最准确的全文数据库(图 5.4.32)。

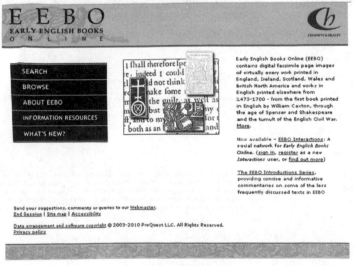

图 5.4.32

在 EEBO 数据库的检索平台提供了多种检索字段,如"关键词"(keywords)、"成书年代"(limit to)、"作者关键词"(author keywords)、"题名关键词"(title keywords)等。以在该数据库中检索英国历史上第一部宪法《大宪章》(于 1215 年订立,拉丁文"Magna Carta",英文"The Great Charter")为例,在"题名关键词"(title keywords)中输入"The Great Charter"(图5.4.33),得到检索结果 17 条(图 5.4.34)。

经浏览得知,第一条结果的摘要主要描述英王约翰的王室权力与当时教会、封建主的权力发生冲突,在后者的强烈要求下,王室放弃其绝对权力、尊重司法过程并接受法律对王权的限制,即该结果为《大宪章》文本。点击结果文件标题进入该文章的浏览界面,可点击页面上方的功能键选择文件的阅读类型(文本或图像,如图 5.4.35 所示)。图 5.4.36 显示了《大宪章》的原本图像。

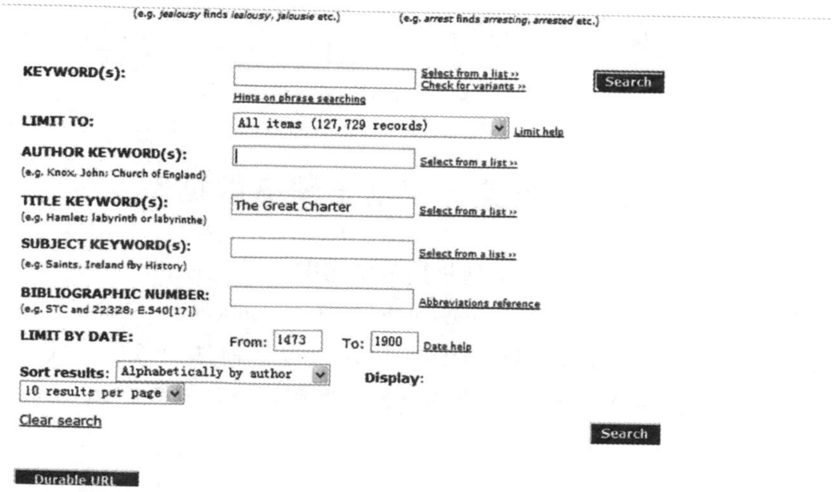

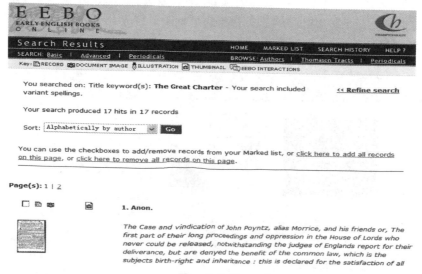

图　5.4.33

图　5.4.34

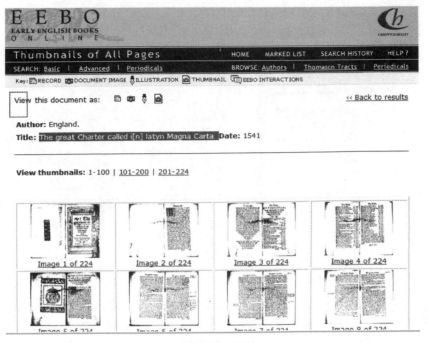

图 5.4.35

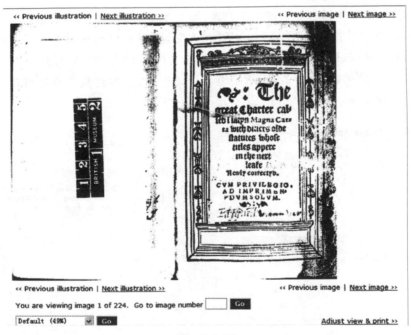

图 5.4.36

二、ECCO

ECCO 数据库收录了 18 世纪(1700—1799 年)英国以及其他国家的文献 18 万种,涵盖历史、地理、法律、文学、语言、参考书、社会科学及艺术、医学等领域(图 5.4.37)。

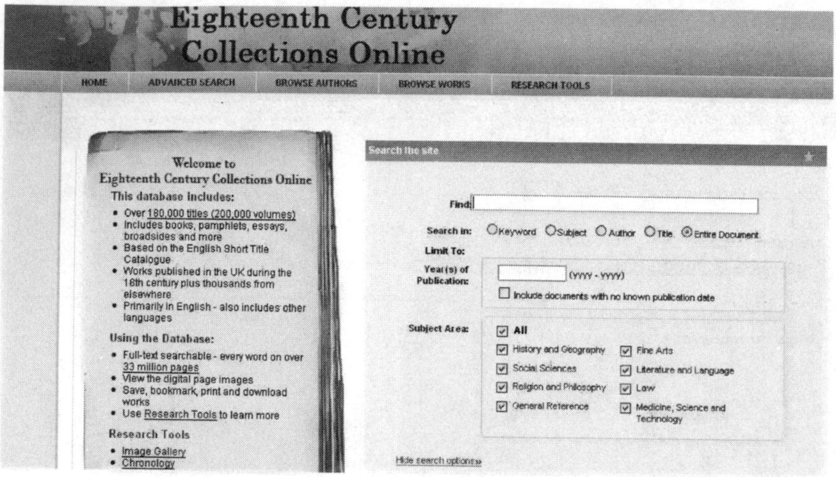

图 5.4.37

众所周知,18 世纪 70—80 年代是英国与作为其殖民地的美国矛盾不断升级、并最终导致美国独立的时期。英国于 1773 年通过的茶税法导致了殖民地人民的强烈不满,其中作为对英国高压政策抗议的波士顿倾茶事件,也是美国独立战争爆发的导火索。英国议会于 1774 年颁布了 5 项"不可容忍的法令",如封闭波士顿港、增派英国驻军、取消马萨诸塞州自治权等,以确立英国对殖民地的司法权。

以检索英国 1774 年颁布的上述法令为例,如图 5.4.38 所示,在 ECCO 的高级检索界面(advanced search)中以关键词"法令"(act)在检索字段"题名"(title)中检索,并选择"出版物发行时间"(years of publication)为 1774 年,得到检索结果 18 条(图 5.4.39)。ECCO 的检索结果列表提供了文件的题名、作者、出版细节和引证信息,其中有些文件还提供文件的内容目录(a table of contents)。

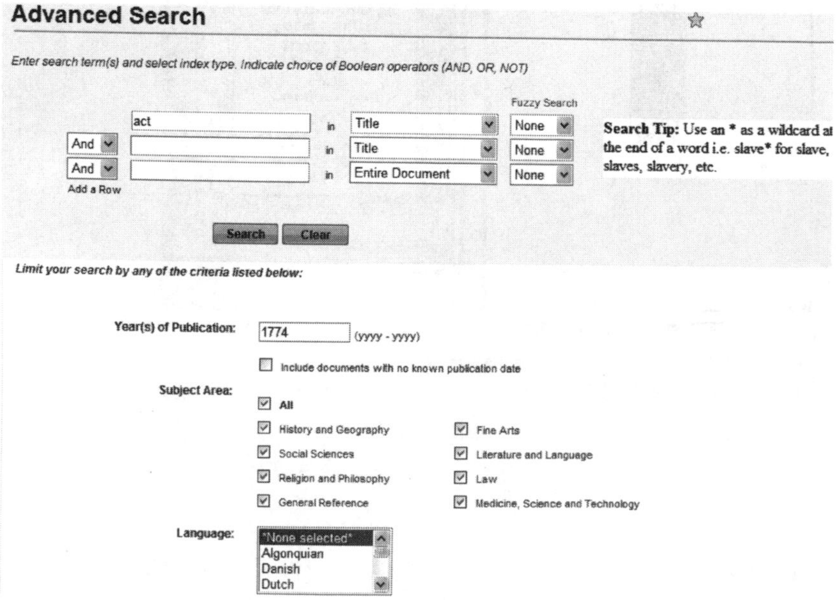

图 5.4.38

　　点击文件名可进一步浏览。以"更好地规制新英格兰地区的马萨诸塞州政府的法令"（An act for the better regulating the government of the province of Massachusetts's Bay, in New England）为例,点击可查看全文（图 5.4.40）。图 5.4.41 显示了 ECCO 数据库中所收录的文献原版图像（见图片左侧）与耶鲁大学的数据库中收藏的同一文献文本版（见图片右侧,右下角链接为该文本来源）的对比。

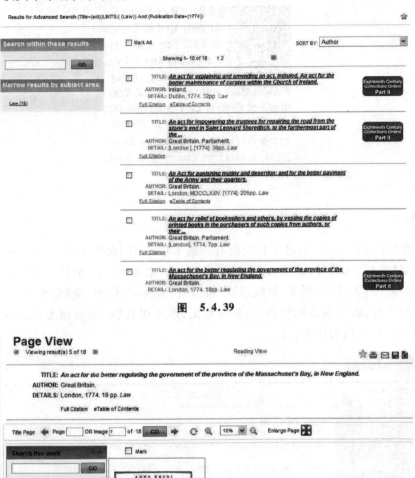

图 5.4.39

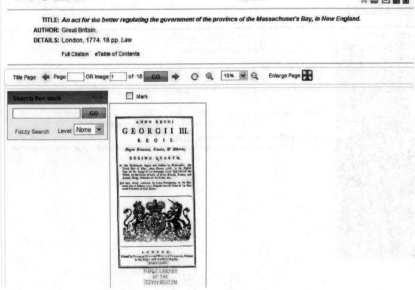

图 5.4.40

CAP. XLV.

An Act for the better regulating th
ment of the Province of the *Maffach*
in *New England*.

HEREAS by Letters P
the Great Seal of Englan
the Third Year of the Reig
late Majesties King William
Mary, for uniting, erecting
porating, the several Colon
tories, and Tracts of Land therein mentione
real Province, by the Name of Their M
vince of the *Maffachufet's Bay*, in *New Englan*
it was, amongst other Things, ordained an

图   5.4.41

三、EAI

EAI 数据库（图 5.4.42）收录了自美国有印刷术以来的 1639 年至 1819 年间，在美国出版的图书出版物约 7.4 万种，主要有图书、年鉴、小说、剧本、诗歌、圣经、教科书、契约证书、法规、烹调书、地图、乐谱、小册子、初级读物、布道书、演讲词、传单、条约、大活页文章与旅行记录等。除此之外，也包括印刷报告，如总统信函，涉及国会、国家与领土的决议，以及许多欧洲作家的作品在美国的印本。

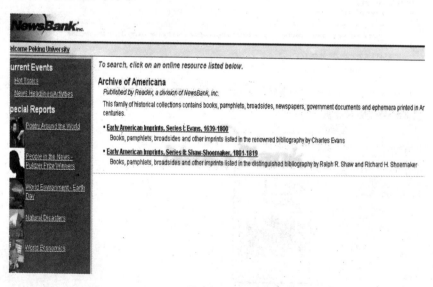

图   5.4.42

EAI 提供简单检索、高级检索以及分类浏览检索方式。以分类浏览检索为例，可根据"作品类型"（genre）、"学科主题"（subject）、"作者"（author）、"出版年代"（history of printing）、"出版地"（place of publication）和"语言"（language）来进行浏览。

以在 EAI 数据库中查找与版权法相关的法律为例，页面上方分别提供了简单检索

（search）、高级检索（advanced search）和分类浏览（browse by）三个检索入口。在分类浏览项下选择"学科主题浏览"（subject），在展开的子目录中选择"法与罪"（law and crime），即可在页面下方显示的子学科目录中进行选择（图5.4.43）。

如图5.4.44所示，在子目录中选择"版权法"（copyright），得到相关检索结果5条。点击每一检索结果文件名可进一步浏览该文件的详细信息（图5.4.45）及全文（图5.4.46）。

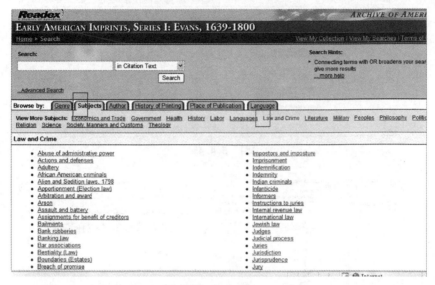

图 5.4.43

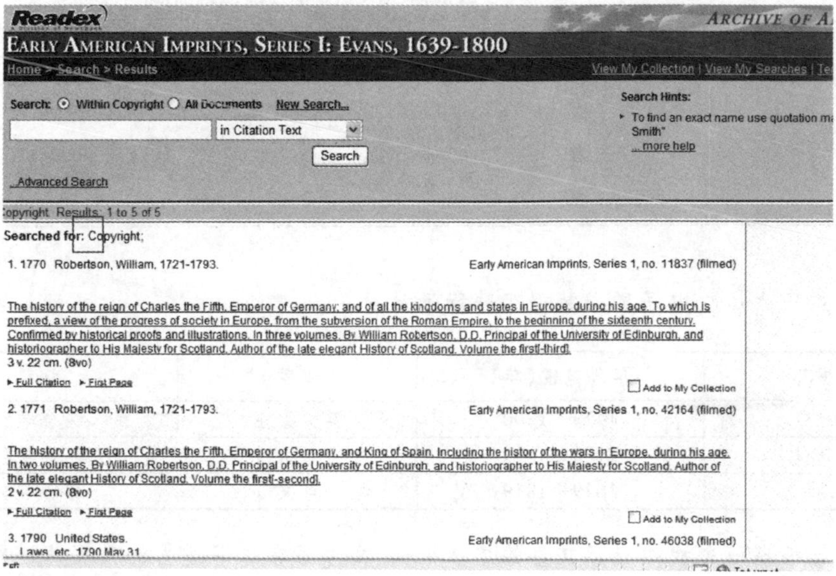

图 5.4.44

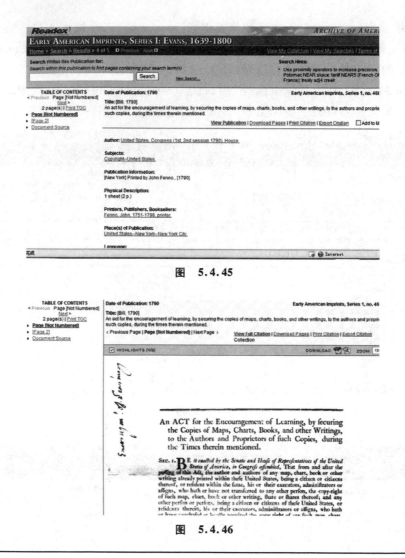

图 5.4.45

图 5.4.46

Tips：

下表将三大历史电子图书数据库进行了对比：

数据库	年代范围(年)	语种	学科
EEBO	1473—1700	英文为主	综合学科
ECCO	1700—1799	多种语言	综合学科
EAI	1639—1819	英文	综合学科

用户可根据所查找的目标文件的成书年代、文件语言选择适当的数据库进行检索。

课堂练习(十八)

选择本讲介绍的一个数据库，对自己感兴趣的某个制度或思想的历史沿革作初步的研究。

附录(一) 法律写作的学术规范

　　法律写作的学术规范在很大程度上体现在注释体例中,论文写作在言之有物的同时还需要做到言之有据。我自担任《北大法律评论》的编辑开始,对于注释体例的工作深有体会。后来协助葛云松老师编辑北大法学院工作论文,还专门写过一个关于注释体例的说明。如今,中国法学界的注释体例仍然未有统一,但是已经有很多这方面的研究成果面世。同学们平常进行学术写作训练,要向期刊投寄文章,自然可以参照中国法学界各主要刊物的注释体例。在这一节中,我谈谈自己的看法。本书的注释体例,就根据我自己的下述标准来编排的。

　　注释体例的不统一,原因包括多方面。比如,我国法学发展的时间较短,整个学术界的学术规范问题也还正处在创建之初;再比如,我国法学界各学科分治的局面使各个学科的注释规则自成一套,因而使学科的统一反而造成了法学整体上的混乱局面,等等。但是,无论如何,这是整个法学学术规范的一个非常重要而且急需解决的问题。注释体例的不规范,不但会损害论文本身的学术性,也很可能影响中国学术的学术形象。下面,我把注释体例的主要问题和我的处理原则,择要地加以介绍。我选择的大体原则是三个:检索需要,内容简便,学界通例。也许还应该有一条:符合汉语语法和表达习惯。

　　【1】在论文题上加注,以＊标出,一般是向对论文写作有帮助的师友表达谢意,同时明确权责归属;在作者名上加注,以＊＊标出,介绍作者本人的情况。【说明:此为多数学术期刊的通例。】

　　【2】文内注释,采取脚注,连续编号。【说明:此为多数学术期刊的通例。图书一般按页、节、章等重新编号。】

　　(1) 一般顺序:作者名:《书名》,译者名,出版社名及版本年代,页码。如,弗里德里希·冯·哈耶克:《自由秩序原理》,贾湛等译,北京经济学院出版社1994年版,第6页。

　　【说明:此为通例。不需要注明"作者国籍",因为检索中一般不需要。不需要注明"出版社地点",因为检索中基本不需要出版社地址,而且许多书籍中并不注明,从出版社名很难知道地址。出版年代注明"×××年版"。页码形式是"第×页"或"第×,×,×—×页",此为多数学术期刊的通例。】

　　(2) 多位作者、译者、出版社、页码的,之间用"、"号。【说明:此为多数学术期刊的通例。】

　　(3) 数字之间的连接符号为西文输入的"–",而不是中文输入的"——"或"—"。在""与《》之间,无需加"载于"或"载"。【说明:此为多数学术期刊的通例。加"载于"、"载"并无必要。】

　　(3) 作者是作品的编著者的,在作者名后标明(编著)或(编),如,姜茹娇、朱子勤(编著)。【说明:此为多数学术期刊的通例。】

　　(4) 所引作品在前面的注释中出现过的,与前一注释编号连续的,注"同上书,第×页"。页码也相同的,注"同上"。与前一注释不连续的,注"同注×,第×页"。前引注释中有多本

书的,注"同注×,XX 书,第×页"。【说明:此为多数学术期刊的通例。】

(5)直接引语的注释,直接注明,不需加"见"或"参见"字样。【说明:此为多数学术期刊的通例。】

(6)间接引语的注释,前加"参见,"。比如:参见,江平(主编):《中国民族问题的理论与实践》,中共中央党校出版社,1994 年,第 161 页。【说明:之所以加",",是因为注释语句是断开的,不加逗号,似乎不妥。】

(7)转引文字的注释,注"转引自,"。【说明:此为多数学术期刊的通例。】

(8)报刊、杂志中的文章名,以""标出。援引书籍中的文章也是如此。比如:姜琦:"中译本序:兼论苏联解体的民族因素",罗伯特·康奎斯特(主编):《最后的帝国——民族问题与苏联的前途》,刘靖北等译,华东师范大学出版社 1993 年版,第 1—12 页。【说明:此为多数学术期刊的通例。表示这是书籍中的一部分内容。"《》"只用于出版物的总体名称,其中的具体部分,如有篇名,均为""表示。】

以上只是我在编辑过程中的一点认识,许多问题没有涉及。注释过程中遇到的其他问题,请参阅《中外法学》的注释体例(见附录(二))。罗伟教授一直以来致力于注释体例的研究,他的《法律文献引证注释规范(建议稿)》[①],同学们做论文时应该参考。

---

① 罗伟:《法律文献引证注释规范(建议稿)》,北京大学出版社 2007 年版。

附录(二) 《中外法学》注释体例

一、中文引证体例

(一)一般规定

1. 注释为脚注,编号连排。文中及页下脚注均用阿拉伯数字外加六角括号,文中标注于标点符号外。

2. 注文中的信息顺序为:作者、文献名称、卷次(如有)、出版者及版次、页码。

3. 定期出版物的注释顺序:作者、文章篇名、出版物名称年份及卷次、页码。

4. 引文作者为外国人者,注释顺序为:国籍,外加括号;作者、文献名称、译者、出版者及版次,页码。

5. 页码径用"页 N"或"页 N——N"字样。

6. 引用之作品,书、刊物、报纸及法律文件,用书名号;文章篇名用引号。

7. 同一文献两次或两次以上引用者,第二次引用时,若紧接第一次,则直接"同上注,页N"即可;若两次引用之间有间隔,则注释顺序为:作者姓名、见前注 N、页码。作者如为多人,第二次引用只需注明第一作者,但其名后应加"等"字。

8. 正文中引文超过 150 字者,应缩排并变换字体排版。

9. 非引用原文者,注释前加"参见";非引自原始出处者,注释前加"转引自"。

10. 引文出自杂志的,不要"载"、"载于"字样。

11. 引用古籍的,参照有关专业部门发布之规范;引用外文的,遵循该语种的通常注释习惯。

12. 原则上不引用未公开出版物及网上资料。

13. 引用中国台湾、香港、澳门地区出版或发行的文献,可在出版或发行机构前加注地区名。

(二)范例

1. 著作:(1)朱苏力:《送法下乡》,中国政法大学出版社 2000 年版,页 55。

再次引用,如中间无间隔:同上注,页 65。

中间有间隔:朱苏力,见前注〔1〕,页 78—80。

2. 论文:(2)陈瑞华:"程序性制裁制度的法理学分析",《中国法学》2005 年第 6 期,页 153。

3. 文集:(3)白建军:"犯罪定义学的理论方法与实证刑法学",载陈兴良主编:《刑事法评论》(第 15 卷),中国政法大学出版社 2004 年版,页 328。

4. 译作:(4)(德)马克斯·韦伯:《社会科学方法论》,杨富斌译,华夏出版社 1999 年版,页 282。

5. 报纸类:(5)姜明安:"多些民主形式,少些形式民主",载《法制日报》2007 年 7 月 8

日,第 14 版。

6. 港台类:(6)胡鸿烈、钟期荣:《香港的婚姻与继承法》,香港南天书业公司 1957 年版,页 115。

二、英文引证体例

1. 论文:作者、论文题目,卷册号、期刊名称、页码、年份(例如:Richard A. Posner, "The Decline of Law as an Autonomous Discipline: 1962—1987", 100 Harvard Law Review, 761 (1987))

2. 专著或教科书:作者、书名、出版社、出版年份、页码(例如:Robert J. Sampson, John H. Laub, Crime in the Making, Harvard University Press, 1995, p. 19.)

3. 文集:作者、论文题目、编者或者编辑机构、文集名称、出版社、出版年份、页码(例如:Michel Foucault, "What is an Author", in Donald F. Bouchard ed., Language, Counter-Memory, Practice: Selected Essays and Interviews, Cornell University Press, 1977, pp. 113—118.)

4. 法典与判例:请参考 The Bluebook: A Uniform System of Citation, Eighteenth Edition.

5. 见前注:例如, Malcolm M. Feeley, Supra note 4;同前注:例如,Ibid., at 312.

三、德文引证体例

1. 教科书:作者、书名、版次、出版年份、章名、边码或页码(例如:Jescheck/Weigend, Lehrbuch des Strafrechts Allgemeiner Teil, 5. Aufl., 1996, § 6, Rdn. 371/S. 651ff.)

2. 专著:作者、书名、版次、出版年份、页码(例如:Roxin, Täterschaft und Tatherrschaft, 7. Aufl., 2000, S. 431.)

3. 评注:作者、评注名称、版次、出版年份、条名、边码(例如:Crame/Heine, in: Schönke/Schröder, 27. Aufl., 2006, § 13, Rdn. 601ff.)

4. 论文:作者、论文题目、刊物名称、卷册号、出版年份、首页码、所引页码(例如:Schaffstein, Soziale Adäquanz und Tatbestandslehre, ZStW 72 (1960), 369, 369.)

5. 祝贺文集:作者、论文题目、文集名称、出版年份、页码(例如:Roxin, Der Anfang des beendeten Versuchs, FS-Maurach, 1972, S. 213.)

6. 一般文集:作者、论文题目、编者、文集名称,出版年份、页码(例如:Hass, Kritik der Tatherrschaftslehre, in: Kaufmann/Renzikowski (Hrsg.), Zurechnung als Operationalisierung von Verantwortung, 2004, S. 197.)

7. 判例:判例集名称或者发布判例机构名称、卷册号、首页码、所引页码(例如:BGHSt 17, 359 (360);BGH NJW 1991, 1543 (1544).)

8. 见前注:Kindhäuser (Fn. 19), § 19, Rdn. 2.

四、其他外文引证体例

请遵循该种外文通常的引证体例。

附录(三) 推荐书目

专著类

白建军:《法律实证研究方法》,北京大学出版社 2008 年版。

蔡振顺主编:《法律专业学术论文写作》,广东人民出版社 2009 年版。

陈瑞华:《论法学研究方法》,北京大学出版社 2009 年版。

陈瑞华:《法学论文写作与资料检索》,北京大学出版社 2011 年版。

郭志刚:《社会统计分析方法——SPSS 软件应用》,中国人民大学出版社 2001 年版。

何美欢:《理想的专业法学教育》,中国政法大学出版社 2011 年版。

李沛良:《社会研究的统计应用》,社会科学文献出版社 2001 年版。

梁慧星:《法学学位论文写作方法》,法律出版社 2006 年版。

刘丽娟、于丽英:《漫游虚拟法律图书馆——在线法律资源研究指南》,法律出版社 2004 年版。

罗伟:《法律文献引证注释规范(建议稿)》,北京大学出版社 2007 年版。

钱穆:《学龠》,九州出版社 2010 年版。

钱钟书:《七缀集》,生活·读书·新知三联书店 2002 年版。

渠涛:《中文法律文献资源及其利用》,法律出版社 2006 年版。

谢宇:《社会学方法与定量研究》,社会科学文献出版社 2006 年版。

叶圣陶:《怎样写作》,中华书局 2007 年版。

于丽英、罗伟(编著):《法律文献检索教程》,清华大学出版社 2008 年版。

章学诚:《文史通义》,中华书局 2009 年版。

朱青生:《十九札——一个北大教授给学生的信》,广西师范大学出版社 2001 年版。

Shapo, Walter & Fajan: *Writing and Analysis in the Law*, 5th Ed, Foundation Press, 2003.

文献类

白建军:"案例是法治的细胞",《法治论丛》2002 年第 5 期。

傅斯年:"历史语言研究所工作之旨趣",《中国古代思想与学术十论》,广西师范大学出版社 2006 年版。

卡佩莱蒂:"比较法教学与研究:方法与目的",王宏林译,《比较法学的新动向》,北京大学大出版社 1993 年版。

凌斌:"思想实验及其法学启迪",《法学》2008 年第 1 期。

刘南平:"法学博士论文的'骨髓'与'皮囊'",《中外法学》2000 年第 1 期。

郑永流:"法律判断大小前提的建构及其方法",《法学研究》2006 年第 4 期。

后　记

本书的完成，得益于众多师友的鼓励和帮助。我希望对这些师友表达自己由衷的感激之情。

首先，我想借此机会感谢北大社会学系的郭志刚老师、北大法学院的白建军老师、陈瑞华老师、苏力老师和清华法学院的冯象老师。郭老师是我的统计学老师。在旁听他课程的一年时间里，郭老师不仅教会了我很多统计学的研究方法，还解答了许多课外的研究问题，并且指导和鼓励我开始从事定量研究。白老师一直是法学实证分析的倡导者和力行者，不仅将自己的研究专著送给我学习，时常与我讨论学术问题，还专门抽出时间，亲自帮我代课。陈老师曾经到我挂职的法院为法官们指导论文写作，期间也给了我很多启发。后来阅读陈老师关于法学论文写作的著述，更是受益良多。如果我能更早获得这样的机会，本课和本书一定会改进很多。苏力老师和冯象老师多年来一直给我以研究和写作上的指引，我的所有论文几乎都得到过他们的批评和建议。两位老师的作品也一直是我揣摩效仿的范本。在与他们的交流中，我聆听了很多关于如何思考、如何写作的真知灼见。以上这些老师对我的指导和帮助，都或多或少在本书中有所体现。尽管比起他们传授于我的，书中的内容实在太过平庸浅陋，实在愧对师长，但我仍然希望表达我对老师们的由衷感谢。我希望将来可以拿出更好的作品，配得上你们的教诲。

以下要致谢的，是直接参与了本课教学过程并且将自己的智慧与心血奉献于本书的各位师友。首先要感谢北大法学院图书馆的前任馆长叶元生老师。是叶老师的热情鼓励，给了我开设这门课程的信心和决心。也是叶老师的引荐联络，我认识了后来给与我鼎力支持和无私帮助的北大图书馆的各位老师。叶老师还亲自为这门课讲授了"图书分类法"专题。本书导论第三讲的内容就是整理自叶老师的授课内容。那天临时更换教室，上课的条件很差，设备老旧，空气湿腐，可是叶老师还是讲的很投入。讲课结束，叶老师告诉我们，她明天就要退休了，今天是她最后一次给学生们上课。我们都很感动，用长久的掌声感谢叶老师，感谢这位为法律图书和信息建设辛勤工作了半生的法律图书馆元老。接任的陈志红馆长，继续毫无保留地给予了大力支持，不仅将新启动的法学图书馆的多媒体教室提供给我们，使学生可以在上课过程中随时上机操作，还用了很多时间和心思备课，亲自为学生讲授法律图书的资源与检索，继续传承一个法律图书馆人的责任与理想。法学院图书馆的尹力老师和其他馆员都给予了我很多帮助，在此一并致谢。还有"北大教学网"的赵国栋老师和其他各位老师，为本课的课程组织提供了很多便利，还为本课提供了多媒体教室，在此谨表谢意。

我还要感谢北大法宝、北大法意、Lexis、Westlaw 和 Heinonline 数据库的各位专家。感谢北大法宝的赵晓海老师和郭叶、李川东、何远琼各位同仁。他们不仅亲自为学生们授课，还对这门课程建设给予了许多宝贵的建议和支持。感谢北大法意的陈浩、何敏老师，感谢 Lexis 的毕丽娟、黎明、岳亭老师，感谢 Westlaw 的何堤、陈琳老师，以及各位专业的培训师。在与我讨论课程内容时，他们始终从教学效果出发尽可能为学生们量身定做。他们的专业经验和精彩讲解，不论对我本人还是对所有学生都是极大的帮助。他们的部分讲授内容，也融汇在了本书的内容当中，尤其体现在第三编和第四编对相应数据库功能的介绍方面。

我的三位助教李净植、叶蕤和林熙翔同学先后帮助我整理和润色了录音稿以及本书的初稿。尤其是李净植同学，参与了本课和本书最初的设计与准备。如果不是成书拖延的时间太久，以至于她早已毕业，赴东京大学学习而无暇顾及，她原本应当成为本书的合著者。她属于北大法学院培养出的最优秀的那类学生，聪明而勤奋，好学而深思，专精而通达。如果本书的最终成稿能够有她的参与，一定会比现在更为出色，也更少错误。我希望在此对这些同学表达我由衷的感谢。因为有你们的帮助，我才有出版本书的可能与信心。我还要感谢北大社会学系的巫锡伟博士、王伟进同学，他们从专业角度给予了很大帮助。还有我的学生袁阳阳、牟媛同学也为本课贡献了力量。

借此机会，我希望感谢北大出版社的王晶和白丽丽编辑。尤其是王晶编辑，从我开设这门课程，就提出了写作本书的建议，并且帮助本书获得了北京大学教材立项。在写作本文之前，我又看了当初她写给我的邮件："我出差的时候也和一些老师聊了聊，感觉法律写作与法律检索相结合的这个想法相当不错。但说实话，我不想这是一本匆匆忙忙临时出来的东西,我想如果您能按照这一思路自己重写应该更好。……如果能从法律写作的思想(发现、选取和提炼主题)、形式(如何运用素材和方法)、实践(材料的分析和论文的内容)、技巧(论文的构成、文字的表达)出发,每个部分再辅之以文献资料检索的功能讲解(如果方便,也可以择取一些小的例子),我想对学生应该会有帮助。"现在回头来看,这本书的确是按照她的设计来完成的。我还要感谢她一直忍耐我的拖沓,不是以日、月为单位,而是以年为单位的拖沓。好在,我今天终于可以赶在 2012 年结束之前完成本书了。谢谢你们。

最后也是最要感谢的,是北大图书馆信息咨询部的各位老师。其中对于本课帮助最大的是刘素清主任。不论多忙,她总是尽其所能。刘老师比我自己还珍视这门课程。她不仅每学期都亲自讲授"电子资源检索"的导论部分,把信息咨询部的李晓东、游越、赵飞、刘雅琼几位老师都带入了课堂,还尽可能提供北大图书馆所能提供的一切便利。可以说,刘老师是在以整个北大图书馆的信息资源和人力资源在支持这门课程。没有刘老师的支持,这门课和这本书的内容都要狭隘很多,都不会是现在的样子。我由衷感谢刘老师,也希望所有从本课和本书的电子信息资源介绍中有所收获的同学和读者,对刘素清老师报以深深的谢意。

本书导论第二讲的内容,主要是整理自刘老师的授课内容。游越老师、赵飞老师,也都讲授过其中的若干部分。他们有所增益的精华也被本书吸收进来。第五编第四讲的"人文和历史数据库",一直是信息咨询部的副主任李晓东老师讲解。李老师科班出身,专业眼光,古今中西的人文典籍都被他尽收囊中、一网打尽。第二讲"经济和商业数据库"和第三讲"社会和统计数据库"的内容,最初是游越老师主讲,后来刘雅琼和刘素清老师也分别讲过。游老师下了非常大的功夫整理社会科学的各类数据库,并且选取了很多生动的例子来加以讲解。这些领域我原本很不熟悉,游老师让我大开眼界。如果说李老师为我开启了人文学科数据库的窗户,游老师就是给我打开了社会科学数据库的大门。刘雅琼老师还专门和我讨论了每个数据库所能运用的法律实例,尽可能方便学生了解。实际上,北大图书馆的各位老师平时都非常繁忙。但是他们仍然拿出自己本已不多的休息时间,准备讲课内容,与我反复沟通,还都做了漂亮翔实的PPT。我想这不仅是对我本人的支持,而是包含了对学生们的期望与热爱。

我还应该感谢北大图书馆,购买了如此丰富的数据库,供我们免费使用。我不知道是否其他学校的老师和学生也有如此的幸运。我衷心希望所有研究者都能便利地接触到任何需要的电子资源。我也衷心希望,越来越多的老师和学生,能够重视这些数据资源的理论和实践价值,释放出电子资源对我们的学术研究、实际工作和个人生活的真正潜力。

　　我一直希望，学生和学者的学习工作不仅可以是 paperless，而且可以是 roomless。现在，电子资源如此发达，这一理想完全可以成为现实。我们只需要带上一个笔记本电脑，甚至 iPad 这样的平板电脑，就可以在世界上任何有网络的地方进行学习和研究。如果将来 wireless 网络可以覆盖全球，那么我们的生活就可以彻底变为了 boundless。其实，现在只要有一部能够打开"个人热点"的 iPhone 或者 Android 手机，我们已经可以在任何地方接通网络。

　　想想吧，你可以一月份在西双版纳的中科院植物园，坐在美蕊花树下，听着黄腰太阳鸟的鸣叫，准备下学期的《论文写作与资源检索》课，二月份在威尼斯的小船里写作一篇关于中国民事诉讼法修改的论文，三月份在日本九州太宰府里的天满宫，一边看樱花，一边搜集有关美国联邦最高法院的最新判例，四月份到西湖边上的郭庄，喝着明前的龙井茶，准备北大即将上线的 Moocs……这并不是什么了不得的梦想。丰富的电子资源，已经几乎让我们可以在世界上的任何地方找到自己想要的材料，从而不必再把自己囚禁于图书馆、自习室、办公室。这真是一个"所有梦想都开花"的时代，电子资源就是我们的"隐形翅膀"！

　　我愿意把这本微不足道的小书，献给这个时代。